Recruitment Management

招募管理

丁志達◎編著

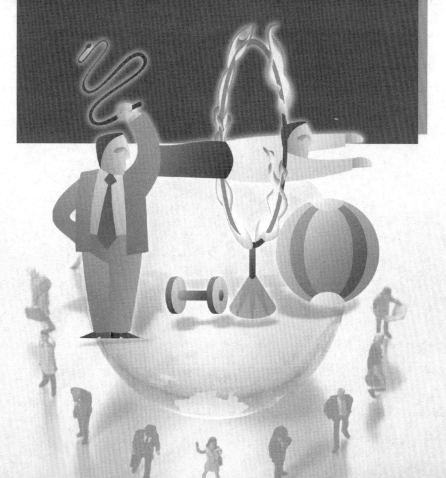

序

不識貨，請人看；不識人，死一半。

——台灣諺語

徵才、選才、育才、用才與留才，是企業人力資源管理的重要環節。尤其是徵才與選才，乃是最為關鍵的要素所在。因此，有系統的展開徵才與選才作業，始能有好的起點。

《雍正皇帝語錄》說：「從古帝王之治天下，皆言理財、用人。朕思用人之關係，更在理財之上。果任用得人，又何患財不理乎？」，它明確的指出了「有人斯有財」的道理。

1982年2月，個人離開了坐落在基隆市大武崙工業區內的安達工業公司時，義大利籍總經理白德隆（Carlo Bertolino）先生給了我一份求職推薦函，其中有一段話：「丁志達君負責本公司人事功能上的所有行政事務，尤其在僱用員工的時效，以及在資遣員工的運作上相當順利、圓滿的達到目標。本人毫無保留的極力推薦他是一位有才幹、有能力的人事經理」。因這封推薦函的「加持」，個人很榮幸的被位於土城工業區內的台灣國際標準電子公司（ALCATEL TAISEL）所錄用。十年後（1992年），個人又榮獲任職的公司派往中國大陸各地區新成立的辦事處（廣州、福州、南京、南昌）及合資公司（瀋陽、福州、杭州、上海）從事指導當地職工招聘、徵選工作的機會，時間前後長達四年之久，這就是個人在徵才與選才實務工作經驗累積的心路歷程。

西方諺語說：「與其教一隻火雞爬樹，不如直接找一隻松鼠比較快。」一語道破了選對人的重要性。本書的撰稿架構，就從這個觀點切入，共分十一章來闡述徵才與選才的要領，首先從宏觀面的招聘策略、成本概念、職場工作型態、聘僱歧視防範、派外人員的甄選、招聘團隊成員的職責與分工來描述（第一章），接著陸續鋪展出人力資源規劃與運用（第二章）、工作分析與工作設計（第三章）、職能導向的用人

政策（第四章）、徵才實務作業（第五章）、選才測評的技術（第六章）、選才與面談技巧（第七章）、識人與用人（第八章）、留才戰略與人才管理（第九章）、求職者教戰守則（第十章）、並以著名企業徵才與選才實務作法（第十一章）做結尾。

本書的特點是旁徵博引，從大量的招聘實務中總結提煉出一套有效的徵才與選才體系和方法，使用了許多實務範例來佐證書中所提到的各項論點，讓讀者可現學現用。同時，書中也引用了中國歷代古籍中有關「徵才與選才」的一些智慧語錄，讓讀者在人員「徵選」過程中「鑑往知來」。

基於個人先前在職場就業期間從事相關徵才與選才的工作經驗，以及在離開職場後，投入專業人力資源管理顧問工作，這幾年來，承蒙中華企業管理發展中心李董事長裕昆先生的提攜，定期安排在中華企管傳授「人才甄選與面談技巧」等一系列人力資源管理的實務課程，在教學相長下，乃不揣譾陋，撰稿成書。又，承蒙揚智文化事業公司葉總經理忠賢先生的慨允協助出版，在本書付梓之際，謹向李董事長、葉總經理、閻總編輯富萍、胡執行編輯琡珮致最大的敬意與謝意，讓個人再度出書「圓夢」。

本書在撰寫過程中參考和引述了諸多國內外學者、專家的著作精華，在此謹對所有的著者及譯者表示感恩。同時對任教於台南科技大學應用外文系助理教授王志峯博士、內人林專女士、丁經岳先生、詹宜穎小姐、丁經芸小姐協助資料的蒐集與整理，一併致謝。

由於編著者知識與經驗的局限，錯誤與疏漏在所難免，懇請方家不吝指教為盼。

丁志達　謹識

目　錄

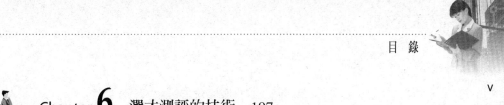

表目錄

圖目錄

範例目錄

Chapter 1

徵才與選才總論

2

　　當今之世，非獨君擇臣也，臣亦擇君矣。

——南朝劉宋・范曄《後漢書・馬援傳》

　　唐朝賢臣魏徵答唐太宗曰：「知人之事，自古為難，故考績黜陟，察其善惡。今欲求人，必須審訪其行。若知其善，然後用之，設令此人不能濟事，只是才力不及，不為大害。誤用惡人，假令強幹，為害極多。但亂世惟求其才，不顧其行。太平之時，必須才行俱兼，始可任用。」（唐・吳兢《貞觀政要・擇官第七》）

　　這段話一語道破了徵才與選才之困難與用人謹慎之必要。

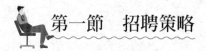

第一節　招聘策略

　　徵才與選才（招聘）與人力資源管理的生產力和競爭力有密不可分的關係。因為企業所招聘進來的員工，當然是依據補實生產力和競爭力之基本要求。因此，招聘員工並不是填補組織的編制，而是填補公司的實力，這是招聘的基本哲理（**表1-1**）。

　　管理大師Michael Porter說：「策略（strategy），就是幫助公司的地圖」。隨著各種競爭壓力接踵而至，採用何種招聘策略對許多企業來說至關重要。不同的策略對人力資源管理與招聘有不同的意涵。招聘在策略上的選擇與改變，在策略變革的推動上扮演相當重要的角色（**表1-2**）。

一、徵才與選才的決定因素

　　企業無論規模大小，當組織產生了人力需求，最主要的手段還是藉由徵才與選才來取得所需的人力，但在徵才與選才工作之前，都必須做出下列的決定：

Chapter **1**
徵才與選才總論

表1-1　招募定義彙總表

學者	年代	定義
Taylor & Bergmann	1987	招募活動關係求職者的期望及是否接受這份工作，並可由公司及工作特性對於求職者的吸引力預測結果。
Ledvinka	1988	是人事或人力資源管理的活動，其結果為找到一群應徵工作的人。
Rynes	1991	招募包含組織所有的活動及決策，會影響求職者人數、類型，及個人是否有意願接受工作。
Breaugh	1992	1.招募為組織的活動，會影響求職者人數或求職者尋求職務的類型及求職者是否接受這份工作。 2.一種組織的活動，包括影響某種職位的各類應徵者其類型及數量，及組織提供的工作內容與工作條件是否被應徵者接受。 3.招募乃是企業所提供的工作條件與內容是否能夠被應徵者接受，所以是雙方互相競爭的市場。
Byars & Rue	1994	尋找和吸引一群符合企業職位需求的應徵者，而用以填補空缺的過程。
Milkovich & Boudreau	1994	招募是一種辨識及吸引求職者的程序，並從這些求職者中選出可聘用的人。
McKenna & Beech	1995	招募是組織為了職務空缺而吸引求職者來應徵的過程。
Kleiman	1997	公司為了填補職務上的空缺，而用來尋找並吸引申請工作之應徵者的一段過程。有效的招募方式，能使一家公司以有限的人力資源與其他公司競爭。
Barber	1998	招募的主要目標乃是辨認並吸引潛在員工，企業為了完成該目標所進行的活動即是招募。
Newman & Hodgetts	1998	招募為尋求及吸引符合公司工作資格的求職者之過程。
Mathis & Jackson	1998	招募是一種吸引符合組織工作資格的求職者之過程。
Taylor & Collins	1998	招募為一系列的活動，透過組織鑑定適合的求職者，及吸引他們成為受僱者，並至少在公司工作一段時間。
Milkovich & Boudreau	1999	確認及吸引應徵者，以便將來從中挑選員工的程序；此外，招募是依公司長期經營目標與發展，規劃出的人力資源用人的策略，不同的經營策略與目標，在招募任用上就有不同的含義與作法。
Dessler	2000	招募計畫是招募與甄選過程的首要步驟，可以將招募與甄選想像成是一系列克服障礙的過程。

4 　（續）表1-1　招募定義彙總表

學者	年代	定義
郭崑謨	1990	尋找符合待補職缺所需之條件的人員，並設法吸引他們前來應徵的過程。
何永福 楊國安	1993	當企業面臨人力需求，透過不同媒介，以吸引有能力又有興趣的人前來應徵的活動。
吳復新	1996	組織為因應人力之需求，設法吸引一批有能力又有意願的求職者前來應徵的過程。
黃英忠	1998	企業為了吸引具有工作能力及動機的合適人選，激勵他們前來應徵的過程。透過有效的人力資源規劃，使組織掌握內部的人力需求，藉由招募與甄選的手段，為組織適時獲取適當的人力。
吳美連 林俊毅	1999	公司運用各種管道、作法，引起社會大眾對公司職位空缺的注意，並且吸引合格者前來應徵此空缺，多數的企業都透過人力資源部門負責此項工作。
張火燦	1999	為了得到適質適量的人才，公司首先必須對各項職缺進行工作分析，訂定工作規範與工作說明書，並依此作為人力資源部門的人員招募適用人才的依據。

資料來源：柯璟融（2006）。《企業聲望招募管道　招募成效與組織人才吸引力》，碩士論文，頁33-34。高雄：中山大學人力資源管理研究所。

1.企業需要招聘多少人員？

2.企業將涉足哪些勞動力市場？

3.企業應該僱用固定工、契約工、勞務外包、外籍勞工的僱用方式？

4.內部招聘或外部招聘？在內部晉升上，是否採取不同選才標準？

5.什麼樣的知識、技能、能力和經歷是該職缺真正必備的資格條件？

6.在招聘中應注意哪些法律因素的影響（例如：遵守政府規定的非歧視性法律）？

7.企業應怎麼傳遞關於職務空缺的信息？

8.企業招聘工作的力度（優勢）如何？❶

9.目標設定完成的時限（全年度企業徵才活動計畫）？

表1-2 策略的定義

學者	策略的定義
Chandler（1962）	策略是決定企業長期基本目標及完成該目標所採取的行動與資源分配。
Ansoff（1965）	策略是企業與環境之間共有的引線（common thread），此共有引線包括產品市場範疇、成長向度、競爭優勢與綜效。
Quinn（1980）	策略是將組織目標、政策及行動緊密結合而成的形式或計畫。
Porter（1980）	企業的競爭策略是企業為取得產業中較佳的地位所採取攻擊性或防禦性的行動。
許士軍（1981）	策略是為達成某特定目的所採取的手段，其具體表現在對重大資源的分配方式上。
Mintzberg（1994）	策略定義為「一連串的決定和行動的一種型態」，可定義為四種： 策略是一種計畫：對未來行動的一種方向或指引； 策略是一種型態：在行為上的長久一致性； 策略是一種定位：決定特定產品於一特定市場； 策略是一種展望：組織做事的方式。
司徒達賢（1995）	策略是指企業的形貌（包含經營範圍與競爭優勢等），以及在不同時間點間，這些形貌改變的軌跡。策略的制定就是：檢討現在企業是什麼樣子？將來想變成什麼樣子？為什麼要變成這個樣子？今天應採取什麼行動，才可以從今天的樣子變成未來理想的樣子？
吳思華（1996）	策略至少具有下列四方面的意義： 1.評估並界定企業的生存利基。 2.建立並維持企業競爭優勢。 3.達成企業目標的一系列活動。 4.形成內部資源分配過程的指導原則。

資料來源：黃裔（2005）。《泛亞銀行經營興衰之探討》，碩士論文，頁4-5。台中：逢甲大學經營管理研究所。

10.如何編列僱用廣告預算與追蹤計畫，達到成本效率？

11.哪些人經過訓練仍無法符合新的規格會被辭退？

12.確保哪些被僱用的個人會留在公司？（**表1-3**）

6　表1-3　企業策略與招募選用策略

企業整體策略規劃	招募選用策略
企業期望建立何種經營哲學和使命？	企業組織希望任用哪些種類和專長的員工？
企業在其所處的環境中存在哪些經營機會與威脅？	企業對其組織內外中不同專長背景的勞動力預測供給情況如何？
企業組織在經營中的強勢和弱勢為何？企業期望達成的目標為何？企業如何去達成企業目標？	企業應執行哪些步驟以甄選足以符合其所需運用的人才？

資料來源：李漢雄（2000）。《人力資源管理策略》，頁140。台北：揚智文化。

二、招聘人選的多樣選擇策略

　　如果企業內部組織有任何策略變革或組織重設計，勢必造成整個組織人力供需的變化。當然，外部環境的變化也勢必影響企業內人力供應體系，所以企業在不同發展階段有不同招聘策略考慮（**表1-4**）。

　　在招聘的對象上，許多企業愈來愈需要有創意的員工及國際化的人才，因此，相關的心理測驗、語言測驗等甄選工具的使用，變得更加迫切需要。同時，未來的工作職場需要專業、科技人才，因此未來的招聘作業上，雇主與應徵者（求職者）的權力分享勢必重新調整，尤其一些擁有「無法替代性」專長的應徵者，其薪酬與勞動條件的談判力量不可忽視。甄選、評估的方法勢必要隨著職場人力供需消長的潮流做必要的

表1-4　人力資源管理各階段招聘戰略實施內容

類別	創業期	產品轉型期	進軍多行業期	全球競爭期	原則
招聘	精簡為主，不必過於強調專業知識，重視可塑性。	所需人才多，以外部取得為主，從同業中挖掘人才。	行業技術特點鮮明，分公司重要人員一般從內部提拔，一般人員傾向於當地化。	世界範圍內網羅人才，高層人員必須具備跨文化行為能力。	適合於特定崗位的人就是最優秀的人。

資料來源：諶新民（主編）（2005）。《員工招聘成本收益分析》，頁7。廣州：廣東經濟。

調整。而為了引導組織變革，選用的策略將會朝向強調組織所期待的技能、價值觀及人格特質，重視工作者其未來所需的知能[2]。

三、招聘的哲理上思考

企業在招聘員工時，應先要有下列的哲理上思考[3]：

1. 申請人的件數愈多，才有可能選到最合適的人選。
2. 從申請表到考試，從考試到面談，從面談到選擇任用，其間的比率愈小愈好。
3. 招聘的方法正確，才能選出更好的員工，好的員工才會有好的工作績效。
4. 招聘要依據部門或高階主管所提出的能力標準來選才。
5. 申請人愈多，薪資的人力成本也會降低。
6. 薪資愈高，愈能吸引更佳的人力資源。
7. 選擇愈有技術經驗的人和愈有能力的人，還是要有較佳的薪資和福利給付。
8. 選擇有能力、有技術的員工，訓練成本會降低，工作績效會提高。
9. 訓練方式的適切，也可彌補招聘時的缺點。
10. 工作安置及工作負荷的合適，會提高員工的工作滿意度。
11. 公司的形象良好，就會吸引更多的申請人。

當部門內有人升遷或離職時，必須先探討一下能否由現有的內部人力吸收該工作。如果確認必須招募新進人員，就應該先界定其工作內容，考慮它的職掌、功能與責任，以及所需要的技術、學識和經驗，並檢討前任工作者在執行這份工作時是否有什麼困難，也要檢討這份工作的待遇福利與各種條件，以及這份工作與部門內其他人員的配合關係等等。一旦界定了工作內容之後，還要考慮下列事項：

8

1.這是不是個長期性的職位？

2.是否可由公司內的現有人員遞補？

3.是否需要特殊的學識背景或專業知識？

4.是否能吸引優秀的人才來應徵？

5.是否仍可將這份工作與其他工作合併以提高其吸引力？（**表1-5**）

然後，企業就可以決定招募人才的來源[4]。

四、招募人才的來源

由組織內部調任升遷或向組織外部招募人才，各有其優缺點，人力資源部門在做招聘決策時須慎重考量。

(一)內部人才來源

內部人才來源，主要透過內部升遷、工作輪調等方式取得。大量的事實證明，內部選拔是企業保持長期發展，從一般到優秀，從優秀到卓越，再保持繼續卓越的最重要保障條件之一。

內部招聘的優勢有：

表1-5　請神容易送神難？

想一想	切入點
這個職位有必要增設嗎？	增人
這個職位仍舊有必要存在嗎？	職缺
這些職責能夠分配給其他職位的員工負責嗎？	工作內容
這個職位可被工作流程簡化嗎？	自動化
有其他人擔任相同或類似的職能嗎？	職責重分配
組織內有「半閒置」人員嗎？	訓練
這個職位「存活率」還有多久？	階段功能
人力派遣公司有提供此一專業服務嗎？	外包

資料來源：丁志達（2008）。〈人力資源管理作業實務班講義〉。台北：中華企業管理發展中心。

1. 內部提拔可以保證企業核心的一貫性：內部提拔與外部聘僱最大的不同，並非是人員素質的不同，而是人員的工作連續性（不間斷）與核心價值（理念、價值觀、使命、目標、產品、服務、政策、制度等）的一貫性。只有擁有持續性的幹部培養、發展、接班人規劃與措施，才能保證企業永續發展。

2. 內部提拔為優秀人才提供了職業發展舞台，能夠留住高素質核心人才：內部提拔制度能夠很好地為員工提供個人發展的機會，增加員工對組織的信任感，從而有力激發員工的工作熱情，提高員工的士氣，有利於員工的職業生涯發展，有利於保留核心人才，最終有利於企業的績效提高。

3. 內部提拔簡化了招聘程序，節省了人力資源事務性工作成本：內部提拔可以為組織節省大量的費用。例如：廣告費、招聘人員與應聘人員的差旅費、招聘人員的機會成本、被錄用人員的生活安置費、培訓費等等，減少了因職位空缺而造成的間接成本損失等。

4. 內部提拔提高了用人決策的成功率，降低了用人決策的風險：由於對內部員工有較為充分的瞭解，再加上企業採取一系列科學、嚴格、長時間的選拔、培育與考核措施，能夠比較客觀、深入地考察評價，使得被內部提拔的人員更加可靠，從而提高了招聘的質量與成功率。

5. 內部提拔提供了員工對企業的忠誠度：由於企業採取了內部提拔的制度，使員工看到了企業對員工的關懷與照顧，從而也激發了他們對企業的忠誠度與責任感。對被選拔並任命為企業各階層的管理人員，他們就會有高瞻遠矚，在制定管理決策時，更能樹立長遠工作觀念，避免短期行為，能做出長遠的、有利於實現企業總體目標的規劃與行動。

內部提拔也無可避免存在著下列的一些盲點[5]：

1. 人才選擇面相對較窄，對於那些新興的、發展比較快速的企業，

10　　　由於工作發展與新職務的不斷出現，只靠內部選拔、培養與培訓，一方面速度跟不上企業的發展，另外，內部人員也沒有那麼多可供選擇的人才。在這種情況下，可能採取更為靈活的措施會更好，例如：用內部選拔與外部補充人員相互結合的方法，或內部選拔加外部顧問指導的方法等等。

2.不利於吸引外部高層次人才，不利於企業人才結構的優化，容易造成企業內部活力不足、長時間形成思維方式與觀點趨向一致性的現象。

(二)外部人才來源

外部人才來源可分為：無工作經驗的畢業生，或已有經驗的工作者，甚至為配合企業的人力短期計畫或淡、旺季人力的適當調配，引進部分工時者，或者部分業務外包給其他人力派遣公司。

外部招聘的優點，是比自行培養員工更加省時與快速，同時帶進異質化的工作觀點與思考方式，可刺激內部員工創意以及促進組織活性化，但其缺點是外部人員因是空降部隊，故容易招致內部員工的排斥，或引起內部員工士氣低落等問題（表1-6）。

一般企業在網羅和僱用績優人才最理想的時機，就是在景氣低迷的時候。企業在這個時候能夠延攬到通常原本被各企業緊抓不放的人才，如果這個時候盡量招兵買馬，等到景氣一復甦，就能享有充足的人力運用[6]。因此，企業在招聘人才時，應該視當時的環境與所希望達成的目標，訂定適當的招募政策，選擇由組織內部或外部招聘人才。

第二節　招聘收益金字塔概念

招聘從獲得應徵信函開始，經過筆試、面試等各個篩選環節，最後才能決定正式錄用或試用，在這一過程中，應徵者的人數變得愈來愈

表1-6　內部與外部人才來源的優缺點比較

區別	優點	缺點
內部人才來源	·內部升遷者士氣高昂，增加其滿足感與對組織的向心力。 ·熟悉組織政策與實踐，增進對組織忠誠度，計畫易延續。 ·可評價員工能力及貢獻，不易選錯人。 ·招募成本低、花費少。 ·激勵工作表現優良者。 ·充分運用員工的生產力。 ·落實職涯發展雙軌制。 ·提升組織對現有人員的投資報酬率。 ·公司對升遷者的優缺點較為瞭解。 ·降低離職率，促使技術生根。	·缺少外來刺激，形成「近親繁殖」的內部狹隘思考和局限觀念的範圍。 ·未被升遷而工作表現優異者的士氣低落。 ·增加內部的鬥爭和壓力。 ·企業組織偏向官僚氣息及獨裁作風。 ·造成「彼得原理」效應，員工被提升到一個不能勝任的職位。
外部人才來源	·有較充分的人力可供選擇。 ·加入新血、新刺激、新看法。 ·比自行訓練人才更加快速、成本較低。 ·不易形成派系，勇於突破現狀。 ·帶進新的創見與觀點。	·可能招募不到適當人選。 ·可能影響現有人員的士氣，需要較長時間調適與適應。 ·不同意見導致衝突。 ·新聘人員的成功率難料，增加招聘與甄選的風險。

資料來源：丁志達（2008）。〈員工招聘與培訓實務研習班講義〉。台北：中華企業管理發展中心。

少，就像金字塔（recruiting yield pyramid）一樣（**圖1-1**）。

一、招聘收益金字塔的運用

　　招聘收益指的是經過招聘過程中的各個環節篩選後留下的應徵者的數量，留下的數量大，招聘收益就大，反之就是招聘的收益小。企業中的工作職位可以劃分為許多種，在招聘過程中，針對每個職位空缺所需要付出的努力程度是有差別的，到底為招聘到某種職位上足夠數量的合格員工應該付出多大的努力，可以根據過去的經驗數據來確定，招

12

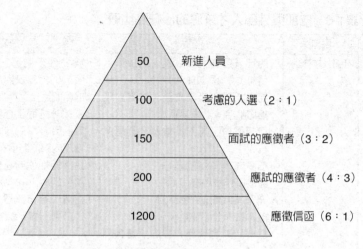

圖1-1　甄募金字塔

資料來源：Gary Dessler（著），李茂興（譯）（1992）。《人事管理》，頁111。台北：曉園。

聘收益金字塔就是這樣一種經驗分析工具。例如：洛斯會計公司（Ross Accounting Company）下個年度必須聘用五十位會計人員，由過去的經驗得知，考慮的人選當中，大約有二分之一會錄用；同樣的，面試的應徵者，只有三分之二成為考慮的人選，而應試過的應徵者只有四分之三會有面試的機會，而大概只有六分之一應徵者信函會有應試的機會。有了上面這些比例之後，該公司知道他們所做的努力必須產生一千二百封應徵信函，然後經過一連串的篩選之後，最後僱用五十位應徵者❼。

由此可見，招聘收益金字塔可以幫助人力資源部門對招聘的宣傳計畫和實施過程，有一個準確的估計與有效的設計，它也可以幫助人資單位決定為了招聘到足夠數量的合格員工，需要吸引多少應徵者。

在確定工作申請資格時，組織有不同的招聘策略可以選擇。一種策略是把申請資格設定得比較高，於是符合遴選標準的申請人比較少，然後組織花費比較多的時間和金錢來仔細挑選最好的員工；另一種策略是把申請資格設定得比較低，於是符合遴選標準的申請人就比較多，這種策略有比較充分的選擇餘地，招聘的成本也會比較低。

一般而言，如果招聘的職位對於組織而言至關重要，員工素質是首選的話，這種狀況就應該採取第一種策略；如果勞動力市場供給形式比較緊張，組織也缺乏足夠的招聘費用，同時招聘的工作對於組織不是十分重要，就應該採取第二種策略❽。

二、招聘評價與招聘成本

在企業的招聘過程中，要考慮到招聘的效率問題。招聘的效率衡量指標，是指招聘成本的多少才能發現有關招聘作業在時間和花費上是否符合盡可能節約的原則。招聘成本決定於招聘的工作職位的類型、招聘活動的周延與細緻程度、使用的應徵者來源的種類和數目，以及所招聘的人員數量的多寡（**表**1-7）。

從企業的角度來看，招聘工作的成績可以用多種方法來檢驗。但是歸根究柢，所有的評價方法都是落實在花費的資源既定的條件下，為工作職位招到的應徵者的適用性。這種適用性可以用全部應徵者中合格的數量所占的比重、合格申請人的數量與工作職缺的比率、實際錄用到的數量與計畫招聘數量的比率、錄用後新員工的離職率等指標來衡量（**表**1-8）。

三、人員招募與甄選的效用

一事無成的面談，可能造成的後果不堪設想，遑論其間牽涉到的金錢損失。許多面試者（官）都沒有注意到甄選新進人員的潛在成本，將面談過程延伸到第二次面談都會增加招募成本（**表**1-9）。

(一)招募成本

如同其他的管理程序，在徵才和選才的過程中，必須小心謹慎，以避免不必要的成本耗費。對於所刊登的廣告及其所造成的回應，應該記錄並加以控制（**範例**1-1）。

表1-7　招募成效研究整理表

學者	年代	研究
Gannon	1971	從招募廣告所透露的資訊角度，比較一家紐約銀行運用七種招募管道與錄取後員工離職率的關聯，結果發現以內部招募及員工薦舉是較穩定的招募方式；而報紙廣告及職業介紹所的離職率最高。
Decker & Cornelius	1979	從招募廣告所透露的資訊角度，比較四種招募管道在三家不同產業的公司（保險業、銀行、專業顧問公司）其員工存活率，結果發現員工推薦是最佳的招募管道；而職業介紹所及報紙廣告是較差的招募管道。
Miner	1979	從招募廣告所透露的資訊角度著手，以數種招募管道針對五個職業群體（文書，工廠／服務，銷售，職業／技術，管理）做比較，結果發現報紙廣告、毛遂自薦、私立職業介紹所、大學校園招募及獵人頭公司是最有效的招募方式。同時，他的研究也支持不同的行業適用不同的招募方法。如獵人頭公司適用於經理級的招募；員工薦舉則適用於銷售、專業／科技、管理及文書人員。
Breaugh	1981	從招募廣告所透露的資訊角度著手，用了四種招募管道（期刊廣告、報紙廣告、校園招募及毛遂自薦），比較錄取後，員工的缺席率、工作態度及工作績效，以評估不同招募管道的成效，相較之下，發現校園招募與報紙廣告效果最差；而毛遂自薦的效果最佳。
Tayor & Schmidt	1983	從個體的差異著手，比較七種招募管道在一家美國中西部的包裝工廠的招募成效。結果發現不同的招募管道對於工作績效、出席率及該名員工的存活率也都不同。最佳的招募管道為僱用先前的員工或重雇。
Heneman III et al	1986	僱用藍領員工，以直接應徵最有效，而僱用職員、銷售員、專業技術人員、管理人員，則以廣告最有效。
Balu	1990	針對招募管道與績效表現進行分析，招募管道包含了報紙廣告、職業介紹所、自薦以及推薦等。研究結論指出，經由自薦所僱用的員工相較於其他管道來說，會有較好的績效表現。
Wiley	1992	從個體的差異著手，比較不同的招募管道在不同的產業與不同的職業類別其成效是否有差異，探討不同的招募管道是否可以找到更適合的招募人才，包括應徵者及合格率。前五大招募管道分別是員工薦舉、報紙／特定的廣告、先前的員工或重雇、職業介紹所／獵人頭公司、毛遂自薦。
Williams, Labig & Stone	1993	以三十二間不同地區醫院所招募護士的應徵者進行抽樣，以問卷方式進行，總共回收了四百六十七份，而這四百六十七名應徵者中，共錄取了二百三十四名成為新進員工。在分析招募管道與離職以及績效的部分，並沒有發現顯著的關係。

（續）表1-7　招募成效研究整理表　　　　　　　　　　　　　　　15

學者	年代	研究
Byers & Rue	1994	員工推薦、報紙廣告、私人就業輔導機構、毛遂自薦為四項最有效率的招募管道，而經由員工推薦被僱用的員工，其離職率較其他管道低。
Milkovich & Boudreau	1994	報紙廣告應用最廣。不同的招募管道適合不同類型的工作。
管理雜誌暨哈佛企管顧問公司市調中心	1995	企業招募辦公室員工，一般職員最常透過登報求才（64.3%），而管理階層則最常透過內部調升（67.3%）。
唐郁靖	1996	台商和日商較美商傾向利用內部招募管道填補主管級職缺。
Winter	1996	以測驗計畫法評估教師招募的成效，針對工作特質（工作本質、內容）、工作訊息（人員，非感情的）及應徵者的反應，來判斷職缺的填補率，以瞭解招募的成效。
Criffeth, Hom, Fink, & Cohen	1997	針對某一家醫學中心的新進護理人員進行抽樣，樣本數為二十一個，蒐集一年後其離職與缺席的狀況，並以問卷方式進行其他資料的蒐集，其他資料包含招募管道、個人資料、工作滿意度等等。在這個研究中，證明了招募管道的確對於僱用後的成效會有直接的影響，並且這樣的影響可以經由招募管道所傳達的資訊來加以解釋。
Mcmanus	1998	針對網站招募做研究，從回收的履歷表評估招募的成效，發現在技術性較高及來源的區域較廣時，回收的履歷表較佳。同時該研究也指出，網路招募中，當收到履歷表後，通知其前來面試，不來面試的比率較其他媒體高。
Fein	1998	現職員工推薦、校園招募、實習、報紙廣告回應、公司網頁徵才回應，為受訪公司認為相當重要或重要之比例較高的管道，將近50%或是超過一半。

資料來源：柯璟融（2006）。《企業聲望招募管道　招募成效與組織人才吸引力》，碩士論文，頁46-48。高雄：中山大學人力資源管理研究所。

一般而言，招募成本控制方法有：

1. 是否可以用其他花費較少的方式尋求新的人力資源？
2. 是否可以採用花費較少的人員甄選方式？
3. 應徵使用的表格是否過於複雜，包含過多不必要的資訊？或是過於簡化，忽略掉許多重要的訊息？

16

4.內部可能的候選人是否已全部被考慮過？

5.擇人標準是否過高或過低？

表1-8　招聘評價指標體系

一般評價指標	·補充空缺的數量或百分比。 ·即時地補充空缺的數量或百分比。 ·平均每位新進員工的招聘成本。 ·業績優良的新進員工的數量或百分比。 ·留職至少一年以上的新進員工的數量或百分比。 ·對新工作滿意的新進員工的數量或百分比。
基於招聘者的評價指標	·從事面試的數量。 ·被面試者對面試質量的評級。 ·職業前景介紹的數量和質量等級。 ·推薦的應徵者中被錄用的比例。 ·推薦的應徵者中被錄用而且業績突出的員工的比例。 ·平均每次面試的成本。
基於招聘方法的評價指標	·引發的申請數量。 ·引發的合格申請數量。 ·平均每件申請的成本。 ·從方法實施到接到申請的時間。 ·平均每位被錄用的員工的招聘成本。 ·招聘的員工質量（業績、出勤等）。
僱用時成效指標	·填補職缺的成本。 ·填補職缺的時效。 ·填補職缺的數目。
僱用後成效指標	·參與招聘過程的工作人員所付出的時間成本、差旅費與工資。 ·招到一位應徵者所花費的成本與時間。 ·新進人員最初的工作績效表現。 ·新進人員一年內的留任率。 ·新進人員的出勤率。 ·新進人員的就職費用。 ·新進人員工作上軌道（熟練）所需的時間。

資料來源：(1)丁志達（2008）。〈員工招聘與培訓實務研習班講義〉。台北：中華企業管理
發展中心。

(2)George Y. Milkovich & W. Boudreau (1994). *Human Resource Management*.Richard
D. Iwin, p.311.

表1-9　影響求才真正成本的要素

> ・薪水。
> ・領這個薪水的職缺數目。
> ・這份工作求才的頻率。
> ・每一次求才僱用花費的成本。
> ・廣告或仲介費用。
> ・參與求才過程的員工所付出的時間成本。
> ・求才過程花費的人力時數。
> ・新進員工的就職費用。
> ・訓練。
> ・新進人員工作要上軌道所需的時間。

資料來源：David Walker（著），江麗美（譯）（2001）。《有效求才》，頁11。台北：智庫文化。

範例1-1　僱用一個人的來源成本

> A. 僱用一個人的來源成本公式：
> 　 SC/H＝（AC＋AF＋RB＋NC）/H
> B. 說明
> 　 AC：廣告成本，月支出總額（例如：$28,000）
> 　 AF：當月的介紹費總額（例如：$19,000）
> 　 RB：介紹獎金，薪資總額（例如：$2,300）
> 　 NC：無成本的僱用，未經預約而來的人、非營利的服務機構介紹等（例如：$0）
> 　 H ：僱用總人數（例如：119）
> C. 把範例數字代入到公式中計算得出
> 　 SC/H＝（$28,000＋$19,000＋$2,300＋$0）/119
> 　　　　＝$49,300/119
> 　　　　＝$414（每僱用一人的招募來源成本）

資料來源：George Bohlander、Scott Snell（著）（2005）。《人力資源管理》，頁129-130。台北：新加坡商湯姆生亞洲私人有限公司台灣分公司。

(二)效用比例

對於大規模的人員招募與甄試結果，企業可以經由以下的數字比例來分析其效益性：

18

1.職缺未受到填補的平均時間。

2.廣告的回應數量／有資格參加面談的人數。

3.面談的人數／公司的錄用人數。

4.公司的錄用人數／接受公司錄用的人數。

5.新進員工的人數／在試用期中表現的人數。

6.新進員工的人數／進公司一年後仍留任於公司的人數。

7.人員招募與甄選的成本／新進人員的人數。

8.公司的職缺數量／由公司人員遞補的數量。

9.公司針對當時職缺所提供的薪資總額／哪些職缺所造成的人員招募與甄選成本。

除了第9項之外，以上任何一種比例若有下降的趨勢，則表示人員的招募與甄選過程已獲得改善[9]。

總而言之，要想更快、更準確的招聘到人才，主要應從幾個方面下功夫[10]：

1.招聘要有長遠的規劃，以便形成人才蓄水池。

2.要明確用人標準，並確保人力資源與用人部門對用人標準的理解一致。

3.要拓展招聘管道，並根據需求人員的特點選用最先進、最恰當的管道。

4.選用科學的甄選方法與手段，保證招聘到的人就是最合適的人。

5.要規範招聘程序，簡化招聘流程，提高面試者的識人水平。

6.人力資源單位要充分瞭解業務，以確保對招聘標準的準確認識。

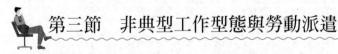

第三節　非典型工作型態與勞動派遣

管理大師Peter Drucker曾指出：「在十至十五年內，任何企業中僅

做後勤支持而不創造營業額的工作，都應該將它外包出去；任何不提供向高級發展的機會和活動、業務也應該採取外包形式。」在服務業的領域，已開發國家採用臨時員工的指標企業有：百貨業的威名（WAL-MART）百貨；速食業的麥當勞（McDonald's）、肯德基（Kentucky Fried Chicken）、星巴克（Starbucks Coffee）；流通業的優必速（United Parcel Service, UPS）等企業，而在國內目前有些地方政府將停車拖吊、開罰單、停車場收費等非核心業務委託民間業者經營（**表1-10**）。

一、非典型工作類型

非典型工作型態源自於非典型聘僱關係的一種工作型態，這種聘僱關係是一種非全時、非長期受聘僱於一個雇主或一家企業的關係。大體而言，包括了部分工時勞動、定期契約勞動、派遣勞動等（**表1-11**）。

對於企業而言，在面臨全球化無分畛域、無所不在的嚴酷競爭時，對於營運成本無不錙銖必較，力求最低廉。因此，對於非自我核心業務進行委外，才能以最適規模、最低成本、最大彈性，予以靈活運用人力，因應市場的瞬息萬變（**表1-12**）。

表1-10　台灣地區人力派遣業的發展階段

階段	時點	主要派遣型態	主要運用單位	主力職種
種子期	1995年以前	臨時派遣（一個月以內）	辦活動或參加活動之企業	展示人員、活動人員
萌芽期	1995至2001年間	短期派遣（一至六個月）	外商、財團法人、部分金融業	白領基層員工（行政、秘書）
成長期	2001年至迄今	長期派遣（七個月以上）	金融業、製造業、流通業	客服人員、藍領勞工

資料來源：楊朝安（2004）。《人力派遣大革命：台灣人力派遣發展現況》，頁129。台北：才庫人力資源事業群。

表1-11　非典型僱用中各種僱用方式之意義

僱用方式	意義
部分工時勞工	工作時間較所屬事業單位正常工時顯著短少之經常性受薪工作者。
定期契約工	泛指從事短期的非繼續工作者。原則上勞動契約不超過一年，有臨時性、短期性、季節性、特定性工作。
季節性	受季節性原料、材料來源或市場銷售影響之非繼續性工作，一年內其工作期間在九個月以內者。
家用勞動	在家工作，從事家務者。
電傳勞動	藉電腦資訊技術及電子通訊設備從事勞務給付活動者。
蘇活族	個人工作室、自由工作者等傳統辦公室以外發生的謀生方式，稱為蘇活（SOHO）族。
自由僱用	自營作業，自己僱用自己的勞動者。
派遣勞工	使勞工在受派企業的指揮下提供勞務者。

資料來源：李毓祥（2002）。《部分工時人力運用與組織績效之實證研究：以量販店為例》，碩士論文。台中：靜宜大學企業管理研究所。

表1-12　使用派遣人力的時機

企業使用時機	情況說明
臨時須補充人力時之狀況	・員工請產假、育兒休假。 ・員工長期休假（留職停薪）。 ・員工突然離職。
企業常態忙碌期間	・會計部門年度結算、報稅或寄發所得稅單。 ・公司進行自動化前客戶資料輸入。 ・股務部門發放增資股票、股東禮品。 ・郵寄傳單或宣傳品。
因應旺季需短期人力時	・促銷活動、業務開發。 ・客戶資料整理、輸入。 ・協助業務人員聯繫客戶。 ・電話行銷、催帳。 ・寄發促銷活動贈品。 ・郵件收發整理。 ・跨年活動舉辦活動人員。 ・展覽會場翻譯或解說人員。 ・公文及文件的收發。 ・選舉期間之電話催票人員。 ・臨時接到大量訂單急需人力協助。

（續）表1-12　使用派遣人力的時機　　　　　　　　　　　　　　　　　　21

企業使用時機	情況說明
策略性運用人力時	・短期專案人力補充（市場調查人員）。 ・協助業務人員提供售後服務。 ・招募季節，協助整理大量履歷表及聯絡面談工作。 ・賣場試吃活動的人員。 ・降低非核心人力的人事成本支出。 ・配合專案型或契約型工作之人力配置。 ・新事業或投資剛成立時之短期人力支援。 ・彈性運用部分工時人力，以因應不確定的景氣循環。 ・公營企業久未晉用人力，採人力派遣方式活化組織與注入新活力。
員額限制	・公營事業限於員額或有臨時性業務時，透過政府公開招標方式，請人力銀行派員支援。 ・民營企業限於員額但臨時又有短期新業務須營運時。
篩選人才與晉用	・大量人才需求（電話行銷與客戶服務）。 ・流動率高的職務（電話行銷）。 ・公司為了避免用人錯誤，會先以派遣或約聘模式晉用，等待表現優良後才正式以正職錄用。
外商來台籌備分公司	・無法加入勞、健保。 ・無人資單位。 ・業務急迫。 ・技術客服／國外客戶售後服務。
專業分工	・網站設立／技術客服。 ・行銷廣告／電話行銷。 ・人事外包。

資料來源：丁志達（2008）。〈人力資源管理作業實務班講義〉。台北：中華企業管理發展中心。

非典型工作型態主要包括以下三種類型：

(一)部分工作時間

部分工時工作（part-time work）是非典型工作型態之一。根據歐洲國家及美國勞工統計局的定義，每週正常工作時數少於三十小時者，可稱為部分工作的工時工作，而台灣地區，也是以每週正常工作時數少於

三十小時者稱之。

原則上，部分工作時間又可細分為二種：

1. 自願性部分工時工作：從事此種工作型態大都是因本身因素考量情況下而選擇的，例如：為兼顧家庭與工作、或學習與工作，婦女或青少年通常會做這方面工時的選擇。
2. 非自願性部分工時工作：從事此種工作型態者，則係無法獲得全時間工作者，例如：在經濟不景氣因素影響下，勞工只能獲得從事這樣的工時選擇。

(二)定期聘僱契約工作

定期聘僱契約（fixed duration contracts of employment）是指由勞雇雙方直接訂定契約，而契約的終結取決於一些客觀要件，例如：特定日期的到來、特定工作的完成，或特定事件的發生等（**表1-13**）。

表1-13 定期契約的規範

類別	規範
臨時性工作	係指無法預期之非繼續性工作。期間不超過六個月。
短期性工作	係指可預期於短期間內完成之非繼續性工作。期間不超過六個月。
季節性工作	係指受季節性原料、材料來源或市場銷售影響之非繼續性工作。期間不得超過九個月。
特定性工作	係指可在特定期間完成之非繼續性工作。期間超過一年者，應報請主管機關核備。
例外限制	下列情況下，定期契約會改成不定期契約： 1. 定期契約到期，如果勞工繼續工作而雇主不即表示反對意思者。 2. 雖經另訂新約，惟其前後勞動契約之工作期間超過九十日，前後契約間斷期間未超過三十日者，但「特定性」或「季節性」之定期工作不適用之。（勞動基準法第九條） 3. 定期契約屆滿後或不定期契約因故停止履行後，未滿三個月而訂定新約或繼續履行原約時，勞工前後工作年資，應合併計算。（勞動基準法第十條）

資料來源：丁志達（2008）。〈人力資源管理作業實務班講義〉。台北：中華企業管理發展中心。

如同部分工時工作一樣，定期聘僱契約工作，亦有自願與非自願性之區分。長期僱用型或定期契約，並不以某種「職務」為認定基準，而是視該項工作是不是有「繼續性」，主要是看該事業單位的業務性質和經營運作。勞工所從事的工作是持續性的需要時，就應視為「繼續性」工作，例如客運業的司機，就不能視為「定期契約」，但如果有公司臨時遷廠，短期間需要有專車接送，所聘僱的司機就屬於「定期契約工」。

又如事業單位要擴廠，必須聘請一些土木、機械、電機等專家規劃，因擴廠不是長期性工作，所聘請的工程師、建築師、建築工人、司機、清潔人員等，雇主可在預估的工期下，簽訂工作期限，時間到即終止契約。另外，公司更新設備，需要臨時僱用一批專業人員和技術人員協助，也可以訂立定期契約，像工程建設公司也常會發生聘僱定期契約人員的問題，譬如高速鐵路沿線工程，有許多工程標分別給不同建築公司承攬，且每一工程標都有一定的工期，工期結束，所聘請的技術工契約就算終止。另外，公司整頓期間需要聘請一些專家、顧問來診治，或者是新商品、新技術研發期，須聘請專業人員來協助時，就可聘請短期性的人員來支援協助[11]。

二、派遣勞動

派遣勞動是一種非傳統的聘僱關係。對於「派遣勞動」有許多不同的稱呼，例如：「臨時勞動」（temporary work）、「機構勞動」（agency work）或「租賃勞動」（leased work）。大體上，見諸歐美國家文獻或紀錄的，以「臨時勞動」名詞使用的次數最頻繁，而「員工租賃」（employee leasing）這個名詞，則常見於美國的一些文獻與紀錄（**表**1-14）。

(一)派遣勞動的界定

派遣勞動涉及一個三角互動關係（triangular arrangement），而這個

24　表1-14　典型僱用型態與非典型僱用型態之比較

僱用型態	典型僱用	非典型僱用
常見名稱	正式員工、正職人員、正式社員。	定期契約工、部分工時工、臨時工、隨傳工、派遣勞工、電傳工作者、自僱型工作者等。
教育程度	一般而言，平均教育程度較非典型勞動者高。	除了具有特殊技能或專業性之自僱型工作者（如專欄作家）及電傳工作者（蘇活族）外，一般而言，教育程度較勞動市場中之平均水準低。
雇傭關係	屬於全時性、長期性、持續性並由企業直接僱用。	屬臨時性、短期性、非持續性，由企業直接僱用或透過第三者（如人力派遣公司）間接僱用。
企業僱用之動機與原因	為維持正常經營活動與組織運作之主要核心功能而僱用。	為減少勞動成本、代替缺席之正式員工、增加人力運用之彈性、應付臨時增加之業務量等原因而僱用。
工作性質	屬核心工作或非核心工作。	一般多屬於非核心工作。
薪資結構	常見方式為月薪制。一般而言，除基本薪資外，亦包括各類津貼、獎金、紅利、配股等其他經常性與非經常性給予。	常見方式有月薪制、日薪制、時薪制、論件計酬制。一般而言，薪資內容除基本薪資外，較少包含其他薪資名目。
其他薪資外之福利制度	除薪資外，有其他福利。例如：員工旅遊、健康檢查、團體保險、子女獎（助）學金、生日禮金等。	通常除法定之勞、健保、退休金提繳外，無其他福利，或僅享有少數幾項福利。
升遷管道	工作表現優秀之員工有升遷機會。	一般而言，無升遷機會，但有可能轉任正職。
教育訓練	機會較多。企業較願意對其做未來性與持續性的教育訓練計畫與員工發展之投資。	僅有基本訓練。企業僅對其實施工作任務上必要的基本訓練。
企業對其工作滿意度的重視程度	較重視。企業會透過定期或不定期的員工工作滿意度調查來得知其滿意程度。	普遍較不重視。由於契約期間最長通常不超過一年，因此企業普遍比較不重視其工作滿意度。

資料來源：林曉雅（2005），《僱用型態對工作涉入之影響》，碩士論文，頁12。新竹：交通大學經營管理研究所。

三角關係包括：派遣公司（dispatched work agency）、要派公司（user enterprise）和派遣員工（dispatched worker）三方當事人（圖1-2）。

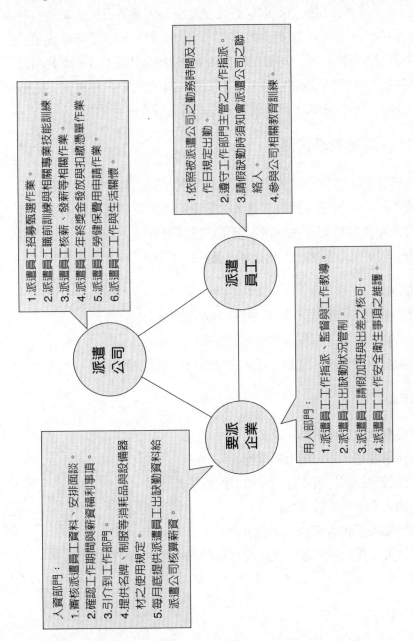

圖1-2　派遣勞動關係架構圖

資料來源：汎亞人力銀行派遣網（http://temp.9999.com.tw/p02.asp）。

派遣公司接受要派公司之委託尋找適合人選,經過要派公司與派遣員工同意,派遣員工與派遣公司簽訂勞動契約,並直接前往要派公司提供勞務並接受要派公司的指揮與監督,要派公司與派遣員工之間並沒有勞動契約的存在。例如:銀行業將非核心人力委外,或採取臨時僱用的情形日趨普遍,中國信託公司每年約有10%的臨時僱用人力;台灣IBM公司,目前有一千五百位編制內員工,有四百三十位行政、秘書、工程師是約聘人員,約四位正職人員中就有一位約聘人員[12]。

(二)派遣勞動發展原因

派遣勞動的形成與時代的變遷以及企業對技術與經濟條件改變的反應,有密不可分的關係。僱用派遣人力是企業人力資源策略的一環,而人力資源策略更須搭配企業整體經營策略才能發揮其效益。所以,派遣業發展的原因,可以歸納出下列幾項(**圖1-3**):

■外部因素

1.企業面對競爭壓力下,對削減勞動成本的需求。

2.產業結構的變遷由製造業轉為服務業。

3.技術變革,資訊、電腦、通訊的發展而衍生的工作型態。

■內部因素

1.勞動規章愈來愈嚴格、繁多。

2.業務量波動,不需僱用經常性的人力。

3.降低長期的固定成本和招募徵選的費用。

4.增加人力聘用和管理彈性。

5.減少繁雜行政事務和時間的浪費。

6.解決員工再訓練問題,直接找具有相當能力的派遣員工來服務。

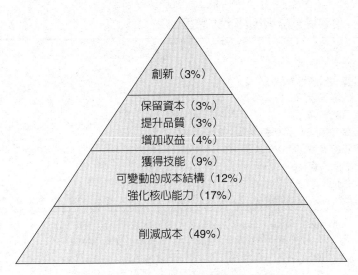

圖1-3　委外帶來不同層級的效益

資料來源：2004年委外世界高峰會（2004 Outsourcing World Summit）。引自：Michael
F. Corbett（著），杜雯蓉（譯）（2006）。《委外革命》（*The Outsourcing
Revolution*），頁40。台北：經濟新潮社。

(三)企業的派遣勞動政策

　　企業在考慮是否將部分業務委外時，必須清楚認識到委外不是解決
企業經營不善的萬靈藥，委外的成功乃在於委外業者（派遣公司）與提
供服務業者（要派公司）是否能夠有效的配合（**表1-15**）。

　　企業在決定派遣勞動政策前，必須注意以下幾項要點[13]：

1.人力盤點：找出有哪些工作可以委外。

2.工作標準化：好的人力素質會有好的績效與良率，但要會「用
　人」。

3.內控稽核標準化：維持良率。

4.高層管理層的支持：若有高層的支持，將派遣訂爲「委外政策」之
　一，那麼推行上已成功10%。

28　表1-15　企業委外能夠成功十大原因

・瞭解公司目標。
・策略性眼光和計畫。
・評鑑選擇合格供應商。
・持續性的關係管理。
・妥善架構的合約。
・與有影響力的個人／團體開放溝通。
・資深主管的支持與參與。
・仔細留意個人事務。
・近期財務確認。
・學會運用外部的專業知識。

資料來源：Charles L. Gay、James Essinger（著），盧娜（譯）（2001）。《企業外包模式：如何利用外部資源提升競爭力》，頁29。台北：商周。

5.現場主管的認同：廠課長要把派遣員工當作自己人看待，這樣又成功了20%。

6.直接用人單位的幹部（班、組長）心態調查：派遣人員離職率分析中，有30%因「班、組長差異化分配與態度」而離職。從幹部著手調整運用手法，才能夠有效降低派遣員工的流動率。

7.公司人事政策：公司是否有明確目標要透過彈性人力運用而達到企業瘦身或縮編。

8.人資人員的角色扮演：要當雇主的心理諮詢師，導入派遣之企業其經營成效不在員工數擁有之多寡，而應在每位員工產值之高低，這是一種人力僱用與使用分開的思維運用。

9.委外（外包或派遣）的核心觀念：確認由專業派遣公司幫助企業解決人力資源問題的重要手法。

(四)遴選派遣人力機構原則

隨著合作策略的推波助瀾，以及勞工退休金辦法（勞退新制）在2005年7月正式實施後，企業部分非核心專長委外現象已蔚為風潮，例如：目前就業市場上盛行的獵人頭公司，即屬於為企業提供人力資源外

包服務的公司。企業在執行外包決策時，須注意下列事項：

1.人力派遣公司是否為登記合法的企業。

2.確定人力派遣公司是否配合要派公司的目標，並瞭解人力派遣公司的財務背景。

3.要求人力派遣公司提出客戶和專業服務項目的參考文件。

4.調查人力派遣公司的管理和風險管理服務是否良好。內部聘僱的員工有何種經驗？何種深厚專長？

5.謹慎檢視勞務派遣協議中是否清楚說明雙方的責任和義務為何？提供什麼保證？在什麼情況下任何一方可以取消契約的條款。

外包絕不僅是找一群廉價人力去執行任務，企業必須妥善地控制、監督各種處理流程，更不應該為成本考量，將企業的核心競爭力業務也外包出去。如果企業要讓外包這項工作更具專業化的水準，及更高品質的服務，在擬定合約時，企業就必須提出期望，才能將此一工作執行得更好（**範例1-2**）。

範例1-2　駐衛保全評選標準

招標簡報內容建議書		
簡報項目	時間	配分（100分）
公司簡介	3分鐘	10分
公司教育訓練制度及落實方法介紹	2分鐘	15分
請介紹貴公司保全人員於本院門口迎接訪客之標準程序	2分鐘	15分
各類緊急或突發狀況處置之訓練情形（例如：火災應變措施、抬棺抗議時如何應變及處理、急診室遇到找碴時如何處理及通報）	3分鐘	20分
請提供貴公司於勤務上如何協助本院提高服務效率及滿意度	5分鐘	20分
請介紹貴公司使用何種品質工具提高保全員執勤效率及服務品質	5分鐘	20分

資料來源：秀傳紀念醫院招標須知。引自：洪慶麟（2005）。《保全業評鑑對保全業的影響與因應之道》，碩士論文，頁40。台中：逢甲大學經營管理研究所。

三、非典型工作型態的評估

當企業選擇運用非典型工作型態來達成組織發展和降低勞動成本時，為避免可能發生的負面影響，企業必須經過審慎的評估過程（**表1-16**）。

(一)評估程序與步驟

1. 確認哪些工作可以藉由非典型工作型態的運用來執行與推動。
2. 比較非典型工作型態運用前後的成本，而工作品質也應該是考量的重點。

表1-16　供應商甄選查核清單

項次	特性	權重	供應商1	供應商2
1.	經驗與專業能力。供應商從事這個行業有多久的時間？供應商有多少類似的專案經驗？	0.15		
2.	歷史紀錄：第一部分。對方業務所提供的過去績效、客戶重點與口碑。	0.02		
3.	歷史紀錄：第二部分。透過獨立調查所得知的過去績效、客戶重點與口碑。	0.07		
4.	現場訪查。供應商的設施是否符合需求？	0.10		
5.	財務能力。供應商的財務現況、信用度及穩定性是否足以支援你即將投入的重大投資？是否為一家新公司？資本是否薄弱？	0.10		
6.	彈性。營運模式、合約與擴充性。	0.15		
7.	誠信。保密性、安全性、智慧財產權相關規範、營運模式、品質標準。	0.17		
8.	人力。確實存在的、積極主動的員工；合法的學歷與證照。	0.17		
9.	價格與利潤	0.15		

＊如果獨立調查的結果跟供應商所提供的資訊有差異的話，你應該根據這個差異調整分數。

資料來源：Linda Dominguez（著），曹嬿恆（譯）（2006）。《跟著廉價資源走：兼顧成本與品質，提升企業競爭力的全球委外指南》，頁94。台北：美商麥格羅‧希爾。

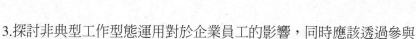

3. 探討非典型工作型態運用對於企業員工的影響，同時應該透過參與及溝通管道，讓企業員工瞭解非典型工作型態運用的利弊得失。

4. 企業內資源的重新調整與安排，使核心工作的推動與執行更加順利。

5. 對於外包策略運用而言，評選並列出「承攬」對象的優先順序，審慎加以選擇「承攬」對象或提供者。

(二)簽約內容

企業於談判委外契約時，就必須於契約中對契約的標的（委外的業務範圍）、完成期限、價金、承攬人的瑕疵擔保責任、雙方的權利義務、承攬人負責人員、損害賠償，以及如何對委外業務加以管理、控制等重要的法律問題加以規範。有必要時，企業亦可考慮在契約中規定查核點，以確保委外業務進行順暢，並強化對委外業務的管理[14]。

總之，由於總體與個體因素的影響，非典型工作型態的發展似乎成為一種不可遏阻的趨勢。因此，當企業考慮透過非典型工作型態的運用來達成企業發展的目的時，或許多考量一些企業社會責任，才是確保非典型工作型態發展的不二法門[15]。

第四節　聘僱歧視的防範

人力資源管理的各項作業會涉及到雇主與員工之間的關係，這種關係應該站在一個公平、合理、平等、互惠的基礎上進行，但相對於資方的經濟優勢，員工一般缺乏與之抗衡的力量，特別是正在求職階段的應徵者。因此，各國政府為了保障弱勢的勞工，乃有勞動立法，禁止影響員工權益的歧視行為。在企業內從事徵才與選才有關作業的招募人員與用人單位主管，必須深入瞭解相關的法律議題，避免觸法。

一、現行的相關聘僱法律

聘僱歧視的法律規範，是用於防止雇主向應徵者提出與工作能力無直接關係的問題。在台灣地區，與聘僱相關的法律有：勞動基準法、就業服務法、就業保險法、兩性工作平等法、身心障礙者保護法、保全業法、勞工健康保護規則等等（**表1-17**）。這些法律規範唯一用途是提醒雇主在聘僱過程中加以迴避，以避免吃上官司。譬如：美國法律禁止詢問有關應徵者的婚姻及家庭狀況、年齡、種族、宗教、性別及族群背景、信用評等以及前科等問題，除非面試者能證明這些事情與工作的表現良莠有關，否則應避免提出這些問題。如果面試者要問：「結婚與否？」或「有沒有小孩？」則可以用另外的語句來發問，例如：「如果必須在一個月內加班數次，對你有沒有困難？」[16]

二、迴避聘僱歧視的問話

下列這幾類問題，面試者必須要迴避提問，即便要問，也要十分謹慎用詞：

1. 如果錄用你，你能證明自己至少已經十六足歲嗎？
2. 擔任這個職務的人需要週末上班（出差），你是否有任何私事牴觸這些要求？
3. 婚姻問題（別問應徵者目前是單身還是已婚？此外，避免提出任何問題間接刺探對方的婚姻狀況，例如：你的配偶從事什麼工作？）
4. 生兒育女的問題（別問應徵者有小孩嗎？你想生小孩子嗎？你接受了這份工作後，如何照顧小孩？）
5. 種族（別問應徵者屬於原住民、客家、閩南及外省籍的哪個族群）。
6. 不要要求應徵者的工作申請書或履歷表附上照片。
7. 逮捕及判刑、前科。

表1-17　徵才與選才的法律規範

法規	條文	內容
就業服務法	第4條	國民具有就業能力者,接受就業服務一律平等。
	第5條	為保障國民就業機會平等,雇主對求職人或所僱用員工,不得以種族、階級、語言、思想、宗教、黨派、籍貫、出生地、性別、性傾向、年齡、婚姻、容貌、五官、身心障礙或以往工會會員身分為由,予以歧視;其他法律有明文規定者,從其規定。 雇主招募或僱用員工,不得有下列情事: 一、為不實之廣告或揭示。 二、違反求職人或員工之意思,留置其國民身分證、工作憑證或其他證明文件。 三、扣留求職人或員工財物或收取保證金。 四、指派求職人或員工從事違背公共秩序或善良風俗之工作。 五、辦理聘僱外國人之申請許可、招募、引進或管理事項,提供不實資料或健康檢查檢體。
勞動基準法	第21條	工資由勞雇雙方議定之。但不得低於基本工資。
	第25條	雇主對勞工不得因性別而有差別之待遇。工作相同、效率相同者,給付同等之工資。
	第44條	十五歲以上未滿十六歲之受僱從事工作者,為童工。 童工不得從事繁重及危險性之工作。
	第45條	雇主不得僱用未滿十五歲之人從事工作。但國民中學畢業或經主管機關認定其工作性質及環境無礙其身心健康者,不在此限。 前項受僱之人,準用童工保護之規定。
	第46條	未滿十六歲之人受僱從事工作者,雇主應置備其法定代理人同意書及其年齡證明文件。
	第47條	童工每日之工作時間不得超過八小時,例假日不得工作。
	第48條	童工不得於午後八時至翌晨六時之時間內工作。
	第64條	雇主不得招收未滿十五歲之人為技術生。但國民中學畢業者,不在此限。 稱技術生者,指依中央主管機關規定之技術生訓練職類中以學習技能為目的,依本章(按:第八章 技術生)之規定而接受僱主訓練之人。 本章(按:第八章 技術生)規定,於事業單位之養成工、見習生、建教合作班之學生及其他與技術生性質相類之人,準用之。

34　（續）表1-17　徵才與選才的法律規範

法規	條文	內容
勞動基準法	第65條	雇主招收技術生時，須與技術生簽訂書面訓練契約一式三份，訂明訓練項目、訓練期限、膳宿負擔、生活津貼、相關教學、勞工保險、結業證明、契約生效與解除之條件及其他有關雙方權利、義務事項，由當事人分執，並送主管機關備案。 前項技術生如為未成年人，其訓練契約，應得法定代理人之允許。
	第66條	雇主不得向技術生收取有關訓練費用。
	第67條	技術生訓練期滿，雇主得留用之，並應與同等工作之勞工享受同等之待遇。雇主如於技術生訓練契約內訂明留用期間，應不得超過其訓練期間。
	第68條	技術生人數，不得超過勞工人數四分之一。勞工人數不滿四人者，以四人計。
勞工退休金條例	第6條	雇主應為適用本條例之勞工，按月提繳退休金，儲存於勞保局設立之勞工退休金個人專戶。
	第7條	本條例之適用對象為適用勞動基準法之本國籍勞工。但依私立學校法之規定提撥退休準備金者，不適用之。（民國93年06月30日公布）
勞工保險條例	第6條	年滿十五歲以上，六十歲以下之左列勞工，應以其雇主或所屬團體或所屬機構為投保單位，全部參加勞工保險為被保險人： 一、受僱於僱用勞工五人以上之公、民營工廠、礦場、鹽場、農場、牧場、林場、茶場之產業勞工及交通、公用事業之員工。 二、受僱於僱用五人以上公司、行號之員工。 三、受僱於僱用五人以上之新聞、文化、公益及合作事業之員工。 四、依法不得參加公務人員保險或私立學校教職員保險之政府機關及公、私立學校之員工。 五、受僱從事漁業生產之勞動者。 六、在政府登記有案之職業訓練機構接受訓練者。 七、無一定雇主或自營作業而參加職業工會者。 八、無一定雇主或自營作業而參加漁會之甲類會員。 前項規定，於經主管機關認定其工作性質及環境無礙身心健康之未滿十五歲勞工亦適用之。 前二項所稱勞工，包括在職外國籍員工。
保全業法	第10條	保全業應置保全人員，執行保全業務，並於僱用前檢附名冊，送請當地主管機關審查合格後僱用之。必要時，得先行僱用之；但應立即報請當地主管機關查核。

（續）表1-17　徵才與選才的法律規範　　　　　　　　　　　　　　　35

法規	條文	內容
保全業法	第10條之一	有左列情形之一者，不得擔任保全人員。但於本法修正施行前，已擔任保全人員者，不在此限： 一、未滿二十歲或逾六十五歲者。 二、曾受有期徒刑以上刑之裁判確定，尚未執行或執行未完畢或執行完畢未滿十年者。但因過失犯罪者，不在此限。 三、曾受保安處分之裁判確定，尚未執行或執行未完畢或執行完畢未滿十年者。 四、曾犯組織犯罪防制條例規定之罪，經判決有罪者。 五、曾犯肅清煙毒條例、麻醉藥品管理條例、毒品危害防制條例、槍砲彈藥刀械管制條例、貪污治罪條例或洗錢防制法規定之罪、妨害性自主罪、妨害風化罪、殺人罪、重傷害罪、妨害自由罪、竊盜罪、搶奪罪、強盜罪、贓物罪、詐欺罪、侵占罪、背信罪、重利罪、恐嚇罪或擄人勒贖罪，經判決有罪者。 六、經依檢肅流氓條例認定為流氓或裁定交付感訓者。 有前項第四款至第六款情形經判決無罪確定、撤銷流氓認定、裁定不付感訓處分確定者，不受不得擔任之限制。
政府採購法	第98條	得標廠商其於國內員工總人數逾一百人者，應於履約期間僱用身心障礙者及原住民，人數不得低於總人數百分之二，僱用不足者，除應繳納代金，並不得僱用外籍勞工取代僱用不足額部分。
身心障礙者權益保障法	第38條	各級政府機關、公立學校及公營事業機構員工總人數在三十四人以上者，進用具有就業能力之身心障礙者人數，不得低於員工總人數百分之三。 私立學校、團體及民營事業機構員工總人數在六十七人以上者，進用具有就業能力之身心障礙者人數，不得低於員工總人數百分之一，且不得少於一人。 前二項各級政府機關、公、私立學校、團體及公、民營事業機構為進用身心障礙者義務機關（構）；其員工總人數及進用身心障礙者人數之計算方式，以各義務機關（構）每月一日參加勞保、公保人數為準；第一項義務機關（構）員工員額經核定為員額凍結或列為出缺不補者，不計入員工總人數。 前項身心障礙員工之月領薪資未達勞動基準法按月計酬之基本工資數額者，不計入進用身心障礙者人數及員工總人數。但從事部分工時工作，其月領薪資達勞動基準法按月計酬之基本工資數額二分之一以上者，進用二人得以一人計入身心障礙者人數及員工總人數。

（續）表1-17　徵才與選才的法律規範

法規	條文	內容
身心障礙者保護法	第38條	辦理庇護性就業服務之單位進用庇護就業之身心障礙者，不計入進用身心障礙者人數及員工總人數。
		依第一項、第二項規定進用重度以上身心障礙者，每進用一人以二人核計。
		警政、消防、關務、國防、海巡、法務及航空站等單位定額進用總人數之計算範圍，得於本法施行細則另定之。
性別工作平等法	第7條	雇主對求職者或受僱者之招募、甄試、進用、分發、配置、考績或陞遷等，不得因性別或性傾向而有差別待遇。但工作性質僅適合特定性別者，不在此限。
	第8條	雇主為受僱者舉辦或提供教育、訓練或其他類似活動，不得因性別或性傾向而有差別待遇。
	第9條	雇主為受僱者舉辦或提供各項福利措施，不得因性別或性傾向而有差別待遇。
	第10	雇主對受僱者薪資之給付，不得因性別或性傾向而有差別待遇；其工作或價值相同者，應給付同等薪資。但基於年資、獎懲、績效或其他非因性別或性傾向因素之正當理由者，不在此限。雇主不得以降低其他受僱者薪資之方式，規避前項之規定。
	第11條	雇主對受僱者之退休、資遣、離職及解僱，不得因性別或性傾向而有差別待遇。工作規則、勞動契約或團體協約，不得規定或事先約定受僱者有結婚、懷孕、分娩或育兒之情事時，應行離職或留職停薪；亦不得以其為解僱之理由。違反前二項規定者，其規定或約定無效；勞動契約之終止不生效力。
	第38條之一	雇主違反第七條至第十條或第十一條第一項、第二項者，處新臺幣十萬元以上五十萬元以下罰鍰。
原住民族工作權保障法	第4條	各級政府機關、公立學校及公營事業機構，除位於澎湖、金門、連江縣外，其僱用下列人員之總額，每滿一百人應有原住民一人： 一、約僱人員。 二、駐衛警察。 三、技工、駕駛、工友、清潔工。 四、收費管理員。 五、其他不須具公務人員任用資格之非技術性工級職務。 前項各款人員之總額，每滿五十人未滿一百人之各級政府機關、公立學校及公營事業機構，應有原住民一人。 第一項各款人員，經各級政府機關、公立學校及公營事業機構列為出缺不補者，各該人員不予列入前項總額計算之。

Chapter **1**

徵才與選才總論

（續）表1-17　徵才與選才的法律規範

37

法規	條文	內容
原住民族工作權保障法	第5條	原住民地區之各級政府機關、公立學校及公營事業機構，其僱用下列人員之總額，應有三分之一以上為原住民： 一、約僱人員。 二、駐衛警察。 三、技工、駕駛、工友、清潔工。 四、收費管理員。 五、其他不須具公務人員任用資格之非技術性工級職務。 前項各款人員，經各級政府機關、公立學校及公營事業機構列為出缺不補者，各該人員不予列入前項總額計算之。 原住民地區之各級政府機關、公立學校及公營事業機構，進用須具公務人員任用資格者，其進用原住民人數應不得低於現有員額之百分之二，並應於本法施行後三年內完成。但現有員額未達比例者，俟非原住民公務人員出缺後，再行進用。 本法所稱原住民地區，指原住民族傳統居住，具有原住民族歷史淵源及文化特色，經中央主管機關報請行政院核定之地區。
	第12條	依政府採購法得標之廠商，於國內員工總人數逾一百人者，應於履約期間僱用原住民，其人數不得低於總人數百分之一。
雇主聘僱外國人許可及管理辦法	第六條	外國人受聘僱在中華民國境內從事工作，除本法或本辦法另有規定外，雇主應向中央主管機關申請許可。（民國97年01月03日修正公布）
勞工健康保護規則	第10條	雇主於僱用勞工時，應就下列規定項目實施一般體格檢查： 一、既往病歷及作業經歷之調查。 二、自覺症狀及身體各系統之物理檢查。 三、身高、體重、視力、色盲及聽力檢查。 四、胸部X光（大片）攝影檢查。 五、血壓測量。 六、尿蛋白及尿潛血之檢查。 七、血色素及白血球數檢查。 八、血糖、血清丙胺酸轉胺腂（ALT或稱SGPT）、肌酸酐（creatinine）、膽固醇及三酸甘油酯之檢查。 九、其他必要之檢查。（行政院勞工委員會94年02月18日修正）

資料來源：中華企業管理發展中心網站（www.china-mgt.com.tw）。製表：丁志達。

38

8.你有沒有加入哪些宗教團體？

9.你是一位女人，爲何會想要從事這樣的工作？

10.如果我們錄用你，你先生或太太會同意搬家嗎？

總歸一句話，如果要提問的問題與當前的工作沒有直接關係，就不要提問（**表1-18**）。

第五節　派外人員的甄選

企業於海外設立子公司時，需要由母公司派遣幹部前往拓展業務或經營海外投資廠的管理事宜，因此，派外人員的才能具備與否，將直接影響海外事業的經營績效。所以，派外人員的甄選也就顯得格外重要。

一、派外人員的甄選策略

派外人員的甄選策略，可由企業內部甄選與外部招募二種方式來考慮。由內部甄選的優點爲所甄選出來的人員，對企業文化、企業特性、工作流程較爲熟悉與瞭解，較容易爲公司所信任；而外部招募的優點爲

表1-18　面談問話的禁忌

‧切忌和應徵者起爭執，因爲爭執無法達到你的目的。
‧切忌讓應徵者反客爲主，例如問太多問題。
‧切忌讓應徵者浪費時間在任何問題上，而讓你無法完成整個面談。
‧切忌一直繞著對方已回答的問題打轉，做完摘要就轉到下一個問題。
‧切忌逼問一位緊張的應徵者，給對方一些時間放鬆心情，然後和緩穩定地進行面談。
‧切忌被自誇的應徵者唬住；提出探討性的問題瞭解事實真相。
‧切忌毫無準備地就來面試他人。
‧切忌讓應徵者久等，這樣一開始整個面談就不順利了。

資料來源：丁志達（2008）。〈員工招聘與培訓實務研習班講義〉。台北：中華企業管理發展中心。

外派意願高，適應能力與家庭狀況較無阻礙。不管企業選用何種招募策略，必須考量海外子公司的經營策略與企業內人力資源的狀況，內部現有人力是否足以派外？若從外部招聘派外人員，進行招募的方式、廣告運用、甄選標準與甄選程序都是需要考量的因素。

(一)內部甄選

企業內部甄選是最簡便、有效的選才方式。企業視派外職務需要，開放有意願赴海外工作員工提出申請，再由上級決定合適人選，例如考慮申請者的能力、個性、家庭背景與工作經驗後再決定。

(二)外部招聘

透過報紙或其他媒體的廣告，對外公開招募赴海外工作幹部，透過面試或筆試，精挑細選出合適對象。此種求才方式雖有可能獲得適當人選，但需要較長時間加以培訓，讓其瞭解公司背景、工作流程與海外營運現況，以及所賦予的工作任務，在時間上的考量較不經濟。

(三)外界推薦人才

在內部挑選或對外招募皆無法尋覓到合適人選的情況下，亦有企業界採取向外界挖角策略，透過人力仲介業者（獵人頭公司）或找同行廠商中表現傑出人士，提供高薪及較佳的福利來吸引人才。此種方法雖然迅速，但如何留住被挖角得來的人選不再跳槽是最重要的考慮課題。

綜合言之，企業不管採用何種甄選方式，所遴選出的派外人員一定要深入瞭解公司企業文化和派外任務，清楚公司經營方向，且須為公司所信任之人員赴任。

二、派外人員的甄選標準

不管派外人員是否由內部甄選或外部招募，所有的派外人員必須經

40　　過企業對派外任務最基本的測試，也就是要符合甄選標準（**圖1-4**）。

一般派外人員的必要條件爲：

1. 派外人員本身的內在素質，包括：人格、責任、動機、能力等。
2. 派外人員本身的外在因素，包括：對經營資源、市場狀況、當地聘

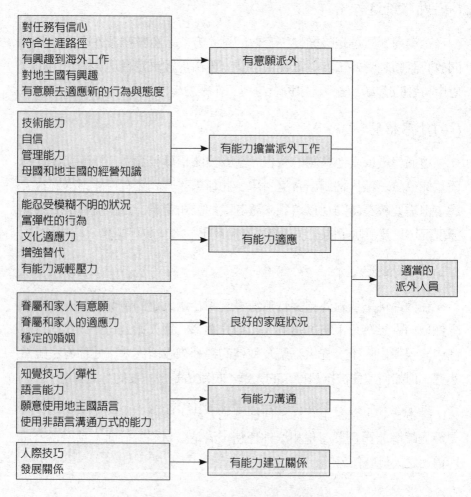

圖1-4　派外人員之甄選模式

資料來源：Fisher, Schoenfeldt & Show(1993).引自：吳惠娥（2005）。《大陸派外人員甄選
　　　　策略之研究——以連鎖視聽娛樂爲例》，碩士論文，頁15。高雄：中山大學人力
　　　　資源管理研究所。

請的幹部、當地政治的瞭解，以及法律、經濟、社會、文化環境、決策的能力等。

至於派外人員必備資格，可分為一般性資格與業務知識兩方面：

1. 一般性資格：包含具備國際觀、語言能力、健壯體力、精力充沛、高度修養與豐富見識、當地適應性。
2. 業務知識：包含有關經營的基本知識、有關國際商業的知識、有關公司本身的商品（產品）知識、決策能力、管理經驗等。

三、派外人員的甄選步驟

派外人員除了要接受不同地區的文化衝擊外，亦必須管理來自不同文化背景的當地員工，因此在人力資源的安排與選任上，要比一般性職位的甄選困難許多。所以，企業在甄選海外派遣人員時，可依循下列步驟甄選出適任之派外人員（**圖1-5**）：

(一)應徵者到海外工作的意願

瞭解應徵者對於派外工作的意願，並進一步瞭解應徵者到海外工作所抱持的態度，用於評斷是否有足夠能力適應海外的工作與生活。

(二)確定應徵者是否具有職務上所需的專業技能

以該應徵者以往的工作績效、經驗與所受教育訓練為依據，來判斷該應徵者是否具備所需之專業能力。

(三)個別面談

和應徵者及其家眷進行面談，進一步針對海外可能遭遇之問題瞭解其處理能力。決策者可提問一些海外工作可能會遭遇的問題，藉以評斷應徵者及其家眷是否能適應海外工作及生活[17]。

42

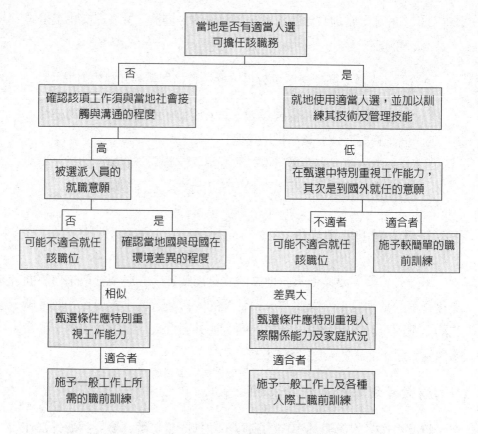

圖1-5　派外人員之甄選決策過程圖

資料來源：Tung (1981). Selection and Training of Personal for Overseas Assignments. *Colombia Journal of World Business,* Spring, p.73.引自：吳惠娥（2005），《大陸派外人員甄選策略之研究：以連鎖視聽娛樂為例》，碩士論文，頁18。高雄：中山大學人力資源管理研究所。

第六節　招募團隊成員的職責與分工

　　組織應該瞭解到招募人員對於應徵者是否被錄用具有決策上的影響力。招募人員的招募技巧與言行舉止，可以增強應徵者對於工作和組織的認知吸引力，這也就是應徵者會選擇該組織而非到其他組織就業的主

要原因。在這個基礎上，擁有優雅、熱心和有能力的招募人員，對組織招募計畫的成功與否具關鍵性（**表**1-19）。

一、單位主管在招聘中扮演的角色

在人員招募之前，部門主管必須先提出填補職缺要求，並提供人力資源單位有關這項職缺的職位說明書和職位規範，若能進一步提供工作流程簡介及工作環境的照片資料或光碟（錄影帶），則可幫助人力資源管理單位做到更有效的招募宣導。

招募並非只是人力資源管理單位的事情，單位（部門）主管因為更瞭解從何處或何種管道容易尋得適當人選，所以，單位主管有責任提供人力資源管理單位這方面的訊息。此外，用人單位的員工通常比較能夠認識到從事這項職缺工作的合適人選，因此，單位主管也應該時常鼓勵部屬，透過他們的生活圈，提供人力資源管理單位招募管道的資訊與適當人選的推薦。

在刊登求才廣告或工作告示時，單位主管對工作的描述及內容是否能對合適的人選產生吸引力，應加以審核與提供意見，免得廣告內容與需求不合而缺乏效率[18]。

表1-19　面談者必須具備的條件

- ・完全熟悉該職缺的工作內容與適合擔任該職務的個人資格。
- ・面談問題的設計，是為取得能夠評估工作條件的相關資訊。
- ・必須避免可能被解釋為具有歧視色彩的問題，而在資訊必須受到監視的情形下這點必須讓應徵者知曉。
- ・所有同一職缺的應徵者都必須適用同一套面談的結構與內容。
- ・面談時間若有改變，要讓應徵者事先知道，並要考慮他們的時間問題。
- ・必須讓應徵者瞭解面談程序與測驗程序，也必須讓他們知道甄選過程與任用程序的時程。
- ・應徵者都知道該項聘任的條件與情況。
- ・所有應徵者可能接觸到的公司成員，對甄選過程與政策都必須有充分的瞭解。

資料來源：美國人事發展協會（1991），專業求才法規。引自：David Walker（著），江麗美（譯）（2001）。《有效求才》，頁9。台北：智庫文化。

44

在實務上，企業內部徵才最常用的管道，是由出缺職位的直屬主管或由原任工作者來推薦。二者都是對該職位的工作內容，以及任職者所須具備的資格條件最清楚、最瞭解的人，所以都是適合的推薦者。

二、招募人員扮演的角色

招募是尋找和吸引合格的工作應徵者的過程，雖然單位（部門）主管也參與招募的前置作業（員額需求的提案）、應徵者寄來個人履歷資格的篩選、面試與人選錄用的決定，但大多數的招聘作業責任與流程掌控，還是落在人力資源管理部門的專業人員（招募者）身上。為有效尋找應徵者，招募者除了要熟悉企業組織的策略與人力資源政策、工作性質與組織誘因外，還要瞭解招募過程中可能面臨的困難與挑戰，以及企業環境的脈動。

招募人員需要扮演下列的角色：

(一)充分瞭解企業文化

每個企業都有它的企業文化，這會影響爾後被錄用員工在公司是否能夠發揮專長，以及留職期間的長短。招募人員必須清楚瞭解企業文化的真諦，才能找到志（願景）同道（企業文化）合的人才。

(二)公司形象的包裝者

重視包裝及推銷公司的形象，以求在參加大型徵才活動，在眾多競爭者的攤位中吸引求職者的目光，聚集人潮。

(三)廣告創意總監

在目前事求人的就業環境中，在廣告文宣設計上提供創意的想法，以期望有重大的突破，吸引好的人才來求職。

(四)職缺超級行銷人員

企業在徵才與選才時，要懂得行銷術，把公司的職缺推銷出去。因此，招募人員要說服求職者參加面試，以開闢人才來源。

(五)企業與媒體間的經紀人

招募人員如何將公司提供的徵才預算運用在刀口上，亦即如何透過適合的媒體文宣，來幫助企業推銷這些職缺給在職場上需要工作的人，以找到企業最適合的人選[19]。

(六)不得推薦熟人應徵

為了表示用人的公正與無私，招募人員避免推薦熟人（親朋好友）來應徵，如此才可以釐清工作分際，不會有人情壓力，也不會因被推薦人日後工作表現不佳的一些閒言閒語，傷害到自己的公信力。

(七)保持與政府就業機構的聯繫與建立良好關係

要充分瞭解就業市場的人力動態訊息。招募人員應當與政府就業輔導單位、大專院校的就業畢業生輔導單位等機構經常保持聯繫，以即時獲得信息，並取得這些單位承辦人員多方面的支持與協助。

(八)做好對應徵者的接待工作

應徵者到企業來求職時，接待的工作會直接影響應徵者對企業的第一印象（觀感），因此，體認接待工作是一項公關活動，絕不可疏忽（**表**1-20）。

徵才與選才是人與人之間很複雜的互動過程，它要在企業需求人選的資格條件與應徵者的實際期望之間求得雙贏，所以，負責聘僱新人的團隊成員都扮演著重要的關鍵角色。稱職的招聘面試成員都有義務高度重視聘僱程序，也必須見多識廣，而且能夠瞭解所有應徵者可能提出的

46   表1-20　人資單位與用人單位在招聘活動的分工作業

類別	人力資源管理單位	用人單位
前置作業	·在部門主管人員所提供資料的基礎上，編寫工作描述和工作說明書。 ·制定員工晉升人事計畫。 ·開發潛在合格應徵者來源管道，並展開招聘活動，力爭為組織招聘到高素質的人才。	·列出特定工作崗位的職責要求，以便協助進行工作分析。 ·向人力資源管理人員解釋對未來新增員工的職責要求，以及所要僱用人員的類型。 ·描述出工作對人員素質的要求，以便人力資源管理人員設計適當的甄選和測試方案。
招募活動	·預估招募需求。 ·準備招募活動或廣告所需文案與資訊。 ·規劃與執行招募活動。 ·監督與評估招募活動。	·預估職缺額。 ·決定應徵者的資格要求。 ·提供有關職缺工作的資訊，以利招募活動進行。 ·檢視招募活動的成敗。 ·提供招募執行的建議。
甄選活動	·對應徵人員的首次接待。 ·執行初步的篩選面談。 ·安排適當的甄選測驗。 ·確認應徵者背景資料與推薦查核。 ·安排體檢。 ·列舉推薦名單供用人單位主管做最後決定。 ·評估甄選的成效。	·提供人力需求申請並描述應徵者的資格要求。 ·適時地涉入甄選過程。 ·與人資單位推薦名單上的人選面談。 ·在參酌人資單位的建議下決定錄用名單。 ·對錄用者的後續表現提供持續追蹤的資訊。 ·提供甄選執行的建議。

參考來源：R.L. Mathis & L.H. Jackson (2003). *Human Resource Management*,10th,Thomson South-
　　　　　Western, p.207，p.235.引自：戚樹誠等（2005）。《企業人力資源管理》，頁128、
　　　　　143。台北：空中大學。

問題，盡可能細心遴選出最合適的人選（**範例1-3**）。

 結　語

　　人是企業最重要的資產，有了「人」，企業才有執行力，有了執行力才能找出企業的競爭價值。因此，不分產業、不分企業規模大小，適當地運用人力資源管理，才能使企業邁向永續經營之路。

範例1-3 徵才與選才課程設計

課程名稱	課程一：招募流程、管道及行銷職缺技巧		
課程時間	120分鐘		
教學大綱			
主要重點	次要重點	教學方法	時間
1-1 招募流程、管道	・如何設定招募目標 ・招募管道比一比 ・e化招募作業簡介 ・知名企業招募實務	講師講授 個案研討 小組討論	60分鐘
1-2 行銷職缺技巧	・如何吸引應徵者 ・如何維持應徵者的 　興趣 ・求才廣告制勝招數	講師講授 小組討論	60分鐘
使用教材、設備	A.講義 B.電腦／單槍投影機 C.白板／白板筆 D.筆記紙（AH-HA 　SHEET） E.小組討論記錄表		
課程名稱	課程二：有效面談的基礎能力培養		
課程時間	120分鐘		
教學大綱			
主要重點	次要重點	教學方法	時間
2-1 面談的基礎能力培養	・面談目的與重要性 ・工作申請表的表格 　設計範例 ・如何篩選履歷表 ・面談常見的缺失	講師講授 小組討論	60分鐘
2-2 介紹面談工具	・善用工具輔助面試 ・各種招募面談類型 　的比較	講師講授 小組討論	60分鐘
使用教材、設備	A.講義 B.電腦／單槍投影機 C.白板／白板筆 D.筆記紙（AH-HA 　SHEET） E.小組討論記錄表		

招募管理

48　（續）範例1-3　徵才與選才課程設計

課程名稱	課程三：選才制勝關鍵——結構化面試		
課程時間	120分鐘		
教學大綱			
主要重點	次要重點	教學方法	時間
3-1 介紹結構化面試	・何謂結構化面試 ・結構性面談問題設計與範例	講師講授 小組討論	60分鐘
3-2 實際運作結構化面試	・結構化面談的實務運作	講師講授 個案研討 小組討論	60分鐘
使用教材、設備	A.講義 B.電腦／單槍投影機 C.白板／白板筆 D.筆記紙（AH-HA SHEET） E.小組討論記錄表		
課程名稱	課程四：面談實務模擬演練		
課程時間	60分鐘		
教學大綱			
主要重點	次要重點	教學方法	時間
面談實務模擬演練	・演練面談實務模擬	模擬訓練 角色扮演 團隊訓練	60分鐘
使用教材、設備	A.電腦／單槍投影機 B.白板／白板筆 C.筆記紙（AH-HA SHEET）		

資料來源：江楹涓（2006）。〈人力派遣產業之教育訓練課程設計：以Y公司招募部門爲例〉。《2006國際人力資源管理學術與實務研討會專集》，頁203。桃園：開南大學國際企業學系主辦（2006/05/24）。

表1-21　珠璣集

- 如果大家都選比自己小的人，我們的公司就會變成一家侏儒公司。但如果大家都選比自己大的人，我們的公司就會變成一家巨人公司。（廣告之父David Oglivy）
- 能不能找到適當的人才並聘用之，足以決定一家公司的成敗。
- 用天才吸引天才是最有效的求才方式。（Jack Welch）
- 美國成長最快的產業是什麼？答案是委外。（Peter Drucker）
- 為了不錯過好人才，企業應開始訓練更多專業經理人擁有人力資源的概念，學習如何面試。
- 以前人力資源只是行政單位，但現在講求人力資本的時代，怎麼留住人才是人資單位最大的挑戰。
- 能將對的人擺放在正確的位置，才能凸顯出組織的能量。
- 人力資源工作者應有同理心，對每一位前來應徵者都應給予尊重、關懷、諒解，讓他們有回到家的感覺，千萬不要以為應徵者是來乞求職位的。
- 老年人口的持續膨脹與年輕人口的供給緊縮兩種現象交會，將會是自羅馬帝國時代之後，人類所未曾經歷過的年代。（Peter Drucker）
- 聘僱員工時，不要根據自己的直覺，你得具備一套遴選流程，以徹底檢視考驗應徵者。
- 識人之明，不是凡夫俗子的能力，只有嚴守評估流程。（Peter Drucker）
- 瞭解你所僱用的人有哪些長處，長處是績效表現唯一的基礎。
- 你要尋找在某個重要領域表現優異的人，而不是一個各方面還過得去的人。
- 考量人事決策時，務必瞭解出缺職務的需求。然後，選擇一個事實證明具備那個職務所需技能的人。
- 找到好人才與留住好人才同樣重要。
- 企業要獲得成長與成功，最欠缺的不是市場、科技、機會或資本，而是吸引對的人才，然後把他們放在正確的關鍵位置。
- 招聘員工是一門藝術，多於科學的篩選過程。
- 獵人頭公司在企業徵才時可助企業一臂之力，但是最瞭解職缺與組織需求的還是用才單位的主管。
- 一個人在學校表現如何，上什麼學校，開始工作一個月後就沒有關係了。（Jack Welch）
- 透過行為式面談的方式來做招募，可以找到更具忠誠度的員工。
- 效度最高的選才工具就是使用行為面談、能力測驗、評鑑中心以及工作動力的系統。
- 單靠僱用時進行一系列測驗與面試，就能預測一個應徵者錄用後的工作表現，這個想法如果不是錯誤的話，至少是片面的、靠不住的。

整理：丁志達。

招募管理

50　　**註釋**

❶ Robert L. Mathis、John H. Jackson（著），李小平（譯）（2000）。《人力資源管理教程》（*Human Resource Management: Essential Perspectives*），頁122。北京：機械工業出版社。

❷ 李漢雄（2000）。《人力資源管理策略》，頁142-143。台北：揚智文化。

❸ 李長貴（2000）。《人力資源管理：組織的生產力與競爭力》，頁170-171。台北：華泰文化。

❹ 英國雅特楊資深管理顧問師群（1989）。《管理者手冊》（*The Managers Handbook*），頁156。台北：中華企業管理發展中心。

❺ 王福明（2003）。〈內部提拔：精挑細選的藝術〉。《企業研究》，總第220期（2003/05），頁27-28。

❻ 陳正芬（譯）（2006）。〈反向思考 打敗不景氣〉。《大師輕鬆讀》，第176期（2006/05/04），頁27。

❼ Gary Dessler（著），李茂興（譯）（1992）。《人事管理》，頁111。台北：曉園。

❽ 張一弛（編著）（1999）。《人力資源管理教程》，頁98-99。北京：北京大學。

❾ H. T. Graham、R. Bennett（著），創意力編輯組（譯）（1995）。《人力資源管理（二）》，頁84-85。台北：創意力文化。

❿ 劉興昭（2006）。〈更快更準找人才：博世電動工具公司的招聘之道〉。《人力資源：人力經理人雜誌》（*HR MANAGER*），總第232期（2006/07），頁31。

⓫ 徐國淦（2006）。〈放寬年限勞雇雙贏？〉。《聯合報》（2006/08/27），A10版。

⓬ 成之約（2005）。〈跨界管理：「非典」工作時代來臨〉。《管理雜誌》，第372期（2005/06），頁82。

⓭ 黃惠玲（著），楊朝安（主編）（2004）。《人力派遣大革命：派遣公司亂象知多少？》（*The Revolution of Dispatch*），頁155-156。台北：才庫人力資源事業群。

⓮ 馮震宇（2003）。《企業管理的法律策略及風險》，頁186。台北：元照。

❶❺李學澄、苗德荃（2005）。〈三個關鍵要點：徵聘與留才爲何不再奏效？〉。《管理雜誌》，第374期（2005/08），頁84。

❶❻Stephen P. Robbins（著），李炳林、林思伶（譯）（2004）。《管理人的箴言》，頁12。台北：台灣培生教育。

❶❼吳惠娥（2005）。《大陸派外人員甄選策略之研究：以連鎖視聽娛樂爲例》，碩士論文，頁9-18。高雄：中山大學人力資源管理研究所。

❶❽吳美蓮、林俊毅（2002）。《人力資源管理：理論與實務》，頁161。台北：智勝文化。

❶❾彭雪紅（2000）。《89年度企業人力資源作業實務研討會實錄（初階）——企業實例發表：徵才篇》，頁26。台北：行政院勞工委員會職業訓練局。

Chapter 2

人力資源規劃與運用

僱用聰明人，否則就自己想辦法解決困難。

——Red Scott

自1970年代起，人力資源規劃已經成為人力資源管理的重要職能，並與企業的戰略發展規劃融為一體。它是根據企業的發展願景，通過企業未來的人力資源需求和供給狀況預測與分析，對職務編制、人員配備、教育訓練、人力資源管理政策、招聘和甄選等人力資源工作編制的職能規劃。這些規劃不僅涉及到所有的人力資源管理，而且還涉及到企業其他管理工作，是一項複雜的系統工程，需要一整套科學的、嚴格的程序和制定技術[1]。

第一節　人力規劃的意義

任何組織的發展都離不開優秀的人力資源和人力資源的有效配置。企業之所以需要人力資源規劃，乃是因為填補職位空缺之需求和獲取合適人員填補職位空缺之需求兩者之間，存在著極為重要的前置作業時間。許多人力資源管理實踐的成功執行，都依賴細緻的人力資源規劃。人力資源規劃過程，能讓一個企業確定它未來所需要的技能組合，然後它就能夠以此為依據，為其招募、遴選，以及培訓和開發執行制定計畫（圖2-1）。

一、人力資源規劃意義

人力資源規劃（human resource planning，簡稱HRP）又稱人力規劃（manpower planning），乃是分析、評估及預測內外在經營環境的人力狀況後，針對組織未來之目標，訂定欲達此一目標的政策、計畫與步驟，並將組織目標與策略轉化成人力的需求，透過人事管理體系，以提高員工素質，發揮組織的功能，達到企業人力資源與企業發展相適應的

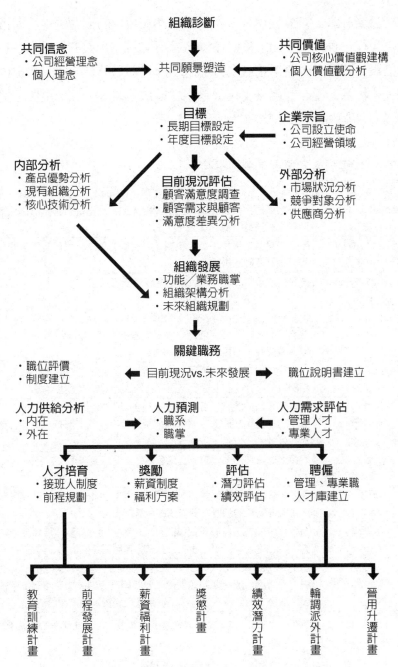

圖2-1　策略性人力資源發展提升組織競爭力架構圖

資料來源：創盈經營管理公司（www.pbmc.com.tw）。

56 綜合發展計畫,有效地達成質和量、長期和短期的人力供需平衡持續不輟之過程(**表2-1**)。比如說:企業如果採取追求成長的策略,要在中國大陸設立新廠,人資單位就要針對這項計畫加以分析,並設法提供足夠的人才,像是從台灣調派支援或是在當地加強招募等等,這些事情都要透過人力資源的規劃去處理[2]。

表2-1　學者對人力資源規劃的定義

學者	人力資源規劃定義
Wendell L. French（1978）	一個組織確定其擁有適質且適量的人員,在適時且適所的為組織做具有經濟利益貢獻的過程。
James W. Walker（1980）	分析在變遷的環境下,組織對人力資源的需求,以及滿足這些需求之所有必要活動之過程。
Cash & Fischer（1986）	是對人力資源的利用,以協助達成組織的目標。
Wether & Keith（1989）	有系統地預測組織未來的人力需求及供給,經由對所需人員數目及種類的估計,人力資源部門可規劃完善的招募、甄選、訓練、生涯規劃及其他各種人力資源行動與措施。
Mathis & Jackson（1991）	分析及找出為達到組織目標所需要及可利用人力之過程。包括:瞭解組織現有人力、技能及訂定預期各項人力變動的應用計畫。
Sherman & Bohlander（1992）	對組織人員的甄選、晉升及離職等各項人力活動偵測與預期之過程,其目的在使組織的人力資源運用更有效率,並能適時、適地的獲得適質的人才。
Byars & Rue（1994）	於適當的時間獲得適質、適量之人才,使其適得其所的過程。
郭崑謨（1990）	係對組織中的人力需求預為估計,並訂定計畫,依次培養與羅致,以充分發揮組織的功能,有效達成組織之目標。
吳秉恩（1990）	乃配合組織業務發展需要預估未來所需人力的數量、種類及素質,加強人力之培訓與取得,使其人力充分運用與發展之合理程序。
黃英忠（1993）	為對現在或未來各時、點企業之各種人力與工作量之關係,予以評估、分析與預測,期能提供與調節所需之人力,並進而配合業務的發展,編製人力之長期規劃,以提高人員素質,發揮組織的功能。

資料來源:丁志達(2007)。〈人力規劃與合理化實務班講義〉。台北:中華企業管理發展中心。

二、人力規劃具備的條件

S. M. Nkomo在1986年針對《財星》五百大（Fortune 500 Directory）的企業，進行一份對於人力資源規劃的態度及實際運用的問卷調查發現，在《財星》五百大中的大公司，只有14.8%企業實施完整的人力規劃，而無正式實施人力規劃的企業則占46%，顯示當時的企業界並不重視人力資源規劃，其主要原因包括：大部分的公司都承認「人是公司最重要的資產」，但卻把人當作營運上的支出而非公司主要的資產或投資，其次是認為「無須事先規劃人力資源」，未來所需人才屆時羅致即可（表2-2）。

表2-2　人力資源規劃決策層級對人力資源管理功能的含義

人力資源規劃決策層級	意義	對人力資源管理功能的含義			
		任用	績效評估	薪酬	人力資源發展
策略層級	・主要處理人力資源與外在環境的關係	・確認企業經營所需人員的特質，以利企業的長期經營 ・改變內部與外部制度，以適應未來	・擬訂長期導向的績效效標	・決定如何給予員工未來的薪酬	・為員工規劃發展性的活動，以利未來企業的經營 ・發展長期的生涯路徑
管理層級	・專注於組織內部人力資源的決策	・確認有效的遴選效標	・制定配合目的與未來的評估制度 ・設立員工發展的評估中心	・規劃個人長期的薪酬 ・發展彈性的福利制度	・擬訂管理訓練方案 ・擬訂專業技術培育方案 ・擬訂組織發展方案 ・培養自我發展 ・建立生涯路徑
作業層級	・處理日常的例行事務	・擬訂任用計畫 ・建立日常督導制度	・擬訂定期的績效評估制度 ・建立日常的控制制度	・擬訂薪資的管理辦法 ・擬訂福利辦法	・擬訂各種人力資源發展方案的具體辦法 ・擬訂一般工作技能訓練方案

資料來源：黃英忠、曹國雄、黃同圳、張火燦、王秉鈞（2002）。《人力資源管理》，頁39。台北：華泰文化。

因此，Nkomo針對調查結果，提出完整的人力資源規劃應具備以下的條件❸：

1. 對外界環境的分析：它包括對外界主要經營趨勢、勞動力及其現象的系統分析，因為這些因素對企業裡的人力資源管理有潛在影響力。
2. 與企業的策略規劃相結合：人力資源管理的目標與策略係來自企業的整體策略，而企業整體策略的決定也要受其現行人力資源的質量及勞動力市場所能提供的人力所約束。
3. 對現行人力資源供給的分析：分析現行員工人數其具備與工作有關的技巧、人力分布狀況、績效水準、潛在的工作態度等等。以上分析係為了一個組織未來發展所需人力資源的才能與能量之基礎。
4. 預測未來人力資源：它指出預測未來組織發展所需人力的數量與素質。
5. 研訂策略或政策以達人力資源之目標：設計有關人事功能的各種措施，以配合人力資源的需要。
6. 檢查與監督各種過程以達成人力資源目標：對各種措施之執行加以檢查並做必要的改進。

三、人力規劃的目的

人力資源規劃的主要目的，是企業在適當的時間、適當的職位獲得適當的人員，最終獲得人力資源的有效配置。它是一種持續不斷的過程，其主要的目的在於：

1. 減低用人成本：人力規劃可對現有的人力結構做一分析與檢討，並找出影響人力有效運用的瓶頸，使人力效能能夠充分發揮，減少不必要的浪費。
2. 合理分配人力：人力規劃可以改善人力分配的不平衡狀況，進而達

成合理化，使各部門在從事生產時不致缺乏適當的人員。

3.適應組織發展：人力規劃乃是針對組織的未來發展，培植所需的各類人力，擬定人員徵補與訓練計畫，使組織之成長與人員的成長相互調和，結合人才與事業共竟事功。

4.開發員工潛能：人力規劃能讓員工充分瞭解企業對人力資源運用的計畫，個人可根據未來職位空缺情況訂定自己努力的目標，並按所需條件來充實自己，發展自己，以適應組織目前和未來的人力需求，從而獲得工作滿足感（**圖2-2**）。

四、人力規劃的種類

人力資源規劃有各種不同的分類方法，有按時間（長期、中期、年度與短期規劃）來劃分的，有按範圍（整體規劃、部門規劃與專案規劃）來劃分的，有按性質（戰略規劃、戰術規劃與管理計畫）來劃分的，企業可以在制定人力規劃時，根據具體情況和實際需要靈活選擇。

如果人力資源規劃根據時間的長短不同劃分，可分爲長期、中期、年度和短期計畫四種。長期計畫適合大型企業，往往是五至十年的規

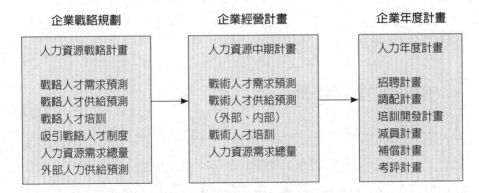

圖2-2　人力資源規劃與企業計畫關係圖

資料來源：諶新民、唐東方（編著）（2002）。《人力資源規劃》（*Human Resources Programming*），頁45。廣州：廣東經濟。

劃，以未來的組織需求爲起點並參考短期計畫的需求，以測定未來的人力需求；中期計畫適合大、中型企業，一般的期限是二至五年；年度計畫適合所有的企業，它每年進行一次，常常與企業的年度發展計畫相配合；短期計畫適用短期內企業人力資源變動加劇的情況，根據組織之目前需求測定現階段的人力需求，並進一步估計目前管理資源能力及需求，從而訂定計畫，以彌補能力與需求之間的差距，是一種應急計畫。年度計畫是執行計畫，是中期、長期人力規劃的貫徹和落實。中、長期規劃對企業人力規劃具有方向指導作用（圖2-3）。

第二節　組織架構設計

自有人類即有組織，雖然人創造了組織，在組織中工作，卻也經常受制於組織，並受到組織結構與工作環境的種種影響，產生各種不同的行爲結果。良好的組織設計對於受僱人員的能力發揮、工作意願、服務績效提升等，都有決定性的影響作用。

不同類型的組織架構，是爲了實現企業因應外在產業競爭環境與客戶需求而訂定的策略目標。從事組織的設計工作必須考慮幾項重要的內容：工作專業化、部門化、層級指揮系統、權威／責任／義務、集權與分權、業務及幕僚角色、管控幅度等等。

一、有效的組織架構設計

隨著企業的設立、發展及領導體制的演變，企業組織結構形式也經歷了一個發展變化的過程。根據外部環境和內部選擇兩項因素，企業組織結構大致分爲官僚式組織、職能型組織、事業部型組織、矩陣式組織、水平化組織、學習型組織、虛擬式組織等類型。

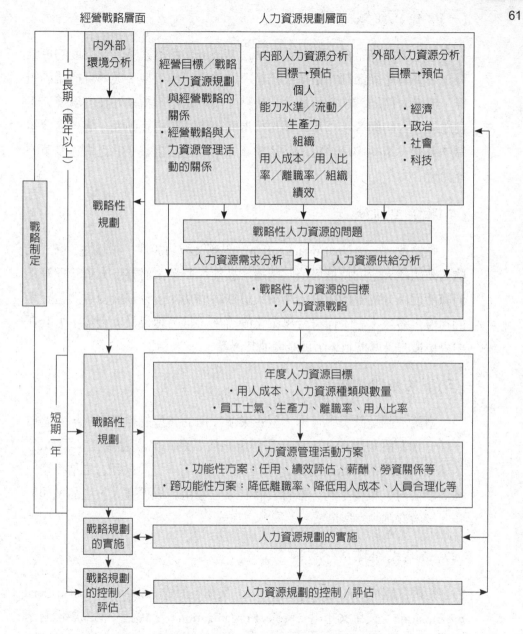

圖2-3　戰略制定與人力資源管理過程關係圖

資料來源：諶新民（主編）（2005）。《員工招聘成本收益分析》，頁39。廣州：廣東經濟。

(一)官僚式組織

這是傳統的組織理論模型，Max Weber認為組織應該要高度的專業分工，要有層級節制的指揮系統等，通常是比較大型、成熟且複雜的組織。傳統官僚組織的邏輯最大的缺點，就是忽略了組織外在的環境因素對組織運作的影響，以及人性的因素與組織之間的互動性。傳統官僚組織的邏輯，重視的是穩定，不是變革。所以這種組織會缺乏快速變革的能力。

(二)職能型組織

職能型（functional organization）組織又稱功能性、專職性、橫式或職位式組織。它的特徵係依照製造、技術、研發、財務及人資管理等不同職能而區分的部門組織。專業人員依各個功能，分別接受專門監督者的指導、考核。它不僅符合專業化的需求，且易獲得最大利益，尤其在中央集權的管理控制下，更能發揮其優點。

(三)事業部型組織

事業部制是歐美、日本大型企業所採用的典型的組織形式，它屬於一種分權制的組織形式。事業部型組織最早是由美國通用汽車（GM）公司總裁Alfred P. Sloan於1924年提出的，故有「史隆模型」之稱，是一種高度（層）集權下的分權管理體制。它適用於規模龐大、產品種類繁多、技術複雜的大型企業。

(四)矩陣式組織

矩陣式組織（matrix organization）又稱多面式組織（multidimensional organization）或專案組織（project organization），係指一個部屬擁有兩位以上的主管（部門與專案）的新組織型態，它是要打破傳統職能式的組織設計，是一較具彈性的組織運作設計。

矩陣式組織就是讓所有的員工「共享相同的目標，而且願意負擔相對的責任」（sharing the same goal and same responsibility），例如：航空公司的共同目標是讓乘客安全、準時抵達、顧客滿意，那麼公司上下舉凡地勤組、飛行員組、客服組，就須負責朝此共同目標努力，最後才能達到目標，顧客才會滿意❹。

(五)水平化組織

水平化（horizontalization）的組織強調，組織結構乃是依照工作的流程而建構，層級節制趨向扁平化的設計，並且開始向下授權，以及注重顧客需求導向。這種水平化的組織可以使得組織的效率與速度上均有重大的突破，減少部門之間不必要的協調障礙、提升工作士氣、降低行政成本。

(六)學習型組織

學習型組織乃是強調經由組織成員共同的理念與意願，為組織未來發展的需要而相互學習，並且依個人、團隊、組織等三個層次來進行，使組織成為一個能自我學習、成長的有機體。這樣的組織與傳統封閉的官僚式組織不同，也不同於僅強調適應性的系統性組織。

(七)虛擬式組織

在現今的全球經濟中，有些正在進行專案計畫的組織，其專案團隊的各個成員被分派到世界各地區工作，軟體開發就是一個例子，譬如，在印度有些程式設計師非常優秀，而且工資低廉，其中有許多人才都聚居在Bangalore，使該城市變成印度的軟體之都。聘用這些人才的好處，是這些人不但可以獨立作業，而且其成品可以透過電子傳送，像是他們撰寫的許多程式，就是透過衛星傳送的，這種組織稱為虛擬式組織❺。

現代的企業要與國際接軌，企業全球化的結果，組織形式趨向「虛擬團隊」，在「行動式辦公室」工作，不論何時、何地，企業員工可

64 以透過「網際網路」工作,無形中把「時間」改變了,組織中的角色亦隨時隨地而轉換。人力資源的規劃與管理,就不再劃地自限,墨守成規了。

二、企業組織結構發展趨勢

在顧客導向的時代,對客戶而言,客戶是針對整個公司而非只對公司內單一部門的要求,因此,唯有採取「靈活型組織(流體組織)」來取代「制度型組織」的運作模式,建立、採用分權化的、網路化的、以團隊為中心、以客戶為動力的扁平而精幹的組織,此一類型的組織,處在經營環境迅速變遷中,能實際改變與客戶、供應商、經銷商及其他商業夥伴的關係,而內部員工隨時相互調派支援,才能因應客戶所需。在靈活型組織運作下,公司的成員不再是某一部門的工作同仁,也不是只對某項工作或某位主管負責,取而代之的是,必須對多位主管報告不同的執行狀況,而且隨時都可能加入另項工作團隊中。

由於外在的環境不斷變動,各種新的競爭者也相繼加入,加上顧客需求水準提高,在這種情況下,組織結構的良窳與運作的績效,對企業獲利力會造成顯著影響,因此,企業對組織結構的選擇與設計,宜予認真研究,力求妥善❻。

第三節　人力規劃程序

制定人力資源規劃的程序,包括企業環境分析、人力資源需求與供給預測、人力資源需求與供給比較,和供給與需求不平衡的解決幾個過程。

一、人力資源外部環境分析

企業在制定人力資源規劃時，必須對可能影響企業運作的外部和內部力量加以衡量、評估並做出反應。

一般而言，影響人力資源規劃的外部因素有六大類：

(一)經濟因素

不同的經濟發展狀況會對企業人力資源需求產生影響，自然也對企業人力資源規劃有所影響，例如：經濟發展速度加快，對人力資源數量和結構的需求就會提升。

經濟因素主要體現在經濟形勢（例如：當經濟蕭條時期，人力資源獲得的成本和人工成本低）、勞動力市場供需關係（例如：某類人才供不應求，則從企業外部補充人力資源受到一定限制）、消費者收入水平（例如：當消費者的收入水平提高時，對商品的需求會增加，企業的銷售量增加，從而增加生產，擴大人力資源的需求），因此，經濟因素是企業人力資源規劃中必須考慮的一個關鍵因素。

(二)人口因素

人口變化將會導致勞動力供給的變化，因此，人口統計數據的變化（例如：人口總數、勞動適齡人口數量、女性與受過高等教育的人口變化），對企業長期人力資源規劃有著重要的意義，特別是企業所在地區的人口因素，對企業獲取人力有重要的影響，主要包括人口規模（社會總人口的多少影響社會人力資源的供給）、年齡層結構（例如：不同的年齡層有不同的追求，在收入、生理需求、價值觀念、生活方式、社會活動等方面的差異性，決定了企業獲取人力資源時因人而異）、勞動力質量（例如：企業在選擇投資地點時，會因為各行業需求人才別的不同，而考慮投資當地的勞動力質量供需的條件），這些信息最終將導致企業勞動力成員與結構的變化。

(三)科技環境

新材料、新資源和新技術在企業中的應用給企業帶來了多方面的變化,這些變化必然導致對企業人力資源需求的改變,且對人力資源質量、數量和結構提出新的要求。例如:新設備的採購,將可以取代部分的操作人力,因而使企業減少對人力資源的需求。

(四)政治因素與法律因素

企業時刻都在一定的政治與法律環境下運作。政府為了保護勞動者的權益,制定了有關這方面的法律、法規,以保證人力資源活動的正常有序進行。例如:高科技產業到中國大陸投資的限制、服務業僱用外籍勞工的限制、每週工時的限制、最低工資給付的限制等。

(五)社會文化因素

社會文化反映著個人的基本信念、價值觀和規範的變動。例如:日本人喜歡終身僱用制。

(六)競爭對手分析

企業分析競爭對手的目的,在於防止對手的人力資源發展策略對本企業造成重大損失。例如:對手是新加入這個行業時,就要預防對手高薪挖走企業內的尖端技術人才,防止企業技術流失。

二、企業內部環境分析

從企業內部環境方面來分析,影響企業人力資源規劃的因素有下列幾項:

(一)行業的特性

不同的企業對人力資源有不同的需求，例如：勞力密集型企業強調員工的體能；資本密集型企業強調員工的技術；知識密集型企業強調員工的創新能力。

(二)企業的發展戰略

企業在不同發展階段中，對人力資源數量和結構的需求是不同的。例如：企業規模擴大、產品結構調整或升級、採用新生產工藝時，這些都會導致企業人力資源層次結構及數量的調整。

(三)企業文化

企業文化是全體員工在長期的生產經營活動中形成的，並得到員工共同遵循的企業目標、價值標準、基本信念和行為規範。如果企業的凝聚力強，員工的進取心強，企業員工外流量少，那麼企業面臨的人力資源方面的不確定性會大大減低，企業人力資源供給情況就比較明確。

(四)企業自身人力資源系統

企業自身人力資源系統，主要透過人力資源的需求量和供應量的影響來實現。例如：待遇高、晉升機會多、福利佳，對人才市場的求職者有較大的吸引力，企業的人力供給比較充裕，從外部補充人員時挑選空間較大，內部人力資源也由於不願意離職而保持人員的穩定性。

(五)企業組織類型

不同類型的企業所需的人力資源是有差異的，因此在對企業人力資源現狀進行分析時，必須考慮到企業的組織類型對人力資源規劃的影響。例如：美國著名的人力資源管理學者James W. Walker，從組織的複雜程度和組織變革的速度兩方面，將企業的組織類型分為四類：制度型、

創業型、小生意型和靈活型組織（**表2-3**）。

三、人力資源需求預測

　　為了確保組織戰略目標和任務實現，企業組織必須對未來某段時期內的人力資源需求進行人力資源需求預測，它包括：人力資源需求的總量、專業職的結構、學歷層次結構、專業技術職務結構與技術結構、人力資源年齡結構等進行事前評估。

(一)影響人資需求的因素

　　影響企業人力資源需求的主要因素有：員工的工資水平、企業的銷售需求、企業的生產技術、企業的人力資源政策、企業員工的流動率等。在企業人力資源需求預測中，必須注意企業人力資源發展的規律和特點，人力資源發展在企業中的地位和作用，以及兩者之間的關係，分析影響人力發展的相關因素，皆是人力資源發展的總趨勢。

表2-3　制度型組織與靈活型組織的因素

類別	制度型組織	靈活型組織
結構	等級制度	網路
溝通與交互作用	縱向	縱向與橫向
工作指示	正式的，加上非正式的直接管理者	非正式的，加上正式的自我、團隊
決策	集中在高層、權力明確	集中在基層，給適當層次以授權
職能部門	獨立存在，發揮諮詢、審計、控制和幫助作用	夥伴
承諾	對組織和職業忠誠	成為工作的組成部分，成為團隊和客戶的一員
對變革的態度	注重穩定、權威、控制，以及風險迴避	歡迎和適應變革、創新

資料來源：James W. Walker（著），吳雯芳（譯）（2001）。《人力資源戰略》（*Human Resource Strategy*），頁110。北京：中國人民大學。

(二)人力需求預測方法

在建立組織及各部門（單位）的目標後，緊接著要決定達成這些目標所須具備的技術能力及專業能力，更進一步決定具備這些技能及專業的人員種類及數量。

在進行人力資源需求預測時，可分為判斷法（judgmental methods）及數學法（mathematical methods）兩種。

■判斷法

判斷法可分為管理估計、德爾菲法和遠景方案分析三種：

1. 管理估計：在管理估計方法（managerial estimates）下，管理者主要是根據過去的經驗，從而對未來全體員工的需求做出預測，這些估計可由最高階層管理者做出，再交給低階管理者執行，或是由低階管理者做出，再交給高階層去做進一步的修正，或是由一些高階與低階管理者的組合來預測。

2. 德爾菲法：德爾菲法（Delphi technique）是判斷方法中最為正式的方法，且遵循明確的步驟。它是Olaf Helmer和其在蘭德（Research and Development，簡稱RAND）公司的同事一起開發出來的。這種方法帶有幾分預感與判斷，但這種技術比較準確，在預測方法中享有一定的權威（圖2-4）。

   假設一家石油公司想知道，什麼時候海上平台的水下探勘工作可以完全由機器人而不是由潛水伕完成，如採用德爾菲法的作法，他們可以先與若干專家聯繫，這些專家有各種各樣的專業背景，包括：潛水伕、石油公司的技術人員、船長、維護工程師和機器人設計師。公司將向這些專家說明整個問題是什麼，然後，請教每位專家認為什麼時候機器人可以代替潛水伕。最初回答的時間差距可能很大，比如說：2010年到2040年才能完成。公司將這些回答歸類總結，再將結果傳給每位專家，並詢問他是否根據別人的回答調整自己的答案。這一作法重複數次後，各種回答的差距會逐漸縮小，譬

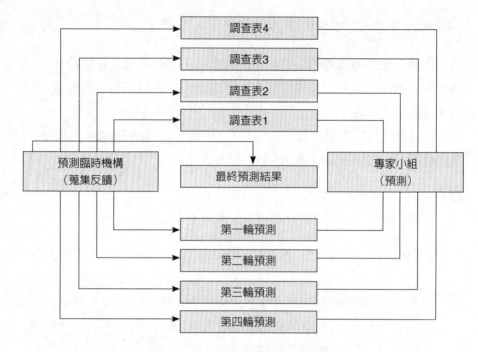

圖2-4　德爾菲法蒐集反饋模型

資料來源：諶新民、唐東方（編著）（2002）。《人力資源規劃》（*Human Resources Programming*），頁146。廣州：廣東經濟。

　　如說，已有80%的專家認為時間應在2015年至2020年之間，這一結果已經可以作為制定有關計畫的依據了[7]。

3. 遠景方案分析：遠景方案分析（scenario analysis）是使用勞工環境的審視資料去發展替代的勞工遠景方案。這些遠景方案是在直線經理與人力資源經理的腦力激盪會議中發展出來的。他們預測未來五年或更多年的勞工狀況，一旦這些預測被具體化後，這些經理再反過來去確認主要的轉振點。遠景方案分析的最大優點在於鼓勵開放且不同的思考模式[8]。

■數學法

　　數學法又稱統計（statistical）／模型（modeling）法。主要包括下列四種（**表2-4**）：

1. 時間序列分析（time series analysis）：考慮過去增員標準、季節及市場循環變動、長期趨勢及隨機變動等因素，而透過移動平均法、平滑指數法等來預測未來人力需求。

2. 人事比率（personnel ratio）：利用過去的人事資料來決定各部門需要人數，或兩項不同性質的人員具有比例關係來預測未來人力需求。

3. 生產力比率（productivity index）：利用工作量和人員間的比率關係來預測未來人力需求。

4. 迴歸分析（regression analysis）：將過去的各項生產因子，包括：銷售量、生產量、附加價值等相關變數，透過統計迴歸公式算出未來人力的需求數。

表2-4 預測人力資源需求的統計模型技術

技術	說明
時間序列分析	利用過去的全體職員水準（取代工作量指標）去計算未來人力分析資源的需求。也就是經由檢查過去的全體職員水準，分析出季節性與循環性變數、長期趨勢及隨機變動，然後再以移動平均數、指數平滑法或迴歸技術對長期趨勢做出預測與計畫。
人事比率	檢查過去的人事資料去確定在各個工作與工作類別中員工人數間的歷史關係，然後以迴歸分析或生產力比率對人力資源的總需求或主要團體需求做出計畫，再以人事比率將總需求分配至不同的工作類別，或是為非主要團體估計需求。
生產力比率	利用歷史資料去檢查過去的一個生產力指數水準， $$生產力比率 = \frac{工作量}{人數}$$ 只須發現了常數或系統的關係，就能以預測的工作量除以生產力比率計算出人力資源需求。
迴歸分析	檢查過去的各個工作量指標水準，例如銷售量、生產水準及增值，從而得出其與全體職員水準的統計關係。當發現了充分緊密的關係，即可得出一個迴歸（或複迴歸）模型。將相關指標的預測水準放入這個模型中，就可以計算出人力資源需求的相對水準。

資料來源：Lee Dyer, "Human Resource Planning," in *Personnel Management,* ed. Kendrith M. Rowland and Gerald R. Ferris（Boston: Allyn & Bacon, 1982），p.59. 引自：Lloyd L. Byars、Leslie W. Rue（著），鍾國雄、郭致平（譯）（2001）。《人力資源管理》，頁131。台北：美商麥格羅·希爾。

72　　　　面對上述眾多人力資源需求預測技術方法，企業必須從中選擇合適的方法來預測企業的人力資源需求。

(三)人力資源需求預測的步驟

企業人力資源需求預測一般比較複雜，須按步驟、有計畫的進行。對企業人力資源需求預測的步驟過程為：提出預測任務、確定預測任務承擔者、預測對象的初步調查、選擇預測方法、蒐集預測數據、建立預測模型、實施預測及評估預測報告。

四、人力資源供給預測

企業人力資源供給預測與企業人力資源需求預測有很大的差別。需求預測在一般情況下，只對企業的人力資源需求進行預測，而供給預測則需要從組織內部供給預測和組織外部供給預測兩部分來作業。

(一)人力資源內部供給預測

企業內部的人力資源供給，是指企業依靠企業的人員培訓、調配、晉升等措施，來填補企業的人力資源需求缺口。人力資源內部供給預測技術主要有：技術清單（skills inventory）、現狀核查法、管理人員接替模型、人員接替模型和馬爾柯夫模型（Markov model）等方法。

在企業內部人力資源供給預測中，常用馬爾柯夫模型來預測各個層次或各種類型人員的未來分布情況。馬爾柯夫模型假定：在給定時期內，從低一層次向高一層次的轉移人數，或從某一類型向另一類型轉移的人數，是起始時刻低層次總人數或某一類型總人數的一個比例，這個比率稱為人員移轉率。一旦企業各層次人數或某種類型的人數及其相應的轉移率已經確定，那企業未來的人員層次分布或類型分布的情況也就確定了。如果已經獲取對企業未來人員所需要的總數及結構狀況的預測，則企業未來的人員短缺情況也就可以確定[9]。

(二)人力資源外部供給預測

外部人力供給預測是相當複雜的，但它對企業制定其他的人力資源具體計畫有相當重要的作用。它主要是預測企業內、外部可能提供的人力資源供給數量和結構，以確定企業在今後一段時間內能夠獲取的人力資源供給量，其供給預測主要是：預測未來幾年外部勞動力市場的供給情況，它不但要調查整個國家和企業所在地區的人力資源供給狀況，而且還要調查同行業或同地區其他企業對人力資源的需求情況。

(三)影響人資外部供給的因素

影響人力資源外部供給的因素包括：地域性因素、全國性因素、人口發展趨勢因素、科學技術的發展因素、政府政策法規因素、勞動力市場發展程度、勞動力就業意識、擇業心理偏好和工會因素等。

五、人力資源供需平衡

在人力資源發展過程中，人力資源供給與人力資源需求通常是不相等的。企業人力資源需求與企業內部人力資源供給有三種關係：供給平衡、供不應求、供過於求（**圖2-5**）。

(一)供給平衡

人力資源供需平衡是企業人力資源規劃的目的，透過人力資源的平衡過程，企業才能有效地提高人力資源利用率，降低人力資源成本，從而最終實現企業發展目標。

企業的人力資源供需平衡，就是企業通過增員、減員、人員結構調整、人員培訓等措施，使企業人力資源從不相等達到供需相等的狀態。

74

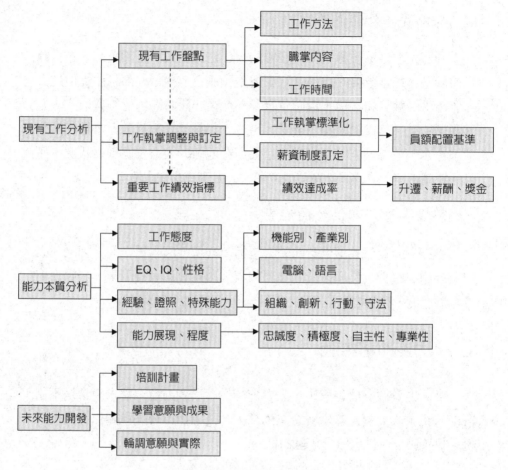

圖2-5 人力盤點架構圖

資料來源：謝屏（2006）。〈解決企業人力資源三大問題：勞動法的規範、缺工且高流動率、缺乏人才且難整合〉。《台灣鞋訊》，第13期（2006/01），頁29。

(二)供不應求

當預測企業的人力資源需求大於供給時，企業通常採用外部招聘、聘用臨時工、延長工作時間、內部晉升、技能培訓、管理人員接替計畫、擴大工作範圍、退休人員的回聘等措施，來達到企業的人力資源供

需平衡。

(三)供過於求

當預測企業人力資源供給大於人力資源需求時，通常採用提前退休、人事凍結、增加無薪假期、裁員、解僱等措施，來達到人力資源供求平衡（**圖2-6**）。

第四節　人力供需預測技巧

預測勞動力供需的方法有量化（quantitative）與質化（qualitative）兩種（**表2-5**）。

一、量化技巧

量化技巧雖然比較常見，但它有兩項主要的限制：

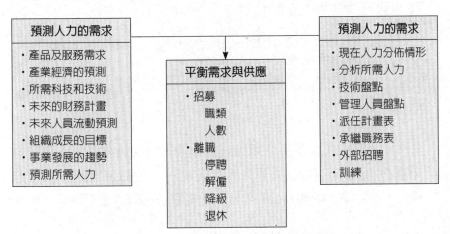

預測人力的需求	平衡需求與供應	預測人力的需求
・產品及服務需求 ・產業經濟的預測 ・所需科技和技術 ・未來的財務計畫 ・未來人員流動預測 ・組織成長的目標 ・事業發展的趨勢 ・預測所需人力	・招募 　職類 　人數 ・離職 　停聘 　解僱 　降級 　退休	・現在人力分佈情形 ・分析所需人力 ・技術盤點 ・管理人員盤點 ・派任計畫表 ・承繼職務表 ・外部招聘 ・訓練

圖2-6　人力資源計畫的預測模式

資料來源：李長貴（2000）。《人力資源管理：組織的生產力與競爭力》，頁143。台北：華泰文化。

76　表2-5　人力評估方法

方法	說明
問卷調查法	透過問卷的設計,瞭解各單位的工作負荷狀況、公司背景及人力相關問題。
人員訪談法	透過訪談瞭解工作負荷及目標達成度,以決定員額。
現場觀察法	透過現場觀察瞭解各單位的工作負荷狀況。
相關文獻與歷史事件法	對組織內一般文獻的紀錄與重大事件進行有系統的整理,以發覺組織從過去到現在,在特定問題上的徵候,以供預測與判斷之用。
組織氣氛調查法	在進行組織診斷時,判斷問題的嚴重性及未來政策推行的可行性,能提供管理者一個客觀的問題焦點。
財務損益兩平法	運用損益兩平的概念,從支付能力判斷人事費用的適切程度,在獲利或成本效益考量的前提下推估最適人力水準。
組織標竿比較法	選定特定之人力相關指標,將組織本身在此項相關指標上的表現,與其他同業、競爭者或異業在此項指標上的表現相比較,然後反推若欲取得優勢地位之人力指標水準為何?進而推算最適之人力水準如何?
管理控制幅度法	藉由管理者所直接管轄或監督的部屬人數計算合理的管理幅度。
數量模型法	過濾篩選出各項影響組織員額配置的因子,再輔以回歸時間序列及人工智慧等方法,正確地描述各項探討因子之關係,最後再以模式推演預測出可能的最適員額配置。
功能流程評估	根據各功能指標達成狀況以決定員額。
組織目標推演法	根據完成目標推演所需之人力。
工作分析與部門執掌調查法	瞭解各單位之執掌及工時,推估各單位所需之人力。
標準工時推算法	對於組織內各項業務加以切割組合各種不同的作業流程或工作項目,經過合理的評估與檢討,建立其標準作業。
潛能評鑑法	衡量部門內人員潛能及工作量之關係以決定員額。

資料來源:精策管理顧問公司;製表:丁志達。

　　第一,這類方式大都得仰賴過去的數據,或人員招募水準和其他變數(譬如:產出或營收)之間先前的關係,可是過去的關係不見得適用於未來,而且過去招募人員的作法,也要隨著時間調整而不是一成不變。

　　第二,這類測驗技巧大都是在1950、1960和1970年代初期開發出

來，適合那個時代的大型企業（穩定的環境和就業人口）。可是當今企業面對著各種不穩定的要素，譬如：科技的日新月異和強烈的全球競爭，這些技巧就不太適用。企業在這種變動要素的影響下也跟著出現劇變，而這些變化是很難從過去的數據預測出來的，譬如：有一家成衣製造商，通常是對零售店銷售其產品，但現在打算透過網路擴大顧客群，這樣一來，該公司可能需要招募具有相關技術和能力的人才，而這些技術是他們原先並不需要的。

二、質化技巧

質化技巧是仰賴專家（包括高層主管）對於品質的判斷，或是對於勞動供需狀況的主觀判斷。質化技巧的好處之一，在於具備足夠彈性，可以納入專家認為應該考慮的要素或條件。然而，質化技巧潛在的缺陷有：主管的判斷可能比較不正確，預測結果可能沒有量化技巧來得細密[10]。

當目前的人力資源狀況和未來理想的人力資源狀況存在差異時，企業必須制定一系列有效的人力資源規劃方案。在員工過剩的情況下，企業需要制定一系列的人員裁員計畫；在員工短缺的情況下，則需要在外部進行招聘。如果外部勞動力市場不能有效地供給企業，則需要考慮在內部透過調動補缺、培訓和工作輪調等方式，增加勞動力供給[11]。

第五節　人力規劃方案

科學、完備的人力資源規劃體系，是企業人力資源管理的重要依據，能幫助企業進行有效的人事決策、控制人事成本、調動員工的積極性，最終確保企業長期發展對人才的需求（**表2-6**）。

當企業確定了人力資源發展戰略和人力發展政策之後，就需要在戰

78

表2-6 人力資源規劃內容一覽表

計畫類別	目標	政策	預算
總規劃	績效、人力總量素質、員工滿意度（總目標）	擴大、收縮、保持穩定（基本政策）	總預算
人員補充計畫	類型、數量、層次、對人力素質結構及績效的改善	人員素質標準、人員來源範圍、起點待遇	招聘、選拔費用
人員分配計畫	部門編制、人力結構優化及績效改善、人力資源職位匹配、職務輪換幅度	任職條件、職務輪換範圍及時間	按使用規模、差別及人員狀況決定的工資、福利預算
人員接替及提升計畫	儲備人員數量保持、提高人才結構及績效目標	全面競爭、擇優晉升、選拔標準、提升比例、未提升人員的安置	職務變動引起的工資變動
教育訓練計畫	素質及績效改善、培訓數量類型、提供新人力	培訓時間和效果的保證	培訓總投入產出、脫產培訓損失
評價、激勵計畫	人才流失減少、士氣水平、績效改進	工資政策、激勵政策、激勵重點	增加工資、獎金預算
勞動關係計畫	降低非期望離職率、勞資關係改進、減少投訴和不滿	參與管理、加強溝通	法律訴訟費
退休及解僱計畫	編制、勞務成本降低及生產率提高	退休政策及解聘程序	安置費、人員重置費

資料來源：諶新民（主編）（2005）。《員工招聘成本收益分析》，頁65-66。廣州：廣東經濟。

略與政策的指導下，就戰略目標的實現擬訂具體的實施計畫。一個完整的人力資源規劃方案，通常包括：晉升規劃、人員補充規劃、培訓開發計畫、人員配置規劃、接班人計畫、補償計畫和減員計畫。

一、晉升規劃

晉升規劃實質上是組織晉升政策的一種表達方式。依據《辭海》字典解釋「陞」與「昇」或「升」通。晉升指職位的升高及調遷。晉升英文字稱爲promotion，亦即升職、晉級或升遷之意（**表2-7**）。企業有計畫地提升有能力的人員，以滿足職務對人的要求，是組織的一種重要職能。從員工個人角度上看，有計畫地被提升，能滿足員工自我實現的要求。

人力資源規劃在人員晉升的方面要注意下列七點：

1.要根據公司的發展戰略要求，來制定人員發展戰略。

表2-7　學者對升遷的定義

學者	升遷定義
Willoughby（1927）	適當的晉升制度，足以吸引最有能力之人才至機關工作，且足以鼓勵工作人員努力服務之精神，如無此種因素，則根本不足以言人事效率。
Watite（1970）	升遷係指機構內部任用人員於較高等職位、較高技術或較重要職責之一種人事措施。雖然其前途看好，但不保證待遇增加，而人員獲得晉升，對其是一種榮譽，也是需求的滿足，藉此可增進工作人員的工作意願與情緒，為組織的目標而努力。
French（1974）	升遷是調遷的一種，乃是重新分派一位職員到另一職位上，因而得到較高的薪俸，負較高之責任，享有特別權力、更大的潛在勢力或獲取所有上述的好處。
張金鑑（1979）	升遷係指職責事實的加重，從而在薪給、權限與地位上亦有增多的變化。
王德馨（1982）	升遷係指工作人員任滿一定年限，考核成績及品行係屬優異者，予以提高其職位及待遇或較高之地位與聲譽。升遷是促進工作效率，獎勵員工上進的重要原動力。
張潤書（1986）	公務人員因表現優異而機關給予地位之提高及薪水之增加。
黃英忠（1989）	升遷係指員工服務一定年限後，經考核成績優異者，提高其職務，使取得較高之待遇、地位、權力，以激勵員工恪守崗位，負責盡職。
趙其文（1998）	升遷係指工作人員經過一定期間的服務，依據其成績表現，遷調比目前較高或較重要的職位而言。

資料來源：林俊杰（2003）。《公務人員資績與陞遷關係之研究：以彰化縣政府爲例》，碩士論文，頁8-9。台中：東海大學公共事務研究所。

80

2.根據制定好的人員發展戰略，確定企業需要哪些人才。

3.評估企業的人才現狀，對比勞動力市場的人才供需行情、企業內部用人的需求狀況，確定獲得企業所需的人才的主要途徑。

4.由於內部提拔牽扯到晉升的問題，為了確保晉升的工作能夠做好，需要為企業每一個員工規劃好他們的職業發展路徑（**圖2-7**）。

5.完成相應職位的工作描述，明確該職位的人員要求。

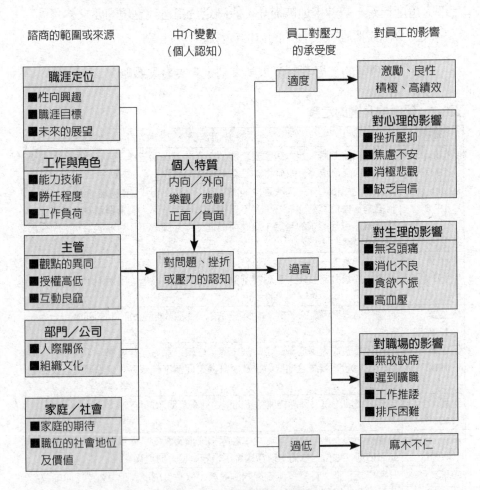

圖2-7　職涯諮商的範圍

資料來源：石銳（2004）。〈企業人才資本的保母〉。《能力雜誌》，第584期（2004/10），頁113。

6.根據公司的人員發展規劃制定培訓計畫，使員工在規定時間內達到相應職位的要求。

7.制定人員儲備評估方案，以評估企業未來人員的儲備。如果企業內部沒有合適的人才儲備，就要考慮到建立外部人才儲備，事先做好這些人的儲備，等到公司需要的時候，就盡快啓動招聘程序，使合適的人盡快遞補這個職位。

二、人員補充規劃

人員補充規劃是依據企業發展的實際需要，有目的地、合理地在中、長期彌補企業空缺職位的人力資源，所擬定的人員補充規劃目標、實現政策和實現方法等。由於晉升規劃的影響，組織內的職位空缺逐級向下移動，最終積累在較低層次的人員需求上，因而低層次人員的吸收、錄用，企業必須考慮若干年後對員工的需求，在這種情況下，企業只有用系統的、發展的觀念去指導企業人力資源補充規劃的制定，才能使企業在每一個發展階段都有合適的人選，滿足已經出現的或即將出現的人力資源需求。

人員補充規劃主要有三種形式：內部選拔、個別補充和公開招聘。在制定人員補充規劃時，必須註明需要補充的人力資源類型、技能等級、需要補充部門、補充人數、補充方式、補充時間、補充以後增加的效益、補充以後增加的支出等[12]。

三、培訓開發計畫

企業的培訓開發規劃是爲了企業長期、中期、短期所需要彌補的職位空缺，事先準備合適的人力資源而制定的培訓計畫安排。企業人員培訓開發計畫的任務，就是要設計出對現有人員的培訓方案，包括：接受培訓的人員、培訓目標、培訓內容、培訓方式、培訓費用等項目的設計

82　　與預算（圖2-8）。

四、人員配置規劃

　　組織內人員未來職位的分配，是透過有計畫的人員內部流動來實現，這種內部的流動計畫就是調配規劃。

五、接班人計畫

　　接班人計畫讓企業得以避免因為一些可預期或不可預期的主管異動（主管離職、退休、生病、甚至死亡）而蒙受損失。一般標竿企業通常都會訂定一套正式的接班人計畫，確認哪些主管職位需要接班人計畫，

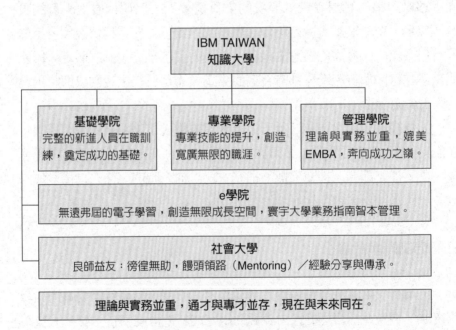

圖2-8　IBM知識大學架構

資料來源：張瑋玲（採訪整理），楊國安、姚燕洪（主編）（2002）。《新經濟理「才」經》，頁93。台北：聯經。

以及具備潛力的接班人選，事先給予必要的訓練。麥當勞早年的人才選拔政策中有一條就是：「如果你沒有培養自己的接班人，那你在其他方面再優秀，也不能被提拔，直到你培養出合格的接班人為止。」（範例2-1）

六、補償計畫

目的是確保未來的人工成本不超過合理的支付限度，未來的工資總額取決於組織內的員工是如何分布的，不同的分布狀況，成本也不同[13]。

範例2-1　標竿企業接班人計畫作法比較

成功作法	IBM	奇異(GE)	英特爾(INTEL)	個案公司
建立領導者發展其他領導者的制度	1.領導培育課程中，公司大部分採內部訓練講師，且多半由高階主管擔綱授課。在領導特質中的教導（coaching）及發展潛力人才（developing talent），乃是必備的特質，教授者也在教學中成長。 2.授課紀錄乃是晉升主管的必要條件，並規定每位主管要有五個教導日（teaching day），及擔任過兩個新人的指導者（mentor），以作為考核晉升的依據。	1.高階主管親自參與接班人計畫，以確保人員發展及在時間內有效地獲得廣泛經驗及能力，並證明經理人能勝任企業內的高階職位，包括執行長。 2.建立教導型組織，讓主管擔負起發展及指導他人的責任。	1.新任經理人將被指派一位搭檔（buddy），搭檔可以加速他的學習，而新任經理人也可以挑選一位導師（mentor），這些導師群是已被證明具有協助其他人達到目標的能力者來擔任。 2.資深經理人教導或提供領導訓練至少一年四次，而他們的參與則連結到個人的年度獎金。	1.高階主管親自參與確保人員接班的計畫。 2.設定高階主管成為潛力經理人之指導者，讓高階主管共同擔負起發展他人的角色，並依此評量高階主管在此部分的管理才能。

84 （續）範例2-1　標竿企業接班人計畫作法比較

成功作法	IBM	奇異(GE)	英特爾(INTEL)	個案公司
個人參與及投入接班人計畫程序中	個人可為自己的職涯負責，內部職涯機會公開。個人可透過三百六十度績效進行回饋。	個人可為自己的職涯負責，內部職涯機會公開。個人可透過三百六十度績效進行回饋。	個人可為自己的職涯負責，內部職涯機會公開。個人可透過三百六十度績效進行回饋。	職涯訪談及個人發展計畫回饋，讓人員瞭解在公司的發展機會及參與管理才能發展的意願。
符合企業特定政策的才能發展專案設計	建立整合型學習組織，設定各階段之學習重點及課程。	將組織和員工的議題與企業的目標合併。包含：員工議題（staff issue）、關鍵職位的備位人選、多元化、全球化、無疆界組織（boundaryless organization）、技術人才的發展等。	1.將十個預計要晉升的人員聚集在一起，進行同儕間教導，這樣他們可以在真正擔任管理職之前，瞭解如何管理指導其他人員的績效。 2.行動導向的學習：分組的經理人可以藉由虛擬的團隊來一起解決真實的企業問題，這些團隊可能包含全球各地的成員。	1.建立符合個案公司之管理才能系統。 2.透過跨部門專案指派，讓潛力人才學習跨部門團隊建構、推動，及建立以公司整體發展之觀點。

資料來源：余靜雯（2005）。《半導體封測業主管管理才能評鑑模式與接班人計畫之研究》，碩士論文，頁71-72。中壢：中央大學人力資源管理研究所。

七、減員計畫

　　一些可預見的因素造成的減員，如採用新的生產設備、進行技術創新或管理創新、市場沒有擴大、產品滯銷等因素，都會減少人力資源需求；轉產、提高產品檔次等因素，可能需要對人力資源進行結構性調整；招聘一些適應新技術要求的員工，而置換出不適應新技術生產要求的員工；其他如員工屆齡退休等因素，企業都需要制定減員計畫。近年來，市場競爭加劇，產品更新加快，減員成了提高企業競爭力的重要手段。

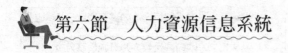

第六節　人力資源信息系統

　　人力資源信息系統是指企業爲了實現特定的目標，用於蒐集、彙總和分析人力資源信息的工作體系。人力資源信息是反映人力資源狀況及其發展變化特徵的各種消息、情報、語言、文字、符號等，具有一定知識性內涵的信息的總稱。人力資源規劃的制定和實施離不開人力資源信息（**圖2-9**）。

一、人力資源信息

　　人力資源信息分爲內部人力資源信息和企業外部人力資源信息。企業內部人力資源信息比較容易獲得，而外部的人力資源信息比較難以獲取。一般而言，人力資源規劃的內部信息來源爲人事檔案的資料。

(一)人事檔案的作用

　　人事檔案的作用是用來統計企業目前員工的知識、技術、能力、經驗和職業抱負，反映現在的人力資源狀況。

(二)人事檔案的建立

　　企業內部人力資源信息是以員工的個人基本情況爲基礎，企業一般以人事檔案的形式記載員工的基本情況。一般來說，員工基本情況至少包括下列幾點[14]：

1. 自然狀況：性別、年齡、籍貫、身高、體重、血型、健康狀況。
2. 知識狀況：教育程度、專業、學位、所取得的各種證書、執照等。
3. 能力狀況：表達能力、操作能力、管理能力、人際關係、協調能力及其他特長的種類。

86

```
                                              ┌──────────────────────────┐
                                        ┌────→│ 國外同行業人力資源現狀分析 │
                                        │     └──────────────────────────┘
                        ┌──────┐        │     ┌──────────────────────────┐
                        │人力   │────────┼────→│ 國內同行業人力資源現狀分析 │
                        │資源   │        │     └──────────────────────────┘
                        │分析   │        │     ┌──────────────────────────┐
                        │系統   │        ├────→│ 企業人力資源歷史趨勢分析 │
                        └──────┘        │     └──────────────────────────┘
                                        │     ┌──────────────────────────┐
                                        └────→│ 企業人力資源現狀分析 │
                                              └──────────────────────────┘

                                              ┌──────────────────────────┐
                                        ┌────→│ 企業人力資源需求預測 │
                                        │     └──────────────────────────┘
                        ┌──────┐        │     ┌──────────────────────────┐
                        │人力   │        ├────→│ 企業人力資源供給預測 │
                        │資源   │        │     └──────────────────────────┘
   ┌──────┐            │規劃   │────────┤     ┌──────────────────────────┐
   │人力   │            │支持   │        ├────→│ 企業人力資源供需平衡分析 │
   │資源   │            │系統   │        │     └──────────────────────────┘
   │規劃   │────────────└──────┘        │     ┌──────────────────────────────┐
   │信息   │                            └────→│ 企業人力資源發展規劃方案制定支持 │
   │系統   │                                  └──────────────────────────────┘
   └──────┘
                                              ┌──────────────────────────┐
                                        ┌────→│ 人力資源規劃實施情況查詢 │
                                        │     └──────────────────────────┘
                                        │     ┌──────────────────────────┐
                                        ├────→│ 員工基本情況補償查詢 │
                        ┌──────┐        │     └──────────────────────────┘
                        │       │        │     ┌──────────────────────────┐
                        │規劃   │        ├────→│ 員工補償查詢 │
                        │查詢   │────────┤     └──────────────────────────┘
                        │系統   │        │     ┌──────────────────────────┐
                        │       │        ├────→│ 員工流動查詢 │
                        └──────┘        │     └──────────────────────────┘
                                        │     ┌──────────────────────────┐
                                        ├────→│ 員工素質、職業生涯查詢 │
                                        │     └──────────────────────────┘
                                        │     ┌──────────────────────────┐
                                        └────→│ 員工績效和培訓效果查詢 │
                                              └──────────────────────────┘

                                              ┌──────────────────────────┐
                                        ┌────→│ 外部勞動力市場資料 │
                                        │     └──────────────────────────┘
                        ┌──────┐        │     ┌──────────────────────────┐
                        │       │        ├────→│ 國家人力資源管理法律法規 │
                        │規劃   │        │     └──────────────────────────┘
                        │資料   │────────┤     ┌──────────────────────────┐
                        │庫     │        ├────→│ 企業內部人力資源管理條例 │
                        │       │        │     └──────────────────────────┘
                        └──────┘        │     ┌──────────────────────────┐
                                        └────→│ 企業其他職能戰略發展規劃 │
                                              └──────────────────────────┘
```

圖2-9 企業人力資源規劃信息系統結構圖

資料來源：陳京民、韓松（編著）（2006）。《人力資源規劃》，頁293。上海：交通大學。

4.閱歷及經驗：做過何種工作、擔任何種職務，以及任職時間、調動原因、總體評價。

5.心理狀況：興趣、偏好、積極性、心理承受能力。

6.工作狀況：目前所屬部門、職位、職級、績效及適應性。

7.收入情況：工資、獎金、津貼及職務外收入。

8.家庭背景及生活狀況：家庭成員、職業取向及個人對未來職業生涯的設計。

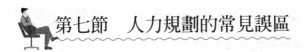

第七節　人力規劃的常見誤區

企業在執行人力資源規劃時，常見的誤區有下列幾項：

(一)一致性的危機

人力資源規劃者在一個含糊的規則、公司政策和分歧的管理風格等特性的環境中工作，除非人力資源規劃者能夠發展出強烈的使命（方向）感，否則，當組織對他們存在的理由產生質疑時，他們經常要花許多時間尋找所謂有意義的事來證明存在的必要。

(二)高階管理階層的贊助

人力資源規劃想要長期發展，至少必須要擁有一位具影響力的高層人士之完全支持。此高層人士的支持，可確保人力資源規劃方案成功所需的資源、可實現性、能見度與合作。

(三)最初努力的程度

許多人力資源規劃方案之所以失敗，乃是由於開始努力時的過度複雜化。成功的人力資源規劃方案在開始時，要緩慢地和逐漸地擴張，一直到該方案成功為止。發展一項準確的技能清單和一幅重置圖，乃是人

88　力資源規劃起始最好的方法（**圖2-10**）。

(四)與其他管理階層和人力資源管理職能的協調

人力資源規劃必須與其他管理階層和人力資源管理職能協調。不幸地，人力資源規劃者時常趨向於只關注於自己的領域（功能），而少與其他管理階層互動。

(五)與組織計畫整合

人力資源規劃必須來自於組織計畫。此種關鍵乃在於組織計畫者與人力資源計畫者之間發展出良好的溝通管道。

(六)計量與計質的途徑

某些人視人力資源規劃為數字遊戲，設計來追蹤人員到職、離職、升遷、降職和跨不同的組織單位的流動。這些人對人力資源規劃採取計量（定量）的途徑。另外有些人採取嚴格的計質（定性）途徑，並專注於個別員工相關的事，諸如個人的可升遷性與生涯發展，在此情況下，一個均衡的方法通常會產生最佳的結果。

(七)作業管理者的參與

人力資源規劃並非一個僅局限於人力資源部門的職能。成功的人力資源規劃有賴於作業管理者（用人單位）與人力資源部門人員雙方的協同努力。

(八)技術陷阱

當人力資源規劃已愈來愈被重視時，新穎而精緻的技術已經發展出來協助人力資源規劃，但人力資源規劃人員應該避免著迷於某一種技術，只因為它是項潮流，而不管它的實用功能[15]。

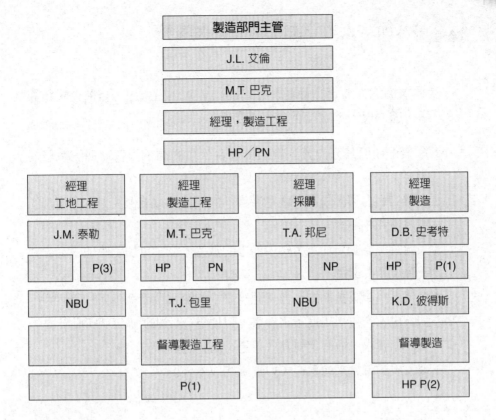

註解定義：

HP（高潛力）

　　一個平均以上或傑出的執行者，並具有在五年內至少晉升兩級的潛力。

PN（現在可升遷）

　　一個現在可升遷至少比現職高一級之指定職位的人。

P（X年）

　　一個在「X」年可升遷至少比現職高一級之指定職位的人。

NP（不可升遷）

　　一個不可升遷的人（例如：一個想要維持現職的人、等待退休中或已經升遷至極限等）

NBU（無候補者）

　　沒有這個職位的確認候補者。

圖2-10　組織更替圖

資料來源：Chicci, D. L.（1979）"Four Steps to an Organization/Human Resource Plan."
　　　　　Personnel Journal, June, p.392. Personnel Research Federation by the Williams &
　　　　　Wilkins Co., (U.S.)

90

第八節　人力資源規劃的發展趨勢

　　美國著名的人力資源管理學者James W. Walker指出，目前企業組織人力資源規劃的變化有如下的幾種趨勢：

1. 企業正在使其人力資源規劃更適合公司的簡練而較短期的戰略規劃。
2. 企業的人力資源規劃更注意關鍵性的環節，以確保人力資源規劃的實用性和相關性。
3. 人力資源規劃更注意特殊環節上的數據分析，更加明確地限定人力資源規劃的範圍。
4. 企業更重視將長期的人力資源規劃中的關鍵環節轉化為一個個的行動計畫，它包括年度策略計畫，以便更有效地明確每個行動計畫的責任和要求，並確定對其效果進行衡量的具體方法。
5. 企業規劃時愈來愈重視人力資源的成本分析。

結　語

　　清朝曾國藩在〈裁員論〉中提到：「自古開國之初，恆兵少，而國強其後；兵愈多則力愈弱，餉愈多而國愈貧。北宋中葉兵常百二十萬，而南渡以後，養兵百六十萬，而軍益不競。明代養兵至百三十萬，末年又加練兵十八萬，而孱弱日甚。」

　　所以，企業用人貴在「精實」，而不在「擁兵自重」。

註釋

❶陳京民、韓松（編著）（2006）。《人力資源規劃》，頁1。上海：交通大學。

❷王秉鈞（2005）。〈人力資源管理〉。《經理人月刊》（*Manager today*），第10期（2005/09），頁143。

❸陳基瑩（2006）。〈企業的存續由未來的人力資源決定〉。《台灣鞋訊》，第16期（2006/04），頁39-40。

❹Nick Shreiber〔利樂集團（Tetea Pak）前總裁〕（2006）。〈領導風格之想法〉（Leadership Thoughts）。《統一月刊》（2006/05），第322期，頁24-25。

❺James P. Lewis（著），劉孟華（譯）（2004）。《專案管理聖經》（*Mastering Project Management*），頁69。台北：臉譜。

❻英國雅特楊資深管理顧問師群（1989）。《管理者手冊》（*The Manager's Handbook*），頁54。台北：中華企業管理發展中心。

❼Donald Waters（著），張志強（譯）（2006）。《管理科學實務》（*A Practical Introduction to Management Science*），頁221。台北：五南圖書。

❽Lloyd L. Byars、Leslie W. Rue（著），鍾國雄、郭致平（譯）（2001）。《人力資源管理》，頁130。台北：美商麥格羅·希爾。

❾陳京民、韓松（編著）（2006）。《人力資源規劃》，頁153-154。上海：交通大學。

❿Luis R. Gomez-Mejia、David B. Balkin、Robert L. Cardy（著），胡瑋珊（譯）（2005）。《人力資源管理》，頁198-199。台北：台灣培生教育。

⓫胡麗紅（2006）。〈戰略導向的人力資源規劃〉。《人力資源雜誌》，總第221期（2006/02），頁43。

⓬陳京民、韓松（編著）（2006）。《人力資源規劃》，頁210。上海：交通大學。

⓭岳鵬（2003）。〈以人力資源規劃為網〉。《企業研究》，總第220期（2003/05），頁30。

⓮諶新民、唐東方（編著）（2002）。《人力資源規劃》（*Human Resources Programming*），頁256-258。廣州：廣東經濟。

⓯Lloyd L. Byars、Leslie W. Rue（著），林欽榮（譯）（1995）。《人力資源管理》（*Human Resource Management*），頁127-128。台北：前程企業管理公司。

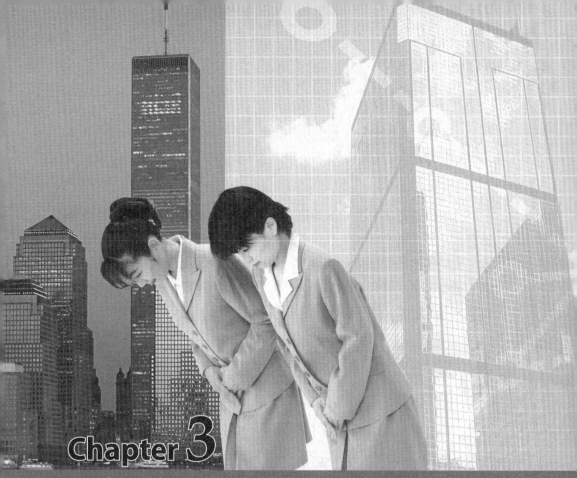

Chapter 3

工作分析與工作設計

　　　　每個人只能透過社會分工的方法，從事自己力所能及的工作，才能為社會做出較大的貢獻。

——希臘‧Socrates

　　在組織進行了人力資源規劃後，若表明對人員有需求時，組織需要透過各種方式補充所需人員。招聘就是能及時地吸引足夠數量的合格人選，並鼓勵他們向組織申請職位，實現有效地選拔合格的應徵者加入組織的過程。在此過程中，工作分析起著重要的作用，例如：招聘信息的來源、招聘途徑、資格篩選、選拔與聘用等。

第一節　工作分析的目的與用途

　　工作分析（job analysis）源自於二十世紀初F. W. Taylor的時間管理及F. B. Gilbreth的動作研究，此後，西方管理學家對它進行了不斷改善，如今，在工作分析的基礎上，已經形成了比較完善的職位分類與職位規範（表3-1）。

一、工作分析的目的

　　一般而言，工作分析的目的主要包括[1]：

1. 明確工作職責定位與角色分工。
2. 優化組織結構和職位設置，強化組織職能。
3. 為確定組織的人力資源需求，制定人力資源能力發展規劃和有效地實施能力管理提供依據。
4. 確定員工錄用與工作上的最低條件。
5. 確定工作要求，以建立適當的指導與培訓內容。
6. 為制定考核程序及方法提供依據，以利於管理人員執行監督職能，

表3-1　工作分析的過程剖析

階段步驟	工作內容	關鍵成功要素	關鍵潛在障礙	不同人員的角色分工			
				高層	中層	員工	人資人員
明確目的界定範圍	決策階段，明確工作分析的目的和目標，確定工作分析涉及哪些部門或職位	1.全局與戰略視野，避免埋頭痛醫頭的片面出發點 2.界定範圍時能夠從業務流程著眼	1.目標與界定的範圍組織實際需求不吻合 2.高層決策一時衝動，導致高層決策悔行中容易放棄思想	1.提出組織需求 2.界定項目範圍 3.高層達成一致	無	無	充分溝通，瞭解高層的管理意圖
前期準備	1.在啟動手前，選擇工作分析的方法，確定分析的角度，準備工作分析問卷及其他工具，編製工作計畫 2.開始在組織內宣傳工作分析的意圖與價值，爭取員工的理解與支持	1.工作分析方法的選擇是否合適 2.分析的維度與要素是否符合項目的核心目標 3.高層在宣傳環節是否給予高度重視和支持	由於擔心個人或部門利益受到威脅，部分中層與基層員工對工作分析的發展有恐懼或抵制心態，影響到後續工作的開展與配合	1.給予支持 2.內部造勢 3.方案審核	聽眾	無	獨立擬定執行方案，或協助外部顧問開展工作
資訊蒐集	運用工作分析的方法蒐集相關資訊	1.各層員工的支持配合 2.出色的溝通、挖掘技巧 3.選擇到合適的調查對象 4.對工作分析工具的培訓	中、基層員工的消極配合，研究對象對職位認知的局限性等因素影響本階段進度及信息的有效性與準確性	接受調查	接受調查、協助調查	接受調查	組織、協調、執行、過程管理控制
分析決策	1.整合、梳理、補充、統計、分析蒐集到的信息，挖掘職位的核心價值、關鍵職責、基本任務、典型行為、基本任職資格與勝任力素質要求，及職位的合理彙報關係及其他要素 2.發現不合理因素，提出相應的改善措施與建議	1.分析的角度能夠切中要害、滿足項目的核心需求 2.尊重職位設置的基本原則，突出職位的核心價值 3.與相關人員的恰當溝通 4.保持「兼聽則明」的客觀態度 5.決策過程中要保密	因項目目標而異，可能受到來自企業政治因素的干擾，影響決策的制定與執行	聽取調查分析結果、參與環節的討論與關鍵環節上做出決策	因項目而異、可協助分析過程、但一般不參與決策過程	無	工作分析者、方案擬定者、溝通的橋梁

（續）表3-1 工作分析的過程剖析

階段步驟	工作內容	關鍵成功要素	關鍵潛在障礙	不同人員的角色分工			
				高層	中層	員工	HR
編製職位說明書	根據工作分析的結果編製職位說明書	1.切合實際 2.選擇合適的職位說明書模版	1.過於追求職位說明書的完美形式或職位的科學性，導致職位說明書不切合企業實際，難以執行 2.中、基層及員工對職位說明書不認可，存在抵制心態	職位說明書的最終審核	無	無	主要編寫者
執行工作結果	根據工作分析項目的初衷，將工作分析的結果（職位說明書及相關結果）應用到相關工作中	1.高層的鼎力支持 2.尊重工作分析結果，避免過多人為干擾 3.動態調整職位說明書，保持職位說明書的有效性 4.指導直線經理使用職位說明書	1.中、基層員工認為不切實際，過於複雜，難以執行 2.由於沒有看到即時改善，高層的熱情消退，降低了執行中的支持力度與推進力 3.出於利益均衡等需求，高層對應用施加調整甚至產生局部負面影響力	決策者 支持者	執行者 使用者	使用者	組織者 協調者 執行者 維護者

資料來源：邱天天（2006）。〈讓工作分析「活」起來〉。《人力資源‧人力經理人》，總第220期（2006/01），頁51。

有利於員工進行自我控制。

7. 確定工作之間的相互關係，以利於合理的晉升、調動與指派。

8. 獲得有關工作與環境的實際情況，有利於發現導致員工不滿造成的工作效率下降的原因。

9. 辨明影響工作安全的主要因素，以適時採取有效措施，將危險降至最低。

10. 促使工作的名稱與含義在整個組織中表示特定而一致的意義，實現工作用語的一致化。

11. 爲改進工作方法累積必要的資料，爲組織的變革提供依據。

工作分析所要回答的問題可以歸納爲7W2H。7W即工作內容（What）、爲什麼這樣做（Why）、擔當者（Who）、工作時間（When）、工作地點與環境（Where）、工作關係（for Whom）、完成工作條件如何（Which）；2H即怎麼操作（How）、薪酬水平（How much）如何（**表**3-2）。

表3-2　工作信息分析方法

What	內容	員工將完成什麼樣的活動？（性質、任務、責任等）
Why	目的	員工為什麼要做此項工作？（工作目標、要求、成果、責任等）
Who	人員	由誰做？（工作人員所須具備的資格、條件、體能、教育、經驗、訓練、心智能力、判斷力、技能等）
When	時間	工作將會在什麼時候完成？（輪班、時間限制等）
Where	地點	工作將在哪裡完成？（工作環境、室內／室外、危險程度等）
for Whom	工作對象	為誰做？（顧客、須配合的對象等）
Which	條件	完成工作需要哪些條件？
How	方法	員工如何完成此項工作？（知識、技能、裝備、器材等）
How much	薪酬水平	工作價值與報酬

參考資料：黃俊傑（2000）。《企業人力資源手冊：薪資管理》，頁35-36。台北：行政院勞工委員會職業訓練局。

二、工作分析的用途

工作分析的功用在於提供人力資源管理的基礎，其所蒐集的資訊可運用在人力資源管理功能上（圖3-1）。

(一)制定人力資源規劃的重要依據

工作分析可以幫助組織確定未來的工作需求，以及完成這些工作的人員需求。組織內有多少種工作職位？這些職位需要多少人員？需要怎麼樣的人才？目前的人員配備是否達到職位條件的要求？短、中、長期組織內的職位將發生什麼變化？人員結構將做什麼調整？哪些職位需要儲備人才？儲備人才需要具備哪些能力素質等等，以上這類問題都可以從工作分析的結果中尋找答案。

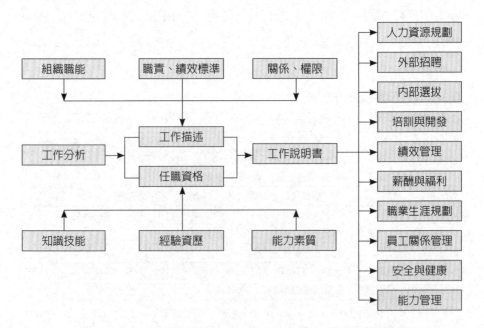

圖3-1 工作分析在人資管理與開發過程中作用示意圖

資料來源：李運亭、陳雲兒（2006）。〈工作分析：人力資源管理的基石〉。《人力資源‧人力經理人》，總第220期（2006/01），頁42。

(二)爲人員招聘與甄選提供基礎參照標準

科學化的工作分析爲招聘過程中用人標準的確定、招聘信息發布、應聘履歷表的篩選、面試工具的選擇和設計提供了重要的基礎信息。

透過甄試，不僅要瞭解應徵者具備的知識、技能和以往的工作經驗外，更要獲得能力、素質、性格特質等不易觀察、很難捕捉的信息。根據工作的特性和職責，選擇確定相應的面試技術，根據任職資格的描述，設計面試問題，選擇人才測評工具，從而更準確地挖掘和把握更具有招聘價值的信息，即「能力冰山」隱藏於水面之下的部分。有了工作分析打下的基礎，招聘也就成功了一半。

(三)明確培訓與開發工作的內容和方向

培訓是實現人力資源開發，提升人力資源價值的重要途徑。培訓的目的之一，就是要達成組織內部人員的適才適所，以及實現人的知識、技能和能力素質與工作內容要求之間的匹配。同樣，員工在個人職業生涯轉型時期也需要接受培訓，以適應新的職位，或爲晉升角色轉換做好準備，而外部經營環境變化和科技進步，也使工作職位逐漸發生變化，企業必須組織相應的培訓來應對這些變化。

有了統一的工作分析和培訓前的需求調查，培訓課程的選擇和設計就有據可依，培訓也就能夠有的放矢了[2]。

(四)績效目標設計與績效管理的依據

工作分析可以幫助組織確定一項工作的具體內容，根據這些內容可以制定出符合組織要求的績效標準，根據這些標準對員工工作的有效性進行客觀地評價與考核。

(五)薪酬管理的依據

薪酬管理的制定需要對工作進行分類並比較職位之間的相對價值，

並與勞動力市場進行對比（薪資調查），從而保證薪酬水平的內部公平與外部公平（**表3-3**）。

　　工作分析結果的運用，並非獨立進行的。例如：工作分類和工作評價（職位評價）常常交織在一起，兩者又同時為績效評價提供支持；職業生涯設計沒有工作描述是無法進行的。所以，一個客觀的工作分析是企業進行公平管理的基礎，因為它所提供的訊息，對員工的報酬、考核、晉升、職涯發展等具有直接的影響（**範例3-1**）。

表3-3　四種工作評價方法的比較

工作評價方法	主要特色	主要優點	主要缺點
工作分類法	・以整個工作內容進行比較 ・與某些特定標準（分類標準）進行比較 ・較為主觀	・簡單而容易操作 ・適用於工作職級相對較少而且穩定的組織	・容易受主觀影響 ・容易產生誤差
工作排列法	・以整個工作內容進行比較 ・工作與工作之間進行比較排序 ・較為主觀	・方法簡便 ・成本低廉 ・易於瞭解	・僅適用於工作種類不多的組織，通常是小型組織 ・此法假定排序的間隔相等，但往往並非事實 ・容易受主觀影響 ・容易產生誤差
因素比較法	・以工作的各個構成因素來分別評價 ・工作與工作之間彼此比較 ・較為量化	・此法相當詳細，但又比點數法較容易發展 ・設計完成後，很方便運用於組織各種工作之間的比較	・不容易對員工解說 ・工作內容變動時，此法不容易適應
點數法	・以工作的各個構成因素來分別評價 ・與某些特定標準（可報酬因素）進行比較，計算點數 ・較為量化	・此法以計量為基礎，故較易為員工所接受 ・工作變更時，此法仍可推行	・此法發展起來頗費時 ・此法成本高昂

資料來源：沈介文、陳銘嘉、徐明儀（2004）。《當代人力資源管理》，頁267。台北：三民書局。

範例3-1　職等職稱順序表

升遷考試最低年資	職等	職稱						
首長裁量　高級職位應視有無懸缺及需要由	十五	副總經理　總稽核	顧問	協理				
	十四	副總稽核　主任秘書　設計委員			處長			
	十三	部副經理　研究員　稽核　秘書		部經理		分行經理		
四年	十二			副處長		分行副理	專員	
四年	十一			科長	襄理			
四年	十			副科長				
三年	九	領組						
二年	八	高級辦事員						
二年	七	中級辦事員						
三年	六	初級辦事員						
具備二年度考核年資及格，得經考試及格選升為初級辦事員。	五	雇員		技術事務員				
	四			技術事務員				
	三	業務員		事務員				
	二			事務員				
	一	見習生						

資料來源：某大銀行。

102

第二節　工作分析資料蒐集方式

　　工作分析的主要重點，在於找出此工作的主要任務、責任和行為，並且針對工作內容逐一評量各項重要性及其發生的頻率，尤其要找出並訂定從事此項工作所需的知識、技術與能力，以及擔任此項工作所應具備的人格特質等相關事項（**表3-4**）。

一、工作分析的構面

　　一般來說，工作分析資訊可分成工作內容（job content）、工作情境（job context）以及工作者的條件（worker requirement）三個構面。

表3-4　工作分析的專業用語

名詞	說明
工作要素	工作中不能再繼續分解的最小動作單位。例如：削鉛筆、從抽屜裡拿出文件、蓋上瓶蓋等都是工作要素。
任務	為了達到某種目的所從事的一系列活動，它可以由一個或多個工作要素組成。例如：包裝工人蓋上瓶蓋，就是一項任務；打字員打字也是一項任務。
職位	一個組織在有效時間內給予某一員工的特別任務及責任。在同一時間內，職位數量與員工數量相等，換言之，只要是組織員工就有特定的職位。
工作	由組織規模和結構所決定，組織可能將某項工作只給一個員工，或一個員工兼任數項工作，也可能數名員工從事一項工作。
職業	在不同組織、不同時間從事相似活動的系列工作的總稱。例如：工程師、經理人員、教師、木匠等。工作和職業的主要區別是範圍不同。工作的概念範圍較窄，一般限於組織內，而職業則是跨組織的。此外，職業生涯是指一個人在其工作生活中所經歷的一系列職位、工作或職業。
職責	職責包括由一人擔負的一項或多項任務組成的活動。例如：營銷管理人員的職責之一是進行市場調查，建立銷售管道等。在工作分析的範疇內，「職責」不是指工作的責任感。
職稱	職稱是一種資格，在通常情況下，資格是由資歷和能力所組成的。

資料來源：邰啟揚、張衛峰（2003）。《人力資源管理教程》，頁52-53。北京：社會科學文獻。

(一)工作內容

工作內容的資訊包括：工作職責或任務以及工作行為。蒐集此類資訊時，應同時考量工作上所使用的工具、儀器或機器設備。

(二)工作情境

工作情境的資訊涵蓋工作情境的接觸關係、工作的層級、職權、生理要求，以及物理環境。

(三)工作者的條件

此項構面為工作者所需的學歷、經歷、知識、技術、能力、人格特質、興趣、價值觀，以及證照等資訊[3]。

二、工作分析的方法

工作分析內容確定之後，應該選擇適當的工作分析方法。工作分析的基本方法有：觀察法、問卷調查法、訪談法、工作日誌法等。

(一)觀察法

觀察法（observation method）是指在工作場所直接觀察員工工作的過程、行為、內容、工具等進行記錄、分析和歸納總結的方法。完整的觀察法包括：專業的觀察設計和觀察實施兩步驟。專業的觀察設計通常包括如下兩個方面：

1. 確定觀察內容。例如：工作分析是以績效考核為目的，還是以薪酬設計為目的。
2. 設計觀察紀錄提綱或觀察紀錄表。觀察紀錄表可使用觀察代碼技術，且盡可能做到簡單易行、可靠有效。

104　(二)問卷調查法

問卷調查法（questionnaire method）是工作分析最主要的方法之一。問卷既可由工作上任職者填寫，也可由工作分析人員來填寫。調查內容可包括：工作任務、活動內容、工作範圍、考核標準、必需的知識、技能等。問卷調查法成功的關鍵包括兩大要素：一是問卷的設計，二是問卷調查的實施過程（**表3-5**）。

表3-5　工作分析問卷樣本

被訪問者姓名：		職位名稱：	
部門：		主管姓名：	
代號：		從事同一工作的員工人數：	
分析組別：		制定日期：	
分析者姓名：			
工作的一般說明	1.你的工作部門的一般目標（目的）是什麼？		
	2.你的工作小組的一般目標是什麼？		
	3.你的工作之一般目標是什麼？		
職責／工作活動說明	1.你每天的個人經常活動或職責是什麼？（說明並依重要排列及評估各項所占時間比例）		
	2.你每天的非例行職責是哪些並說明？多久工作一次？（依重要性排列及評估各項所占時間比例）		
	3.你還有哪些非固定、非經常性的職責與工作活動並說明？		

（續）表3-5　工作分析問卷樣本

		一直使用	經常使用	有時候使用
職責／工作活動說明	4.你的工作來自何處（部門、人員）？			
	5.你對分派的工作如何執行？			
	6.工作完畢後移交何處？			
	7.你的工作指令來自何人？			
	8.工作指令的性質（口頭、書面）？			
	9.對你的工作標準、完成時間、數量等做決定的是誰？			
	10.工作發生困難時，你通常去找誰？			
	11.你的工作需不需要你對何人下命令？			
	12.你有無對何人負督導之責？			
	13.你有無直接統御何人？			
工具與設備	請列舉你使用的機器或設備？	一直使用	經常使用	有時候使用
	1.			
	2.			
	3.			
	4.			
	5.			
工作條件	1.該工作最低學歷資格？			
	2.該工作所需要的額外特殊訓練（在一般高中或大學不容易學到）？			
	3.如何能順利而滿意的進行工作，哪些專業技術是必需的？			
	4.在從事此一工作中，會需要運用到哪些能力？			

　　（續）表3-5　工作分析問卷樣本

工作條件	5.被安排從事你的現在工作之前，需要多長的工作經驗才能勝任？
	6.合乎上述條件的新進人員需要多久才能進入狀況？
溝通	除直屬上司及部門同事外，你尚須與哪些人接觸？（註明與你接觸的人職稱、所屬部門、接觸的性質）
決策	你有哪些不必請示上司即可做主的決策事項？
責任	1.說明所負責任的性質？
	2.如果你有無心之失，即可能導致什麼損失？
記錄及報告	1.你個人必須提出或準備哪些報告與記錄？
	2.資料來源？
工作檢核	1.你的工作如何被檢核、檢查或驗證？
	2.誰做這些檢核工作？多久一次？
督導	1.多少人直接受命於你？（列舉部門與職稱）

（續）表3-5　工作分析問卷樣本　　　　　　　　　　　　　　　　　　　　107

督導	2.多少人參與由你負責的工作？（列舉部門與職稱）
	3.多少人接受你的指令？（列舉部門與職稱）
	4.你有無全權處理下述事項：派工、糾正與採取紀律行動、建議加薪、晉級、考評、調職、遣散、答覆申訴？
	5.你是否僅負責派工、教導與協調屬下的工作？
	6.你是否僅建議他人或其他部門應為或不應為的事？
	7.如前項為是，則在他人或其他部門不接受你的建議時，你如何處理？
問題解決	1.工作會遇到的困難問題（原由、何時發生、發生頻率、需何種特別技術或資源解決此問題）
	2.在單位中有何人會幫你解決問題？
評語	.
主管人員	學歷　本工作所需的最低教育程度是？

招募管理

108　　　（續）表3-5　工作分析問卷樣本

主管人員	經歷	從事此一工作的新僱人員如果工作表現能符合最低要求（滿意程度），則他必須具備哪些種類與性質的工作經驗？
		（所需經驗的）時間要多久？
	訓練	如果一個新雇員有最低要求的學經歷，則還需要哪些訓練才能使他達到此一工作要求的平均表現與工作績效？
		主管簽名：

資料來源：李再長等（編著）（1997）。《工商心理學》。台北：空中大學。

　　根據問卷調查的標準化程度，可分為結構化問卷和非結構化問卷兩大類。

■結構化問卷

　　結構化問卷的答案是設計好的，格式統一，便於量化和分析統計，例如：管理職位分析問卷（Management Position Description Questionnaire，簡稱MPDQ）、職位分析問卷（Position Analysis Questionnaire，簡稱PAQ）等（**範例3-2**）。

■非結構化問卷

　　非結構化問卷的問題雖然統一，但未事先列出任何標準答案，答卷人可以自由回答。例如：「請敘述工作的主要職責」。

範例3-2　職位分析問卷（PAQ）

類別	內容	例子	工作元素數目
信息輸入	員工在工作中從何處得到信息？信息如何得到？	如何獲得文字和視覺信息？	35
腦力處理	在工作中如何推理、決策、規劃？信息如何處理？	解決問題的推理難度	14
體力活動	工作需要哪些體能活動？需要哪些工具與儀器設備？	使用鍵盤式儀器、裝配線	49
人際關係	工作中與哪些人發生何種工作關係？	指導他人或與公眾、顧客接觸	36
工作環境	工作處於何種物理與社會環境之中？	是否在高溫環境或與内部其他人衝突的環境下工作	19
其他特徵	與工作相關的其他活動條件或特徵是什麼？	工作時間、報酬方法、職務要求	41
說明	職位分析問卷（Position Analysis Questionnaire，簡稱PAQ）是1972年由美國普渡大學教授E. J. McComick開發的。它包括一百九十四個項目，其中一百八十七個項目用來分析工作過程中員工活動的特徵，另外七項項目涉及薪酬問題。		

資料來源：劉玉新、張建衛（2006）。〈工作分析方法應用方略〉。《人力資源‧人力經理人》，總第220期（2006/01），頁47。

　　問卷沒有統一的格式，可以採用封閉式提問，也可以採用開放式提問，提問的方式需要根據獲得信息量的多少和問題的性質來確定，還要考慮問卷填寫的方便、簡潔與否。為了保證填寫問卷的品質，在填寫前需要對員工進行宣傳和培訓，告訴員工如何填寫以及其重要性。為了節約時間，通常也可以用填寫說明的書面形式告訴填寫人[4]。

(三)訪談法

　　訪談法（interview method）是一般企業運用最廣泛、最成熟、最有效的工作分析方法，許多由觀察法所無法完成的任務可由訪談法解決，例如：若完成一件工作所需時間較長，不可能運用觀察法時，利用訪談方式就可解決。訪談法的類型有：對任職者進行的個別訪談、對做同類

110　工作的任職者進行的群體訪談，以及對主管人員進行的訪談三種。

運用訪談法要注意的幾個關鍵點：一是訪談人員的培訓；二是準備與熟悉訪談提綱和職位；三是注意運用訪談技巧。

(四)工作日誌法

工作日誌法是指讓員工以工作日誌的形式記錄其日常工作活動。採用工作日誌法所獲取的信息可靠性較高，因日誌能自然揭露一項工作的全部內容，例如：一個辦公室主任的工作日誌上，可能按時間順序寫著：請示主管、文件起草、文件簽發、文件簽收、會議安排、對外聯絡、接待賓客、內部協調等事項，則一天的工作內容就一目瞭然（**表3-6**）。

表3-6　工作分析資料蒐集方式的優缺點

方式	優點	缺點
觀察法	・直覺、全面 ・所獲信息比較客觀準確，既能掌握工作的現場景象，又能注意到工作的氣氛和情境	・不適宜腦力技能／行政工作 ・易受干擾並影響工作 ・無法觀察特殊事件
問卷法	・取樣大、成本低、速度快 ・標準化程度高，容易操作 ・不須借助於外面專家	・不易瞭解被調查對象的態度、動機等深層次信息 ・常會遇到被調查者不願投入，草率作答了事的現象 ・不適用於閱讀／書寫能力差的員工
訪談法	・訪談問題不拘形式，靈活應變 ・蒐集資料方式簡單，便於雙方溝通，消除受訪者疑慮 ・可以蒐集到不常出現的重要工作訊息	・費時、費力、成本高 ・訪談者問話技巧關係資料的正確性，如果訪談問題模稜兩可，可能導致資訊扭曲 ・會占用員工較多工作時間
工作日誌法	・獲取的信息可靠性較高，可避免遺漏	・耗費時間 ・干擾員工工作 ・記錄可能偏差而不完整
重要事件法	・有具體資料可供績效評估或訓練參考 ・能深入瞭解工作動態	・費時、費力 ・無法蒐集常態性工作資料

資料來源：丁志達（2008）。〈人力資源管理作業實務班講義〉。台北：中華企業管理發展中心。

三、工作分析方法應用方略

以上工作分析的方法（觀察法、問卷調查法、訪談法、工作日誌法）各有其特點，但也有其不足之處，選擇時，需要考慮以下幾個因素：

(一)工作分析的目的

工作分析的目的不同，使用的方法也有所不同。例如：當工作分析用於招聘時，就應該選擇關注任職者特徵的方法；當工作分析關注薪酬體系的建立時，就應當選用定量的方法，以便對不同工作的價值進行比較。

(二)工作特點

假若工作活動以操作機械設備為主，則可使用現場觀察法；若工作活動以腦力勞動為主，觀察法則會失效，此時訪談法或問卷法則更合適。

(三)公司的實際需求

有些方法雖可獲得較多信息，但可能由於花費的時間或資源較多而無法採用。譬如：訪談法雖能較深入地挖掘有關工作的信息，但須花費較高成本，而問卷調查法則因樣本量大、範圍廣和效率較高，較符合許多企業的實際需要（**表3-7**）。

在實際工作分析中，工作分析人員可以根據所分析的職位工作性質、目的而選擇適當的方法，也可以幾種方法結合起來使用。例如：在分析事務性工作和管理工作時，可能會採用問卷調查法，並輔之以訪談和有限的觀察；在研究生產性工作時，可能採用訪談法和廣泛的工作觀察法。因此，只有根據具體的目的與實際情況，有針對性地選擇最適用的方法及其組合，才能取得最佳效果❺。

112　表3-7　工作分析的主要內容

項目	主要內容
基本信息	・職務名稱・直接上級職位・所屬單位・工資水平・工作等級・所轄人員 ・定員人數・工作性質
工作描述	・工作概要 ・工作活動內容（活動內容、時間百分比、權限等） ・工作職責 ・工作結果與考核標準 ・工作關係（受誰監督、監督誰、可晉升、可轉換的職位及可升遷至此的職位、與哪些職位有關聯） ・工作人員運用設備和信息說明
任職資格	・最低學歷 ・所須培訓的時間和科目 ・從事本質工作和其他相關工作的年限和經驗 ・能力素質 ・個性特徵 ・性別、年齡特徵 ・特殊體能要求（工作姿勢、對視覺、聽覺、嗅覺有何特殊要求、精神緊張程度、體能消耗大小等）
工作環境	・工作場所 ・工作環境的危險度 ・職業病 ・工作時間特徵 ・工作的均衡性 ・工作環境的舒適度

資料來源：劉玉新、張建衛（2006）。〈工作分析方法應用方略〉。《人力資源・人力經理人》，總第220期（2006/01），頁41。

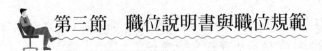

第三節　職位說明書與職位規範

　　從人力資源運用的實務觀點來看，工作分析的最基本步驟應為編寫工作分析資料，即為完成工作說明的必經過程，而其產出即為職位（工作）說明書與職位（工作）規範。

職位說明書（job description）是人力資源管理的基礎且重要的文件。人力資源管理相關制度及管理活動，必須根據職位說明書來運作或建置。職務說明書的用途廣泛，除了作為選才、育才、用才、留才的依據外，同時是建置人力資源管理重要制度（薪資制度、績效考核制度）的基礎，也可用來作為人力盤點，達到工作設計合理化、人力配置合理化的目的（**表**3-8）。

表3-8　甄選用之職位說明書之填寫內容

項目	內容
工作名稱	為組織招聘人員或工作人員彼此所用的名稱
編號	標示編號以利工作的分門別類
分類標題	為職業分類標示其特性
僱用人員數目	為從事同一工作所需工作人員的數目和性別
工作單位	說明本工作在組織中的位置
執行之工作	亦即完成工作所須執行的任務及步驟
工作職責	包括： 1.對產品的職責 2.對裝備或程序的職責 3.對其他人員在工作及合作上的職責
工作知識	為完成工作所需的實際知識
智力活動	為完成工作所需的心智能力，如適應力、判斷力等
精熟程度	對於操作性工作所需之精確及熟悉程度
經歷、經驗	對於此一工作，經驗所提供的價值
教育訓練	此工作所須接受的學校教育及職業、技術訓練等
身體條件	此工作所須配合之體能、動作等
裝備器材	工作中所須用到之裝備及器材
與其他工作關係	表示此工作的升遷、調職、訓練等關係
工作環境	包括室內環境、單獨或集體工作等
工作時間	每日工作時間、工作天數及輪班時間等

資料來源：鄭瀛川、許正聖（1996）。《高效能面談手冊》，頁25。台北：世台管理顧問公司。

一、職位說明書

職位說明書包括以下三項：

(一)職位名稱

職位名稱是用於區別不同性質的職位，使人一看即可知道該份工作說明所描述者為何種工作。

(二)工作摘要

工作摘要係對各職位工作內容、性質、任務、處理方法的簡要描述，其目的在於說明該職位的工作內容，使有關人員透過此等說明，對於該職位的工作能有綜合性、概括性的瞭解。

工作摘要的撰寫文字運用應力求簡單、明確、清晰，切忌含糊籠統或文詞冗長，必須能以簡潔文字描述出該工作的內容、性質與處理方法。

(三)職責說明

職責說明係就工作摘要所描述的工作內容做更詳盡的說明。它可以用描述或採取列舉等方式，詳細說明每一職位的性質、任務、作業程序與方法、所負責任、決策方式，以使有關人員對該職位之職責能有細密而精確的瞭解與認識。文字用語應力求簡單、明晰而完整，工作分析人員尤其應妥善處理，務必使職責說明可以表明該職位的職責全貌（**範例3-3**）。

二、職位規範

職位說明書中的另一重要部分即為職位規範（job specification）。職位規範通常都包含在職位說明書的後頭來描述它。

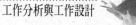

範例3-3　工作說明書　　　　　　　　　　　　　　　　　　　　　　115

1.職位：行政經理　　　　　　　　　　2.在職人員：丁志達
3.部門：行政部　　　　　　　　　　　4.直屬主管職位：總經理
5.工作職責
　　負責發展並執行行政管理的政策與制度，網羅適任人才且健全管理制度，促進員工有
　　效地達成公司整體經營目標，並確保工作場所員工的安全。
6.工作範圍
　　・人事制度的制定與執行
　　・甄選任用人員
　　・員工教育訓練
　　・薪酬管理
　　・勞資關係
　　・總務行政
　　・工業安全衛生
　　・對外關係
7.工作執行內容　　　　　　　　　　　　預估所占之百分比
　　・建立、執行及維護人事制度　　　　　　　20%
　　・規劃及執行人員訓練及發展　　　　　　　20%
　　・規劃及執行人員招募及任用與留才　　　　20%
　　・協調與溝通增進勞資關係的融洽　　　　　10%
　　　（福利委員會與勞工退休準備金監督委員會）
　　・監督與執行總務行政業務　　　　　　　　10%
　　・防止職業災害與維護廠區的安全　　　　　5%
　　・開發與建立良好的外界關係　　　　　　　5%
　　・直屬主管指派之其他任務　　　　　　　　10%
8.監督範圍
　　(1)直接督導的人員職位　　　　　　　　員工人數
　　　組長　　　　　　　　　　　　　　　　1
　　　總務　　　　　　　　　　　　　　　　1
　　　專員　　　　　　　　　　　　　　　　1
　　　行政助理　　　　　　　　　　　　　　1
　　(2)間接督導的人員職位
　　　行政助理　　　　　　　　　　　　　　1
9.財務責任與聯繫關係
　　(1)財務職責（成本、資產、物料、生產品、設備等）。
　　　負責督導固定資產（除生產設備外）之保管登錄責任。

（續）範例3-3　工作說明書

2.聯繫關係
- 必須經常與員工，特別是部門主管接觸，瞭解部門對管理制度的反應，並適時解決問題。
- 必須經常與園區管理局，租用大樓之管理委員會、學校、就業輔導機關及政府相關單位往來，建立良好關係。

10.擔任此職務最低資格要求
  (1)教育程度
     大專相關科系畢業
  (2)相關工作經驗
  - 至少須有六年行政／人事工作經驗
  - 至少須有三年擔任主管職務
  (3)知識要求
  - 熟悉勞動法規
  - 具溝通技巧
  - 有協調能力
  - 良好人際關係

審核

總經理／日期	部門主管／日期	經辦人／日期

資料來源：智捷科技公司（新竹科學園區內廠家）。

(一)職位規範的作用

　　職位規範一方面在分析各職位工作內容與組織中其他職位工作內容的對等關係，另外一方面在規定擔任是項職位所須具備的最低資格條件，例如：「需要哪些個人特徵與經驗才能勝任這項工作？」這就指出了公司需要招募哪種人才，以及這些人才需要測試哪些特質。因此，職位規範是在規定擔任該職位人員所須具備最低資格條件的教育程度、心力、體力等要求。

(二)職位規範的內容

職位規範的內容，通常列入工作需求條件的項目有：

1.工作鑑別：包括工作職稱、工作編號、工作所在地及日期等。
2.技能需要：包括經驗、教育、智力運用、工作知識等。
3.責任：包括對機器、工具、設備、產品、物料、對他人工作、對他人安全之責任。
4.努力：包括體能、智力等之要求。
5.工作環境：包括四周環境（噪音、濕度、熱度、光線、地理位置）、工作危險度、工作傷害等。

實務上，有些經過改良後的職務規範，在工作評價上的運用比職位說明書還重要。職位規範分析，尤其是對基層技術工人，可以提供企業完整的工作評價資料。很多企業在進行分析的過程中，聘請工程人員直接參與，以便從工程技術的立場，協助部門主管與人資管理人員更客觀地做好職務評價的工作。

三、職位說明書的未來趨勢

傳統的工作分析是在競爭環境、組織機構和職位相對穩定和可以預見的時代裡發展起來的。然而，現代的工作分析受到了挑戰，隨著經濟全球化趨勢和科學技術的突飛猛進，組織面臨的內外在環境劇烈變化，使得組織的結構工作、工作模式、工作性質、工作對員工的要求都隨之發生了如下的急遽變化：

1.組織結構從等級化逐漸趨於扁平化與彈性化。
2.工作本身從確定性向不確定性移位。
3.工作從重複性向創新性轉變。
4.建立了跨專業的自我管理團隊，在團隊成員之間出現工作交叉和職

118

能互動，從偏重對任職者的體能要求到愈來愈重視對複合型、知識型和創新型員工的吸引、培養和使用。

5.從強調職位之間的職責、權限邊界轉變為允許，甚至鼓勵職位之間的職責與權限的重疊，打破組織內部的本位主義與局限思考，激發員工的創新能力，以及以客戶為中心的服務意識。

工作愈來愈龐雜，員工從一個專案轉到另一個專案，從一個團隊轉到另一個團隊，工作職責也變得模糊化，這一系列的變化，使得工作分析的結果性文件「職位說明書」不得不變得愈來愈模糊，工作名稱變得更加沒有意義，因此，西方一些專業人力資源工作者提出，建議應當用角色（作用）分析這個術語來代替傳統的針對職位的工作分析。他們主張在進行工作分析和編寫職位說明書的時候，將重點放在角色（作用）上，這一點與更加強調結果而非過程的理念相一致。

秉持分析角色（作用）而非分析職位這一理念的公司有日產（NISSAN）汽車和本田（HONDA）汽車。這兩家公司都強調它們僱用的是為公司工作的員工，而非從事某項具體職位工作的員工。另外，美國西南航空公司（Southwest Airlines）的人力資源總裁Libby Sartain認為，西南航空是為工作而不是為職位才僱用人的。在一些組織中，員工的態度發生了變化，他們從僅僅考慮做我的「職位」，轉變到考慮從事任何實現組織目標所需要的「事情」❻。

第四節　工作分析與招聘關聯性

工作分析是人力資源管理所有活動的基石，只有做好了工作分析與工作設計，才能為人力資源獲取、整合、保持與激勵、控制與調整、開發等職能提供前提和依據（**表3-9**）。

表3-9　工作分析在招聘流程中的應用

119

招聘流程中的任務	工作分析在該流程中的應用
透過人力資源規劃確定招聘需求	透過工作分析掌握人力資源規劃中人員配置是否得當。
各部門根據需求提出招聘需求	透過工作分析瞭解招聘需求是否恰當。分析需要招聘崗位的工作職責、崗位規範。
確定招聘信息	根據工作說明書和崗位規範，準備需發布的招聘信息，使潛在的應徵者瞭解對工作的要求和對應徵者的要求。
發布招聘信息	根據崗位規範的素質（知識、技能等）特徵要求及招聘難易程度，選擇招聘信息發布管道。
應徵者資料篩選	根據工作規範的要求，進行初步資格篩選，以便選擇適當的應徵者面試，以節約招聘成本。
招聘測試	根據招聘職位或崗位的實際工作，選用適當的方式（操作考試、情境測試、評價中心）、選用與實際工作中相類似的工作內容，對應徵者進行測試，瞭解、預測其在未來實際工作中完成工作任務的能力。
面試應徵者	通過工作分析，掌握面試中須向應徵者瞭解的信息，驗證應徵者的工作能力，是否符合工作崗位的各項要求。
選拔、錄用	根據工作崗位的要求，錄用最適合的應徵者。
工作安置與試用	根據工作崗位的要求進行人員合理安置；根據工作崗位的要求，對試用期的員工進行績效考核，確認招聘是否滿足崗位需要。

資料來源：姚群松、苗群鷹（編著）（2003）。《工作崗位分析》，頁180-181。北京：中國紡織。

一、工作分析與招聘信息

　　工作分析與招聘信息可分為工作分析在招聘過程中的作用、獲得招聘職位信息、確定所招聘工作職位的信息、招聘信息要明確、招聘信息的發布等五項來說明。

(一)工作分析在招聘過程中的作用

　　人員招聘是組織發展中極為重要的一環，新進員工的素質將影響組織未來發展的成敗，人員招聘是否及時也影響組織的任務是否能按期開

展。工作分析在招聘過程中有如下三種作用：

1. 透過工作分析，明確組織招聘職位所須承擔的崗位職責和工作任務，為招聘者與應聘者提供有關工作的詳細信息。
2. 透過工作分析，明確應徵者需要具備的素質水平，為招聘者提供可行的應聘者背景信息，有助於應聘資料的篩選。
3. 透過工作分析，為招聘面試者提供在選拔過程中需要測試應徵者的工作技能資料，能組織有效的面試選拔合格的應徵者。

(二)獲得招聘職位信息

一旦組織內部出現職位空缺，或由於工作任務增加需要補充更多的員工時，首先需要明確所出現的工作職位是否需要進行招聘、是否能透過內部工作調配得到合理的解決，如果確實需要透過招聘的方法補充空缺工作崗位，組織可透過工作分析明確所招聘工作職位的詳細信息。

(三)確定所招聘工作職位的信息

對所招聘的工作職位的相關信息，可以從工作分析的結果：職位說明書和職位規範中找到。職位說明書表明了空缺崗位的職責和工作任務，空缺崗位在組織中的相互關係；職位規範則表明擔任此工作職責的員工應具備的資格條件。

(四)招聘信息要明確

當確定須招聘崗位的職位說明書後，組織需要發布招聘信息，並使之傳達到一定量合格應徵者寄來的工作申請書。招聘信息的內容應該簡單、明瞭，讓尋找工作職位的應徵者能清楚瞭解職缺的職責和應聘要求。

(五)招聘信息的發布

招聘信息制定後，需要選擇適當的信息媒體向內部、外部發布，讓潛在的應徵者知道招聘進行的消息。招聘的信息媒體和廣告的信息媒體一樣，具有專業性和不同的客戶群體，需要根據所須招聘對象的特點確定招募管道。

二、應徵者資料篩選

應徵者資料篩選，是指當招聘信息吸引了一定量的潛在工作候選人投遞資料前來應聘工作時，如何從中選擇合格的潛在應徵者進入下一階段面試的過程。

應徵者資料篩選和審核的工作，可以透過查閱應徵者背景、電話聯繫等方式進行，將資料中已有的信息和透過其他方法瞭解的信息，與職位規範中的資格要求相比較，初步審查工作申請者是否具備應徵的基本資格。

三、工作分析與職業任職資格

職業任職資格是崗位任職者成功地完成某一職位的工作要求時，應該具備的資格水平，即任職者成功地完成工作職責的要求所應具備的條件。崗位任職資格是應徵者具備完成工作崗位要求的工作任務的必要保證。

(一)任職資格與職位規範

職位規範是對崗位任職者所需總體資格的確定，而崗位任職資格對任職者需要掌握的與工作密切相關的知識、技能、能力範圍和水平進行全面界定，還包括任職者應具備的心理素質、身體素質、品德素質等

等，但最實用和有效的職位資格是透過工作分析完成的。

(二)任職資格的確認過程

　　崗位任職資格是透過工作分析確定的人力資源管理系統的基石。招聘是選拔具備崗位任職資格的人員承擔組織任務的過程；選拔是對應徵者是否具備職位資格的測試。不同的工作崗位對任職者的要求條件不同，因此，在招聘的過程中，需要根據所招聘崗位的任職資格，對應徵者進行崗位任職資格的審查，透過招聘過程中的各種人才測評，瞭解應徵者是否具備崗位所要求的任職資格。在組織的發展過程中，需要透過工作分析建立組織的職業任職資格體系，在招聘過程中，組織透過工作分析建立崗位任職資格及其運用。

四、遴選

　　遴選是從一組崗位應徵者中挑選、錄用最適合某一特定工作職位的人加入組織的過程。人員遴選工作是企業發展潛力的保障，如果不能挑選到足夠合格的員工擔任組織內的工作，或組織內的任職者素質太差，將影響組織長期目標的實現。

五、完善的遴選測試的特點

　　在設計人才測評工具時，需要注意以下因素：

1.標準化：標準化是指與實施測試有關的過程和條件的一致性。
2.信度：測驗的信度是指測試的可靠程度。
3.效度：測驗的效度是指測試對所要測定的東西能確實測定到什麼程度（圖3-2）。

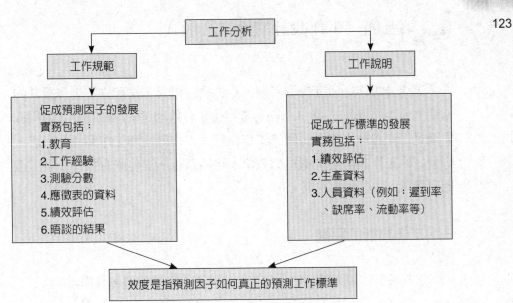

圖3-2　工作分析與效度之間的關係

資料來源：Lloyd L. Byars & Leslie W. Rue (1995), Human Resource Management, 3rd ed. 引自：
　　　　吳繼祥（2004）。《我國特勤人員甄選、訓練與成效評估制度改革雛形之
　　　　研究》，碩士論文，頁13。台北：銘傳大學管理科學研究所。

六、評估應徵者的測試結果

　　在進行招聘測試前，透過標準化的過程，應該能制定出一套可行的
評估方法，以綜合衡量應徵者的表現。對應徵者的測試結果的評估，一
般是在綜合情境下進行的。但在評估的過程中，不可避免地仍會運用到
工作崗位分析的結果，即根據應徵者對應於工作職責、工作任務的勝任
能力進行主觀或客觀的判斷，瞭解應徵者是否能以最低成本、最高效率
滿足組織對任職者的要求[7]。

第五節　工作設計的原則與形式

工作分析作爲研究提取有關工作方面的信息，是建立在工作設計的基礎上。工作設計（job design）是指爲了有效地達成組織目標，而採取與滿足工作者個人需要有關的工作內容、工作職能和工作關係的設計。一個好的工作設計要兼顧組織效率、組織彈性、工作的有效性、員工激勵與職業生涯發展的需求。

一、工作設計的原則

工作設計需要遵循一定的原則，才能最大限度的發揮其作用。

1. 從工效學（人因工程學）角度看，工作設計必須重視能力與知識原則、時間與功能原則、職責與權利原則、設備與地點原則。
2. 從技術角度看，應重視工藝流程、技術要求、生產和設備等條件設計的影響。

組織學家J. R. Hackman 和G. R. Oldham提出，在工作設計時，工作的以下五項特徵將影響工作者的心理狀態：(1)技能多樣化；(2)任務完整性；(3)任務重要性；(4)工作自主性；(5)結果回饋等。不同的工作特徵將促使工作者不同的心理狀態，它會對工作意義的感覺、對工作責任的體驗、對工作結果的瞭解，以及知道如何去進一步改善有所影響。

二、工作設計的形式

工作設計的主要內容是指要如何去執行工作？由何人來執行工作？執行何種工作？何時執行工作？以及在何處執行工作等基本問題，而工作分析則是對某項工作以訪談或觀察等方式獲知有關工作內容與其相關資料，以作爲製作職位說明書的一種程序。

常見的工作設計形式有以下四種：

(一)工作豐富化

工作豐富化的理論基礎是Frederick Herzberg的雙因素理論（two-factors theory）（**圖3-3**）。自1970年以來，許多工作設計均朝向激勵化途徑（the motivational approach），包括：工作的挑戰性、自主性、責任、成就等，工作豐富化（job enrichment）就是一種方法。例如讓員工自己決定工作完成的順序，或是可以參與會議發言（**圖3-4**）。

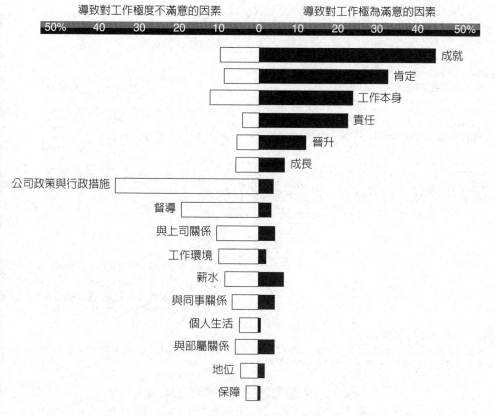

圖3-3　成就感比薪水更能激勵員工

資料來源：《哈佛商業評論》（*Harvard Business Review*）。引自：陳芳毓（2006）。〈10大管理考題挑戰你的管理智商〉。《經理人月刊》，第19期（2006/06），頁48。

126

根據工作特性模式，所有的工作皆可以分為五大核心構面。 → 經由這五大核心工作構面，工作者會經歷三種主要心理狀態。 → 如果工作者經歷愈多這些心理狀態，其所獲得的內在激勵就愈大，進而提升其工作滿足感和績效等等。

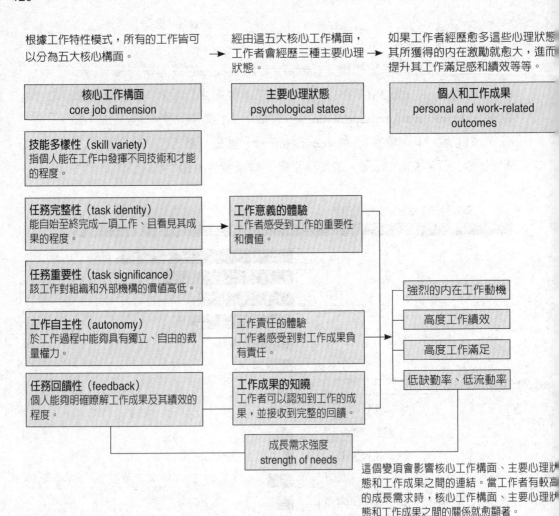

| 核心工作構面 core job dimension | 主要心理狀態 psychological states | 個人和工作成果 personal and work-related outcomes |

技能多樣性（skill variety）
指個人能在工作中發揮不同技術和才能的程度。

任務完整性（task identity）
能自始至終完成一項工作、且看見其成果的程度。

工作意義的體驗
工作者感受到工作的重要性和價值。

任務重要性（task significance）
該工作對組織和外部機構的價值高低。

強烈的內在工作動機

工作自主性（autonomy）
於工作過程中能夠具有獨立、自由的裁量權力。

工作責任的體驗
工作者感受到對工作成果負有責任。

高度工作績效

高度工作滿足

任務回饋性（feedback）
個人能夠明確瞭解工作成果及其績效的程度。

工作成果的知曉
工作者可以認知到工作的成果，並接收到完整的回饋。

低缺勤率、低流動率

成長需求強度
strength of needs

這個變項會影響核心工作構面、主要心理狀態和工作成果之間的連結。當工作者有較高的成長需求時，核心工作構面、主要心理狀態和工作成果之間的關係就愈顯著。

此模式也提出一個估算工作激勵程度的公式：
（技能多樣性＋任務完整性＋任務重要性）／3×工作自主性×任務回饋性＝激勵潛力分數（motivating potential score, MPS）。激勵潛力分數（MPS）愈高，工作的激勵作用就愈大。

圖3-4　激勵觀點的工作設計理論

資料來源：鄭君仲（2006）。〈工作分析，進而設計好工作！〉。《經理人月刊》，第24期（2006/11），頁146。

工作豐富化乃是站在人性的立場考慮，徹底改變員工的工作內容，以增加工作廣度（job scope）和工作深度（job depth）來提升工作而言。

工作豐富化可以使員工在完成工作過程中，有機會獲得一種成就感、認同感、責任感，從而達到更高的滿意度、更強的主動性、更低的離職率。國外有一項調查研究表明，工作豐富化的程度與留職員工的忠誠度成正比，當員工的工作豐富化後，員工就會感覺到對現有工作環境的控制力增強了，而這種控制感可以減輕企業裁員帶來的壓力，恢復留任員工的自信力與價值感。工作豐富化通常是公司管理層向員工傳遞信任的一種方式，這種感知讓員工認識到公司是需要和重視他們的[8]。

(二)工作擴大化

工作擴大化（job enlargement）是指將某項工作的範圍加大，使所從事的工作任務變多，同時也產生了工作的多樣化，其目的在於消除員工工作的單調感，使員工能從工作中感受到更大的心理激勵。例如將機械操作和機械保養這二項工作整合為一份新工作。

工作擴大化透過增加每個員工應掌握的技術種類和擴大操作工序的數量，在一定程度上降低了員工工作的單調感和厭煩情緒，提高了員工對工作的滿意程度（圖3-5）。

(三)工作輪調

工作輪調（job rotation）是指在不同的時間階段，員工會在不同的職位上工作，譬如：銀行業時常運用工作輪調作為管理新進人員熟悉不同銀行內部作業的手段；又如，人力資源部門的「招聘專員」和「培訓專員」的從業人員，也可以在各自工作領域工作一段期間後進行輪換，體驗不同的工作職責與角色扮演。

工作輪調的好處是，可以讓工作者接觸不同的工作型態和內容，形成工作內容上的變化，避免因長時間做相同的工作造成單調枯燥的感覺，對工作產生疏離厭倦，此外也可以培養員工在技術方面的多樣性，

128

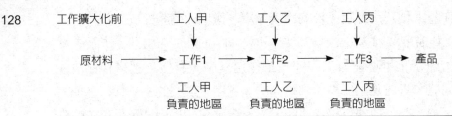

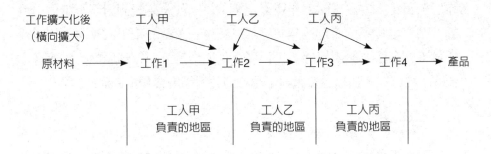

圖3-5　工作擴大化

資料來源：邱啓揚、張衛峰（編著）（2003）。《人力資源管理教程》，頁77。北京：社會
　　　　科學文獻。

不過工作輪調也可能會增加人事作業的成本，並出現員工新任工作適應
上的問題❾。

(四)工作再設計

　　以員工爲中心的工作再設計（job redesign），是將組織的戰略、使
命與員工對工作的滿意度相結合。在工作再設計中，充分採納員工對某
些問題的改進建議，但是必須要求員工說明這些改變對實現組織的整體
目標有哪些益處，是如何實現的。

　　一般以員工爲中心的工作再設計方案，有彈性工時制（flextime）、
濃縮工作週（condensed workweek）、工作分擔制（job sharing）和電傳
勞動（telecommuting）等四種。

■ 彈性工時制

　　彈性時間容許員工在某些限制下選擇其開始和結束的工作時間。通常企業會限定所有員工都要在工作的「核心時間」（如上午十時至下午四時）到班。它留給每位員工決定何時開始與結束當天的工作。

■ 濃縮工作週

　　在實施濃縮工作週（變形工時）制度下，員工每天工作的小時數可增長，而整週的工作天數可縮短。最常見的方法是員工每週可工作四天，每天工作十小時。

■ 工作分擔制

　　工作分擔制可由兩位或兩位以上兼職的個人，來執行正常由一位專職的人所做的工作[10]。

■ 電傳勞動

　　由於資訊科技的發展，使得電傳勞動（電子通勤）的工作方式也逐漸興起。一般來講，電傳勞動是指藉由電腦、傳真、電話等設備，讓工作者在辦公室之外即可處理大多數的工作任務，而無須進入辦公室工作[11]。

結　語

　　工作分析必須包括工作中涵蓋所有事項的明確定位與說明，亦即包含了工作人員做什麼、如何做、為何做等內容。由此觀之，不難得知工作設計與工作分析具有直接的關聯性與重要性[12]。

130　**註釋**

❶李運亭、陳雲兒（2006）。〈工作分析：人力資源管理的基石〉。《人力資源‧人力經理人》，總第220期（2006/01），頁41。

❷李運亭、陳雲兒（2006）。〈工作分析：人力資源管理的基石〉。《人力資源‧人力經理人》，總第220期（2006/01），頁42-44。

❸常昭鳴（2005）。《PHR人資基礎工程：創新與變革時代的職位說明書與職位評價》，頁63。台北：博頡策略顧問公司。

❹賈如靜（2004）。〈問卷調察法：在崗位分析中的規範應用〉。《人力資源‧人力經理人》，總第193期（2004/09），頁47。

❺劉玉新、張建衛（2006）。〈工作分析方法應用方略〉。《人力資源‧人力經理人》，總第220期（2006/01），頁47-49。

❻李佳礫（2006）。〈工作分析向何處去？〉。《人力資源‧人力經理人》，總第230期（2006/06），頁9。

❼姚群松、苗群鷹（編著）（2003）。《工作崗位分析》，頁145-181。北京：中國紡織。

❽何輝、胡迪（2005）。〈應對「倖存者綜合症」〉。《人力資源》，第214期（2005/11），頁7。

❾鄭君仲（2006）。〈工作分析，進而設計好工作！〉。《經理人月刊》，第24期（2006/11），頁147。

❿丁志達（2005）。《人力資源管理》，頁87-88。台北：揚智文化。

⓫鄭君仲（2006）。〈工作分析，進而設計好工作！〉。《經理人月刊》，第24期（2006/11），頁147。

⓬常昭鳴（2005）。《PHR人資基礎工程：創新與變革時代的職位說明書與職位評價》，頁42-44。台北：博頡策略顧問公司。

Chapter 4

職能導向的用人政策

132　　　　存乎人者，莫良於眸子。眸子不能掩其惡。胸中正，則眸子瞭
焉，胸中不正，則眸子眊焉，聽其言也，觀其眸子，人焉廋哉？

——《孟子·離婁上》❶

　　根據《選對池塘釣大魚》作者Jay Abraham對美國成功企業人士的訪
談中發現，這些成功企業家在工作上都有一個共同的特點，就是這些人
都從事自己所喜歡的工作。又，Walt Disney曾說過：「一個人除非從事
自己所喜歡的工作，否則很難會有所成就。」所以，從優勢管理才能的
發展趨勢來看，組織在聘僱員工時，特別注意最適任人選。所謂最適任
人選的定義，不是強調經歷，而是能達成任務的職能（competence）及條
件。英特爾公司的人力部經理Marile Robinson曾經說過：「英特爾公司的
職位要求，不再依功能或工作性質來劃分職位，而是以完成任務的某些
技術與能力的組合為考量。」❷

第一節　職能概念

　　美國哈佛大學心理學教授David McClelland在1973年發表了「以職
能（competence）測驗取代智力測驗」的概念與模型，作為高階管理人
員選拔的標準，它使公司高階人員的離職率從原來的49％下降到6.3％。
McClelland事後並追蹤研究發現，在所有新聘任的高階管理人員中，達到
職能標準的有47％在一年後表現比較出色，而沒有達到職能標準的，只
有22％的人表現比較出色❸。

一、職能概念的定義

　　早期的企業都以智力測驗與性向測驗作為徵選人才的依據，但自從
McClelland提出一個人的績效（performance）不僅是運用智力將工作任務

完成，而且應該包含個性中的特質、行為等因素，尤其在一連串的研究之後發現，一些工作特別優異的員工都有一些共同的成功因素，包含知識（knowledge）、技術（skills）以及以工作表現相關的特質行為、態度等，統稱為職能（competency）。此觀念使企業瞭解到除了學歷、智能測驗結果等外顯因素之外，員工特質與行為層面更是在甄選員工、評估員工績效與價值時，不可或缺的因素之一。

Competency一詞，來自於拉丁語Competere，意思是「適當的」，目前學者對職能一詞尚無統一的定義，有的將competency翻譯成「職能」、「才能」、「知能」、「能力」等等，但企業界較常使用的是「職能」一詞，而行政院則採用「核心能力」（core competency）的名稱，大陸地區則多譯為「勝任力」。它的管理領域的研究與應用，最早可追溯到F. W. Taylor的時間—動作研究（**表4-1**）。

二、隱性特質與顯性特質

職能是人們潛在的心理特徵，意指行為的方式、思考的方式、情境的類比等，而這是可以持續一段時間不會一直改變的。組織可藉由職能評鑑，從表現具有平均水準的員工中篩選出工作表現較傑出者。Lyle Spencer和Signe Spencer兩位學者依Freud的冰山模型，區分出職能的兩個層面，分別是顯性特質（visible characteristics）和隱性特質（hidden characteristics），其中，知識和技巧的職能，是傾向於看得見以及表面的特性，而自我概念、特質及動機，則是較隱藏、最深層，且位於人格的中心內層。這兩個層級將之比喻為「冰山模型」（iceberg）來說明，其中露出海平面的部分就好比職能中的外顯可見的特質，且日後可自我充實、易於改變；而海平面下的部分則相當於內在隱藏特質，是較難發覺且不易改變的特質（**圖4-1**）。

表4-1　學者對職能概念的定義

學者	定義
McClelland（1973）	組織應該使用潛藏於個人平日行為背後的特質來作為判斷一個人是否符合特定資格的條件。
McLagan（1980）	職能是指足以完成主要工作結果的一連串知識、技能與能力。
村上良三（1988）	職能包含了一個人所具備的潛在特質，並根據所擔任職務所須具備的執行條件，來測量已具有的程度，並且以工作績效有關的實際能力為論述對象。
Jarvis（1990）	依據某個專業或職業，在某段時間裡所接受的標準，個人欲有效擔任工作所必須具備的知識和技術。
Thornton（1992）	職能是和工作表現有顯著相關的一群或同一構面的行為。
Spencer（1993）	職能是指與參照效標（一般績效或高績效）有因果關聯的個體的潛在基本特質（underlying characteristic），而這些潛在基本特質，不僅與其工作及所擔任的職務有關，更可預期或實際反應、影響其行為與績效的表現。
Spencer等人（1994）	職能是動機、特質、自我概念、態度或價值觀、知識或技能等能夠可靠測量，並能把高績效員工與一般績效員工區分出來的任何個體特徵。
Krogh & Roos（1995）	一方面與工作相關，屬於特定工作範圍所要求的工作資格，另一方面則與個人相關，屬於展現工作要求的個人特質。
Esquie & Gilbert（1995）	職能應該是為了克服障礙，達到可接受目標的必要條件。
Boyatzis（1996）	職能是指某個人所具備的某些基本特質，而這些基本特質就是導致、影響個人產生更好、更有效率的工作績效及成果的基本關鍵特性。
Mansfield（1996）	職能指的是精確、技巧和特性行為的描述，員工必須依此進修，才能夠勝任工作提升績效。
Mirabile（1997）	職能是與高績效工作表現相關的知識、技術、能力和特質，像是領導力、系統性思考或是問題解決能力。
Pickett（1998）	職能是個體在經驗、知識、技術、價值和態度的整合。
Sandberg（2000）	工作中的職能不是指所有的知識和技能，而是指哪些人們在工作時使用的知識和技能。
Perdue（2002）	職能是個體用某些特定的方法，協調一致所表現出來的動機、特質、技能與態度。
李聲吼（1997）	職能是人們在工作時所必須具備之內在能力或資格，這些職能可能以不同的行為或方式表現於工作場合中。

參考資料：丁志達（2007）。〈員工招募與培訓實務研習班講義〉。台北：中華企業管理發展中心。

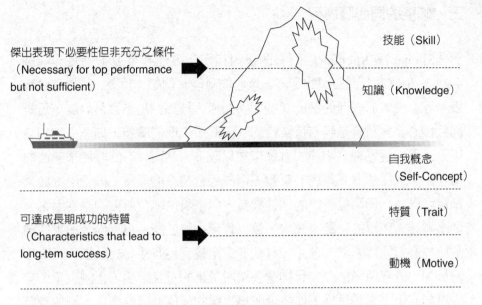

傑出表現下必要性但非充分之條件
（Necessary for top performance
but not sufficient）

技能（Skill）

知識（Knowledge）

自我概念
（Self-Concept）

可達成長期成功的特質
（Characteristics that lead to
long-tem success）

特質（Trait）

動機（Motive）

圖4-1　核心能力的冰山模型

資料來源：創盈經營管理公司（www. pbmc.com.tw）

(一)隱性特質

　　隱性特質是指那些較隱藏、深層且位於人格的中心部位，在短期內較難發覺、較難改變和發展的因素。例如：一個人對自我的印象、人格特質、成就動機、自我概念、社會角色、態度、價值觀等，是高績效者在工作中取得成功所必須具備的條件，是對任職者的重要要求，也是在招聘和培育勝任特定工作任職者的關鍵。

(二)顯性特質

　　顯性特質指的是一個人的知識與技巧，是可自我充實、易於改變的。

三、職能的同心圓模型

　　Spencer和Spencer之同心圓模組指出了職能在發展上的差異（圖4-2）。根據同心圓模型的定義，核心的職能（例如：動機、特質、自我概念等）相較於表面的職能（例如：知識、技巧）更不容易發展，這是因為核心人格特質是具有持久性的。因此，表面的職能，如個人的知識不足，可以透過教育訓練的方式來加以改造，然而核心的職能卻無法輕易變更，只能透過「甄選」來預先選擇適合組織的成員，換言之，如果錄用者僅僅具備職位所需的顯性特質，而不具備職位所需的隱性因素，則很難透過簡單的培訓來改變，難以實現人職匹配。相反地，如果能夠基於核心的隱性因素來選才，有助於企業找到具有核心的動機和特質等的員工，既避免了由於人員挑選失誤所帶來的不良影響，也減少了企業的培訓支出，尤其是為工作要求較為複雜的職位挑選候選人，例如高級

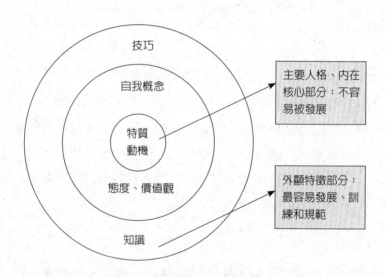

圖4-2　職能的同心圓模型

資料來源：L. M. Spencer & S. M. Spencer(1993). *Competence at Work: Models for Superior Performance*, p.11, New York: John Wiley & Sons.

技術人員或中、高層管理人員，在求職者基本條件相似的情況下，隱性因素能夠預測出高績效的可能性更大❹。

四、職能的內涵

一般描述或測量職能，可分別從五個方面著手：動機、特質、自我概念、知識、技巧。

(一)動機

動機（motivation）是指一個人潛在的需求或思考模式，驅使個人選擇或指引個人的行為。例如：這個人做這件事情是為何而做？他做這件工作是為錢？為名？為利？為權？或是為了社會公益？也就是說，驅使他做這份工作的力量是什麼。

(二)特質

特質（traits）係指一個人的生理特質（physical characteristics）以及對某些情境與訊息的一致性反應（冷靜、熱情、主動與積極）。例如：對時間的即時反應和絕佳的視力，是成為戰鬥飛行員所須具備之必要特質。

(三)自我概念

自我概念（self-concept）係指從測驗中可以瞭解個人對事件或事務抱持的態度、價值觀、道德觀、自信心或自我印象。

(四)知識

知識（knowledge）係指一個人在特定領域中所擁有的資訊，然而知識充其量只能夠預測某人能做某事（can do）而非將做某事（will do）。大部分研究顯示，知識較無法從中區分出較優秀的工作表現者，譬如：

外科醫生須具備人體的神經及肌肉的專業知識。

(五)技巧

技巧（skills）係指執行某一特定生理或心理任務的能力，其中，心理或認知技巧才能包括：分析性思考（處理知識與資料、決定因果關係、組織資料與計畫）與概念性思考（在處理複雜資料時的模式重組），例如：電腦程式設計師擁有五萬行邏輯性的序列編碼能力[5]。

由以上針對外顯表徵、潛在特質與職能內容敘述後得知，職能是一個綜合性的名詞，包含了一切與高績效工作表現有關的知識、技術、能力、特質和自我概念（**範例4-1**）。

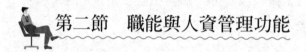

第二節　職能與人資管理功能

職能可活用在人力資源管理的各項業務上，諸如：人力資源規劃、招募與任用、訓練與發展、績效評估、報酬與誘因等等，只因目前職能較常應用在教育訓練的層面，其他方面的應用則是困難度較高（尤其是薪資管理），但並非不可行，例如：美國運通銀行（American Express Company）

範例4-1　著名企業核心職能的項目

企業名稱	核心職能項目	資料來源
上海銀行	誠信正直、持續學習、主動積極、合作精神、顧客導向	《上銀季刊》2006年秋季號
中鼎工程公司	思維能力、變局能力、工作管理、工作態度、人際互動、調適能力	《中鼎月刊》302期
中華汽車公司	持續改善、百折不撓、分析能力、創新能力、積極主動、團隊合作、建立夥伴關係	《中華汽車月刊》204期

資料來源：丁志達（2008）。〈員工招聘與培訓實務研習班講義〉。台北：中華企業管理發展中心。

將competency運用在人才遴選和人才培育；摩托羅拉（Motorola）公司則應用在人事評價和升遷；日本的武田藥品將competency運用在職務分析和人事評價；東京電力是應用在「職能等級」制度；富士通是應用在「職責等級」制度；參天製藥則是應用在績效獎金❻。

一、人力資源總體表現構面

關鍵職務成功條件的確立，是組織職能導向人力資源的重要政策，也是企業構築內部競爭力無法跳躍、省缺的基礎動作。企業導入職能模式後，因在人力資源各功能面向皆可運用，且從業人員在整體制度下所負責之任務與角色方面，皆能讓人力資源專業形象有所提升。

二、招募甄選構面

企業若能在甄選時，將職能中動機、特質與自我概念作爲甄選標準，將可有效地爲組織找到合適的人員，並減少因人員不適任所增加的組織成本。

職能導向的招募甄選制度，其優點是可以有效的辨識出「有能力」的人員，未來可以與「績效」產生連動，才能促進組織提升競爭力（**表4-2**）。

對於企業來說，選擇適合的員工去擔任合適的職位，這個職位不需要太多的管理、監督和培訓，就會產生極佳的績效，而選擇其他雖然聰明卻不適合的人，就需要花很多成本去管理，但工作績效卻一無所獲。運用職能模式在人力資源管理上的招募及任用，最主要的成效是可以從一大群應徵者中快速且有效地甄選出適合的人選，且讓招募成本有效的降低。運用職能模式所甄選之員工，與未使用職能模式時所甄選之員工比較，其績效表現較佳。

運用職能考選方式進行選才時，會使用行爲面談法，以便探測應徵

140 表4-2 職能面談題項編製流程表

功能職能	主要行為	考選試題設計（以面談為例）
推理分析能力	·客觀看待事情並能廣泛地定義問題。 ·能有系統地分析複雜的問題，並能推理、觀察相關問題的因果關係。 ·能在制定計畫前先分析公司整體環境因素。 ·能根據邏輯分析、個人經驗和專業判斷來產生實務方案。 ·可以在適當的情況下質疑或建議上司相關的決策。	·你覺得自己善於分析嗎？可否舉兩個之前工作上的例子來證明你的分析能力？ ·請告訴我們，你曾分析過的一個難題，及你所給予的建議？ ·當你分析複雜問題時，通常會採取哪些步驟？ ·你給自己的分析能力幾分？ ·你之前的主管覺得你的分析能力如何？ ·請問你是否有過分析錯誤的經驗？你如何補救？

資料來源：黃嘉槿、李誠（2002）。〈以職能為基礎之考選面談設計：以K公司HR人員為例〉。中壢：中央大學人資所企業人力資源管理實務專題研究成果發表會，網站：http//www.ncn.edu.tw/～hr/new/conference/8th/pdf/05-2.pdf。

者是否具備組織所需要的職能。職能的考選，以「如何」（how）、「為何」（why）為重點，著重於過去的實績外，特別是未來的發展，同時重視應徵者的行為特性等。如此一來，就不至於只考選出「只會念書，不會做事」、「擁有多樣技能，不願奉獻」、「願意全力奉獻，卻不是組織所須具備的職能」等人員❼。

　　企業在甄選時，基於成本考量的原則，應先定義出此職位的職能，而後先甄選出具有適當特質與動機的人，至於知識與技術面的不足再以訓練加以補足。然而大部分的公司在進行甄選時皆本末倒置，先利用教育背景甄選出具有高度知識與技術的人員，接著才進行特質與動機的塑造，這樣不僅耗時、耗力，且花費的成本也頗大。因此，根據職能甄選適合的應徵者，應先考慮位於內圈的職能，再考慮外圈的知識與技術層面，從而將減少訓練之成本而增進組織效益。

　　應用職能甄選適合的人選，可為公司帶來的價值將大於僱用或訓練此人的成本效益，採用職能模式不僅是現今的趨勢，也是正確的抉擇❽。

三、教育訓練構面

　　企業永續經營的泉源，來自於企業的核心競爭力（core competence），為求擁有與維持核心競爭力，必須開發與培養其核心人才。伴隨著電腦科技的快速發展，以及人類經濟活動形式的改變，組織經營逐漸朝著知識化、全球化與多元化的方向發展，面對這股潮流，組織必須擁有一群高素質的成員，而人力資源品質就是組織建立核心競爭力的關鍵。

　　企業在對員工績效評鑑時，較易診斷出員工之訓練需求，而以優秀員工的技能表現為範本，可有效地使新進員工減少學習曲線時間，並達到較佳的平均表現能力。透過職能模式，更可設計出符合員工需求、工作任務需求或組織需求之訓練課程。

　　職能運用在職涯規劃及發展上，員工可藉由職能的設計及評估結果，瞭解自己所欠缺的職能為何，進而參與所提供的進修課程或特殊活動，以增進職能改進績效表現；或者是增強自己的職能，預先為自己將來所擔任的職務做準備。

四、升遷及接班人計畫構面

　　以組織的角度而言，在晉升制度上，不再經由年資的累積而擔任較高階級的職務，而是藉由職能評估瞭解接班人所具備的職能為何，選擇最適合的接班人。

　　升遷及接班人計畫主要焦點在於組織的高階主管上，藉由職能系統的評估，不但較易發掘人才及培育人才，也可以加以瞭解應徵者是否具有需要的職能，以便加以安排適當的職位。這樣的過程需要先確認職位上所需的職能、選定應徵者名單、選定適當的評估方法，它可藉由情境面談法、測驗、評量中心、績效評估等方式來衡量職能，需要的職能也可以依據所需程度之不同而以權重計分，甄選出適合人選，並追蹤此過程以確保系統的有效性，確認選出的是最適合的人選（**表**4-3）。

142　　表4-3　接班人計畫之過程與步驟

學者／年份	人格特質
Singer （1990）	1.工作分析。 2.候選人標準發展。 3.評價候選人。 4.評估所得資訊與進行比較。 5.確認人選。
Friedman （1996）	1.引導繼承事件需求。 2.決定接班人選之標準。 3.選擇繼承候選人。 4.由候選人中選出繼承者。
McConner （1996）	1.選擇一目標職位。 2.確認該職位所需之職能。 3.確認具備該職位所需職能的表現者或是具此職能發展潛力的特定人選。 4.確認特定人選所須具備的相關經驗並決定這些必要經驗的獲取方式。 5.確認其他必需的知識與技能，並決定應如何獲取這些知識與職能。 6.將前述所有條件設計組合特定對象人選的個人發展計畫。 7.監控每一特定的個人發展計畫，隨時更新資訊，同時定期地檢視目標職位的職能需求，以便強化可能的變革發展。
Rothwell （2002）	1.確認希望獲致的結果及管理支持的承諾。 2.人員現職被期待的表現及所需才能。 3.與績效管理制度的整合。 4.組織未來計畫之才能要求。 5.人員未來潛能的評量。 6.縮小潛力人才現行績效與現職所需才能的差距，及縮小潛力人才與未來所需才能的差距。 7接班人計畫的承繼方案評估。
Abrams （2004）	1.建立領導輪廓（leadership profile）。 2.定義接班人候選步驟。 3.建立領導發展計畫。 4.提供接班候選人回饋。 5.須定期評估。

資料來源：楊謹先（2005）。引自：余靜雯（2005）。《半導體封測業主管管理才能評鑑模式與接班人計畫之研究——以A公司為例》，碩士論文，頁20-21。中壢：中央大學人力資源管理研究所。

五、績效考核與管理構面

企業運用職能模式後，在進行三百六十度評鑑時會有更客觀的依據，並易讓員工瞭解自己在工作上不足及須加強之處。舉例而言，我們必須先確定達到高績效的職能行為為何，若一位主管在領導的職能方面，欠缺團隊的領導能力，便必須建議主管參與領導課程的訓練；相反地，若此主管已經達到高績效表現的領導職能行為，便可以依據這樣的職能給予獎賞或升遷❾。

六、薪資管理構面

薪資管理攸關組織成員對組織公平性的認知。薪資是員工執行工作，然後組織依其工作職責、工作績效表現、個人條件特性給予各種形式的相對報酬。薪資管理的目標，主要在建立薪資策略、政策與管理實務，以吸引、留住企業所需人才，維持具競爭力的人力資源並激勵士氣，進而達到組織的目標。

第三節 職能的評量方法

職能會因企業文化、組織特性之不同而有所改變，因此蒐集及確認職能評量之方法有行為事件訪談法、問卷法、直接觀察法、焦點團體法、工作說明書、專家調查法、專家會議法和電腦化的專案資料庫等八種（圖4-3）。

一、行為事件訪談法

藉由與公司相關人員電話連繫或當面訪談（interview），找出公司

144

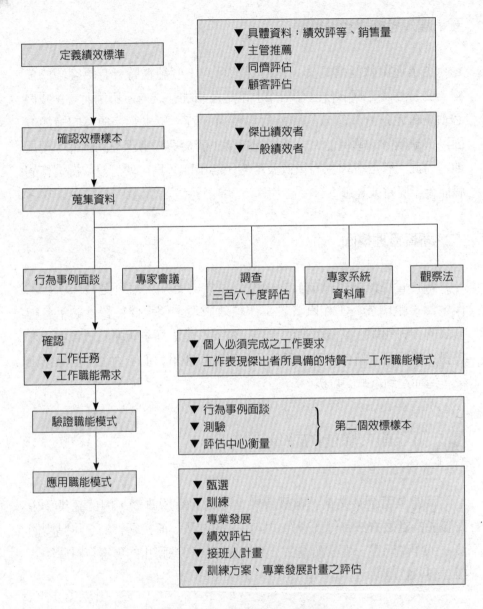

圖4-3　工作職能評鑑流程圖

資料來源：L. M. Spencer & S. M. Spencer (1993). *Competence at Work: Models for Superior Performance*, p.95, New York: John Wiley & Sons.

能促成組織績效的職能為何，可採用一對一的方式或焦點團體（focus group）方式進行。

訪談法之優點是較能深入公司內部，瞭解員工之想法與公司之文化等內涵之影響因子，其缺點則是須耗費許多時間與成本。

二、問卷法

當有時間限制且受訪者不易安排接見時，問卷法（questionnaires）是最佳的選擇。藉由問卷的設計及評量方式，以客觀的方式獲取資訊。

問卷法的優點是可以大量的蒐集相關資訊，成本較低，並能瞭解大多數成員的想法，其缺點是資料可能是較表面的，無法問到較深層與公司相關的資訊，且問卷的設計必須嚴謹，並要具有效度與信度，這樣藉由問卷蒐集到的資訊才有意義。

三、直接觀察法

直接觀察法包括行為的及非行為的活動與情境等多層面的監控。非行為層面的觀察包括：歷史性或目前的資料記錄分析；行為層面則包括語言、肢體、人際互動等的觀察。

觀察法的優點是可以在自然環境下，實際地參與或記錄到現場發生的狀況，缺點為成本的耗費較高、可能觀察到的現象是不具重要性的，以及觀察法較具主觀性。

四、焦點團體法

焦點團體法（focus group）是經由領導者的帶領，使小組討論相關的議題。因為一次參與的人數較多，比起訪談法能減少成本的耗費，以及一對一訪談法帶來的偏誤。焦點團體訪談能有效蒐集到較深入的資訊，

然而要注意的是，焦點團體訪談其本質是訪談而非討論，這一點觀念的釐清，將有助於在蒐集資訊的正確性。

五、工作說明書

若公司的職務設有工作說明書，並會時時不斷的更新與調整，那麼藉由這項資料的蒐集和分析，也對於建立職能有所助益，或許可補強面談或問卷未能得到的相關資訊。

六、專家調查法

企業聘請外界的專家進入研究特定組織，調查其員工之職能的一種調查方式。專家透過問卷、觀察、訪談或組織內部提供的相關資料，來找出特定企業組織的各種職能。

七、專家會議法

專家會議（expert panels）是邀請組織內、外部的專家一起進行職能模式的分析，而補強完全藉由行為事件訪談所獲得的資訊而建立的職能模式（圖4-4）。

八、電腦化的專案資料庫

電腦化的專案資料庫貯存有過去驗證的能力資訊，可以以此作為研究人員、主管、專家對於能力分析評鑑的基礎。

專家會議	A. 確認（透過腦力激盪法）

A. 確認（透過腦力激盪法）
- 選取重要工作或職位，包括目前及未來工作之
  - 重要職責
  - 績效評估結果（用來確認效標樣本）
- 職能需要
  - 基礎職能：執行工作必須具備之基本職能
  - 卓越職能：能夠區分績效表現傑出與一般者之職能
- 職能表現之障礙
B. 填寫工作所需職能之需求問卷（CCRQ）
C. 進行小組會議討論並達成共識

行為事例面談

資料分析

- 透過不同方法形成矩陣，查看職能分布情況

職能	專家系統	CCRQ	專家會議	行為事件	摘要
1.成就動機					
2.主動積極					
3.					
4.					
新職能：					
1.					
2.					

驗證職能模式

圖4-4　專家會議法之工作職能評鑑流程圖

資料來源：L. M. Spencer & S. M. Spencer (1993). *Competence at Work: Models for Superior Performance*, p.107, New York: John Wiley & Sons.

第四節　職能模組之涵意與用途

　　職能模組（competency model）是指構成每一項工作所須具備的職能，而知識、技能、行為，以及個人特質則潛在於每一項的職能。職能模組亦提供組織對於員工的期望行為。

一、職能模組的涵意

　　一個完整的職能模組，通常包括了一個或多個的職能群組，且每一個職能群組底下又包含了個別的職能項目與數個屬於該職能的構面及行為指標，同時也包含該職能在工作上所展現的特定行為。一套完整而有效的職能模組，將能夠幫助主管及員工判斷工作上重要的因素，也可以協助主管及人力資源管理工作者推行相關的管理工作[⑩]。

二、職能模組之用途

　　職能模組幾乎可以應用於人力資源管理的所有工具上，諸如選、育、用、留，皆可參考職能模式而制定決策。職能評估與分析，可應用於甄選人員、作為績效管理依據、設計訓練課程、規劃個人發展及職涯規劃、作為薪酬發放依據、計畫職位的接替與認定具有高潛能者（升遷、接班人計畫），以及發展整合性人力資源管理資訊系統等。由此可知，職能模組可運用於所有人力資源管理之功能面，亦可將人力資源管理系統做有效的整合設計與規劃。

三、職能模組對組織之影響

　　職能模組的運用，對組織與員工之影響約有下列數端：

(一)組織層面

　　組織層面可分為組織競爭策略與整體績效的介面、能力資料庫的應用、學習型組織的實踐及契合人力資源發展需求、人力資源功能的整合四大項來說明。

■組織競爭策略與整體績效的介面
　　無論是職能模組的建構或評鑑，其工作分析時的首要工作之一，就

是要釐清組織的目標與核心能力，因此，當組織建構一套職能模組時，該模組即成為組織中溝通價值觀、共識以及策略的最佳工具，也可將組織策略規劃所需的核心職能與個人職能做緊密的結合，指出組織的需要與員工所具備能力之間的差距，並藉由甄選或訓練來造就雙贏的局面。

■能力資料庫的應用

企業可將所有員工的個人職能資料建檔並加以電腦化之後，成立組織能力資料庫。如此一來，在組織面對新的挑戰（例如外派、接班人計畫、成立緊急事件處理小組等）時，管理階層可迅速從此資料庫中尋找適當的人才來加以應變，甚至運用此一系統因應人力市場的供需，擬定對組織最具價值的規劃與管理。

■學習型組織的實踐及契合人力資源發展需求

學習型組織的盛行及「知識工作者」時代的來臨，企業的人力資源素質必須不斷提升，職能模式若與個人績效回饋系統結合，將可協助員工建立學習目標，透過更新人員所擁有的知識、技術與能力，才足以成為組織高附加價值的資源投入，對組織貢獻產出高度的經濟效益，而員工自我成長的動力增加，亦可強化組織的學習能力，建立終生學習的文化與價值，進而擴大對環境變遷的因應能力。

■人力資源功能的整合

藉由發展整合性人力資源管理資訊系統，將人力資源部門各功能面加以整合運用，可讓組織資源、資訊之使用與傳遞更有效率，並提升人力資源部門的總體績效及專業形象。

(二)個人層面

個人層面可分為個人潛能的開發、專業能力的發展、生涯定位的探索三項加以說明：

150

■個人潛能的開發

　　職能模組提供員工一個明確的卓越學習模範，讓員工清楚地瞭解如何邁向成功與卓越，以積極的態度幫助個人不斷地激發潛能。由於組織一開始就替員工設定了極具挑戰性的目標，可以讓員工因為組織目標明確而全力以赴，發揮個人潛能，進而提升員工的工作效率、生活品質與工作滿意度。

■專業能力的發展

　　當知識工作者成為組織勞動力的主體時，專業能力即成為企業生存成敗的關鍵。組織建構完整的「職能模組」，除了釐清組織能力與一般管理能力外，也著眼於個人專業能力的發展。換言之，組織中的每一位員工的專業能力，將在職能模組的評估與回饋不斷地運行之後，愈趨於完善。

■生涯定位的探索

　　當組織中有了職能模式之後，員工在主管的協助下，經由能力評鑑分析和對自我能力的檢視，可以針對專業能力、生涯規劃與潛能開發等，規劃個人生涯發展的行動步驟。同時，個人可以經由對組織職能模式的瞭解，以及職能評鑑的回饋，釐清出現在個人生涯中的種種難題，尋求解決的可能途徑[11]。

第五節　職能模組之種類

　　由於學者對於職能的定義不同，因而職能模組的種類為數甚多。若將職能模組分為職務型和角色型，則在職能模組的初期，可先以職務型為主，待員工熟悉之後再轉化為角色型（**範例4-2**）。

範例4-2　中華汽車核心職能及其定義　　　　　　　　　　　　　　　151

持續改善	針對目前的工作流程或表現，運用適當的方法來找出改善的機會；發展行動方案來改善現況及流程並評量其成效，擷取別人（或別的企業）值得學習之處，用在自己的工作領域或企業中。
百折不撓	在遇到沮喪或挫折的時候，仍能維持工作效率堅持到底；能承受並妥善處理壓力，維持穩定的表現。
分析能力	能夠針對所面對的問題或機會，蒐集相關的資料，並從不同的資料中分析出其因果關係。
創新能力	針對不同的工作狀況發展具有創意且可行的解決方法；嘗試不同或特別的方式來處理工作問題或機會。
積極主動	能自動自發採取行動來完成任務；超越工作既定的要求，以達成更高的目標。
團隊合作	積極的參與團隊的任務；發展並運用和諧的人際關係來促進團隊目標的達成；願意配合團隊共識來改變自己的行為，以扮演好團隊成員的角色。
建立夥伴關係	尋求機會與顧客發展互助的合作關係（包括公司內外部、跨部門、上下游間的夥伴關係）。有效的符合顧客的期望，對顧客的滿意度負責。

職能：積極主動（initiating action）
定義：能自動自發採取行動來完成任務；超越工作既定的要求，以達成更高的目標。
主要行為：

　1.當面對或被他人告知問題發生時，能夠自告奮勇採取行動。
　2.在可容許的範圍內，主動執行新的想法或解決方案，把握改善機會。
　3.在他人提出要求之前，便能主動採取行動。
　4.為了達到目標，即使是超越工作的要求，仍會主動執行。
　5.當面對品質問題時，能主動改善或告知相關人員。
　6.自願加入工作團隊或服務小組（如流程改善小組），主動增加個人貢獻。

行為事例：在導入L型車初期，為生產最好的品質，全員進行所有可能問題點改善的努力。
行動：研發及生產相關單位群策群力，主動提出任何可以改善產品品質的對策，例如，當時為解決問題點溝通的管道與處理流程，同仁就建議用無線電對講機的方式，相關單位同仁使用一個固定頻道，一發現問題，只要有人提出來，所有人員接收到訊息，並進行改善。
結果：經由所有同仁的努力，L型車上市後一炮而紅，為本公司打開國內轎車市場。

資料來源：林維林與DDI專案顧問（2000）。〈職能專案報導：建立核心競爭力之職能體系〉。《中華汽車月刊》，第204期。引自：吳復新、黃一峰、王榮春（2004）。《考選與任用》，頁47。台北：空中大學。

一、職務型與角色型

所謂職務型，是以職務內容明確化爲基準的職能模組，主要的優點是可達到適才適所；而角色型則是將近似的職務彙整爲某一角色類型，亦即是以工作性質與任務內容爲基準的職能模組，因而比職務型更具有彈性[12]。

如果職能是用來預測個體的績效標準方面，則可分爲門檻職能（threshold competencies）與差異職能（differentiating competencies）。門檻職能指的是個體在工作表現上所須具備最低限度的能力，是必要的特質，但無法區分優異和表現平平之間的差異；差異職能則能區辨出表現優異和表現平平之間的差異。二者都會包含在職能模式的定義和描述的層次中[13]。

二、職能模組的類型

職能模組的類型，可以針對整個組織或某個特別部門中之角色、功能或工作來設計，這是由於組織的成員有其各自不同的需求與目標之故。

職能模組之種類可歸爲核心職能模組、角色職能模組、專業（功能）職能模組、工作職能模組四類：

(一)核心職能模組

核心職能模組（core competency model）主要著重於整個組織所需要的職能，通常與組織的願景、策略和價值觀緊密結合。此模組可適用於組織內所有階層、所有不同領域的員工，可藉此看出個別組織在文化上的差異，以及確保一個組織成功所需的技術與才能的關鍵成功部分。

(二)角色職能模組

角色職能模組（role competency model）主要針對組織中個人所扮

演的某個特殊角色，在執行特定職務或角色時，所須具備的知識、技能
以及特質等之總和，例如主管（經理、科長、課長等）、工程師、技術
員等。在最常見的主管職能模組中，主管一職便涵蓋了各個功能面，包
括：財務主管、行政主管、人力資源主管、製造主管等。由於此模組屬
於跨功能性，因此較適用於以團隊爲基礎的組織設計（**圖**4-5）。

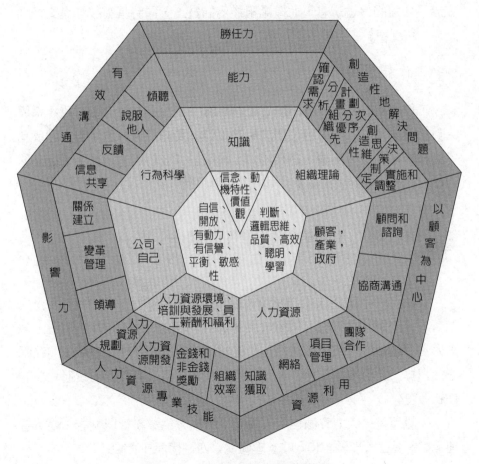

圖4-5　**人力資源主管職能模型**

資料來源：David D. Dubois（編著），楊傳華（譯）（2005）。《勝任力：組織成功的核心
源動力》（*The Competency Case Book*），頁132。北京：北京大學。

154

(三)專業（功能）職能模組

專業（功能）職能模組（functional competency model）通常依照組織功能上的不同來建立，例如製造、業務行銷、行政、財務等等。此模組與工作職掌及目標直接相關，也就是要有效達成工作目標所必須具備的工作相關特定職能，一般只是用於某個功能層面的員工。它最大優點在於可快速的傳遞訊息，並鼓勵組織內的員工，同時具有較詳盡的行為指標，可促使員工改變工作行為。

(四)工作職能模組

工作職能模組（job competency model）是企業中之一般行政、幕僚人員所應具備的工作內容，即從事該工作必要的特性（通常是知識或基本的技巧，例如：閱讀、書寫能力、電腦操作技巧等），適用時機在於組織內有非常多的員工從事此單一工作項目時[14]。

第六節　人力資源經理人的職能

Spencer等人認為，人力資源經理人須具備靈活性、改變執行、企業創新、人際關係、授權、團隊成長等方面的職能。Ulrich等人則指出，人力資源經理的角色或者活動，已經超出傳統人事經理管理職能的範圍（如招募、薪資與福利等），而應包括諸如策略規劃與持續改進之類的任務（**表4-4**）。

一般而言，人力資源經理人職能模組又分為業務管理職能、變革管理職能、員工管理職能和戰略管理職能等四個構面（**表4-5**）。

一、業務管理職能

1.要求人力資源經理能夠保守企業機密與尊重員工個人隱私權，掌握

表4-4 人力資源經理人的職能

職能群	項目
目標與行動管理	效率導向、關心衝擊影響、堅決果斷
精通人力資源技術	規劃、甄選與安置、培訓與發展、薪資福利、勞資關係、工業安全、衛生、員工調查、組織設計、人力資源管理信息系統
職能與組織領導	協助他人發展、群體管理技巧、職能營銷、願景領導、誠實廉潔
影響力管理	知識客觀性、構建網絡、溝通技巧、談判技巧
商業知識	策略焦點、組織知覺、行業知識、附加價值觀點、一般管理技巧

資料來源：T. E. Lawson & Limbrick (1996). Critical Competencies and Developmental Experience for Top HR Executive V. Limbrick. *Human Resource Management*, 35:

表4-5 人力資源管理師的職能特徵模型

知識		技能		工作風格	
基本要求	專業要求	基本要求	專業要求	基本要求	專業要求
1.勞動法規	1.戰略與規劃	1.學習能力	1.判斷決策	1.自我控制	1.影響他人
2.人力資源管理	2.招聘與配置	2.協調	2.計畫	2.分析性思維	2.創新
3.勞動經濟學	3.崗位分析	3.溝通	3.專業知識應用	3.獨立性	3.正直誠信
4.電腦	4.員工培訓	4.輔導	4.發展關係	4.成就動機	4.戰略性思維
5.統計和調查	5.職業生涯發展	5.閱讀理解		5.應變	
6.寫作	6.績效管理	6.客戶服務		6.關心他人	
7.組織行為學	7.薪酬管理	7.洞察力		7.可靠性	
8.研究方法	8.勞動關係管理	8.調查統計		8.團隊合作	
9.職能特徵模型	9.工作安全與健康			9.主動性	
	10.組織文化與變革				

資料來源：勞動和社會保障部職業技能鑑定中心、企業人力資源管理師項目辦公室（2004）。《國家執業資格考試指南：企業人力資源管理人員》。北京：中國勞動社會保障。

　　人力資源管理專門知識，公平對待所有員工。

　2.與相關部門及員工保持良好關係，贏得工作上的有力支持；能清晰準確地說明自己對工作的構想或看法等。

3.在壓力大的情況下,能控制自己的情緒,並讓他人冷靜下來。

4.瞭解勞動法規及相關制度。

5.對自己的專業判斷、能力有信心,並以行動來證明。

6.接受挑戰,積極面對問題,敢於承認失敗並迅速改正錯誤。

7.在特定情況下,能夠果斷地決策並採取必要的行動,以前瞻性眼光開展工作,避免問題發生以及創造、把握良機。

8.在工作中遇到障礙或困難時,堅持到底,絕不輕言放棄。

9.能夠熟練使用電腦和網路,力求即時獲得新技能和新知識。

10.分析事件的因果,且能找出幾種解決方案,並衡量其價值。

11.為培養他人能力而授予其新任務,或晉升有能力的員工。

12.積極獲取企業經營管理領域的各類知識,依照成本收益分析做人力資源決策,樂於從事人力資源管理工作。

二、變革管理職能

1.能夠把複雜的任務有系統地分解成幾個可處理的部分。

2.擁有真實號召力,激發人們對團隊使命的熱情和承諾。

3.能夠在較短時間內瞭解他人的態度、興趣、性格或需求等。

4.利用懲罰管制行為在解僱績效不佳員工時,不會過分猶豫。

5.能夠對所在部門及企業施加影響。

三、員工管理職能

1.能夠回應員工,並對其主動提出或自己觀察發現的問題提供幫助。

2.採取行動,以增進友善氣氛、良好士氣或合作氣氛。

3.表現出對企業的忠誠度,或者尊重企業內的權威者。

4.能夠召集他人一起給需要幫助的員工予以支持。

四、戰略管理職能[⑮]

1.能夠視情況而靈活應用規章制度。
2.能夠根據企業需要,創造人力資源管理的新模式或新理論。
3.辨識並提出影響企業的根本問題、機會或關聯因素等。
4.能夠根據企業實際狀況,適當修改自己已經知道的人力資源管理理念(方法)並加以應用。
5.能夠使用自有信息匯集機制(或人際網絡)蒐集各種有用信息。
6.能夠對企業外部相關單位(部門)或人力資源管理專業組織施加影響。

結　語

乳酪蛋糕工廠(Cheesecakes Factory Inc.)績效暨發展副總裁Chuck Wensing說:「選才是一切的開端。我們能教會人們擺設餐具,卻無法教導他們微笑和樂觀。」顯而易見,用職能模式來招募甄選人才,不但可以讓企業擁有良好之人力資本,亦可以省去企業找到不適任之員工所花費的成本。除此之外,若將高績效者的能力要素與行動特性,經過分析予以具體模組化,則職能模組亦得用於人力資源管理的其他功能,諸如:績效考核、薪資報酬、訓練開發等領域上[⑯]。

註釋

❶孟子說:「在人身上的東西,沒有比得過眼睛的。眼睛不能掩飾它的惡。心正的人,眼睛自然明亮;心不正的人,眼睛也就昏花;聽他說話,觀察他的眼睛,人還能掩藏嗎?」

158

❷常昭鳴（2005）。《PHD人資基礎工程：創新與變革時代的職位說明書與職位評價》，頁55。台北：博頡策略顧問公司。

❸陳萬思（2006）。〈中國企業人力資源經理勝任力模型實證研究〉。《經濟管理‧新管理》，總第386期（2006/01），頁55。

❹陳萬思（2006）。〈中國企業人力資源經理勝任力模型實證研究〉。《經濟管理‧新管理》，總第386期（2006/01），頁55。

❺蔡明勳（2004）。〈運用職能於發展跨國企業選才工具公司之選才工具發展專案〉。第二屆海峽兩岸組織行為與人才開發研討會，國立中山大學人力資源管理研究所主辦。

❻李右婷、吳偉文（編著）（2003）。《Competency導向人力資源管理》，頁24-25。台北：普林斯頓國際公司。

❼黃一峰、李右婷（2006）。〈高級行政主管遴用制度之探討〉。《考銓季刊》，第45期（2006/01），頁48。

❽劉曉雯（2003）。《主管核心職能模式及評鑑系統之設計：以Z公司為例》，碩士論文。中壢：中央大學人力資源管理研究所。

❾劉曉雯（2003）。《主管核心職能模式及評鑑系統之設計：以Z公司為例》，碩士論文。中壢：中央大學人力資源管理研究所。

❿莊敏瀅（2004）。《以核心職能為本之線上甄選系統之發展：以某汽車製造公司為例》，碩士論文，頁9-10。中壢：中央大學人力資源管理研究所。

⓫楊尊恩（2003）。〈職能模式在企業中實施之現況調查〉。《第九屆企業人力資源管理實務專題研究成果發表會論文集》。中壢：中央大學人力資源管理研究所。

⓬李右婷、吳偉文（編著）（2003)。《Competency導向人力資源管理》，頁57。台北：普林斯頓國際公司。

⓭陳家慶（2004）。《管理與專業職能模式之建立：以C公司行政部門為例》，碩士論文，頁7。中壢：中央大學人力資源管理研究所。

⓮莊敏瀅（2004）。《以核心職能為本之線上甄選系統之發展：以某汽車製造公司為例》，碩士論文，頁9-10。中壢：中央大學人力資源管理研究所。

⓯陳萬思（2006）。〈中國企業人力資源經理勝任力模型實證研究〉。《經濟管理‧新管理》，總第386期（2006/01），頁61-62。

⓰陳珈琪（2004），《人力資源管理活動對管理職能發展之影響》，碩士論文，頁8。中壢：中央大學人力資源管理研究所。

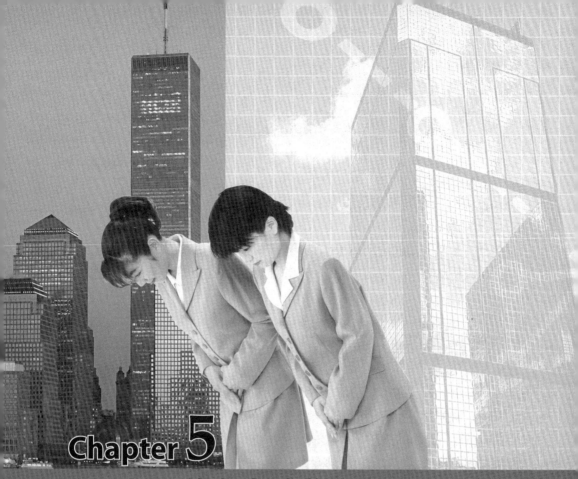

Chapter 5

徵才實務作業

燕丹善養士，志在報強嬴。招集百夫良，歲暮得荊卿。

——晉・陶淵明〈詠荊軻〉

　　人才是企業興衰隆替的指標。如何求得好的人才，除了機運之外，就是方法了。《孫子兵法》說：「多算多勝，少算少勝，況於不算乎。」而徵才就是全部求才過程的先鋒，可見徵才作業的良窳與多算是關係著整個求才成功的關鍵，相信伯樂之志，在千里馬而非駑馬也❶。

第一節　徵才前置作業

　　徵才作業本身是一個所費不貲的流程，若招募不適當的人員，則可能造成新進員工不能勝任工作、不能適應環境，而需要給予時間適應或施以技術訓練。因此，招募適當的人員，可使缺職率、流動率降低，並且減少企業招募成本以及訓練新人成本等。

　　所謂謀定而後動，企業在徵才前，應該重視招募方法的規劃，有系統地檢視組織填補的人員資格條件，以及滿足這些條件的最佳方法。

一、人力資源規劃

　　依據公司目標、經營計畫、整體發展擬定人力政策，進行人力盤點，有助於掌握企業人力需求供需的狀況。

二、用人預算

　　編製用人預算（薪資預算、調薪預算、升遷調薪預算、專案預算等），以及僱用新進人員的給薪標準和試用後正式聘僱是否調薪的預算。

三、與部門主管溝通

基本上，在會計年度結束之前，人資單位就必須與各部門主管溝通下年度的單位人力數量、需求職缺的層級別、招募時間與聘僱人數、業務外包項目與人數等問題，做一全盤討論。

四、編列徵才預算

擬定年度徵才計畫時間表，並依年度人力需求及參酌上一年度徵才實際費用，編列預算。包括：登報費用、仲介費、就業嘉年華會（就業博覽會）、校園（軍中）徵才活動等成本支出。

五、選擇有效徵才管道

蒐集歷年來已採用的徵才管道中，何種管道最有績效、成本最低，作為年度選擇有效徵才管道的參考指標。

六、設計人才測評工具

「工欲善其事，必先利其器。」按照職缺求才所須具備的知識（knowledge）、技能（skill）、態度（attitude）、團隊合作（team work）、興趣（interests）等要項，發展出核心能力（core competency）面試參考題庫及評量工具，以確認應徵者須具有的人格特質（personality）。

七、訂定年度徵才成效目標

依據所建立的徵才管道參考指標，設定新年度徵才成效目標。成

162　效目標包括：招募耗用時間如何有效縮短與招募成本如何降低等（圖
5-1）。

八、追蹤實施成效

　　對徵才作業的執行成效予以定期的評估，詳細地記錄整個徵才活動
過程的支出，以及找到多少合適的人選，並與年度目標比較，確認作業
的效率。例如：

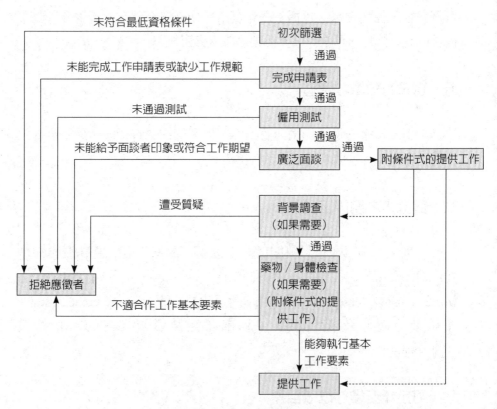

圖5-1　甄選流程圖

資料來源：De Cenzo & Robbins (1999).引自：吳惠娥（2005）。《大陸派外人員甄選策略之
研究——以連鎖視聽娛樂為例》，碩士論文，頁10。高雄：中山大學人力資源管
理研究所。

1.是否廣告宣傳不夠或面談人手不足。

2.是否回函每一位參加面試應徵者的錄取與否。

3.是否定期檢查人才庫的資料，經常更新人才庫的資料。

4.是否檢視離職面談的紀錄，作為人力資源部門將來在徵才、選才時的一個很好參考依據（**表5-1**）。

表5-1　企業運用徵才管道效益評估表

徵才管道	招募起訖時間	招募職別	收件起訖時間	應徵函件數	面談件數	錄用人數	不錄用人數	保留件數	其他	投入成本
報紙										
網際網路										
專業媒體										
青輔會										
政府就業機構										
職訓中心										
軍中求才										
校園徵才										
內部徵才										
員工介紹										
人才庫										
人際推薦										
私人就業機構										
其他										

資料來源：翁靜玉（2001）。《企業人力資源作業手冊：徵才》，頁83。台北：行政院勞工委員會職業訓練局。

164

第二節　招募管道的選擇

　　徵才管道可以千變萬化，尤其在網路發達的時代，不可墨守成規，要發揮創意、多方結合，從企業的立場變成顧客立場出發，鎖定「應徵者」做行銷活動，貼著「應徵者」的觀點進行招募計畫（**範例5-1**）。

　　每一種招募管道（channels of recruitment）均有不同的特色與效用。因此，在選擇招募管道時，應適切地瞭解各種管道的方法與功用，以便在尋找不同職別人才時，可以迅速地找到合適的人才（**範例5-2**）。

一、公司內部職缺告示

　　企業有任何的職缺一定要先在內部通告周知。這種通告有不同的作

範例5-1　昇陽（Sun）公司的招募方式

> 　　三年前的一天，我在懷俄明州一個小鎮的酒吧閒坐。在那之前，我受了重傷，後來在小鎮找到工作。那天坐在我旁邊的是一個觀光客（註：昇陽公司主管），他請我喝酒。我說我曾在高中當潛水員，興趣是攀岩。他提及經歷兩次生死關頭後，目前在休養中。他要我說得再詳細一點，於是我就跟他說，我那天在墨西哥的高山上攀岩，突然開始起風，我在懸崖邊上，感覺自己的靈魂出竅，「看著」自己撞上懸崖並且死掉！醒來時，又看著醫生在手術房再度宣布我的死亡。後來我逐漸復元，出院後在小鎮上找到工作。
>
> 　　說完故事後，那個人掏出名片跟我說：「我在舊金山附近的這家公司做事，你就是我們要找的那種人，如果你需要工作，請打電話給我。」
>
> 　　我笑一笑，請他喝一杯酒，把名片放在皮夾內，就把這件事忘了。一年多後的某天，我又看到這張名片，並且想起他說的話。雖然事情已經過了許久，我還是打電話給他，我說：「你可能不記得我，我叫柏金斯……」他馬上打斷我的話：「嗨！懷俄明情況如何？」他馬上記起我，告訴我還是歡迎我去，不但幫我買機票，而且當場就僱用了我！
>
> 　　一開始時，他是我的上司，後來他被調走。現在我在做他的舊差事。命運就是這麼奇妙！

資料來源：Louis Patler（著），王麗娟（譯）（2000）。《預約成功的300種實戰創意》。
　　　　　台北：如何。

範例5-2　青島啤酒大學生「四化」招聘模式

165

招聘管道立體化	・主要有人才招聘專業網站、重點院校就業網站、青島啤酒網站人才中心／人才招聘欄目、校園招聘、員工推薦等管道。
招聘策劃專案化	・對每一次招聘，青島啤酒都用專案管理的思路進行策劃，而且制定詳細的專案計畫書，從專案的籌備、確立、實施、評估，到資料的整理和後期的分析，計畫十分周密。
招聘流程規範化	・規範招聘信息。招聘公告規範化地提供如崗位名稱、崗位類別、所屬部門、直接上級、工作地點、崗位職責、資格要求、聯繫方式等信息。 ・規範流程操作。人力資源部門負責流程操作，為用人部門提供甄選工具、指導面試注意事項和提問內容與技巧、組織面試小組討論；用人部門確定面試人選和錄用人選。 ・規範甄選工具。使用規範的面試指南、結構化面試問卷、遠程素質測評系統；筆試環節採用閉卷考試，以專業業務知識技能為主試，英語水平為輔試。 ・規範招聘文書。婉拒回覆、面試邀請、應聘登記表、結構化面試表、錄用通知、報到通知、就業協議書補充協議條款等都建有規範的格式和內容。
招聘過程溫情化	・對於未能參與面試的應聘人，也都一一回覆，感謝他們對青島啤酒的厚愛，並將他們列入青島啤酒的儲備人才庫。 ・面試人員較多時，在等候時間播放青島啤酒宣傳片。 ・工廠面試還安排現場參觀青島啤酒博物館以及生產流水線，宣傳青島啤酒的企業文化。 ・對某些生活困難的應屆畢業生，幫助其選擇安全便宜的住處。

資料來源：彭長桂（2006）。〈引爆員工的激情：青島啤酒的人力資源管理〉。《人力資源：人力經理人》，總第224期（2006/03），頁15。

法，可以貼在公布欄、發電子郵件或放在公司網站等，也可以透過員工推薦納才，讓內部員工有機會申請調職或晉升到這個職位。

二、人力仲介網

　　自1980年代掀起的線上招募以來，網路人力銀行（commercial job site）即成為另一新興的求職與求才管道。它不僅成本低廉，刊登時間長，提高了求才、求職者之間的互動平台，但缺點則是公信力方面的問題（**表5-2**）。

表5-2　專業求職求才網站

名稱	網址
行政院勞工委員會職業訓練局	http://www.evta.gov.tw/
全國就業e網	http://www.ejob.gov.tw/
經濟部延攬海外高科技人才網	http://hirecruit.nat.gov.tw/chinese/
青輔會求才求職資料庫	http://www.nyc.gov.tw/
行政院退輔會	http://www.vaces.gov.tw/
台北市政府勞工局就業服務中心	http://www.okwork.gov.tw/
104人力銀行	http://www.104.com.tw/
1111人力銀行	http://www.1111.com.tw/
Career就業情報網	http://www.career.com.tw/
中時人力萬象網	http://www.ctcareer.com.tw/
聯合人事線上	http://udnjob.com.tw/
才庫人力開發	http://hiring.com.tw/
保聖那管理顧問公司	http://www.pasona.com.tw/
萬寶華企管公司	http://www.manpower.com.tw/
東慧國際諮詢顧問公司	http://www.tecnos.com.tw/
美商宏智國際顧問台灣分公司	http://www.ddi-asia.com.tw/
藝珂人事顧問公司	http://www.adeccojob.com/

資料來源：丁志達（2008）。《人員招聘與培訓實務研習班講義》。台北：中華企業管理發展中心。

三、招募網站

公司網頁的招募網站（e-recruiting）具有傳統招聘形式不可比擬的優越性。一方面，招聘資訊發布快速，保留期長，可反覆查閱，而且覆蓋面廣，不受地域和時間限制；另一方面，招聘企業可以隨時增刪、更新招聘信息，而且在對應徵資料的處理上，也更為快捷、方便，不受時空的限制。有些企業更進一步開始利用「部落格」作為徵才的工具之一，招攬「志同道合」的人才來應徵。

企業合併Intranet（包括使用外部專業的人力招募網站，與企業自行設置的招募網頁）與Internet來建立一套專屬之「招募資訊系統」，可以

簡化企業的招募作業流程，提高招募作業效率，達到最低成本、最有效率的招募品質。

四、媒體廣告

刊登廣告招募員工是一種常見的招募管道，但要使求才廣告發揮作用，則企業在決定刊登徵才廣告前，必須思考目標人選會經常瀏覽、閱讀、使用頻率最高的媒體。例如：要招募較低職位的應徵者時，在地方報紙上刊登廣告即可，但如果要招募具特殊專門技術人員，則須考慮在專業期刊上刊登廣告。基於時效性的考慮，一般企業選擇以刊登報紙徵才廣告作為招募應徵者的主要管道。

報紙一直是大家所熟悉的求才工具之一，雖然人力銀行網站普及化，但大部分的企業仍然會持續採用傳統的報紙人事分類廣告，諸如：《中國時報》、《聯合報》、《自由時報》及《蘋果日報》等幾家發行量較大的報紙來刊登。只有少數的企業會利用電台廣播、有線電視廣告等方式，來傳播職缺給相關的閱聽人知道。

五、校園徵才活動

校園徵才是企業以「服務到校」的方式，派遣人員到校園內向學生說明出缺職務性質與待遇，接受現場報名，然後再初步篩選出潛在的應徵者。此外，公司有時候還得考慮是否要為有意應徵的學生安排參觀公司的活動，使應徵者對公司有更進一步的瞭解及互動（**範例5-3**）。

校園徵才的重點，可歸納為三項❷：

1. 事先對募集工作人員加以訓練，且事先準備公司相關資料、手冊、簡介、錄影帶（光碟片）等，並與學校的就業輔導室聯絡。
2. 分派人力到各校舉辦說明會、座談會或專題演講，甚至舉辦簡單的面試及資料填寫，其目的是尋找及儲備有潛力及合適企業未來發展

範例5-3 校園面談報告

姓名 _____ 預計畢業日期 _____

目前居住地址 _____

若與分配表所填不同，則填於此

應徵職位 _____

視適用情況填寫（若有需要，請詳細填寫）

駕照 　　　　　　　　　有 _____ 　　　無 _____

在工作地點的改變上是否有特殊之考量？

_____

_____

是否意願出差？ _____ 若願意，出差時間百分比為 _____

評量	優秀	高於一般	一般	低於一般
教育：課程是否與工作有關？學習表現是否顯示有良好的工作潛力？				
外表：應徵者是否儀表整齊、穿著得體？				
溝通技巧：應徵者是否謹慎應對？是否能清楚地表達意見？				
動機：應徵者是否充滿活力？其興趣是否適合該工作？				
態度：應徵者是否隨和、善與人相處？				

評語：（若有需要可使用背面書寫）

_____

_____

申請表已發　　　是 _____ 否 _____ 已取得調閱成績單之權利 _____

建議　　邀請 _____ 拒絕 _____

面談人員：_____ 日期：_____

學校 _____

資料來源：From *Handbook of Personnel Forms, Records, and Reports* by Joseph J. Famularo. McGraw-Hill Book Company. 引自：Gary Dessler（著），何明城（審訂）（2003）。《人力資源管理》（*A Framework for Human Resource Management*），頁114。台北：台灣培生教育。

的優秀人員。

3.選派到校園徵才的工作人員，最好是該校畢業，且目前在企業內工作，表現良好者。

六、實習生計畫

實習生計畫是企業選拔優秀在校生的一個傳統作法。實習期間通常是利用學校寒、暑假的時間進行是項活動，由企業提供一些實習生名額給相關科系的學生到企業內邊做邊學，讓實習生親身體驗在某一公司內工作的情形，公司主管也可以就近觀察實習生的工作表現、個人特質和發展潛能，以作為該名實習生畢業後，能否網羅進入公司工作的事先評估，降低用人風險。但企業安排學生實習計畫，往往得花費不少時間和經費，而且公司也必須擬妥一套實習督導計畫，才能使學生見習到有意義的工作（**表**5-3）。

表5-3　**大學校院通訊一覽表**

校名	地址	電話（總機）	網址
國立政治大學	116台北市文山區指南路二段64號	02-29393091	www.nccu.edu.tw
國立清華大學	300新竹市光復路二段101號	03-5715131	www.nthu.edu.tw
國立台灣大學	106台北市大安區羅斯福路四段1號	02-33663366	www.ntu.edu.tw
國立台灣師範大學	10610台北市大安區和平東路一段162號	02-23625101~5	http://www.ntnu.edu.tw
國立成功大學	70101台南市大學路1號	06-2757575	www.ncku.edu.tw
國立中興大學	402台中市南區國光路250號	04-22873181	http://www.nchu.edu.tw
國立交通大學	30010新竹市大學路1001號	03-5712121	www.nctu.edu.tw
國立中央大學	320桃園縣中壢市五權里2鄰中大路300號	03-4227151~69	www.ncu.edu.tw
國立中山大學	804高雄市鼓山區西子灣蓮海路70號	07-5252000	www.nsysu.edu.tw
國立台灣海洋大學	202基隆市北寧路2號	02-24622192	http://www.ntou.edu.tw
國立中正大學	621嘉義縣民雄鄉大學路168號	05-2720411	www.ccu.edu.tw
國立高雄師範大學	802高雄市苓雅區和平一路116號	07-7172930	www.nknu.edu.tw
國立彰化師範大學	500彰化市進德路1號	04-7232105	http://www.ncue.edu.tw
國立陽明大學	112台北市北投區立農街二段155號	02-28267000	http://www.ym.edu.tw
國立台北大學	104台北市中山區民生東路三段67號	02-2502-4654	www.ntpu.edu.tw
國立嘉義大學	600嘉義市鹿寮里學府路300號	05-2717000	http://www.ncyu.edu.tw
國立高雄大學	811高雄市楠梓區高雄大學路700號	07-5919000	www.nuk.edu.tw

（續）表5-3 大學校院通訊一覽表

校名	地址	電話（總機）	網址
國立東華大學	97401花蓮縣壽豐鄉志學村大學路二段1號	03-8635000	www.ndhu.edu.tw
國立暨南國際大學	545南投縣埔里鎮大學路1號	049-2910960	www.ncnu.edu.tw
國立台灣科技大學	105台北市基隆路四段43號	02-27333141	www.ntust.edu.tw
國立雲林科技大學	640雲林縣斗六市大學路三段123號	05-5342601~20	www.yuntech.edu.tw/
國立屏東科技大學	912屏東縣內埔鄉學府路1號	08-7703202	http://www.npust.edu.tw
國立台北科技大學	106台北市大安區忠孝東路三段1號	02-27712171	www.ntut.edu.tw
國立高雄第一科技大學	811高雄市楠梓區卓越路2號	07-6011000	www.nkfust.edu.tw
國立高雄應用科技大學	807高雄市三民區建工路415號	07-3814526	http://www.kuas.edu.tw
國立台北藝術大學	112台北市北投區學園路1號	02-28961000	http://www.tnua.edu.tw/
國立台灣藝術大學	220台北縣板橋市大觀路一段59號	02-2272-2181	www.ntua.edu.tw
國立台東大學	95002臺東市中華路一段684號	089-318855	www.nttu.edu.tw
國立宜蘭大學	26047宜蘭市神農路一段1號	03-9357400	http://www.niu.edu.tw
國立聯合大學	360苗栗縣苗栗市恭敬里聯大1號	037-381000	http://www.nuu.edu.tw
國立虎尾科技大學	632雲林縣虎尾鎮文化路64號	05-6315000	http://www.nfu.edu.tw
國立高雄海洋科技大學	811高雄市楠梓區海專路142號	07-3617141	www.nkmu.edu.tw
國立台南藝術大學	72045 臺南縣官田鄉大崎村66號	06-6930100~3	www.tnnua.edu.tw
國立台南大學	70005臺南市中西區樹林街二段33號	06-2133111	web.nutn.edu.tw
國立體育學院	333桃園縣龜山鄉文化一路250號	03-3283201-8	http://www.ncpes.edu.tw
國立台灣體育學院	404台中市北區雙十路一段16號	04-22213108	http://www.ntcpe.edu.tw/
國立台北護理學院	112台北市北投區明德路365號	02-28227101	http://www.ntcn.edu.tw
國立台北教育大學	10671台北市和平東路二段134號	02-27321104	www.ntue.edu.tw
國立新竹教育大學	30014新竹市南大路521號	03-5213132	www.nhcue.edu.tw
國立台中教育大學	403台中市西區民生路140號	04-22263181	www.ntcu.edu.tw
國立屏東教育大學	900屏東市民生路4-18號	08-7226141~3	http://www.npue.edu.tw
國立花蓮教育大學	970花蓮縣花蓮市民心里華西路123號	03-8227106~9	http://www.nhlue.edu.tw
國立屏東商業技術學院	900屏東市民生東路51號	08-7238700	http://www.npic.edu.tw
國立台中技術學院	404台中市北區三民路三段129號	04-22195678	www.ntit.edu.tw
國立勤益科技大學	411台中縣太平市中山路一段215巷35號	04-23924505	http://www.ncut.edu.tw
國立高雄餐旅學院	812高雄市小港區松和路1號	07-8060505	www.nkhc.edu.tw
國立澎湖科技大學	880澎湖縣馬公市六合路300號	06-9264115	www.npu.edu.tw
國立台北商業技術學院	100台北市濟南路一段321號	02-23935263	http://www.ntcb.edu.tw
國立金門技術學院	892金門縣金寧鄉大學路1號	082-313303	http://www.kmit.edu.tw/
國立台灣戲曲學院	114台北市內湖區內湖路二段177號	02-27962666	http://tcpa.edu.tw

（續）表5-3　大學校院通訊一覽表

校名	地址	電話（總機）	網址
東海大學	407台中市西屯區台中港路三段181號	04-23590121	http://www.thu.edu.tw
輔仁大學	242台北縣新莊市中正路510號	02-2905-2000	www.fju.edu.tw
東吳大學	111台北市士林區臨溪路70號	02-2881-9471	www.scu.edu.tw
中原大學	320中壢市中北路200號	03-2659999	http://www.cycu.edu.tw
淡江大學	25137臺北縣淡水鎮英專路151號	02-26215656	www.tku.edu.tw
中國文化大學	111台北市士林區華岡路55號	02-28610511	www.pccu.edu.tw
逢甲大學	40724臺中市西屯區文華路100號	04-24517250	www.fcu.edu.tw
靜宜大學	43301台中縣沙鹿鎮中棲路200號	04-26328001	http://www.pu.edu.tw
長庚大學	333桃園縣龜山鄉文化一路259號	03-2118800	http://www.cgu.edu.tw
元智大學	320桃園縣中壢市內壢遠東路135號	03-4638800	http://www.yzu.edu.tw
中華大學	300新竹市東香里六鄰五福路二段707號	03-5374281	www.chu.edu.tw
大葉大學	515彰化縣大村鄉山腳路112號	04-8511888	http://www.dyu.edu.tw/
華梵大學	223臺北縣石碇鄉華梵路1號	02-2663-2102	http://www.hfu.edu.tw
義守大學	84001高雄縣大樹鄉三和村學城路一段1號	07-6577711	http://www.isu.edu.tw
世新大學	116台北市文山區木柵路一段17巷1號	02-22368225	http://www.shu.edu.tw
銘傳大學	111台北市士林區中山北路五段250號	02-28824564~9	www.mcu.edu.tw
實踐大學	10462台北市大直街70號	02-25381111	www.usc.edu.tw
朝陽科技大學	41349台中縣霧峰鄉吉峰東路168號	04-23323000	http://www.cyut.edu.tw
高雄醫學大學	807高雄市三民區十全一路100號	07-3121101	www.kmu.edu.tw
南華大學	622嘉義縣大林鎮中坑里32號	05-2721001	www.nhu.edu.tw
真理大學	251台北縣淡水鎮真理街32號	02-26212121-5	www.au.edu.tw
大同大學	104台北市中山北路三段40號	02-25925252-3148	www.ttu.edu.tw
南台科技大學	710台南縣永康市尚頂里南台街1號	06-2533131	http://www.stut.edu.tw
崑山科技大學	710台南縣永康市大灣路949號	06-2727175	www.ksu.edu.tw
嘉南藥理科技大學	717台南縣仁德鄉二仁路一段60號	06-2664911	www.chna.edu.tw
樹德科技大學	82445高雄縣燕巢鄉橫山路59號	07-6158000	http://www.stu.edu.tw
慈濟大學	970花蓮市中央路三段701號	03-8565301	http://www.tcu.edu.tw
臺北醫學大學	110台北市信義區吳興街250號	02-27361661	www.tmu.edu.tw
中山醫學大學	402台中市南區建國北路一段110號	04-24730022	www.csmu.edu.tw
龍華科技大學	333桃園縣龜山鄉萬壽路一段300號	02-8209-3211	www.lhu.edu.tw
輔英科技大學	831高雄縣大寮鄉進學路151號	07-7811151	http://www.fy.edu.tw
明新科技大學	304新竹縣新豐鄉新興路1號	03-5593142	http://www.must.edu.tw/
長榮大學	71101台南縣歸仁鄉長榮路一段396號	06-2785123	www.cjcu.edu.tw
弘光科技大學	433台中縣沙鹿鎮中棲路34號	04-26318652	http:// www.hk.edu.tw/
中國醫藥大學	404台中市北區學士路91號	04-22053366	www.cmu.edu.tw
清雲科技大學	320桃園縣中壢市健行路229號	03-4581196-9	http://www.cyu.edu.tw/
正修科技大學	833高雄縣鳥松鄉澄清路840號	07-7310606	www.csu.edu.tw
萬能科技大學	320桃園縣中壢市萬能路1號	03-4515811	www.vnu.edu.tw

172 （續）表5-3　大學校院通訊一覽表

校名	地址	電話（總機）	網址
玄奘大學	300新竹市香山區玄奘路48號	03-5302255	www.hcu.edu.tw
建國科技大學	500彰化市介壽北路1號	04-7111111	www.ctu.edu.tw
明志科技大學	243台北縣泰山鄉工專路84號	02-29089899	http://www.mit.edu.tw
開南大學	338桃園縣蘆竹鄉開南路1號	03-3412500	www.knu.edu.tw
致遠管理學院	721台南縣麻豆鎮南勢里87-1號	06-5718888	http://www.dwu.edu.tw
立德管理學院	709台南市安南區安中路五段188號	06-2552500	http://www.leader.edu.tw
興國管理學院	709台南市安南區公塭里育英街89號	06-2873335	www.hku.edu.tw
大華技術學院	307新竹縣芎林鄉大華路1號	03-5927700	http://www.thit.edu.tw
台南科技大學	71002台南縣永康市中正路529號	06-2532106	www.tut.edu.tw
中台科技大學	406臺中市北屯區廍子里廍子巷11號	04-22391647	www.ctust.edu.tw
高苑科技大學	821高雄縣路竹鄉中山路1821號	07-6077777	http://www.kyu.edu.tw
景文科技大學	231新店市安忠路99號	02-82122000	www.just.edu.tw
中華技術學院	115台北市南港區研究院路三段245號	02-27821862	http://www.chit.edu.tw
嶺東科技大學	40852台中市南屯區嶺東路1號	04-23892088	www.ltu.edu.tw
文藻外語學院	807高雄市三民區民族一路900號	07-3426031	http://www.wtuc.edu.tw
大漢技術學院	971花蓮縣新城鄉大漢村樹人街1號	03-8210888	www.dahan.edu.tw
慈濟技術學院	970花蓮市建國路二段880號	03-8572158	http://www.tccn.edu.tw/
聖約翰科技大學	25135台北縣淡水鎮淡金路四段499號	02-2801-3131	www.sju.edu.tw
遠東科技大學	74448台南縣新市鄉中華路49號	06-5977000	www.feu.edu.tw
永達技術學院	909屏東縣麟洛鄉麟蹄村中山路316號	08-7233733	www.ytit.edu.tw
大仁科技大學	90741屏東縣鹽埔鄉新二村維新路20號	08-7624002	http://www.tajen.edu.tw
元培科技大學	30015新竹市香山元培街306號	03-538-1183	www.ypu.edu.tw
中華醫事科技大學	717台南縣仁德鄉文華一街89號	06-2674567	http://www.hwai.edu.tw
和春技術學院	831高雄縣大寮鄉琉球村農場路1-10號	07-7889888	www.fotech.edu.tw
育達商業技術學院	36143苗栗縣造橋鄉談文村學府路168號	037-651188	http://www.ydu.edu.tw
德明財經科技大學	114台北市內湖區環山路一段56號	02-26585801	http://www.takming.edu.tw
中國科技大學	116台北市文山區興隆路三段56號	02-29313416	http://www.cute.edu.tw
北台灣科學技術學院	112台北市北投區學園路2號	02-2892-7154~9	http://www.tsint.edu.tw
致理技術學院	22050台北縣板橋市文化路一段313號	02-22576167	http://www.chihlee.edu.tw
醒吾技術學院	24452台北縣林口鄉粉寮路一段101號	02-2601-5310	http://www.hwc.edu.tw
亞東技術學院	220台北縣板橋市四川路二段58號	02-7738-0145	http://w3.oit.edu.tw/
東南科技大學	222台北縣深坑鄉北深路三段152號	02-86625900	http://www.tnu.edu.tw
南亞技術學院	320桃園縣中壢市中山東路三段414號	03-4361070	http://www.nanya.edu.tw/
僑光技術學院	407台中市西屯區僑光路100號	04-2701-6855	http://www.ocit.edu.tw
中州技術學院	510彰化縣員林鎮山腳路三段2巷6號	04-8311498	http://www.ccut.edu.tw
環球技術學院	640雲林縣斗六市湖山里岩山路88號	05-5570866	http://www.tit.edu.tw/
吳鳳技術學院	62153嘉義縣民雄鄉建國路二段117號	05-2267125	www.wfc.edu.tw

（續）表5-3　大學校院通訊一覽表　　　　　　　　　　　　　　173

校名	地址	電話（總機）	網址
美和技術學院	91202屏東縣內埔鄉美和村屏光路23號	08-7799821	www.meiho.edu.tw
修平技術學院	41280台中縣大里市工業路11號	04-24961100	www.hit.edu.tw
佛光大學	262宜蘭縣礁溪鄉林美村林尾路160號	03-9871000	www.fgu.edu.tw
稻江科技暨管理學院	613嘉義縣朴子市學府路二段51號	05-3622889	www.toko.edu.tw
明道大學	523彰化縣埤頭鄉文化路369號	04-8876660	http://www.mdu.edu.tw
亞洲大學	413台中縣霧峰鄉柳豐路500號	04-23323456	http://www.asia.edu.tw
德霖技術學院	236台北縣土城市青雲路380巷1號	02-22733567	www.dlit.edu.tw
南開科技大學	542南投縣草屯鎮中正路568號	049-2563489	http://www.nkc.edu.tw
南榮技術學院	737台南縣鹽水鎮朝琴路178號	06-6523111-4	www.njtc.edu.tw
蘭陽技術學院	261宜蘭縣頭城鎮復興路79號	03-9771997	www.fit.edu.tw
黎明技術學院	243台北縣泰山鄉黎專路2-2號	02-29097811	www.lit.edu.tw
東方技術學院	829高雄縣湖內鄉東方路110號	07-6932011	http://www.tf.edu.tw
經國管理暨健康學院	203基隆市中山區復興路336號	02-24372093	http://www.cku.edu.tw
長庚技術學院	333桃園縣龜山鄉文化一路261號	03-2118999	http://www.cgit.edu.tw
崇右技術學院	201基隆市信義區義七路40號	02-24237785	www.cit.edu.tw
大同技術學院	600嘉義市彌陀路253號	05-2223124	http://www.ttc.edu.tw
親民技術學院	351苗栗縣頭份鎮珊湖里學府路110號	037-605552	www.chinmin.edu.tw
高鳳技術學院	908屏東縣長治鄉復興村新興路38號	08-7626365	http://www.kfut.edu.tw
華夏技術學院	23568台北縣中和市工專路111號	02-89415100	www.hwh.edu.tw
臺灣觀光學院	974花蓮縣壽豐鄉豐山村中興街268號	03-8653906	www.tht.edu.tw
法鼓佛教研修學院	208台北縣金山鄉西勢湖2-6號	02-24980707	http://www.ddbc.edu.tw
台北海洋技術學院	11174台北市士林區延平北路九段212號	02-28102292	http://www.tcmt.edu.tw
臺北市立教育大學	100台北市愛國西路1號	02-23113040	http://www.tmue.edu.tw
臺北市立體育學院	11153台北市士林區忠誠路二段101號	02-28718288	http://www.tpec.edu.tw/
國立空中大學	247台北縣蘆洲市中正路172號	02-22829355	www.nou.edu.tw
高雄市立空中大學	812高雄市小港區大業北路436號	07-8012008	www.ouk.edu.tw
中央警察大學	333桃園縣龜山鄉大崗村樹人路56號	03-3282320~4	www.cpu.edu.tw
空軍軍官學校	820高雄縣岡山鎮介壽西路西首1號	07-6254141~7	www.cafa.edu.tw
海軍軍官學校	813高雄市左營區軍校路669號	07-5817366	http://www.cna.edu.tw
國防大學	334桃園縣八德市興豐路1000號	03-3801126	http://www.ndu.edu.tw
陸軍軍官學校	830高雄縣鳳山市維武路1號	07-7433774	www.cma.edu.tw
國防醫學院	114台北市內湖區民權東路六段161號	02-87923100	http://www.ndmctsgh.edu.tw
空軍航空技術學院	820高雄縣岡山鎮介壽西路198號	07-6256324	www.afats.khc.edu.tw

資料來源：http://reg.aca.ntu.edu.tw/college/search

七、就業博覽會

　　企業參加就業博覽會的最大好處，就是雇主可以在短期內接觸到相當多的應徵者，而另一個潛在的好處，就是可以接觸到暫時不想換工作的潛在應徵者，或許在得知其他公司的待遇後，他就會興起轉職的念頭。

八、公立就業服務機構

　　台灣地區公立就業服務機構，以行政院勞工委員會職業訓練局所轄的各縣、市就業輔導中心、行政院青年就業輔導委員會為主。各地就業輔導中心為企業提供基層的普通或技術工（藍領階層）；行政院青年就業輔導委員會則為企業推薦較高級的人才（白領階層），如碩士畢業生或海外留學生返國服務；經濟部投資業務處則建置海外科技人才網站，接受產、科、學、研等用人機構登錄徵才，以及海外人才登錄求職，媒合就業。

　　以上政府機構所提供的資訊不收費用，因此其所服務的項目較為簡單，大都以資料的提供為主，後續的過濾與篩選工作，仍由企業自行負擔。舉例而言，各地區公立就業服務機構透過三合一就業服務，提供以下服務內容：

1. 就業資訊區：提供就業情報、架設電腦及網路免費上網服務、求職求才登記。
2. 雇主服務區：提供快速有效的求才服務、徵才活動、申請僱用獎助津貼、外勞相關業務、就業機會開發與聯繫。
3. 網際就業服務中心：利用網際網路，使用全國就業e網，提供登錄、查詢、自動媒合功能，並主動關懷就業服務實際情形。
4. 就業市場資料之蒐集與報導：蒐集各地區人力運用狀況資料，並加

以分析報導，供企業界或求職者設廠公司、求才或選擇就業機會之
參考。

九、獵人頭公司

　　人力資源管理顧問公司（personnel consultancies）又稱獵人頭公司。
獵人頭（head hunter）這個英文術語很明顯是來自於僱用組織替代首腦的
概念，諸如：首席執行長或首席營業主管等。因此，獵人頭公司特別擅
長接觸具有管理專長而又不急於換工作的人才（高階主管職務）。企業
經由此一管道向別家公司挖角時，通常得支付獵人頭公司較高的仲介費
用（約為年薪的20%至30%的服務費）（**圖5-2**）。

　　企業借助獵人頭公司找人的原因，最主要是公司沒有合適的人選，
考慮因素包括：學經歷背景、在公司的職位、執行力、專業性以及從事
變革推動等，尤其當企業面臨競爭壓力、企業轉型、突破現狀等，往往
外來的人選比較沒有人事包袱，又有公司內部人員所沒有的專長而被重
用[3]。另外的原因尚有：「可減輕僱用面試前的繁雜行政作業」、「可遴
聘合適人員的機率高」、「由專家先做過仔細的篩選工作，可節省雇主
選才時所耗費的時間，而又有較高機率聘用到最為合適的人才來服務」
等優點。但因獵人頭公司的服務費用成本高，所以，企業在決定選擇獵
人頭公司時，要考慮獵人頭公司的業界信譽、專業程度、對於產業瞭解
的狀況，如果獵人頭公司對產業發展趨勢不夠瞭解，就很難替公司找到
適合人才。

十、上網找人才

　　有些企業會到一些潛在員工喜歡去瀏覽的網路討論區「主動」獵
才，觀察哪些人常常提出聰明的想法，就會主動和他們聯絡。譬如：著
名的網路公司思科（Cisco System）所僱用的人中，有66%是透過網路找

176

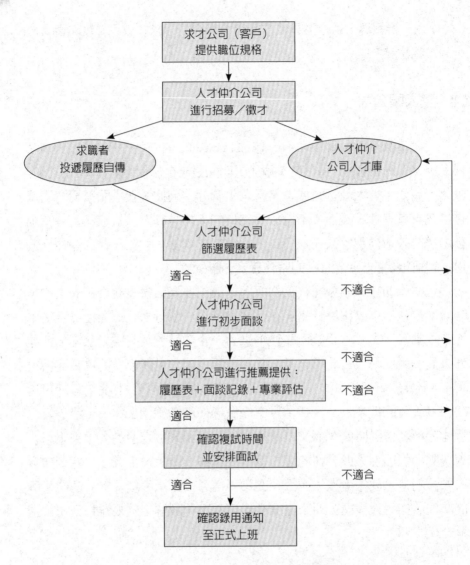

圖5-2　人才仲介公司求職流程圖

資料來源：向陽欣、劉兆嵐（2002）。〈不景氣中，您如何透過人才仲介公司尋覓最佳之工作機會〉。《致遠月刊》（2002/01），頁22。

來的❹。

177

十一、研發替代役

　　研發替代役用人單位範圍爲符合政策及重點人才培育之研究及產業領域，經主管機關認可之政府機關、公立研究機構、大學校院、行政法人或財團法人研究機構及民間產業機構。研發替代役將來源管道放寬爲具碩士以上學歷役男，有下列情形之一者：國內常備役體位役男、海外留學生有履行兵役義務者、國內替代役甲等體位役男，均得爲「研發替代役」之甄選對象。

　　研發替代役之服役期間定爲較常備兵役期長三年以內（行政院核定之研發替代役役期：義務役期一年二個月；研發役期三年三個月；義務役期一年；研發役期三年）。服役期間區分爲三階段：第一階段：接受軍事基礎訓練及專業訓練期間（約四至六週）。此階段完全適用替代役實施條例之規定；其薪給依二等兵之標準發給；第二階段：自軍事基礎訓練及專業訓練期滿，分發用人單位之日起，至替代役體位應服役期之日止。此階段除有特別規定外，適用替代役實施條例關於一般替代役役男之規定；其薪給依義務役預備軍官或預備士官之標準發給；第三階段：自服滿替代役體位應服役期之日起，至所定役期期滿之日止。有關該階段役男之勞動條件，如薪俸、職業災害補償、工作年資、退休金之提繳等事項，由用人單位依勞動基準法及勞工退休金條例規定辦理；保險事項依勞工保險條例規定辦理；所需費用由用人單位負擔❺。

十二、員工推薦法

　　有些企業會鼓勵員工推薦人才，並給予獎勵。以這種方式招募人才，可以減少廣告費的支出。員工推薦人才時，爲了不使自己信譽受損，多半會仔細過濾被推薦者的條件，因此被推薦者大都具有相當水準

178 （具有特殊技術的員工較能認識具有相同技術的人才）。研究發現，藉由員工推薦法而僱用到的員工會有較低的離職率，但使用員工推薦法的一個缺點是，組織內可能會因此發展出小團體或分成派系的狀況，因為員工傾向於僅推薦認識的朋友或親戚。

因此，企業應限制推薦人與被推薦人在同一單位工作，以避免爾後推薦人離職時，連帶的被推薦人也一同進退，造成單位內人力嚴重短缺。例如：北電網路公司員工內部推薦的流程是：先由需要用人的經理提出用人需求，人力資源部將此信息進行內部張貼，企業內部的員工知道這個用人名額，就可以將自己認為合適的人選推薦給公司的人力資源部門，如果面試後覺得推薦人員合適，就要經過三個月的試用，試用期滿後，則該被錄用員工的推薦人就可以拿到推薦獎金❻。

企業在接到推薦材料時，應向推薦人致謝；被推薦人未被錄用，一定要向推薦人申明原委並致歉，甚至贈送小禮品，以聯絡感情。（**範例5-4**）

十三、延攬退休人員再就業

隨著高齡化社會的到來，在勞工逐漸短缺的時候，如何充分運用經驗豐富的年長員工，特別是再僱用已退休的人重回就業，再度受到重視，例如：Benjamin Franklin七十八歲才發明雙焦鏡片，Frank Lloyd Wright九十一歲才設計古根漢美術館，都是老驥伏櫪的明證。又如，恩龍公司（Enron）最喜歡僱用已退休的軍官，因為：「在軍隊待過的人，經常出差，而我們公司最需要這種人。」但是再僱用此類離職人員任職時，要確定該員在原先任職公司（單位）工作期間的歷年考績受到肯定的人。研究發現，離職後再被僱用的員工，有較高的留職率及較低的缺勤率，而採取個別差異分析，則發現離職再被僱用的員工，其對工作認知的程度較為精確。當然企業也可以採取更積極的行動，主動與剛經過人事縮編而離職被資遣的人員聯絡❼。

範例5-4 員工推薦晉用獎金辦法 179

壹、目的

為鼓勵本公司員工適時推薦公司急需招聘之人才，節省招募成本，以達成組織成長目標，特訂定本辦法。

貳、適用對象

除下列人員外，適用於全體員工。

1.行政部負責招募之相關人員。

2.用人單位之主管。

參、獎勵方式與內容

懸缺職位	資格條件	獎勵金
行銷專員	大專電子、資訊、企管相關科系畢業，英文或日文說寫流利，具資訊、網路相關產品銷售工作經驗兩年以上者。	NT$20,000元
軟體工程師	大專資訊相關科系畢，熟悉Network Architecture, Network Programing，具有兩年以上Driver or Firmware 相關經驗。	NT$20,000元
高頻電路工程師	大學或研究所主修高頻電路及無線通訊並熟悉Layout 軟體，具相關工作經驗兩年以上。	NT$20,000元
數位電路設計工程師	大學或研究所電子（機）相關科系畢，具數位電路設計及應用兩年以上經驗。	NT$20,000元
產品應用開發工程師	大專電子（機）相關科系畢，熟悉數位板PCB Layout或Visual C 或Borland C++程式開發的能力及相關工作經驗。（地點：中和或新竹）	NT$10,000元
機構工程師	大專以上機械系畢。具機構設計及OA產品設計一年以上經驗。	NT$10,000元
採購專員	男，役畢。專上，具有一年以上採購經驗。	NT$10,000元

肆、限制條件

1.凡經推薦錄用報到後，服務滿三個月而自行離職者，不發給推薦獎金。

2.凡經推薦錄用報到後，服務未滿三個月，但推薦人先行離職者，不發給推薦獎金。

伍、推薦程序

1.員工備「推薦新進人員申請表」及被推薦人履歷資料送交行政部。

2.被推薦人一經錄用，並服務滿三個月，行政部即填寫「請款憑單」發給。

陸、有效期間

本辦法自2008年4月1日至2008年4月30日為期一個月，凡於此期間推薦人選者，皆適用此辦法。

總經理 ＿＿＿＿＿＿＿＿ 日期 ＿＿＿＿＿＿＿＿

資料來源：某大科技公司（新竹科學園區內）。

十四、自我推薦

　　自我推薦（application-initiated recruitment）是指應徵者主動來到公司，與人力資源管理單位招募人員直接接觸，以尋求工作機會，或者指組織會收到慕名求職者主動寄來的工作申請書或簡歷表，甚至有些求職者會主動拜訪公司，遞交履歷資料，這種求職者「毛遂自薦」式的應徵，也是招募新人的方法之一（**範例5-5**）。

　　對於毛遂自薦的應徵者，主事者應注意幾件事情：

　　1.對於這些人，應該予以禮貌性的接待，這不單是顧及對方的自尊

範例5-5　毛遂自薦

> **原文：**
> 　　秦之圍邯鄲，趙使平原君求救，合從於楚，約與食客門下有勇力文武備具者二十人偕。平原君曰：「使文能取勝，則善矣。文不能取勝，則歃血於華屋之下，必得定從而還。士不外索，取於食客門下足矣。」得十九人，餘無可取者，無以滿二十人。門下有毛遂者，前，自贊於平原君曰：「遂聞君將合從於楚，約與食客門下二十人偕，不外索。今少一人，願君即以遂備員而行矣。」平原君曰：「先生處勝之門下幾年於此矣？」毛遂曰：「三年於此矣。」平原君曰：「夫賢士之處世也，譬若錐之處囊中，其末立見。今先生處勝之門下三年於此矣，左右未有所稱誦，勝未有所聞，是先生無所有也。先生不能，先生留。」毛遂曰：「臣乃今日請處囊中耳。使遂蚤得處囊中，乃穎脫而出，非特其末見而已。」平原君竟與毛遂偕。
>
> **譯文：**
> 　　戰國時代四大公子之一的平原君在當趙國的宰相時，養有數千名的食客。後來，秦兵圍攻趙國的首都邯鄲；趙王派平原君出使楚國結盟，以解趙被困之危機。平原君準備挑選二十名文武兼備、智謀和口才俱佳的門客一同前往楚國。可是，挑來挑去都只有十九個人，還欠一個人。這個時候，就有一個名叫毛遂的門客，自動請求隨行。平原君於是好奇的問毛遂來了多久，毛遂回答三年。平原君聽後，略帶嘲笑口氣說道：「有才德的人，就像錐子放進布袋裡，會立刻露出尖鋒來。您說來三年了，卻沒什麼表現，我也沒聽過你的名字，可見你並沒什麼本領，我看你還是別去了。」毛遂說：「我今天就是要請你把我放進布袋中，我不但會突出尖鋒，更會整個挺露出來。」平原君考慮之後，勉強接納了他，讓他同行。果然，毛遂不負眾望，說服了楚王結盟，出兵解救了趙國的危難。

資料來源：《史記》，卷七十六，〈平原君虞卿列傳〉第十六（原文）。苗栗縣立大倫國民中學網站（譯文）：http://www.taluenjh.mlc.edu.tw/chinword/chinwords.asp?Word_ID=73。

心,也頗會影響公司在業界中的名聲。

2.很多公司對於毛遂自薦的應徵者,都會由人資單位的招募負責人員做簡短的面談,然後將資料分類儲存,以便公司有適當的職缺時,得以積極招募這些具有「活力」的員工❽。

十五、其他招募管道

企業在大專院校相關科系設立獎學金、建教合作、企業高階主管到大專院校做專題演講、高階主管接受媒體採訪、透過專業協會介紹等,這些活動都會增加企業優良形象的曝光機會,有形、無形、直接、間接對企業招募人才的容易度有所助益(**表5-4**)。

表5-4 殘障福利諮詢專線一覽表

機構名稱	地址	諮詢電話
財團法人台北市私立伊甸殘障福利基金會	台北市萬美街一段55號3F	02-22307715
財團法人中華民國自閉症基金會	台北市中山北路五段841號4樓之2	02-28323020
財團法人心路社會福利基金會	台北市吉林路364號4樓	02-25929778
私立天主教附設育仁啓智中心	台北市興寧街70號	02-23082863
私立天主教附設育仁啓能中心	台北市柳州街41號4樓	02-23821090
北市自閉症教育協進會	台北市承德路三段63號2樓	02-25953937
北市殘障福利諮詢服務中心	台北市民生東路五段163-1號2樓	02-27621608
台北縣殘障福利服務中心	板橋市中正路二段10號3樓	02-29290297
台南殘障諮詢中心	台南市民生路二段200號	06-2207302
高雄縣殘障福利服務中心	高雄縣岡山鎮公園路131號	07-6226730
北區殘障福利諮詢專線(原省立仁愛智藝中心)	新竹市崧嶺路181號	03-5234751
中區殘障福利諮詢專線(原省立南投啓智教養院)	南投縣草屯鎮中正路1776巷16號	04-9313045
南區殘障福利諮詢專線(原省立台南教養院)	台南縣後壁鄉後部村68號	06-6621821

資料來源:伊甸殘障福利基金會(2003)。《殘障者求職服務手冊》。台北:伊甸殘障福利基金會。

182 　面對上述各種招募管道的選擇，就招募策略而言，應徵者愈多，企業選擇人才的空間也愈大。同時，上述哪種招募管道來源所遴選出來的應徵者最穩定，人力資源單位可以用離職率、請假率及工作績效的觀察來檢視其聘僱的效益。將員工的效率與不同的招募來源對照，從而確認出何種招募來源的管道才能產生最佳的員工（**表5-5**）。

表5-5　招募方法優缺點分析

方法	優點	缺點
主管推薦	・主管因要與繼任者合作，產生相互依存關係，由其推薦最適合。	・相關推薦之人員，大都於日常接觸的人選中挑選，容易形成近親繁殖，導致墨守成規，難以突破現狀，形成派系，因而引起爭議。
原任者推薦	・原任者任職過程對工作內容與責任有清楚認識，從接觸的人中發掘人才來推薦人選。	
親友師長介紹	・省時、有安全感。 ・免除求才陷阱。 ・縮短適應工作環境時間。	・須承受人情壓力。
工作告示	・顯示人事公開、公正、公平的徵才作法。 ・可激勵員工對組織與企業的忠誠度與向心力。	・一旦實行，員工會期望所有職務出缺都須採取此種方法，若然，可能引起不滿，造成負面影響。 ・多數員工申請時，是否會因競爭過程中導致衝突，或未選中之人是否質疑過程的公平性。 ・若無人選時，還公開對外招募，會產生懷疑組織管理階層的誠意。
公司本身網站	・應徵者大都為有心人，品牌認同高，容易成功。 ・所填寫履歷表格式符合企業需求。 ・成本花費低廉。	・除非是大公司，否則上公司網站求職人數較少。
媒體廣告	・最能反映與傳遞組織所需招募人才種類等資訊，如工作內容所需資格條件、可能給付的待遇等。 ・求職者容易取得資訊。 ・合乎傳統謀職管道。 ・行業別遍及各行各業，職務需求涵蓋低、中階職缺。	・篇幅有限，公司背景資訊少，無法顯示求才企業的基本資料。 ・避免歧視性字眼出現，如：省籍、性別、年齡等，以免製造問題，損及企業形象，衍生糾紛。 ・求職陷阱多。 ・等待面試通知的時間過長。

（續）表5-5　招募方法優缺點分析　183

方法	優點	缺點
雜誌	・提供完整就業市場資訊。 ・公司簡介完整易做比較。 ・附設其他就業相關服務。	・提供求職者的資訊有限。 ・所刊登職缺較不具時效性。 ・取得成本較高。 ・無法針對就業區域進行規劃。
公立就業輔導機構	・不以營利為目的，以提供社會大眾求才、求職的服務，提高整體就業率為目標。	・服務項目較為簡化，過濾與篩選與後續的甄選工作，仍由企業自行負責。
人力仲介公司	・負責初步過濾與篩選工作，另依合約負起基本資料查詢與驗證工作。 ・能有效找到人選。	・以營利為目標，收費較高，另因經濟不景氣，假人力仲介之名而行詐騙之事件層出不窮。 ・個人資料隱秘性仍有疑慮。
校園徵才	・較能吸引多方人才為我所用。	・由於學校人數較多且廣，成本較高，整個活動須精心策劃與設計。
建教合作	・及早對學生展開考核，遇有優秀人才，即可約定畢業後至企業服務。	・一些較冷僻或新開始的專業領域，人才供應不易獲得。
推薦	・員工對公司及所推薦的職位有一定程度的瞭解，對推薦的人亦有一定認識，除宣傳外，亦負擔初步篩選工作，成功後支付獎金，成本較低。	・須承受人情壓力。
自薦	・通常屬較積極主動者，對公司深刻瞭解與高度認同，可獲得較優人才。	・由於企業並沒有發出招募資訊，不一定有適當的空缺。
網路人力銀行	・有系統的資料蒐集、整理，蒐集資訊豐富。 ・資訊傳達迅速、時效性佳。 ・附有公司簡介，讓人容易一目了然。 ・可依個人需要設定搜尋。 ・求職者資料檔永遠有效存檔。	・有些工作會要求填寫制式履歷表格，無法凸顯個人特色。 ・電腦撮合資料不夠人性化。 ・資料安全堪虞。 ・個人特質較不凸顯。 ・會利用網路求職者，易接觸新的就業機會。
有線電視頻道	・多為新興傳播相關行業。	・資訊量不多。 ・稍不注意畫面就消失。
就業博覽會	・避免求才陷阱。 ・可及時做初次面談。 ・應徵者同時進行多家選擇，減少奔波之苦。	・無固定舉辦日期。 ・參展家數、業別有限。 ・現場的就業機會易遭過度包裝，不易看清公司真面目。 ・易受天候或宣傳等因素影響。

資料來源：丁志達（2008）。〈人員招聘與培訓實務研習班講義〉。台北：中華企業管理發展中心。

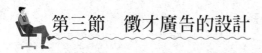

第三節　徵才廣告的設計

廣告是企業招聘人才最常用的方式，可選擇的廣告媒體很多：網路、報紙、雜誌等，一方面廣告招聘可以很好地建立企業形象，一方面信息傳播範圍廣，速度快，獲得的應徵人員的信息量大，層次多元化（**表5-6**）。

一、徵才廣告設計原則

徵才廣告的設計，在結構上要遵循引人注意（attention）、有趣（interest）、使人產生求職欲望（desire）及付諸行動（action）的所謂AIDA四項原則，亦即在刊登的廣告上呈現組織（公司）是一個有趣、有活力的工作環境。因為徵才廣告也是公關工具，不論是否為應徵者，只要注意到此廣告，都是此公關工具所觸及的對象，更重要的是，必須留意此廣告不能違反法律或規範，例如：不能有性別與種族歧視，但可用富有朝氣、敏捷、活潑、有吸引力、具有一定的工作經驗等詞語。在

表5-6　關於撰寫有效的招聘廣告的幾點告誡

1.設計廣告使其能抓住讀者的注意力，促使他們深入閱讀。使用大字標體有助於向候選人出售工作，不要僅僅列出工作名稱。然而，廣告不應自作聰明或太有創意。
2.不能做你無法遵守的承諾來誤導工作，對於晉升機會、挑戰、責任等要誠實列出。
3.對工作要求和所需資格要詳細陳述（即：教育、經驗和個人特質等）。
4.描述為該公司工作的特點。
5.經濟性地使用廣告空間，廣告的規模應與職位的重要性及所尋求的候選人的數量相匹配。
6.確保廣告易於閱讀且語法正確。印刷字體應清晰明瞭並有吸引力。
7.為讀者提供一個獲取更多信息的來源（即：地址、電話號碼、公司網址）。

資料來源：Lawrence S. Kleiman（著），孫非等（譯）（2000），《人力資源管理——獲取競爭優勢的工具》（*Human Resource Management—A Tool for Competitive Advantage*），頁110。北京：機械工業。

徵才廣告中要使用組織（公司）名稱與地址，而不要使用郵局信箱，除非這個職位有特殊的保密理由，因為郵局信箱會使一些應徵者打退堂鼓（**範例5-6**）。

(一)注意

在報紙分類廣告中，哪些字與字之間距離比較大，有較多空間的廣告易引起求職者的注意；另外，為重要的職位做單獨廣告，吸引特定人選。

(二)有趣

工作本身的性質可以引起興趣，工作的其他方面如工作活動所在的地理位置、收入等等，也是引起求職者興趣的原因。

範例5-6　誘人的招聘廣告

廠商名稱	誘人的人事廣告詞句
奇美電子	・在寒冷冬天之餘，也可以拿一杯熱騰騰的星巴克咖啡，讓一股幸福的暖流就從這一刻開始，讓你體會加入奇美，幸福從面試開始…… ・免費供應早、午、晚、消夜（包括：自助美食、麵食、套餐）、免費交通車接送、雙人套房宿舍。
戰國策	・你是勇猛與謀略兼具、能征慣逐的戰將人才嗎？戰國策禮聘驍勇善戰之士，與我們共同開疆闢土。 ・以「行銷戰將」、「業務戰將」為職稱徵才。
趨勢科技	・只要你是——不怕說英文、愛穿牛仔褲、愛喝可口可樂、愛穿拖鞋在辦公室走動，想要自己寫的code（程式）為全世界數百萬人使用，並且——熱愛新科技，不怕挑戰，更不怕被挑戰，我們歡迎你——趕搭趨勢科技列車，加入Internet夢幻隊伍。
日盛金控	・加入日盛，快樂及成就等著你。 ・為講究生活的人，實現圓滿夢想。
國泰人壽	・成功啟航，開創璀璨人生。

參考來源：邱文仁（2006）。〈看清招兵買馬的招式〉。《30雜誌》（2006/06），頁60-61。

(三)欲望

　　在求職者對工作感興趣的基礎上，再加上職位的優點，如工作所包含的成就感、職業發展前途、海外受訓機會或其他的一些類似的長處，這需要揣摩廣告針對的閱讀者會對職位的哪些特殊因素感興趣。但同時需要注意廣告必須真實，不能為了招攬應徵者夸夸而談。

(四)行動

　　「今天就打電話來吧」、「最好今天就寫信索取更詳細的信息資料」、「請馬上聯繫我們」等等，這些字眼都是讓人馬上採取行動的力量，也是招聘廣告中不可忽略的一部分❾。

二、徵才廣告的文案內容

　　撰寫求才廣告也是一種特殊的技巧，其使用的文字，往往能影響應徵者來信數量的多寡。如果需求與資格規定太寬鬆，可能會吸引太多不合格的申請函，反之，則可能造成申請者件數太少，不夠遴選的情況，因此，求才廣告要以求職者的角度來撰寫，而且要考慮到廣告篇幅所花費的成本，既要精簡、扼要，又要引人注意。例如：以年紀較長者為招募對象的廣告，不妨放一張年長員工的照片，並在廣告詞中強調「成熟、穩重、有經驗者優先考慮」（**範例5-7**）。

三、徵才廣告的主要架構

　　徵才廣告中的說明務必明確而簡潔，其內容應包括❿：

1.公司的資料（major assets）：包括公司的背景、歷史、產品線、未　來前景、工作地點等。
2.職位內容（position details）：包括此職務的職稱、工作內容與責

範例5-7　西南航空的徵才廣告文案

> 　　西南航空要用什麼樣的人，都可以找得到。公司的徵人廣告針對好發奇想、不重視傳統，或甚至是像小丑一樣的人來製作，因此，可以吸引到能在喜樂環境中得其所哉的員工。
>
> 　　有一個廣告的主題是：一名老師苛責著色時畫到格子外邊去的小男孩。文案則寫著：這個男孩「有替西南航空工作的初期跡象」。在西南航空，你會因為打破成規、「塗到格子外邊」而得到加分。
>
> 　　另外一個求才廣告是：執行長賀伯・凱勒赫穿著貓王的打扮，文案上說：「如果你想在欣賞貓王的地方工作，請趕快寄履歷表給我們吧！」

資料來源：Kevin L. Freiberg、Jackie A. Freiberg（著），董更生（譯）（1999）。《西南航空：讓員工熱愛公司的瘋狂處方》，頁66-67。台北：智庫文化。

　　任等。

3.職位未來發展（advancement potential）：包括教育訓練、未來潛在利益與發展等。

4.應徵者的資格（qualifications）：包括要求應徵者提供的應徵資料（應徵函、履歷表、證照）等。

5.薪資與福利（salary & benefits）：包括薪資、福利、獎金的多寡及給付的方式。

6.聯絡方式（contact information）：包括聯絡電話、地址、網址、聯絡人等。

　　另外，企業必須確認主要和次要對象，採取分眾、分離的招募策略。傳統的招募方法中，時常會忽略這一環節，例如：在購買媒體人事版面時，一般企業會買下四大報紙（《聯合報》、《中國時報》、《自由時報》、《蘋果日報》）、人力資源有關的雜誌、各家人力銀行平台等，卻沒想到這些招募管道的共通性很強，花了大筆預算進行「重複購買」，收到的效果卻很有限。或者，想透過單次的廣告宣傳「一網打盡」，例如：買了四分之一報紙版面，立刻把所有職缺全部塞進去，以為能乘機省下一筆廣告經費，但往往變成大雜燴，砸了錢，卻沒有把信息送給最迫切的一群人[11]。

四、徵才廣告核稿作業

企業準備的徵才廣告稿件,在發送到媒體刊登前,務必要仔細核對文案內容是否有筆誤,特別是與數字有關的金錢、聯絡電話與網址。媒體廣告宣傳上的顏色、字體、花邊框架等都要與承辦人當面確認清楚,才可避免商業上的糾紛。同時,也要注意到廣告用詞是否出現對性別工作平等權的歧視字眼(**表5-6**)。

五、徵人廣告限制性別歧視

徵秘書要「女性」,徵修護汽車的黑手要「男性」,都是傳統迷思。就業服務法第四條規定:「國民具有就業能力者,接受就業服務一律平等。」又,2007年政府修正的性別工作平等法,其立法的目的是禁止性別歧視、性騷擾防治及事業單位應如何預防及處理並認識各種工作平等措施,同時提供受害者各種申訴救濟途徑,例如:雇主招募廣告不能因性別而有差別待遇,除非工作性質僅適合特定性別者,譬如:有人徵求看護工限女性,經高雄縣政府勞工局派人查看,發現看護對象為女病患;又如,宜蘭縣政府社會局轄區下,有一家廠商徵求男性三溫暖工作者,在廣告文宣上書寫「限男性」字樣,因工作場所及服務對象特殊,便屬合情合理的招人廣告而可免受罰,否則可能會構成違反性別工作平等法第七條規定,依同法第三十八條之一規定,應處新台幣十萬元以上五十萬元以下罰鍰[12]。

第四節　審核履歷表的訣竅

求職者最常讓企業主認識自己的方法,就是寄送履歷(resume)。履歷表所呈現方式與內容均操之於應徵者身上,這類資訊通常只顯示應

徵者好的一面。

　　企業進行招聘面談前，應先仔細研讀應徵者的履歷資料，如果看到應徵條件還不錯的應徵者，曾在你有熟人的機構工作過，可以先打電話探聽有關這位應徵者的狀況與風評後，再聯絡面試。

　　個人履歷表分析，是根據其記載的資料，瞭解應徵者的成長歷程和工作經歷，從而對其個人的經歷有一定的瞭解。

審閱履歷表應注意的事項

　　履歷表是應徵者所準備的，用以提供其個人工作經歷（任職資格）的最重要部分，它成為應徵者的推銷工具，以取得篩選履歷工作人員的注意力，加深篩選履歷工作人員的良好印象，讓應徵者得到面試的機會。應徵者眾，企業選人的機率高，但也意味著在篩選方面要更費功夫。通常企業採取兩道關卡過濾以化繁為簡。第一道關卡是淘汰不符合工作基本條件的應徵者；第二道關卡是搜尋包括下列特色的履歷表：

1. 此份履歷表是否顯示應徵者有很好的成就記錄？應徵者這幾年來是否在職責及收入方面有明顯提升，或仍停留在不變的水平？如果應徵者沒有重大的進展（職位與待遇），可能是無能力的指標，顯示應徵者不易被激發，或是有某些個人缺失，阻礙應徵者的潛力發揮。

2. 應徵者的就業經歷是否趨向穩定？如果應徵者三十歲以內經常換工作，可以視為正常合理的在追求各種理想行業與職業的試金石，因為大多數的人都需要經歷一些不同的職場，以發現一個自己喜歡且極適合的工作領域來發展；如果應徵者不斷變換工作的情形持續到三十五歲左右，這通常顯示應徵者「好高騖遠」，是否能安定下來，並成為可靠的工作者，則要存疑。例如：美國家庭補給站（Home Depot）首席行政執行長Milner認為：「我們不希望僱用那些老想跳槽的人，即使他是很有才華的人。」[13]

3. 應徵者的職務與工作描述是否與其職稱相符？只要碰到一個極好聽的職稱頭銜，一定要探究詳細其特別的任務和所擔當的責任。

4. 應徵者最近是否在職？有時候履歷表上所寫的最後一次工作在「2007年起」，其實應徵者正待業中。其他諸如類似像擔任「顧問」或「自己經營」的詞語，可能用來隱藏應徵者已經好一段時間沒有固定的工作。

5. 檢查履歷表上填寫的工作到職與離職日期。有時候，應徵者會只以年份列出不同的工作，而無法指出正確的日期，以掩飾自己失業（待業）的時間。這一項的準確度，需要求證於離職證明書所記載的事實。

6. 履歷表上有關應徵者的教育欄紀錄，是否清楚的寫出應徵者在那個學校「畢業」或「結業」，取得什麼樣的學位或證書，這也是有關接受正規教育或短期受訓資歷的重要衡量標準。

7. 應徵者所提供的薪資如何？如果履歷表上薪資欄上寫的待遇超過一般就業市場僱用同一類職位的給薪標準，在面試時，則要查證真正的給付待遇細節，因為一般應徵者其在履歷表上很少會將給付待遇的薪資名目（本薪、津貼、獎金、加班費等）細分說明，這也是面試時要查證，以證實應徵者目前的薪資到底領到多少。

8. 應徵者為什麼需要這份工作？要警覺到履歷表上所述含糊不清的普通性說法，例如：「尋求更多的個人發展」的詞語，都應再探詢細節，通常應徵者都會隱藏真正的求職動機。

9. 資歷不完整。例如：學位沒有完成，可能表示應徵者無法克服挑戰；資歷超過職位所需，也表示應徵者缺乏自信。

10. 注意履歷表上看起來經過潤飾且虛偽的字眼。有些履歷表是由高人（專家）指點或捉刀代筆的，讓應徵者看起來很傑出，例如：在工作描述上，類似「磋商」、「參與」、「協調」、「共同管理」、「廣泛接觸」等詞句，常常造成一種幻覺，以為應徵者做了一些「了不起」的事，而實際上卻什麼都不會做[14]。

11.別拿應徵者相互比較，而應將每位應徵者與在職的績優員工的標準評比，從中找出條件符合的人選通知面試。

12.花最少時間去剔除最沒希望的應徵者，花大量時間去考量最可能錄用的人選[15]。

　　履歷效度係數隨時間會發生變化。一項研究表明，最初的效度係數是0.74，兩年後降為0.61，三年後只有0.38，這可能是由於勞動力市場、求職者等因素的變化造成的。因此，對履歷項目仔細評價就顯得非常重要。

結　語

　　在今日的企業世界中，錢和其他資源都不難獲取，但是好的員工卻是最珍貴的資源，企業用人主管應該不斷這樣自我提升「識人與用人」的技巧（**範例5-8**）。

範例5-8　員工聘僱管理辦法（科技業）

一、總則

1.1.本公司聘僱員工管理辦法，旨在樹立聘僱員工的公平、公開與作業流程標準化，以確保聘僱到適任員工。

1.2.本公司的員額編制及其職位的用人資格條件，以公司的經營發展需要確定。

1.3.聘僱員工須依照年度員額編制及職位所需資格條件事先申請，經總經理核可後，由管理單位公開招募或由內部員工推薦人選，並通過面試，擇優錄取為原則。

1.4.本公司所招聘之人員須經總經理核定使得任用。

1.5.本公司所錄用的所有新進員工必須通過試用期，試用期間考核不合格者終止僱用關係。

1.6.除海外（包括美國、中國大陸）聘僱與臨時定期契約之人員外，公司所任用之人員均須依照公司所訂定之薪資、福利及人事規章辦理。

1.7.本公司聘僱之所有員工，在受僱前必須通過體檢，於受僱本公司期間並須定期接受體檢。

（續）範例5-8　員工聘僱管理辦法（科技業）

二、適用對象

2.1. 全體職工。

三、人力規劃

3.1. 各部門主管須於每年年底前，依照次年度公司業務量、營業額及生產力之預測提出「年度人力資源計畫表」，並經總經理核定，作為次年度各部門增減人員之依據。

3.2. 用人單位需求人力若為定期契約人員（含工讀生），須填寫「聘僱定期契約人員申請單」，註明契約有效期，但以不超過一年為限。定期聘僱人員報到時須填寫「特約人員契約書」。

四、招聘管理政策

4.1. 公司應依據應徵者之考試（筆試、面試、測驗）結果及其學歷、專業技能、工作經歷、相關的訓練紀錄、工作更換頻率、個性及發展潛力等，與職缺所需的資格條件加以審核是否符合職缺需求。

4.2. 所有應徵者須經由管理單位安排面試的相關手續。

4.3. 各部門主持面試者，原則上由部門主管（經理）親自擔任。應徵各級主管或高階職位者，須由總經理面試。

4.4. 用人單位主管自行決定是否使用智力測驗或專業技能測驗，其測驗題目及解答，由用人單位事先準備妥當後轉管理單位交給應徵者測驗。

4.5. 為更客觀瞭解應徵者的個性與協調能力，管理單位得視實際需要邀約其他單位主管協助面試。

4.6. 聘僱人選以面試與筆試成績擇優錄取為原則。

4.7. 為確保公司的業務機密、財產及安全，管理單位應視需要查證應徵者以往的工作經歷、績效及品行操守，如發現有任何欺瞞或不良紀錄之情事，或體檢不及格者，公司有權終止聘僱。

4.8. 從本公司離職的員工再應徵公司職缺時，必須考慮及參考其以往在本公司的工作績效表現，並遵循招聘程序面試。

4.9. 為維持公司形象，每位前來應試人員均被視為來賓，除提供舒適的考試環境外，對應徵者所提供之履歷資料及考試過程絕對保密。

五、招募程序

5.1. 用人部門須依實際各工作單位負荷量及當年度核准增補的員額編制用人。當用人部門決定增聘人員時，須填寫「人力需求申請單」，詳實填入所須增補人員之職位、工作內容、資格專長及對職缺特殊需求之說明後，向管理單位提出申請。

5.2. 管理單位根據公司業務需要，人力運用及年度員額編制，審查用人部門的人員申請，經總經理核准後，管理單位再進行聘僱相關手續。

5.3. 管理單位收到總經理核准的「人力需求申請單」後，管理單位與用人單位主管共同決定增補人選由公司內部調遷（升）或對外招聘，積極且有效運用公司人

（續）範例5-8　員工聘僱管理辦法（科技業）　　　　　　　　193

才資料庫、內部公告招募訊息、在職員工介紹、媒體廣告、網路求才、校園徵才、就業輔導機構介紹等各種求才管道進行招募，遴選合適之應徵人選。

六、遴選程序

6.1. 管理單位就應徵者寄來的履歷表之基本資料，如學歷、經歷、工作更換頻率等資訊與職缺所需之資格條件核對整理後，轉交給用人單位篩選甄試，再由管理單位統一以書面「面談通知單」或電話、網路等方式通知安排應徵者前來面試。

6.2. 應徵者前來面試時，須填寫本公司提供的「應徵人員資料表」及「應徵人員參考資料」表格，再由管理單位通知用人部門主管面試；經面試人員初步認定合適人選時，則由管理單位與應徵者詳加說明公司人事管理規定，並瞭解應徵者的待遇需求等。

七、錄用程序

7.1. 管理單位會同用人部門共同複核面試成績，針對參與面談者所填寫「面談記錄表」的評語，以及對應徵者人格特質、態度、教育程度、工作經驗、專業及發展潛力等項目加以詳細評估後，由用人部門主管將遴選合適人選資料填入「錄用人員建議表」，並由用人部門主管與管理單位主管初步商議給薪範圍、職位、職等及試用期後，經總經理核定。

7.2. 用人單位在填寫「錄用人員建議表」前，可視實際需要由管理單位查證被遴選決定錄用者，在先前服務機構的工作經歷、績效及品行、操守等表現，如發現任何不誠實或不良紀錄之情事時，須與用人單位洽商錄用與否之決定。

7.3. 管理單位應在總經理核定的「錄用人員建議表」後，通知錄用者前來報到。「錄用通知」內容包括：服務部門、職稱、職位、薪資、報到日、試用期間及報到應繳驗的個人證件等，並將「錄用通知」副本交給用人單位主管及管理單位知照。

八、新進員工報到程序

8.1. 新進員工須在規定報告日當天親自前來公司報到上班，逾期未報到，除經公司事先同意者外，其職缺不予保留。新進人員須準備下列證件辦理報到手續：

8.1.1. 身分證（驗後發還，影本存檔）
8.1.2. 戶口名簿（驗後發還，影本存檔）
8.1.3. 最高學歷與畢業證書（驗後發還，影本存檔）
8.1.4. 離職證明書（驗後發還，影本存檔）
8.1.5. 勞、健保、勞工退休金轉出證明單
8.1.6. 退伍令或免役證明書（限男性者）（驗後發還，影本存檔）
8.1.7. 脫帽相片2吋4張
8.1.8 指定匯款銀行存摺（驗後發還，影本存檔）
8.1.9. 體檢表（三個月內）正本

8.2. 新進員工於報到當日，由管理單位發給並填寫下列資料：

194　（續）範例5-8　員工聘僱管理辦法（科技業）

8.2.1.個人資料表

8.2.2.員工薪資所得受領人免稅額申報表

8.2.3.勞、健保、退休金提繳申請表

8.2.4.團保加保卡

8.2.5.聘僱合約書

8.2.6.保密合約書

8.2.7.工作記錄簿（限研發人員領用）

8.2.8.上述8.2.1.至8.2.6.項於新進員工報到當日填寫後交管理單位處理；8.2.7.項在到職時發給特定員工，離職時繳回。

8.3.新進人員報到手續如下：

8.3.1.繳驗8.1及8.2各項證件、資料。

8.3.2.領取臨時識別證、文具。

8.4.管理單位將報到者繳交之證件及資料，與面試時所填寫之資料內容核對無誤後，由管理單位人員帶領新進人員到各指定的用人部門完成報到手續。

8.5.用人部門須協助新進人員適應本公司之環境及其擔任的工作，並介紹工作同仁相互認識。

九、新進員工試用期

9.1.新進員工試用期，依各別員工擔任職務（位）的不同，訂定四十天至三個月不等的試用期間，在個別錄用通知單上註明。

9.2.新進員工於試用期屆滿十天前，須填寫「新進人員試用期工作報告」，在試用到期前一星期，親自交給直屬主管考評工作績效，再由直屬主管填寫「新進人員試用期考核表」，決定是否正式聘用。如試用人員經單位主管評定表現不佳，品性不良或有不法情事者，公司得隨時停止試用，無條件終止僱用關係，試用人員不得提出異議。

十、權責範圍

10.1.管理單位負責下列員工聘僱管理事務：

10.1.1.協調各部門完成年度人員編制計畫。

10.1.2審查用人部門員額增補實際需求。

10.1.3.決定招募方式、招募廣告設計、製作、刊登及招募成本控制。

10.1.4.應徵者履歷表彙總篩選。

10.1.5.會同用人部門面試應徵者。

10.1.6.查證應徵者個人工作背景及工作經歷。

10.1.7.建議新進員工之起薪、職稱、職等與試用期。

10.1.8.寄發錄用通知報到予錄取者與部門主管。

10.1.9為新進員工辦理加入勞工保險、全民健保、團體保險及提繳退休金。

10.1.10.跟催新進人員試用期間的工作表現。

10.2.財務單位負責員工聘僱管理的下列事項：

（續）範例5-8　員工聘僱管理辦法（科技業）　　　　　　　　　　　195

10.2.1.年度各部門人員編制預算之審查。

10.3.用人部門主管負責員工聘僱規劃及甄試業務：

10.3.1.擬定部門（單位）年度人員編制與預算。

10.3.2.填寫人員需求申請表。

10.3.3.準備專業技能之測驗試題。

10.3.4.履歷表審查及面試。

10.3.5.會同管理單位共同遴選適當人選。

10.3.6.指導新進人員適應工作環境。

10.3.7.新進人員試用期間考核與正式任用的決定建議。

10.4.總經理核定下列員工聘僱職權：

10.4.1.年度全公司人員編制與預算。

10.4.2.錄用人選、職稱、職等、起薪與試用期。

10.4.3.遴選主管或重要職位應徵人員的面談。

10.4.4.試用期滿人員的正式任用簽准。

10.4.5.其他重要聘僱相關辦法的核准。

十一、附件：

11.1.年度人力資源計畫表

11.2.聘僱定期契約人員申請書

11.3.特約人員契約書

11.4.人力需要申請單

11.5.面談通知單

11.6.應徵人員資料表

11.7.應徵人員參考資料

11.8.面談記錄表

11.9.錄用人員建議表

11.10.錄用通知

11.11.個人資料表

11.12.薪資受領人免稅額申報表

11.13.勞保、健保、退休金提繳申請表

11.14.團體保險卡

11.15.聘僱合約書

11.16.保密合約書

11.17.新進人員試用期工作報告

11.18.新進人員試用期考核表

十二、附則

12.1本辦法經總經理核定後實施，修正時亦同。

資料來源：某科技股份有限公司（新竹科學園區內廠家）。

196　　**註釋**

❶劉延隆（2000）。《89年度企業人力資源作業實務研討會實錄（初階）——企業實例發表：選才篇》，頁72。台北：行政院勞工委員會職業訓練局。

❷李右婷、吳偉文（編著）（2003）。《Competency 導向人力資源管理》，頁197。台北：普林斯敦國際有限公司。

❸李瑞華（2006）。〈打造組織　老闆員工一起來〉。《大師輕鬆讀》，第187期（2006/07/20），頁65。

❹管理集短篇（1999）。〈積極上網搶人才〉。《EMBA世界經理文摘》，第156期（1999/08），頁16。

❺我的E政府網站：http://www.gov.tw/PUBLIC/view.php3?id=170420&sub=49&main=GOVNEWS。

❻諶新民（主編）（2005）。《員工招聘成本收益分析》，頁137。廣州：廣東經濟。

❼編輯部（1998）。〈擁抱銀髮上班族〉。《世界經理文摘》，第139期（1998/03），頁126-127。

❽Gary Dessler（著），李茂興（譯）（1992）。《人事管理》，頁122。台北：曉園。

❾王麗娟（編著）（2006）。《員工招聘與配置》，頁74。上海：復旦大學。

❿陳欽碧（2000）。修改自盧韻如（2001）。《網路求職者的特性及需求之研究》，碩士論文，頁9。高雄：中山大學人力資源管理研究所。

⓫陳珮馨（2006）。〈網路招募 大玩行銷術〉。《經濟日報》（2006/08/20），管理大師C2版。

⓬胡宗鳳（2006）。〈徵人廣告限性別 高縣開罰〉。《聯合報》（2006/09/02），A12版。

⓭彭若青（2006）。〈對抗人才大地震：僱用完整的人〉。《管理雜誌》，第381期（2006/03），頁117。

⓮Jack H. Peter L.、Donald H. McQuaig（著），授學出版社編輯部（譯）（1995）。《面試與選才》，頁224-227。台北：授學。

⓯Richard Luecke（編著），賴俊達（譯）（2005）。《掌握最佳人力資源》，頁15。台北：天下遠見。

Chapter 6
選才測評的技術

河床愈深，水面愈平靜。你看他外表像個老實的人，其實心裡藏著詭計陰謀，才是毒辣的呢！

——英國・Shakespeare（1564-1616）

　　當今企業已從尋找最優秀的人，演變爲找到最適合的人，專業技能可以訓練，但人際溝通、領導特質、工作熱情等內在潛能卻無法被取代。所以，企業在選才時，若能有效運用各種選才測評工具，將可爲組織遴選適合的人才，健全組織人力資源的發展與管理（**範例6-1**）。

第一節　選才測評的專業指標

　　考選工具必須針對工作性質及職位需要，才能考評出最合適的應徵者。因此，在決定選擇考選工具時，應該對擬任工作進行工作分析，以瞭解從事該工作所需的核心職能。就考選工具本身而言，應考慮其信度、效度、標準化的施測與常模等特徵。信度與效度皆高，就表示這個甄選測試能夠充分反映出員工未來在組織中的可能表現（**圖6-1**）。

範例6-1　晉商測試學徒的方法

- ・遠則易欺，遠使以觀其志；
- ・近則易狎，近使以觀其敬；
- ・煩則難理，煩使以觀其能；
- ・卒則難辦，卒使以觀其智；
- ・急則易失，急使以觀其信；
- ・財則易貪，委財以觀其仁；
- ・危則易變，告危以觀其節；
- ・雜處易淫，派往繁華以觀其色。

資料來源：鍾鵬榮（2006）。〈鍾鵬榮專欄〉。《企業研究雜誌》（*Enterprise Management*）（2006/10），頁29。

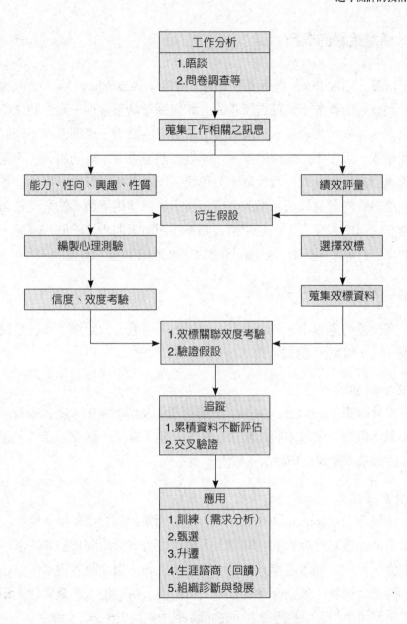

圖6-1 評量工具編製與應用流程圖

資料來源： 陳彰儀、張裕隆（1993）。《心理測驗在工商企業上的應用》。台北：心理。

一、信度相關的概念

信度（reliability）指衡量結果的一致性（consistency），不會因為衡量時間或判斷者的不同而有所差異。如果衡量結果都很一致，結果將非常穩定。譬如：我們拿一只體重器測量自己的體重，原則上在不同的地方測量或一天中不同的時間測量，體重應該不會有太大的出入，否則這個體重器的穩定度或一致性就十分可疑。同理，如果五位不同面談者對一位應徵者的社交技巧水準的評價相同，表示這位應徵者的社交技巧具有極高的信度。反之，一位應徵者如果在連續兩週內接受同一測驗，卻得到高低懸殊不同分數，就顯示測試工具的信度可能大有疑問。

(一)缺陷錯誤與污染錯誤

在衡量的過程中，難免會有一些錯誤。一般分為兩種：一種是缺陷錯誤，另一種是污染錯誤。

■缺陷錯誤

缺陷錯誤（deficiency error）是指衡量領域的要素並未納入衡量。譬如：基本數學評量裡未將「減法」納入試題，就是一種缺陷衡量，讓人無法掌握基本數學技巧的真正程度。

■污染錯誤

污染錯誤（contamination error）是指衡量過程受到干擾。譬如：面談者可能面臨其他職責的時間壓力，因此沒有充分時間正確評估求職者的能力。此外，應徵者給人的第一印象特別好，讓面談者對其工作技巧的判斷受到影響；或是應徵者當中，可能有人特別優秀，讓其他人相形失色，結果平均水準的應徵者，在面談者看來卻掉到平均水準之下。

(二)評估測驗工具的信度方法

企業可以運用下列三種方法來評估測驗工具的信度：

■重複測驗法

重複測驗法（test-retest）係指同一梯次應徵者在不同時間內接受同一測驗，再比較兩次測驗成績的相關程度。相關程度愈高，表示測驗工具的信度愈強，但受測者如果在接受兩次相同測驗的時間間隔中，知識水準有顯著改變，或是在接受第一次或第二次測驗時，在施測環境中出現干擾因素，都可能會減弱兩次測驗成績的關聯程度。

■多重形式測驗法

多重形式測驗法（alternate-form）係指應徵者接受兩種不同形式的同一性質測驗後，再比較兩次成績的相關程度。

■分組比較法

分組比較法（split-half）係指若多重形式測驗法取得不易時，可將測量工具的內容隨機分為兩部分，分別對相同的受測者實施測試，再比較測試成績的相關程度。相關程度愈高，表示測試工具的信度愈強。

一個良好的選才測評工具，其信度係數通常都在0.9左右。由於有許多招募或甄選活動是由一組專家共同參與，以建立一個客觀明確的計分系統，當其中看法相當分歧時，評量之間的信度就很低。由於這一組人數愈多，要達成一致看法的情形就愈不容易，相對所要求的信度可能低於一般的標準，此為不可不加以注意的問題。

二、效度相關的概念

效度（validity）是衡量方式對知識、技術或能力的衡量程度。應用在甄選的背景裡，效度則是指測驗分數或面談評比相對於實際工作績效的程度，就員工甄選測驗而言，測驗的效度就在檢討測驗方式和出缺職務工作性質之間，究竟有多大關聯。

效度是有效甄選人才的核心，這表示衡量特定職務求職者的技巧及其工作績效之間的相關程度。不具有效度的技巧，不但沒有用，而且可

202

能會產生法律上的問題。事實上，記錄甄選技巧效度的文件，是公司面臨法律訴訟時最佳的辯護依據。萬一應徵者對公司聘僱作法提出歧視訴訟，甄選方式跟工作的相關性（效度）就是公司自保的關鍵證據，也就是說，測驗的結果是否能夠相當準確地預測應徵者日後的工作表現。

(一)使用效度的基本策略

顯示甄選方式的效度，主要有內容效度和證實效度這兩種基本策略。

■內容效度

內容效度（content validity）是評估甄選方式的內容（譬如：面談或測驗）對工作內容的代表性程度。工作知識的測驗，通常就是屬於內容效度策略，譬如：某家航空公司會要求應徵飛行員的求職者接受聯邦航空管理局（Federal Aviation Administration）規定的一連串考試，這些考試評估的是應徵者是否具備安全以及有效駕駛客機所需的知識。不過，光是通過這些測驗，並不表示應徵者具備優秀飛行員所需的其他能力。所以在實務上，大都採用專家意見做專業判斷。

■證實效度

證實效度（empirical validity）或稱效標效度（criterion-related validity），係指甄選方式和工作績效之間的關係。甄選方式的分數（譬如：面談的判斷或考試成績）會跟工作績效進行比較，如果應徵者在甄選方式的分數很高，而且其工作績效的確有比較優秀時，證實效度建立。

證實效度又可分為兩種：一致性效度與預測性效度。

1.一致性效度（concurrent validity）：一致性效度顯示甄選方式評分跟工作績效水準之間的相關程度，這兩者大約在同時進行衡量，如果存在一個可接受的相關性，這個測驗則可以用來甄選未來的員工，譬如：公司為增加人手而建立一套測驗，為瞭解這套測驗顯示工作績效的程度，該公司要求目前員工進行這套測驗；公司接著將

測驗成績和上司剛完成的工作績效評分進行相關分析。測驗成績和工作績效評分的關係會呈現出該測驗的一致性效度，因為兩者是同時進行衡量的（圖6-2）。

2.預期性效度（predictive validity）：預期性效度是顯示甄選方式的成績跟未來工作績效之間的關係。譬如：公司要求全體應徵者接受測驗，並在十二個月後查核工作績效。考試成績和工作績效之間的關係會顯示測驗的預期效度，因為甄選方式的衡量是在評量工作績效之前進行的（圖6-3）。

甄選方法或許穩定，但不見得有效度，然而甄選方法若不可靠，則不可能有效度。這個重點對於實際運用方面有極大的影響。求職者有沒有碩士學位的衡量方式具有絕佳的可靠度，不過，如果光有文憑但工作績效並未見改善，那麼碩士學位文憑就不是有效的甄選標準。較有衝勁的應徵者在工作表現上應該會比較出色，可是如果公司賴以衡量衝勁的方式充滿錯誤或不穩定，就不能作為有效的工作績效指標❶。

一般來說，一項智力測評方法的效度係數達到0.3以上，即算相當有效。因為除了效度本身數值的大小以外，測驗人數的多少也與效度係數的高低有關。一般智力測驗的係數多在0.3至0.6之間，效度係數愈接近1，說明其效度愈高。

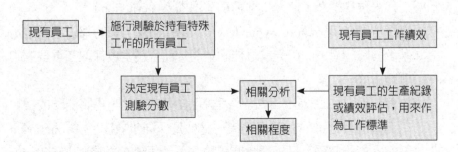

圖6-2　一致性效度的過程

資料來源：Lloyd L. Byars & Leslie W. Rue (1995). *Human Resource Management*, 3rd ed.引自：吳繼祥（2004）。《我國特勤人員甄選、訓練與成效評估制度改革雛形之研究》，碩士論文，頁14。台北：銘傳大學管理科學研究所。

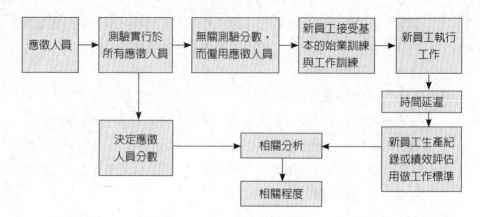

圖6-3　預測性效度的過程

資料來源：Lloyd L. Byars & Leslie W. Rue (1995). *Human Resource Management*, 3re ed. 引自：
　　　　吳繼祥（2004）。《我國特勤人員甄選、訓練與成效評估制度改革雛形之研
　　　　究》，碩士論文，頁14。台北：銘傳大學管理科學研究所。

(二)檢驗效度的步驟

企業在檢驗測試工具的效度時，可依循以下步驟[2]：

1. 分析工作性質（analyze the job）：人力資源部門首先要對出缺職
務進行工作分析，以瞭解勝任該項工作的必備條件。這些條件將成
爲檢驗測試效度的預測指標。同時，在工作分析中，也要決定衡量
工作表現的標準，此一標準稱爲「準則」（criterion）。

2. 選擇測驗工具（choose your test）：選擇測驗工具的基礎，通常是
基於經驗、過去的研究或最佳的猜測，而且經常會採取多重型態的
測驗方式。

3. 施測（administer test）：首先須對現任員工施測，再將測驗成績和
受測者的最近工作表現相比較，這就是「同步效度」（concurrent
validity）的測驗；另一種效度測驗方法是「預測效度」（predictive
validity）的檢驗，其進行方式是對應徵者施測，然後以檢驗成績
錄取若干應徵者。在新進員工工作一段時間後，測量他們的工作表

現，然後再分析新進員工當初的測驗成績和其工作表現之間的關聯
程度，以瞭解甄試工具的預測效度。

4.重複檢驗（cross-validation and revalidation）：人力資源部門可以
用另一批員工來重複前述第3項的施測步驟，或至少定期檢討測試
工具的效度。

三、標準化施測

標準化施測的實施（包含：目的說明、施測程度與時間）、計分及
解釋等，皆按照一定的標準程序來進行，不會因主事者或受測者的不同
而有所改變，以確保測驗結果的正確性與一致性。

四、常模

個人在選才測評上的實得分數稱為原始分數，原始分數的本身顯示
不出什麼意義，必須參照標準樣本的平均分數與各分數的分配情形，才
能決定個人在配分中的地位是高於平均數，還是低於平均數，這個標準
化樣本的平均數，即為選才測評的常模（norm）。因此，一項選才測評
的常模也就是解釋測評分數的主要根據。例如：測驗原始分數40分的百
分等級為85，此即表示他在該測驗的得分勝過85%的受測者，只是不如
15%的人而已。

一套測驗如果沒有常模就等於沒有比較的基礎。以智力測驗為例，
常模至少是要以年齡為區分，依據智力發展的理論，將年齡層分成十五
至二十五個群組，常模的建立，就是將各年齡組的智力分配、平均數和
標準差計算出來。性向測驗也是同樣的道理[3]。

常模的功用主要表現在：

1.表明個人分數在常模團體中的相對位置，亦即進行「個別之間的比
較」。

2.比較個人在不同測驗上的分數,亦即進行「個人內的比較」。

選才測評方法必須經過標準化才能成為客觀的測評工具。在標準化的進程中,首先應從將來實際應用選才測評方法的全體對象中,抽取足以代表全體的樣本先行測量,並以樣本分數為根據建立常模[4]。

五、解釋手冊

發展完整的測驗一定要備有測驗解釋手冊,說明該測驗的發展目的、施測方式、分數解釋、適用對象、常模與樣本等資料。

解釋手冊就像任何家電產品的使用說明一樣,可以幫助我們瞭解測驗工具並使用它,因此,企業在使用選才測評工具時,一定要詳讀解釋手冊,以免對測驗有所誤解。

六、效標

效標(criterion)就是用來作為衡量測驗效度之標尺,其本身當然需要合乎一定的水準和理想。在選擇效標之量度方法時,應對其信度和效度加以審慎之考慮,因為如果效標本身無法有效地代表所預測之特質,那麼無論所求出之效度如何,其意義皆難以確定其評估標準,例如:評估一位營業員的工作績效時,常常運用他的業績總額、業績達成率與新客戶數等標準來加以衡量(表6-1)。

一般而言,在人員甄選的研究中,效標多半代表個人的價值或對組織的貢獻。常見的效標有出勤、離職、意外事故、單位生產量、銷售業績、年薪、被升遷之次數等。此外,採用所謂的全方位(三百六十度)的評量方式,亦即主管評價、自己評價、同儕評價,以及部屬評價來提供效標的資料[5]。

表6-1　測驗上常用的效標類別

測驗目的	常用效標
學習成就	・學業成績 ・標準化成就測驗 ・教育程度
性向測量	・專門能力表現 ・學業成績 ・特殊訓練表現 ・標準化性向測驗
工作能力	・工作成績（質與量） ・主管評分 ・工作紀錄 ・訓練表現
教育或心理診斷	・性向及成就測驗 ・人格測驗 ・心理診斷類別 ・特殊教育類別
對比團體	・任何可清晰顯示兩對比樣本（如酗酒者與不酗酒者）之量度標準

資料來源：David S. Goh（著）（2001）。《心理測驗學》（*Psychological Testing and Assessment*），頁180。台北：桂冠圖書。

第二節　選才測評的方式

選才測驗的工具非常多，到目前為止，各種測驗的分類有認知能力測驗、體能測驗、人格及興趣測驗等等。企業在甄選員工時，常用的測驗方式有以下幾種類型（**表6-2**）：

一、認知能力測驗

認知能力測驗（cognitive ability tests）包括：一般推理能力、記憶力、歸納能力和某種特定心智能力的測驗。例如：對一位簿記員來說，

208 表6-2 考選工具的優缺點比較

方式	定義	優缺點	項目
面試	根據候選人的口頭反應來預測其未來的工作績效	優點	1.得以確定候選人是否具有工作所必需的技能。 2.能獲得額外的資訊。 3.用以評估候選人的口語能力。 4.能評估候選人對於工作方面的知識。 5.能用來篩選具備同樣資格的人。 6.得以讓聘僱雙方決定是否候選人適合此工作。 7.可以讓申請者提問以獲知相關訊息有利其決定。 8.得以蒐集其他更重要資訊以利未來修正。
		缺點	1.容易受主觀影響。 2.往往決定於第一眼印象。 3.極易受到刻板印象的影響。 4.在少數及非少數的成員中可能造成考選不一致的情況。 5.消極資訊在這裡會占較多的比重。 6.過程中並沒有許多有效的證據來顯示候選人的背景。 7.沒有受過具效度的測試。
人格測驗	用以衡量申請者的人格特質，人格測驗可以有效的衡量一個或五個面向：外向性、情緒穩定性、喜悅、認真及開放性	優點	1.如果候選人的特徵與組織需求高度相關，則能減少不適任情況。 2.能表現出候選人更多的能力以及興趣方面的資訊。 3.能夠確認個人特質。
		缺點	1.難以衡量無法定義的個人特質。 2.候選人過去的訓練和經驗或許比起個人特質而言具有更高的影響力。 3.候選人的回答可能會因循別人所渴望的而改變答案。 4.如果候選人具有相似的特質，則此種測驗將難以判斷其間之差異。 5.所耗費的成本禁止對於測驗結果做解釋。 6.缺少支持人格測驗的有效性證據。
自傳	透過加權申請表或是傳記式問卷調查表來篩選候選人	優點	1.對於許多雇員執行相同或相似工作者很有幫助。 2.有許多申請者企圖爭取有限的職位時，可以透過此做篩選。
認知能力測驗	對一個人的心智透過紙筆來加以評量	優點	1.具有高可信度。 2.言詞推理以及數字測驗具有高效度。 3.效度會隨著工作複雜度而增加。 4.能力傾向測驗的結合比起單獨的個人測驗還具效度。 5.許多的候選人可以同時進行測驗。 6.可以透過電腦系統來計分。 7.成本較個人測驗還要低。

（續）表6-2　考選工具的優缺點比較

方式	定義	優缺點	項目
認知能力測驗	對一個人的心智透過紙筆來加以評量	缺點	1.多數的標準差會在少數之上，這樣可能會對考選過程產生影響。 2.男女可能能力上略顯差異（如數學能力），這樣可能會對女性申請者造成影響。
體能訓練	此測試基本上是測試應徵者的一些生理條件，諸如：提東西的力氣、攀爬能力或障礙克服課程	優點	1.此測試可確認一個人在生理上無法完成一項工作，而不必冒著員工受傷或傷害其他員工的風險。 2.此測試可減少關於殘障／醫療證明、保險和員工補助等成本。 3.此測試可減少員工缺曠工的情形產生。
		缺點	1.對於管理者而言，實施此測試的成本是昂貴的。 2.須透過一完整的工作分析，才能得知符合一項工作的生理條件。 3.此測試也許有年齡上的限制，因而會排擠較年長的應徵者。
工作樣本測驗	透過與工作內容高度契合的設計而成之測驗，具有高度內容效度	優點	1.具有高可信度。 2.從實際工作執行任務中抽取部分作為樣本，具有高內容效度。 3.具負面衝擊。 4.因為與工作有密切關係，因此這個測驗會較態度或人格測驗更為適切。 5.候選人難以假裝熟練工作內容而企圖增加分數。 6.此測驗使用的設備與實際工作執行相同。
		缺點	1.成本高，一個時間只能進行一位候選人。 2.雖然有助於讓候選人在短時間進行任務或責任，但仍然無法預測候選人於一天或一週所應完成之工作是否頗具績效。 3.難以衡量候選人的態度，僅能測出候選人的工作能力。

資料來源：黃一峰（2004）。《考選與任用》，頁141-142。台北：空中大學。

210　必須具備將收據和憑單中的數額準確記入分類帳或數據庫的能力，這種
能力就是一項選才的標準（**範例6-2**）。

範例6-2　明尼蘇達紙形板測驗

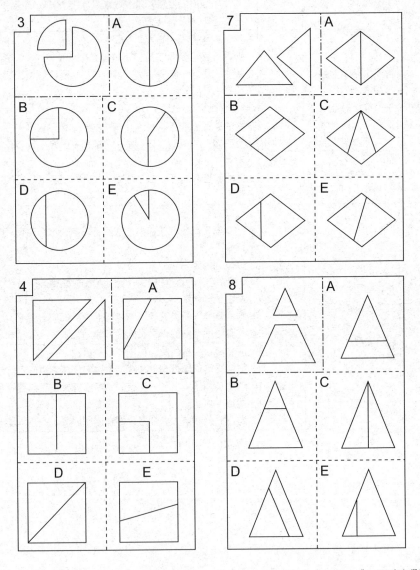

資料來源：美國The Psychological Corporation。引自：David S. Goh (1996)。《心理測驗學》
（*Psychological Testing and Assessment*），頁335。台北：桂冠圖書。

二、體能測驗

在自動化設計及先進科技相繼問世後，員工體能在職場上的重要性大不如前，但為避免職業災害發生，許多企業仍要求應徵者具有一定的體能或精神運動能力。

體能測驗（physical ability tests）可以瞭解應徵者是否具備和工作性質相關的條件，包括：四肢靈活程度、手眼協調和力氣大小的測驗，例如：台灣電力公司在招考技術人員時，應徵者得通過爬上爬下的手腳靈活度、肢體協調度的技能測驗，計有四百公尺跑步、上下鷹架、接線操作三項。一般而言，體力員工比較容易受到下背部的傷害，因此，在甄選此類工作人員時，若能先對應徵者施予適當的體能測驗，應該可以降低新進人員受到傷害的機率，特別是聘僱清潔人員、倉管人員及組裝生產線上工作人員。

Edwin Fleishman把生理體能概括分為九個方面：(1)動力負荷；(2)靜力負荷；(3)爆發力；(4)伸展的靈活力；(5)動態的靈活力；(6)身體平衡；(7)身體協調；(8)耐力；(9)身體負荷。生理健康測驗對所有職務都是必需的。一個經常請病假的員工不可能在工作中表現出好的績效。

三、人格測驗

人格測驗（personality test）是指瞭解人的人格差異所做的測驗（個性的測驗）。人格一詞有廣義與狹義之分。廣義的人格，是指一個人的整體面貌，即個體具有的所有品質、特徵和行為等個體差異的總和，它包括個人所具備的能力、智力、興趣、氣質、思維、情感及其他行為差異的混合體；狹義的人格，是指人的興趣、態度、價值觀、情緒、氣質、性格等內容。心理測驗所談的人格特質，指的是狹義的人格，即人格是個人在適應社會生活過程中，對自己、對他人、對事、對物交流時，在其心理行為上所顯示出的獨特個性（例如：侵略性或毅力強等行為風格）。

一個人的心智能力和體能通常不足以完全解釋其工作能力。應徵者的工作動機（態度、行為和習慣）和人際相處能力，也是重要的考核項目。應徵者的若干人格特質，例如：情緒穩定程度（emotional stability）、外向程度（extraversion），接受經驗指導程度（openness to experience）、親和力（agreeableness），以及誠實（conscientiousness）等所謂的五大人格因素，是許多企業在衡量應徵者是否可錄用，以及對生產力是否有負面影響時的重要考慮因素（**表6-3**）。

表6-3 R. B. Cattell 十六種人格特質因素命名及特徵表現

因素名	低分特徵	高分特徵
樂群性	緘默、孤獨、冷淡（分裂情感）	外向、熱情、樂群（環性情感或高情感）
聰慧性	思想遲鈍、學識淺薄、抽象思考能力弱（低）	聰明、富有才識、善於抽象（高）
穩定性	情緒激動、易煩惱（低自我力量）	情緒穩定而成熟、能面對現實（高自我力量）
恃強性	謙遜、順從、通融、恭順（順從性）	好強、固執、獨立、積極（支配性）
興奮性	嚴肅、審慎、冷靜、寡言（平靜）	輕鬆興奮、隨遇而安（澎湃激盪）
有恆性	苟且敷衍、缺乏奉公守法精神（低超載）	有恆負責、做事盡職（高超載）
敢為性	畏怯退縮、缺乏自信心（威脅反應性）	冒險敢為、少有顧慮（副交感免疫性）
敏感性	理智的、著重現實、自恃其力（極度現實感）	敏感、感情用事（嬌養性情緒過敏）
懷疑性	依賴隨和、易與人相處（放鬆）	懷疑、剛愎、固執己見（投射緊張）
幻想性	現實、合乎常規、力求妥善處理（實際性）	幻想的、狂放任性（我向或自向性）
世故性	坦白、直率、天真（樸實性）	精明能幹、世故（機靈性）
憂慮性	安詳、沉著、通常有信心（信念把握）	憂慮抑鬱、煩惱自擾（易於內疚）
實驗性	保守的、尊重傳統觀念與標準（保守性）	行為自由的、批評激進、不拘泥於現實（激進性）
獨立性	依賴、隨群附和（團體依附）	自立自強、當機立斷（自給自足）
自律性	矛盾衝突、不顧大體（低整合性）	知己知彼、自律嚴謹（高自我概念）
緊張性	心平氣和、閒散寧靜（低能量緊張）	緊張困擾、激動掙扎（高能量緊張）

註：括弧內為術語名稱。
資料來源：蕭鳴政（2005）。《人員測評與選拔》，頁284-285。上海：復旦大學。

人格測驗應審慎為之。就甄選新人來說，如果測驗結果與後續行為沒有周延的關係，就是缺乏效度，那麼人格測驗幾乎無意義，而人格測驗要有效，不是一件容易的事（**範例6-3**）。

四、興趣測驗

興趣測驗（measuring interest）係指測驗應徵者對各種不同的工作或工作環境之興趣與偏好。興趣測驗的功能，在於選擇出個性及興趣符合工作特質的人員，可減低其因對某項工作無興趣而離職的狀況。

五、性向測驗

性向測驗（aptitude test）（適性測驗）在就業輔導方面是一個常用的測驗，用它來衡量一個人的能力或學習與執行一項工作的潛在能力，它可以提供極佳的參考效用。例如：從事建築方面的工作，應徵者可能會被測試關於空間推理的能力。

範例6-3　誠信測驗

在義大利有一家電信公司招考幹部時，應徵者在參加過筆試測驗後，這家公司發給所有甄選通過的應徵者一袋綠豆種子，並且要求他們在指定時間帶著發芽的綠豆回來，誰的綠豆種得最好，誰就能獲得那份競爭激烈、待遇優渥的工作。

果然，當指定時間來臨，每個人都帶著一大盆生意盎然、欣欣向榮的綠豆回來，只有一個人缺席。總經理親自打電話問這人為何不現身，這人以混合著抱歉、懊惱與不解的語氣說：「我感到抱歉，因為我的種子還沒發芽，雖然在過去那段時間我已費盡心血全力照顧，可是種子依然全無動靜。我想我大概失去這個工作機會了。」

但總經理卻告訴這位孵不出綠豆芽的應徵者說：「你才是唯一我們錄用的新人。」

原來，哪些種子都是處理過的，不可能發芽。種不出綠豆芽，正證明了這位應徵者是一個不作假的人，公司認為這樣的人必然也是一個有操守的人。「而這，」總經理說：「就是我們用人的唯一標準。」

資料來源：陳幸蕙（2006）。〈敬業精神：道德操守是追求工作卓越的根本〉。《講義雜誌》，第40卷第1期，總第235期（2006/10），頁52。

214　　　　一些較常用的測驗多用於衡量語言能力（衡量一個人在思考規劃及溝通中使用文字的能力）、數字能力（衡量加、減、乘、除的基本能力）、理解速度能力（在衡量相似及相異的認知能力）、空間能力（衡量在空間中將物體形象化，並確定它們關係的能力）及推理能力（在衡量口頭或書面事實的分析及在邏輯的基礎上，依這些事實做出正確判斷的能力）（**表6-4**）。

表6-4　Karl Jones的性向分類

		明辨型		直覺型	
		思考型	感覺型	感覺型	思考型
內向型	判斷型	嚴謹、實際、可靠、邏輯、專心　A	安靜、友善、負責、忠誠、精細　B	堅決、正直、關心、堅守原則　C	多疑、吹牛、固執、創造性、達成目標　D
內向型	覺察型	安靜、分析、邏輯、機械　E	害羞、敏感、仁慈、忠於主管、緊張　F	集中、友善、負責　G	安靜、客觀、孤獨　H
外向型	覺察型	實際、從容、敏感、有綜合力　I	活潑、平易近人、長於記憶、拙於理論　J	熱情、活潑、聰明、想像力、決定明快　K	敏捷、聰明、多才、能接受挑戰、善於例行性工作　L
外向型	判斷型	實際、喜歡活動、能力高、善於組織　M	熱心、多嘴、正直、合作、不喜抽象　N	易感動、負責、好交際、受歡迎　O	熱心、坦率、果斷、長於推理　P

註：內向型（introverted）：注重內在世界的想法及感覺，比較玄又抽象。
　　外向型（extroverted）：注重外在世界的人與事。
　　明辨型（sensing）：對事物的觀察細微。
　　直覺型（intuitive）：注重整體狀況。
　　判斷型（judging）：以經驗基礎，事事盡快決定。
　　覺察型（perceiving）：思考方式有彈性，善於蒐求資料。
　　思考型（thinking）：以邏輯及客觀方式決定事情。
　　感覺型（feeling）：以主觀意識作為決定事情的基礎。

資料來源：李長貴（2000）。《人力資源管理：組織的生產力與競爭力》，頁186。台北：華泰文化。

六、成就測驗

成就測驗（achievement tests）的主要目的，在於篩選應徵者是否具備勝任某些工作所需的知識或能力，以及在某一方面的學習成果。應徵者必須回答一些可用來區別經驗和技能豐富或較不足的問題。

七、工作模擬測驗

工作模擬測驗（work samples and simulations）的主要目的，是讓應徵者實際執行出缺職務的主要工作項目，以判斷應徵者如獲錄取，是否真能勝任工作。例如：證券分析師的解盤、期貨操作員的模擬下單、航空公司機長的操作飛行模擬器等。

八、管理評鑑中心

管理評鑑中心（management assessment centers）基本上是一種評估應徵者管理潛能的模擬測試，但其同時兼有訓練的功能。通常大約十二位管理工作的應徵者被要求在某一場地內，以二到三天的時間執行若干管理任務。公司選派的評估人員在旁記錄應徵者的表現，並且評估每位受測者的管理能力的潛力，這是一種成本較高的測試方式。

九、背景查核

許多公司對應徵者進行背景查核（background investigations and reference checks）。查核的方法，一般是打電話向應徵者的現任或前任雇主查詢。由於查核結果的訊息不一定完全準確，因此查核所得資訊往往只被當做是一種瞭解應徵者的補充資料。

十、測謊試驗

不論員工人格特質如何，企業用人最重視的還是誠信及可靠度，一般最常見的誠信測驗是用測謊器。

測謊器的工作原理，是透過衡量受試者的心跳速度、呼吸強度、體溫和出汗量等方面的微小的生理變化，來判斷受測者是否在說謊，因為測謊器的準確度可以達到70%至90%的水準。然而，測謊器本身並不偵測謊言，它只是偵測生理變化，故必須由操作員針對機器記錄的資料來解說，因此，真正的測謊器是操作員而不是機器。

測謊在提問過程中，一般應該先問姓名和住址等中性問題，例如：「妳的名字是不是丁○○？」「妳目前是不是住在台東？」然後再問些實質性的問題，諸如：「妳曾經偷過東西嗎？」「妳犯過罪嗎？」等問題。根據理論，測謊專家至少可以有幾分把握判斷受測者是否說謊。

美國零售商店、賭場、證券交易所、銀行機構和其他金融機構以及政府的情報機關，在錄用員工之前，都願意使用測謊器，因為這些在組織內工作的員工，或者需要掌握大量現金，或者工作內容涉及機密文件，對組織的忠誠度非常重要。由於測謊牽涉到個人隱私權之嫌，因此企業即使要使用測謊器，也須徵求應徵者的同意，始能行之（**範例6-4**）。

範例6-4　美國秘密勤務局（USSS）之遴選條件

- 秘密局不分男、女特勤幹員，須具備或認可之大學或學院任何科系畢業，並取得學士學位；制服警察人員則須具備高中以上之學歷。
- 筆試。
- 面試。
- 測謊與體能測驗。
- 毒品檢查。
- 身分背景調查。
- 新進人員在派任新職時，其年齡均必須低於三十七歲。

資料來源：吳繼祥（2004），《我國特勤人員甄選訓練與成效評估制度改革雛形之研究》，碩士論文，頁71-72。台北：銘傳大學管理科學研究所。

有好幾個理由可以反駁測謊器的效度：

1. 以這種方式探索個人隱私，總會令人感到不舒服。
2. 強迫應徵者接受測謊測驗是違法的。
3. 測謊器判定受測者是否誠實或說謊，其準確度介於70%至90%之間，尚未臻於理想的境界。
4. 有些情緒較容易激動的人，即使在說實話的時候，也可能有情緒上的變化，而某些富有表演天才的人，即使在說謊也很可能面不改色[6]。

近年來，有些企業以筆試的誠實測驗（honest test）來取代測謊試驗，以篩選出有竊占公司財物傾向的應徵者，不過這種測驗的信度與效度還有待進一步檢驗（**範例6-5**）。

十一、筆跡判定法

筆跡判定法在員工錄用中的應用，正呈現一種上升的趨勢。筆跡判定法是根據個人的字體來分析他的人格屬性，因此跟影射性的人格測試有幾分相似。

筆跡判定專家可以根據應徵者寫字的習慣（線、圈、打鉤、斜線、曲線及草體字），來判斷應徵者是否傾向於忽視細節？是否在行為上

範例6-5　常見誠信測驗提問例示

・如果公司還很賺錢，從公司帶點東西回家就無傷大雅。
・順手牽羊是實踐「社會財富公平分配」的方式之一。
・若店家常常低價高賣，顧客偷換售價標籤就無可厚非。
・某家電影院從不清場，進去的人是否已經購票沒人會知道，你進場是否會買票？
・只要不是真的違法，遊走法律邊緣即無須苛責。

資料來源："T or F？Honesty Tests", p. 104. Reprinted with permission, Inc. magazine, February, 1992. 引自：Raymond A. Noe等（著），林佳蓉（譯）（2005）。《人力資源管理：全球經驗，本土實踐》，頁187。台北：麥格羅‧希爾。

218　前後保持一貫？是否是一位循規蹈矩的人？有沒有創造力？是否講求邏輯？辦事是否謹慎？重視理論還是重視事實？對他人的批評是否敏感？是否容易與人相處？情緒是否穩定等等。筆跡判定有賴於受過訓練的筆跡學家的專業分析。（**範例6-6**）

　　此外，筆跡專家還可以透過筆跡分析應徵者的需要、欲望以及偽裝的程度等特徵。但是由於這種方法還缺乏有效性的證據，因此在企業界使用上還不普及[7]。

範例6-6　筆跡特徵及其解釋示例

1.情緒反應水平			6.誠實水平		
the	*the*	*the*	*and*	*and*	*end*
(a)退縮	(b)客觀	(c)反應激烈	(a)坦誠	(b)自欺或文飾	(c)故意欺騙
2.心智過程			7.想像力		
many	*many*	*many*	*light*		*light*
(a)複雜思維	(b)累積性思維	(c)探索性或調查性思維	(a)抽象思維		(b)形象思維
3.社會反應			8.對待生活的態度		
many		*many*	*many*		*many*
(a)壓抑		(b)無拘無束	(a)意志消沈／悲觀		(b)樂觀
4.成就方式			9.果斷性		
the		*the*	*many*		*many*
(a)缺乏自信		(b)意志力堅強	(a)果斷		(b)優柔寡斷
5.社會感召力			10.注意力		
ann		*Cann*	*in*		*in*
(a)樸素、虛心		(b)賣弄	(a)細心		(b)粗心

資料來源：Robert D. Gatewood、Hubert S. Field（著），薛在興、張林、崔秀明（譯）（2005）。《人力資源甄選》（*Human Resource Selection*），頁529-530。北京：清華大學。

十二、毒品藥物測驗

某些企業要求應徵者做尿液篩選，以瞭解應徵者是否有濫用藥物或吸食毒品的習慣（measures of substance abuse，毒品藥物測驗）。此外，近期的一個應用技術認為，頭髮測試比尿液抽樣測驗要來得精確，但實證研究結果顯示，有些應徵者對這類檢驗的正當性有比較負面的認知。

十三、面試

面試（interview）是指在特定時間、地點所進行的談話。透過面試者與應徵者雙方面對面的觀察、交談等雙向溝通方式，瞭解應徵者的素質特徵、能力狀況，以及求職動機等方面的一種人員甄選與測評技術（**範例6-7**）。

範例6-7　IBM、SONY、MOBIL公司人員素質測評指標

IBM公司	SONY公司	MOBIL公司
自信心	參與的數量	智能
書面交往能力	口頭交往能力	口頭交往技能
行政管理能力	個人的可接受性	書面交往技能
人際接觸	影響力	領導能力
精力水平	參與的質量	創造性
決策能力	個人的寬容度	對自我的瞭解
對應急的抗拒力	對細節的關心	行為的可塑性
計畫與組織能力	自我管理能力	首要工作
堅持性	與權威的關係	對預期的現實態度
主動性	創造性	興趣廣度
冒風險程度	對人的理解	精力與驅力
口頭交往能力	驅力	可接受性
	潛能	組織與計畫
		積極性
		激勵
		決策

資料來源：王繼承（編著）（2001）。《人事測評技術：建立人力資產採購的質檢體系》，頁49。廣州：廣東經濟。

220　　　　面試方法因其簡單、直接而且成本低，廣爲企業所採用，但是效度不高，一般放在經過資格審查、筆試或心理測試等篩選以後進行，以利於節省時間和人力（**範例6-8**）。

範例6-8　科技業廠家徵才筆試與面試項目

企業名稱	員工數	應徵項目	筆試	面試
奇美	13,000	研發工程師、製程設備工程師	1.英文測驗：包含文法、聽力、閱讀測驗。 2.職能測驗。 3.智力測驗。	第一關：用人單位面試：專業技能測試／專業簡報／職能面談。 第二關：人資單位面談：確認個人特質符合企業文化，以及薪資福利確認。
華碩	7,000（台灣）	研發工程師、MIS工程師、產品經理、業務經理、業務管理師、資材管理師	1.專業測驗。 2.邏輯測驗。 3.性向測驗。	第一關：單位主管詢問相關專業技術及評估工作態度。 第二關：部門主管評估在組織發展的潛能。
明基	全球約15,000	工程師、管理師（包含：研究發展類、工程技術類、行銷業務類）	1.複合向度性格測驗。 2.英文：包含文法、閱讀測驗、聽力。 3.15分鐘即時作文：由作文中看出求職者於短時間的邏輯組織能力，並可由文字筆觸中看出面試者的性格特質。	僅一關 由單位主管面試，評估面試者之個人特質、專業能力與團隊組織的適合度。
台積電	18,000	工程師	1.英文聽力、文法、閱讀。 2.適性測驗。	第一關：單位主管評量專業能力。 第二關：人事主管評量性向潛能。
宏達國際	3,400	工程師、業務人員	1.英文：閱讀測驗、字彙、文法挑錯、同義字。 2.性向邏輯推理能力。 3.特定職類之專業科目測驗。	第一關：人事單位藉由一對一訪談瞭解求職者之人格特質與穩定性。 第二關：部門主管針對該員在工作上之適任性及未來在組織的發展潛力加以評估審核。

（續）範例6-8　科技業廠家徵才筆試與面試項目

企業名稱	員工數	應徵項目	筆試	面試
IBM	1,600	工程師	1.英文：閱讀測驗、字彙、文法挑錯、同義字。 2.性向邏輯推理能力。	第一關：人事主管詢問相關專業技術，從以往經歷觀察個性。 第二關：單位主管評估在組織發展的潛能。
甲骨文	300	業務	審履歷表代替。	第一關：個案簡報。觀察組織、邏輯、分析能力，有時須以英文進行，是最關鍵的一關。 第二關：人事主管瞭解過去工作經驗、專業領域與公司期望是否相符。 第三關：部門主管詢問相關職能問題。

資料來源：陳邦鈺（2005）。〈破解20家指標企業徵才關卡：擠進一流企業窄門〉。《今周刊》（2005/04/25），頁47。

十四、筆試

　　筆試是一種最古老又最基本的選才測評方法。它是讓應徵者在試卷上筆答事先擬好的試題，然後由主考者根據應徵者解答的正確程度予以評定成績的一種測試方法。這個方法可以有效地測量應徵者的基本知識、專業知識、管理知識、相關知識，以及綜合分析能力、文字表達能力等素質及能力要素的差異。當然，筆試法也有它的局限性和缺點，這主要表現在不能全面地考察應徵者的工作態度、品德修養以及組織管理能力、口頭表達能力和操作技巧等。因此，筆試方法雖然有效，但還必須採用其他選才測評方法，諸如：行爲模擬法、心理測驗法、面試法等，以補其短。一般來說，在企業組織的人才選拔錄用程序中，筆試是作爲應徵者的初次競爭，成績合格者才能繼續參加面試或下一輪的測試（**範例6-9**）。

　　基本上，筆試方式可以分爲三大類：心理測驗、專業技能測驗

範例6-9 傳記式記錄

> 1. 性別：(1)女 (2)男
> 2. 年齡：(1)25歲以下 (2)26～30 (3)31～35 (4)36～40 (5)41～45 (6)46歲以上
> 3. 學歷：：(1)高中（職）(2)大學（專）(3)碩士以上
> 4. 婚姻狀況：(1)未婚 (2)已婚 (3)分居
> 5. 子女人數：(1)0 (2)1 (3)2 (4)3 (5)4位以上
> 6. 您曾經讀過幾位偉人傳記（如哥倫布、華盛頓等）：(1)0 (2)1 (3)2 (4)3 (5)4位以上
> 7. 在求學時代，您曾經當選過幾次班長？(1)0 (2)1～3 (3)4～6 (4)7次以上
> 8. 目前您負責撫養的親屬有幾位：(1)0 (2)1～2 (3)3～4 (4)5～6 (5)7位以上
> 9. 在您工作的行業中，您是否常被視為專業人士？(1)從不 (2)很少 (3)有時 (4)經常 (5)總是
> 10. 您是否曾在學生時代上台接受表揚？(1)不曾 (2)1～2 (3)3～4 (4)5～6 (5)7次以上
> 11. 您上班交通工具是？(1)搭公車（或捷運）(2)自己騎車 (3)自己開車
> 12. 家中經濟負擔，您須負責多少比例？(1)0 (2)小於1/3 (3)1/3～2/3 (4)2/3以上 (5)全部
> 13. 青少年時期，您曾經在同伴活動中擔任領導者嗎？(1)從未 (2)很少 (3)有時 (4)經常 (5)總是
> 14. 您是否有宗教信仰？(1)無 (2)虔誠 (3)十分虔誠
> 15. 您目前擁有幾張信用卡？(1)0 (2)1 (3)2 (4)3 (5)4張以上
> 16. 您是否經常與陌生人聊天？(1)從未 (2)很少 (3)有時 (4)經常 (5)總是
> 17. 您目前需要賺錢的程度如何？(1)無此需要 (2)不急 (3)普通 (4)相當需要 (5)十分迫切
> 18. 您是否有隨身攜帶記事本的習慣？(1)從未 (2)很少 (3)有時 (4經常 (5)總是
> 19. 您每天閱讀報紙的份數？(1)0 (2)1 (3)2 (4)3 (5)4份以上
> 20. 平心而論，您覺得自己的身價是多少？(1)一文不值 (2)100萬以下 (3)100～1000萬 (4)1001萬以上

資料來源：徐增圓、李俊明、游紫華（2001）。《企業人力資源作業手冊：選才》，頁
147-148。台北：行政院勞工委員會職業訓練局。

和電腦技能測驗，用來驗證應徵者的智商，例如：測驗應徵者的智力
（Intelligence Quotient）和品格、工作態度、性向（Emotional Quotient）
以及專業技能，作為面談先期資訊蒐集和選才的佐證。

(一)智力測驗

智力測驗（intelligence test）是最古老和最常用的心理測驗方法。這
方面的測驗首先由Binet和Simon於1905年發展出來，不久之後，Willian

Stern建議，測驗分數應用智力商數（intelligent quotients, IQs）來表示。智商是指Binet-Simon量表測驗衡量出來的心理年齡與實際年齡的比值。心理年齡和實際年齡相當時，其智商為100。

(二)情緒智商測驗

根據《情緒智商》一書作者Daniel Goleman的說法，就一個人能否達到卓越的工作表現而言，構成情緒智商的五大要素（自我意識、自我調節、激勵、同理心與社交能力）的重要性，兩倍於純智商與純專業能力（**表6-5**）。事實上，不同職位對五大要素的需求也不一樣，例如：對一個負責策略聯盟的主管來說，擁有高人一等的社交技巧（也就是所謂的衝突管理能力）便特別重要，但對一家剛民營化的公司的中階主管而言，此人是否具備同理心（empathy）就比其他要素來得重要❸。

表6-5　情緒智商（EQ）的五大要素

要素	定義	特徵
自我意識 self-awareness	認識及瞭解自己的心情、情緒及衝動，及它們對其他人可能產生何種影響的能力。	自信；很現實地自我評估；自我解嘲式的幽默感。
自我調節 Self-regulation	控制突如其來的刺激及情緒的能力，或做自我調整；傾向於三思而後行。	值得信賴、個性正直；不怕碰到模稜兩可的情境；對改革持開放態度。
激勵 motivation	熱情投入工作，但不是僅為了追求財富或名位；精力旺盛、能執著於追求既定目標。	有強烈的激勵想要達成既定目標；樂觀進取，面對惡劣情境時亦不改初衷；樂於對組織奉獻所長。
同理心 empathy	瞭解他人情緒起伏原因的能力；隨人們情緒反應調整待人方式的能力。	對培養及留住人才特別有一套；體察不同文化間細微差異的能力；熱心服務客戶及顧客。
社交技巧 social skill	善於處理及建立人際關係網絡；善於尋找相同點的能力，從而建立和諧的關係。	能有效帶領屬下推動改革；有說服他人的能力；對成立及領導團隊特別有辦法。

資料來源：Daniel Goleman（著），李田樹（譯）（1999），〈EQ——好領導人的條件〉，《EMBA世界經理雜誌》，第149期（1999/01），頁32。

224　　　公司在招募新人時，常要求應徵者說出自己的感覺，以測驗他們自我意義的高低。例如：面試者可能會請應徵者回憶他們以前是否有情緒失控而事後感到後悔的情事。那些自我意識高的應徵者，通常會坦白以告，並笑著敘述自己過去發生的糗事。自我意識高的另有一個特徵，就是他們具有自我解嘲式的幽默❾。

(三)專業技術測驗

專業技術測驗是有效評估受測者專業技能的工具，是最容易量化，最客觀的。

企業在選人時，不管是採用何種測評工具，其目的不外乎藉著測驗來瞭解應徵者的知識、技能和身心條件，據以判斷應徵者是否能在未來的工作表現中達到一定的工作績效。但企業在選擇測評工具時，要注意到不可違反應徵者保障就業機會均等的相關法律規定，更不可侵犯應徵者的個人隱私權，以免遭到應徵者的指控而為企業帶來困擾。

第三節　人格特質在甄選時的應用

人格（personality）由多種心理特質所構成，有整合性與持久性。心理學上所謂的特質（traits），便是從行為推論到人格結構，它表現出特徵化的或相當持久的行為屬性。人格特質能顯示一個人的工作態度，以及他怎麼與同事共事（表6-6）。

一、人格特質在甄選時的應用

「人格」一詞是由拉丁字persona衍生而來，這個詞語的意義有兩種，一種是指戲劇演員使用的面具（mask），可以用它作為個人身分的表徵；另一個意思則是真正的自我，包含了內在動機、情緒、習慣、思

表6-6　人格特質的定義

學者	定義
Bonoma & Zltman（1985）	人格就是使個體與別人不一樣的個人屬性、特性及特質的總和。
David（1989）	人格乃是可以判斷個人與他人之間，共同性與差異性的一組持久穩定的特質及傾向，即指個人特徵的獨特組成。
Zimbard（1990）	個人在不同時間、面對不同情境時，所表現出來的獨特心理特質，其決定個人適應環境的行為模式及思考方式，使個人在需要、動機、興趣、氣質、生理、性向、態度及外形等各方面均具有與他人相異之處。
Phares（1991）	一個人區別於另一個人，並保持恆定的具有特徵性的思想情感和行為的模式。
Robbins（1992）	人格指個體整個系統之成長及發展的動態觀念，並且指人的反應及他人互動的所有方式。
Kreitner & Kinicki（1995）	人格是一個人在生理上和精神上的穩定特質的組合。
張潤書（1985）	人格可界定為我們用以說明一個人顯示其典型的人類特徵或變因的混合物。行為科學家對人格是相當持久不變的這一點都有同意的趨勢，因此，人格亦可說是由那些不會很快改變、可預期短期行為模式的人類特徵所組成。
張春興（1986）	人格是個人在對人、對己、對事物，乃至對整個環境適應時所顯示的獨特個性，此獨特個性係由個人在其遺傳、環境、成熟、學習等因素交互作用下，表現於身心各方面的特徵所組成，而該等特徵又具有相當的統整性與持久性。
楊國樞（1989）	人格是個體與環境交互作用的過程中所形成的一種持久性特質。

資料來源：潘蘇惠（2004）。《人格特質與工作績效之關聯性研究：以T公司之電話行銷與客服人員為例》，碩士論文，頁4-7。中壢：中央大學人力資源管理研究所。

想等。人格特質的多樣化，反映了人格的內涵豐富化。它表現個體適應環境時，在能力、情緒、需要、動機、興趣、態度、價值觀、氣質、性格和體質等方面的整合，是具有動力一致性和連續性的自我，是個體在社會化過程中形成的具有特色的心身組織。

　　心理學家常使用臨床心理學發展出來的大型人格量表，延伸應用到工作成就的預測上，譬如：在1943年發展出來的明尼蘇達多項人格測驗（Minnesota Multiphase Personality Inventory）共有五百五十個題目，並

226　分類為十個臨床尺度。台灣蓋洛普公司自行整理出四十種人格特質，以協助企業用人時的篩選活動。這套系統的效益包括：

1. 降低招募及篩選新進客服、業務人員的人力與時間成本。
2. 降低面試者主觀判斷的負面影響。
3. 科學、客觀且迅速地篩選出最合格的應徵者。
4. 剖析合格人才的人格特質。

雖然人格測驗（personality test）並非是甄選工具最佳的一種，但是許多研究者已經發現，適當的蒐集人格資料，將有助於甄選決策的制定。以行為面談（behavior interview）而言，首先，要基於企業的經營理念作為面談時的依據，另外，再專注於應徵者過去行為的反應以及其未來貢獻，來驗證其是否適合公司的經營理念。面談時要注重品德、專長、經驗、興趣、健康、教育程度、人際關係等，進而注重創新、誠信、團隊精神、有效溝通、策略性思考等（**表**6-7）。

二、五大人格特質

近年來，有關人格特質的研究皆指出，眾多的人格特質形容詞可被歸納成五大類，也就是用五個人格因素，就可相當完整地描述一個人的人格特質，學者稱為「五大人格特質」（Five Factor Model, FFM）（**表** 6-8）。其類別如下：

(一)外向性

外向性能預測管理及銷售工作的績效，這項人格因素包含兩方面的特性：

1. 自信、主動、多話、喜歡表現。
2. 喜歡交朋友、愛參與熱鬧場合、活潑外向。這樣的人才，因善於社交、言談，適合做外交方面的工作。

表6-7　應徵者人格特質及其描述

特質名稱	特質描述
協調性	和別人很合作，重視溝通，能夠容忍他人的言行。
攻擊性	不服主管指示，常和別人爭吵，反抗性很強。
服從性	願受別人指揮，不想領導別人，只聽別人的話。
自卑感	做事沒有信心，沒有見解，覺得處處不如人。
活動性	動作敏捷，喜歡參加活動。
領導性	想指揮別人，願任某事的發起人或領導者；精力充沛，喜歡影響別人，能忍受壓力。
抑鬱性	悲觀，心裡悶悶不樂，精神頹廢。
社會的外向	善於交際，結交許多朋友，喜歡發言。
社會的內向	不善交際，沉默寡言，不和別人聊天。
神經質	容易慌張，多餘的煩惱，神經過敏。
思考的外向	對事情缺少周詳思慮，粗心大意。
思考的內向	對事情深思熟慮，三思而行。
安閒性	無憂無慮，隨遇而安。
憂慮性	多愁善感，掛慮太多。
責任性	交付工作均能鍥而不捨的完成，有決心而可信賴。
誠信	做人講信用，童叟無欺；不違法犯紀，能不為金錢所誘惑；為人正直，品德操守，能為人所信賴。
企圖心	喜歡為自己設定目標，追求卓越，願意接受挑戰與不斷突破自我。
客戶服務	待人親切，活潑外向，話題多元，口齒清晰，說話有條理及說服力，並且提供客戶高品質服務。
學習態度	能不斷充實自己的專業知識，並主動吸收新知，時時關心世界局勢與社會動態。
風險控管	膽大心細，做事穩健，觀察細微，迅速正確地判斷異常情況，不會做毫無把握的事。
團隊精神	能與他人合作，公司政策配合度高，且會從整體的利益考量，為團體爭取最高榮譽。
挫折忍受力	有毅力，雖遭受挫折，亦不輕言放棄，且能有效紓解壓力。

資料來源：鄭瀛川、許正聖（1996）。《高效能面談手冊》，頁23。台北：世台管理顧問公司。

表6-8　五大人格特質及其構面

構面	次構面	定義
親和力	體貼	表達對他人關心的傾向。
	同理心	能夠瞭解他人經歷,並加以轉換對他人之瞭解的傾向。
	互依性	和他人能良好工作的傾向。
	開放性	接受及尊重個人差異的傾向。
	思慮敏捷	對多元概念和使用有選擇性模式思考之開放程度傾向。
	信任	相信大多數人都是好意的傾向。
勤勉審慎性	注意細節	嚴密及精準的傾向。
	盡忠職守	具有道德義務的傾向。
	責任感	可信及可靠的程度。
	專注工作	對工作方法的自律傾向。
外向性	適應性	能開放的改變或做多方面考量的傾向。
	競爭力	能評估自己表現並和他人做比較的傾向。
	成就需求	有實現個人有意義的目標的強烈驅動力的傾向。
	成長需求	有成就個人事業抱負的傾向。
	活力	高度活躍、有精力的傾向。
	影響力	以自我為中心並表現出自我本位的傾向(具說服及判斷力)。
	主動性	採取行動是積極主動的而非被動或禮貌性的傾向。
	風險承擔	在有限的資訊下願意嘗試的傾向。
	社交性	高度參與社交活動的傾向。
	領導力	扮演領導角色的能力。
情緒穩定性	情緒控制	冷靜傾向。
	負面情感	對事情普遍滿意的傾向。
	樂觀	相信事情都可能的傾向。
	自信	相信自己的能力和技術的傾向。
	壓力承受	沒有不適的身體或情緒上的反應而能忍受有壓力的情境之傾向。
開放學習性	獨立性	自主的傾向。
	創造力	產生獨特的、有原創性的事物及想法的傾向。
	人際機靈	準確獲得和瞭解人際暗示的意涵和使用資訊去達成所欲完成之目標。
	集中思考	能夠經由分析和探測資料,以有系統的主題以瞭解模糊資訊的傾向。
	洞察力	思考具有遠見的傾向。

資料來源:房美玉(2002)。〈儲備幹部人格特質甄選量表之建立與應用:某高科技公司為例〉。《人力資源學報》,第2卷第1期,頁1-18。

(二)情緒穩定性

個性隨和，不常有焦慮、沮喪、適應不良的情形。這種人才，能夠與人愉快合作，給人以信任的感覺，適合做協調方面的工作。

(三)勤勉審慎性

在工作績效方面，勤勉審慎性被發現幾乎能預測所有工作的績效，它包含：(1)成就導向、做事努力、有始有終、追求卓越；(2)負責、守紀律、循規蹈矩、謹慎有責任感。這種人才，具有強烈的責任感、可靠性，適合單獨負責一個專案，委以大任。

(四)親和性

待人友善、容易相處、寬容心。這種人才，適合做決策者，不以物喜，不以己悲，能夠冷靜處事，善於分析[10]。

(五)對新奇事物的接受度

對新奇事物的接受度能預測創新型工作，它包含：富想像力、喜歡思考、求新求變。這種人才，個體聰明、敏銳，適合做開拓創新型的工作。

在工作行為方面，勤勉審慎與親和力被發現都能預測助人行為（例如：主動幫助同事或顧客）及遵守公司規則的行為；此外，親和性能預測團隊合作行為（例如：願意配合同事的業務），而勤勉審慎度、情緒穩定性和親和性的組合，則能預測所有對企業有害行為的組合（包括：偷竊、侵占、詐欺、毀損公物、暴力攻擊、工作上偷懶、動作遲緩、隨便亂做或濫用病假等）[11]。

在文獻中，許多學者曾對五大人格特質向度發展出用以衡量個人特質的問卷。例如：Costa和McCrae於1985年所發展出來的NEO-PI人格量表；1989年又發展出NEO-FFI以及針對NEO-PI加以修正而成的NEO-

PI-R，這些量表都在信度與效度上得到了驗證。企業善用五大人格特質，就能量體裁衣，善用人才，真正實現人盡其才（**表6-9**）。

表6-9　NOE-PI-R人格特質五因素之組成與細刻面內容

NOE-PI-R 五因素	細刻面（facet）	細刻面主要題目意涵
神經質 Neuroticism	N1：焦慮（Anxiety）	恐懼、憂慮、緊張、神經質、欠自信、欠樂觀
	N2：敵意（Angry Hostility）	暴躁、缺耐性、易怒、心情不穩、緊繃、欠溫和
	N3：憂鬱（Depression）	擔憂、不滿足、欠自信、悲觀、心情不穩、焦慮
	N4：自我意識（Self-Consciousness）	怕羞、欠自信、膽怯、防衛、焦慮
	N5：衝動（Impulsiveness）	心情不穩、急性、諷刺、自我中心、輕率、易怒
	N6：脆弱（Vulnerability）	欠清明思維、欠自信、焦慮、欠效率、欠警覺
外向性 Extraversion	E1：溫馨（Warmth）	友善、易親近、愉快、不冷漠、親切、外向
	E2：群聚（Gregariousness）	愛社交、外向、尋求快樂、健談、不退縮
	E3：堅持（Assertiveness）	侵略、進取、獨斷、自信、強力、狂熱
	E4：活躍（Activity）	精力旺盛、匆忙、快速、積極、決斷、狂熱
	E5：尋求刺激（Excitement Seeking）	尋求快樂、大膽、冒險、迷人、帥氣大方、有精神、靈巧
	E6：正面情緒（Positive Emotions）	熱心、幽默、讚揚、自發、尋求快樂、樂觀、快活
開放性 Openness	O1：幻想（Fantasy）	愛夢想、想像、幽默、淘氣、理想主義、藝術、複雜、難以瞭解
	O2：美感（Aesthetics）	想像、藝術、原創性、狂熱、理想、多才多藝
	O3：情感（Feelings）	易興奮、自發、洞察力、想像、親切、健談
	O4：行動（Actions）	興趣廣、想像、冒險、樂觀、健談、變通
	O5：概念（Ideas）	理想、興趣廣、創作、好奇、想像、洞察力
	O6：價值觀（Values）	不守舊、非傳統、欠謹慎、輕浮

（續）表6-9　NOE-PI-R人格特質五因素之組成與細刻面內容　　　　　　231

NOE-PI-R 五因素	細刻面（facet）	細刻面主要題目意涵
友善性 Agreeableness	A1：信賴（Trust）	諒解、不懷疑、欠小心、欠悲觀、平和、心腸軟
	A2：直率 （Straightforwardness）	欠複雜、欠苛求、欠輕浮、欠迷人、欠機靈、欠專制
	A3：利他（Altruism）	溫馨、軟心腸、仁慈、慷慨、和藹、容忍、不自私
	A4：順從（Compliance）	不固執、不要求、耐性、容忍、不坦率、心腸軟
	A5：謙虛（Modesty）	不賣弄、不伶俐、不獨斷、不爭辯、欠自信、欠積極、欠理想
	A6：柔嫩心 （Tender-Mindedness）	友善、溫馨、同情、軟心腸、仁慈、安定、和藹
嚴謹性 Conscientiousness	C1：能力（Competence）	效率、自信、嚴密、謀略、不混淆、有智能
	C2：秩序（Order）	組織、嚴密、效率、精準、有系統、不粗心
	C3：盡責（Dutifulness）	不防衛、不分心、不粗心、不懶惰、嚴密
	C4：成就驅力 （Achievement Striving）	嚴密、雄心、勤奮、進取、堅決、自信、堅持
	C5：自我修養 （Self-Discipline）	組織、不懶散、效率、不粗心、富精力、嚴密、勤奮
	C6：深思熟慮（Deliberation）	不急躁、不衝動、不粗心、有耐性、成熟、嚴密、不易怒

資料來源：沈聰益（2003）。《人格五因素模式預測保險業務員銷售績效的效度：NEO-PI-R量表之跨文化檢驗與人格特質架構之實證探討》，博士論文，頁19。新竹：交通大學經營研究所。

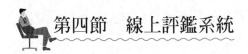

第四節　線上評鑑系統

　　不同於過去的面試程序，人才評鑑可以用於招聘之前，先將問卷寄至求職候選人的信箱，請他們進行包含心理與技術等相關內容的測驗。人力資源部門再根據測驗成績，評定候選人的能力是否符合企業需求，

232 　然後才請他們來面試。人力資源部門透過第一關的篩選，可以解決繁冗的甄選問題，節省花在招募人才上的時間成本。

一、線上評鑑系統的面向

線上評鑑系統最重要的目的，是要求做到"Can do"（工作技能）、"Will do"（工作性向）、"Will fit"（工作適合度）三個面向，來探測求職者在冰山底下無法得知的潛在特質。

(一)Can do（工作技能）

主要在評鑑求職者的工作技能，是測驗求職者是否具備此項工作所應擁有的最基本技能。這些測驗的類型則是根據職位而有所不同，例如：針對銀行客服人員設計「邊聽邊打字」的測驗。

(二)Will do（工作性向）

主要評鑑求職者的工作積極度與態度。

(三)Will fit（工作適合度）

主要評鑑求職者的工作偏好度與工作環境是否相合。受測者只能從面試時獲知工作的任務，但卻不知道完成該項任務的過程。因此，許多人往往是在實際接觸任務之後，才發現自己的不適任，一來一往之間，無形中浪費企業的資源。透過評鑑工具，企業不僅可預先評估受測者是否能夠勝任此項工作，求職者也能事先瞭解實際工作概況，雙方都能將風險降至最低。

二、線上評鑑系統的運用

將"Can do"（工作技能）、"Will do"（工作性向）、"Will

fit"（工作適合度）三個測驗結果相加，即可得知受測者的職能（competence）。人力資源部門透過系統分析，即可從各個面向衡量受測者是否符合企業的需求[12]。例如：遴選行銷人員時，依據的標準除一般常見的智力測驗之外，還要加上邏輯、商業、抗壓性等評核重點。從智力測驗可以看出一個人的個性、心態以及對事情認知的程度；邏輯則可測驗出其對數字的概念；商業則可以觀察出對市場的敏感度；抗壓性即是試煉其個人韌性堅強與否[13]。

第五節　工作申請表的設計

工作申請表是企業內部設計的表格，提供給應徵者填寫用的，以作為篩選人選的工具，藉此判斷應徵者是否符合工作的最低條件，是選才測評中最常用的方法之一。

一、工作申請表的作用

一份精心製作的工作申請表，須具有以下四種功用：

1.它提供了一份關於申請人願意從事這份職務的紀錄。
2.它為負責面試者提供一份可用於面談時瞭解應徵者的個人傳記。
3.它對於被僱用的應徵者來說，是一份基本的員工檔案紀錄。
4.它可以用於考核選拔過程的有效性。

二、工作申請表設計的內容

通常一份工作申請表包含下列幾個部分（**範例6-10**）：

1.個人基本資料：姓名、性別、婚姻狀況、住所、聯絡地址等。

234

2.工作經歷：目前的任職單位及地址、現任職務、薪資、待遇，以及工作簡歷及離職原因。

3.教育與培訓情況：申請人的最高學歷、獲得的學位名稱、語言資格認證種類、技能檢定能力（執照名稱），及所接受過的教育訓練資料。

4.生活及個人健康情況：個人專長、嗜好、健康狀況、家庭成員、有否親屬在本企業內受僱工作、緊急聯絡人的通知等等。

範例6-10　台灣應用材料公司工作申請表

個人資料表　　　　　　　　　　　　　　　　　　＜機密＞

編號：＿＿＿＿＿＿＿＿＿＿＿＿（招募任用單位填寫）

應徵類別：＿＿＿＿＿＿＿＿　應徵職稱：＿＿＿＿＿＿＿　　　照片

若蒙錄取可於 ＿＿＿＿＿ 年 ＿＿＿＿＿ 月 ＿＿＿＿＿ 日報到

聯絡電話：（O）＿＿＿＿＿＿＿＿　（H）＿＿＿＿＿＿＿＿

行動電話：＿＿＿＿＿＿＿＿＿＿＿＿＿＿＿＿＿＿＿＿＿＿＿

通訊地址：＿＿＿＿＿＿＿＿＿＿＿＿＿＿＿＿＿＿＿＿＿＿＿＿

戶籍地址：＿＿＿＿＿＿＿＿＿＿＿＿＿＿＿＿＿＿＿＿＿＿＿＿

電子郵件：＿＿＿＿＿＿＿＿＿＿＿＿＿＿＿＿＿＿＿＿＿＿＿＿

（續）範例6-10　台灣應用材料公司工作申請表

個人資料

中文姓名：_____　英文姓名：_____

性別：□男　□女　　出生日期（年／月／日）___／___／___　婚姻：□已　□未

國籍：_____　籍貫：_____省（市）_____縣（市）

身分證字號：_____　護照號碼（外國籍）：_____

兵役：□役畢　□未役　□免.補.國兵役　軍種：_____　兵科：_____　階級：_____

服役期間：_____　未服役者請說明原因：_____

血型：_____型　身高：_____公分　體重：_____公斤

學歷

等別	學校名稱	科系	地點	起訖時間				畢業		學位
				年	月	年	月	是	否	
高中										
專科										
大學										
研究所										
其他										

（續）範例6-10　台灣應用材料公司工作申請表

工作經驗

公司	部門	職稱 （最後職稱）	月薪	起訖時間		相關經驗年資 （主管簽認欄）	主管簽名 ／日期
				年	月		
						年	
						年	
						年	
						年	
						總計：　　　　年	

目前服務公司

公司名稱：＿＿＿＿＿＿＿＿＿　地點：＿＿＿＿＿＿＿＿＿　員工人數約：＿＿＿＿人

服務部門：＿＿＿＿＿＿＿＿＿＿　職稱：＿＿＿＿＿＿＿＿＿＿＿

隸屬系統：　[　　　]　◄──　[　　　]　◄──　＊＊＊＊＊──►　[　　　]

　　　　（再上一級主管職稱）　（直屬主管職稱）　　（目前的職位）　　（屬員職稱）

試簡述個人工作經驗中最嫻熟／最專長之部分（無經驗者免填）：

（續）範例6-10　台灣應用材料公司工作申請表　　　　　　　　

目前薪資狀況

1.底薪（不含任何加給）＿＿＿＿＿＿＿＿＿＿＿＿＿＿　2.職務津貼 ＿＿＿＿＿＿＿＿＿＿＿＿

3.交通津貼 ＿＿＿＿＿＿＿＿＿＿＿＿＿＿　4.伙食津貼 ＿＿＿＿＿＿＿＿＿＿＿＿＿＿

5.生活津貼 ＿＿＿＿＿＿＿＿＿＿＿＿＿　6.其他津貼 ＿＿＿＿＿＿＿＿＿＿＿＿＿＿

7.每月固定收入總計 ＿＿＿＿＿＿＿＿＿＿＿＿＿＿＿＿＿＿＿＿＿＿＿＿＿＿＿＿

8.上次調薪日期：＿＿＿＿ 年 ＿＿＿＿ 月 調幅及金額：＿＿＿＿ % ＿＿＿＿ 元

9.預定調薪日期：＿＿＿＿ 年＿＿＿＿ 月 調幅及金額：＿＿＿＿ % ＿＿＿＿ 元

10.年終獎金：＿＿＿＿ 個月　績效獎金：＿＿＿＿ 個月　季獎金：＿＿＿＿ 個月

11.年資獎金：＿＿＿＿ 個月　離職金：＿＿＿＿ 個月　其他獎金：＿＿＿＿ 個月

12.員工分紅：股票 ＿＿＿＿ 張　現金 ＿＿＿＿ 個月

13.希望待遇（月薪）：＿＿＿＿＿＿＿＿＿＿ 年薪：＿＿＿＿＿＿＿＿＿＿

14.最低待遇（月薪）：＿＿＿＿＿＿＿＿＿＿ 年薪：＿＿＿＿＿＿＿＿＿＿ 否則不接受聘僱

目前福利狀況

工作時數／天：＿＿＿＿＿＿＿＿＿＿ ，休息 ＿＿＿＿＿＿＿＿＿＿ 小時

工作天數／週：＿＿＿＿＿＿＿＿＿＿ 工作時數／週：＿＿＿＿＿＿＿＿＿＿

公司交通車：　□有（免費）　　　□有（每月扣 ＿＿＿＿ 元）

　　　　　　　□無，不補助　　　□無，每月補助 ＿＿＿＿ 元

伙食（中餐）：　□有（免費）　　　□有（每月扣 ＿＿＿＿ 元）

　　　　　　　□無，自理　　　　□無，每月補助 ＿＿＿＿ 元

其他福利狀況：＿＿＿＿＿＿＿＿＿＿＿＿＿＿＿＿＿＿＿＿＿＿＿＿＿＿＿＿

（續）範例6-10 台灣應用材料公司工作申請表

語文能力（請以極佳、佳、平平表示語文程度）

語文	聽	說	讀	寫

家庭狀況（父母、配偶、女子請填於下，兄__人，弟__人，姊 __人，妹__人）

稱謂	姓名	年齡	職稱	稱謂	姓名	年齡	職稱

緊急聯絡人：_____ 關係：_____ 聯絡電話：_____

聯絡地址：_____

其他

請將任職於本公司之親友填寫於下：

姓名：_____ 關係：_____

部門：_____ 職務：_____

嗜好及志趣：_____

曾否因案被捕（如曾被捕請說明原因）：_____

電腦技能：☐WORD ☐EXCEL ☐POWER POINT

　　　　　☐其他：_____

打字速度（每分鐘字數）：_____

專業訓練或特長（特別資格或通過考試檢定）：_____

備　☐汽車　☐機車駕照

（續）範例6-10 台灣應用材料公司工作申請表 239

請列舉可提供填表人之品性及能力之朋友三人			
姓名	服務機構	職稱	聯絡電話

透過何種管道知道有此職缺：

□本公司 ＿＿＿＿＿＿＿＿＿ 同仁介紹

姓名：＿＿＿＿＿＿＿＿ 部門：＿＿＿＿＿＿＿＿ 職稱：＿＿＿＿＿＿＿

□報紙： □中時 □聯合 □其他：＿＿＿＿＿＿＿＿＿＿＿＿＿

□廣告／雜誌＿＿＿＿＿＿＿＿＿＿＿＿＿＿＿＿＿＿＿＿＿＿＿＿

□青輔會＿＿＿＿＿＿＿＿＿＿＿＿＿＿＿＿＿＿＿＿＿＿＿＿＿＿

□校園徵才＿＿＿＿＿＿＿＿＿＿＿＿＿＿＿＿＿＿＿＿＿＿＿＿＿

□自我推薦

□E-mail：

□其他＿＿＿＿＿＿＿＿＿＿＿＿＿＿＿＿＿＿＿＿＿＿＿＿＿＿＿

＊本人允許審查本表內所填各項，如有虛報情事，願受解職處分，如蒙錄取則繳交最近一個月之薪資或薪水條及經歷之服務證明

本人簽章：＿＿＿＿＿＿＿＿＿＿＿＿ 填表日期：＿＿＿＿＿＿＿＿＿＿＿

以下由人事單位填具

員工工號：＿＿＿＿＿ 職等：＿＿＿＿＿

進廠日期：（年／月／日）：＿＿／＿＿／＿＿

年資日期（年／月／日）：＿＿／＿＿／＿＿

復職日期（年／月／日）：＿＿／＿＿／＿＿

異動記錄：

＿＿＿＿＿＿＿＿＿＿＿＿＿＿＿＿＿＿＿＿＿＿＿＿＿＿＿＿＿＿＿＿

＿＿＿＿＿＿＿＿＿＿＿＿＿＿＿＿＿＿＿＿＿＿＿＿＿＿＿＿＿＿＿＿

＿＿＿＿＿＿＿＿＿＿＿＿＿＿＿＿＿＿＿＿＿＿＿＿＿＿＿＿＿＿＿＿

資料來源：台灣應用材料股份有限公司。

三、工作申請表設計的注意事項

不同的企業對工作申請表的設計也不盡相同，但諸如種族、膚色、宗教、政黨屬性（政治面貌）等不得列入表內。一般工作申請表設計的注意事項有：

1. 在設計工作申請表之前，應該先透過工作分析，找出該工作關聯性的項目，譬如：包括應徵者出差的意願、偏好哪些休閒活動，以及具備多少的電腦操作經驗等等，以保證每個項目均與勝任某項工作有一定的關係。

2. 教育背景方面，乃瞭解應徵者與所申請工作之間的關係。由其教育背景與所申請工作之間的關係，從最適合到最不適合之間給予權數，這個權數與教育程度的高低沒有關係，研究所畢業並不一定是最高的權數，而是所申請的工作和科系之關係為權數的決定因素。同時，更應該仔細地瞭解所申請工作與在校相關科目所得成績的表現分數（**範例6-11**），以便瞭解應徵者在課程方面的努力情形，與所申請工作職缺的關係，至於曾受過什麼樣的訓練，更可看出應徵者的基本技術能力的水準[14]。

3. 在審查求職申請表時，要評估背景材料的可信程度，更要注意應徵者以往經歷中所任職務、技能、知識與申請應徵職位之間的關聯；要分析其離職原因、應徵的動機，對於那些頻繁離職、高職低求、高薪低就的應徵者要作為疑點一一列出，以便在面試時，加以瞭解。對應徵高階職務者，還須補充其他個人經歷的資格證明[15]。

4. 在工作申請表上，除原有印製的文字外，還要有申請者簽名欄，以保證其所填的資料均為事實。而這些文字敘述是十分重要的，因為若查證出應徵者填寫造假的資料，那麼公司可開除該名員工。最後，工作申請表上還應該要求應徵者同意其所持之推薦信接受查驗的規定[16]。

範例6-11 學生歷年成績單

學號：531225　　　　姓名：丁志達　　　　科系：文學院歷史學系

第一學年 (53年9月至54年7月)

科目	上學期 學分	成績	下學期 學分	成績
國文	4	79	4	84
英文	4	84	4	69
中國通史	3	80	3	79
理則學	2	81	2	85
社會學	2	82	2	80
人生哲學	2	71	2	77
西洋通史	3	88	3	85
地學通論	3	75	3	72
實得學分	23		23	
體育成績		76		77
軍訓成績		88		90
操行成績		81		80
學業總平均成績		80.39		78.43

畢業總平均成績 (82.24)　　總學分 (156)

第二學年 (54年11月至55年7月)

科目	上學期 學分	成績	下學期 學分	成績
普通心理學	3	86	3	91
西洋近代史	3	86	3	80
大二英文	2	72	2	65
西洋中古史	3	76	3	87
宋史	3	87	3	85
遼史	3	66	3	83
憲法	2	87	2	71
民法總則	2	72	2	65
實得學分	21		21	
體育成績		74		75
軍訓成績		79		83
操行成績		81		81
學業總平均成績		79.28		80

第三學年 (55年10月至56年6月)

科目	上學期 學分	成績	下學期 學分	成績
國父思想	2	88	2	85
中國近代史	2	70	2	86
史學方法	3	95	3	97
西洋上古史	3	75	3	86
日本史	3	84	3	88
隋唐史	3	94	3	98
文藝復興史	3	75	3	85
目錄學	2	77		
實得學分	21		19	
體育成績		75		75
軍訓成績				
操行成績		80		81
學業總平均成績		82.81		86.84

第四學年 (56年11月至57年6月)

科目	上學期 學分	成績	下學期 學分	成績
史部要籍解題	3	90	3	86
16至18世紀歐洲史	3	85	3	82
秦漢史	3	85	3	84
東南亞史	3	78	3	88
應用文	2	86	2	88
實得學分	14		14	
體育成績		78		79
軍訓成績				
操行成績		82		83
學業總平均成績		84.72		85.43

資料來源：台北：輔仁大學。

242

結　語

　　為企業找到對的人是企業永續經營的重要關鍵，人力資源部門若能善用選才評鑑工具，必能將人力的效用發揮至最高點。

註釋

❶Luis R. Gomez-Mejia、David B. Balkin、Robert L. Cardy（著），胡瑋珊（譯）（2005）。《人力資源管理》，頁214-216。台北：台灣培生教育。

❷胡幼偉（1998）。《媒體徵才：新聞機構甄募記者的理念與實務》，頁24。台北：正中書局。

❸詹東興（1998）。〈透過心理測驗瞭解自我〉。許書揚（編著）。《你可以更搶手：23位人事主管教你求職高招：透過心理測驗瞭解自我》，頁106。台北：奧林文化。

❹王繼承（編著）（2001）。《人事測評技術：建立人力資產採購的質檢體系》，頁72。廣州：廣東經濟。

❺徐增圓、李俊明、游紫華（2001）。《企業人力資源作業手冊：選才》，頁122-124。台北：行政院勞工委員會職業訓練局。

❻Gary Dessler（著），李茂興（譯）（1992）。《人事管理》，頁162。台北：曉園。

❼張一弛（1999）。《人力資源管理教程》，頁139-140。北京：北京大學。

❽編輯部（2000）。〈小心落入僱用的陷阱〉。《EMBA世界經理文摘》，第162期（2002/02），頁91-92。

❾Daniel Goleman（著），李田樹（譯）（1999）。〈EQ——好領導人的條件〉。《EMBA世界經理雜誌》，第149期（1999/01），頁38。

❿高占龍（2006）。《節儉管理》（Thrifty Management），頁193。台北：百善書房。

⓫蔡維奇（2000）。〈招募策略——精挑細選的戰術〉。李誠（主編）。《人力資源管理的12堂課》，頁62-63。台北：天下文化。

⓬葉惟禎（2006）。〈人才評鑑工具：抓住水波紋下的好人才〉。《管理雜

誌》，第383期（2006/05），頁115。

❸吳怡銘（2005）。〈攬才因地制宜　薈萃南北菁英〉。《能力雜誌》，第591期（2005/05），頁35。

❹李長貴（2000）。《人力資源管理：組織的生產力與競爭力》，頁176。台北：華泰文化。

❺邱啓揚、張衛峰（2003）。《人力資源管理教程》，頁119-120。北京：社會科學文獻。

❻Mondy、Nov（著），莊立民、陳永承（譯）（2005）。《人力資源管理》，頁165。台北：台灣培生教育。

Chapter 7

選才與面談技巧

凡偏體、搖頭、蛇行、雀鼠、腰折、頸歪不好也。

——明‧《柳莊相書》

　　選才是依據職務需求的條件，透過科學的方法與誠懇的面談，讓應徵者與求才者能彼此互相瞭解，進而決定是否訂定聘僱契約，共同為彼此之利益而努力。對企業而言，選才是非常重要的，因為應徵者良莠不齊，唯有透過縝密的選才過程，才能為組織延聘最適合的優秀人才，而甄選面談是企業最常見用以蒐集應徵者資訊，並且利用這些資訊做甄選決策的工具之一。

第一節　選才流程的作法

　　一些著名企業的總裁在主持面試時，都有自成一格的選才方法。例如：中信金控集團重視面相；航運界長榮集團在面試空服員時，會注意觀察一旁等待的應徵者坐姿，如果女生穿短裙，坐姿不雅，鐵定落選；東元電機不會錄用履歷表一長串的應徵者，因為太多的經歷，代表應徵者缺乏組織忠誠度；台灣本田汽車在面試經銷商時，會注意對方遞名片的態度是否誠懇，以推測他對顧客是否誠懇；統一集團總裁高清愿在面試時，只問應徵者兩、三句話，但一定要應徵者提交自傳、履歷表和成績單，從自傳可以瞭解一個人的個性以及他對人的態度，如果一個人在自傳中很驕傲地邀功，不夠謙虛，這種人不能用，至於成績單，則重視操行成績，如果操行不好，也不會被錄用[1]。

　　一般而言，企業選才的過程為（**圖7-1**）：

1.工作分析：工作分析就是蒐集關於某一職務工作訊息的過程，以確認相關的工作表現向度與甄選標準（所需的知識、技術、能力、人格特質等）。

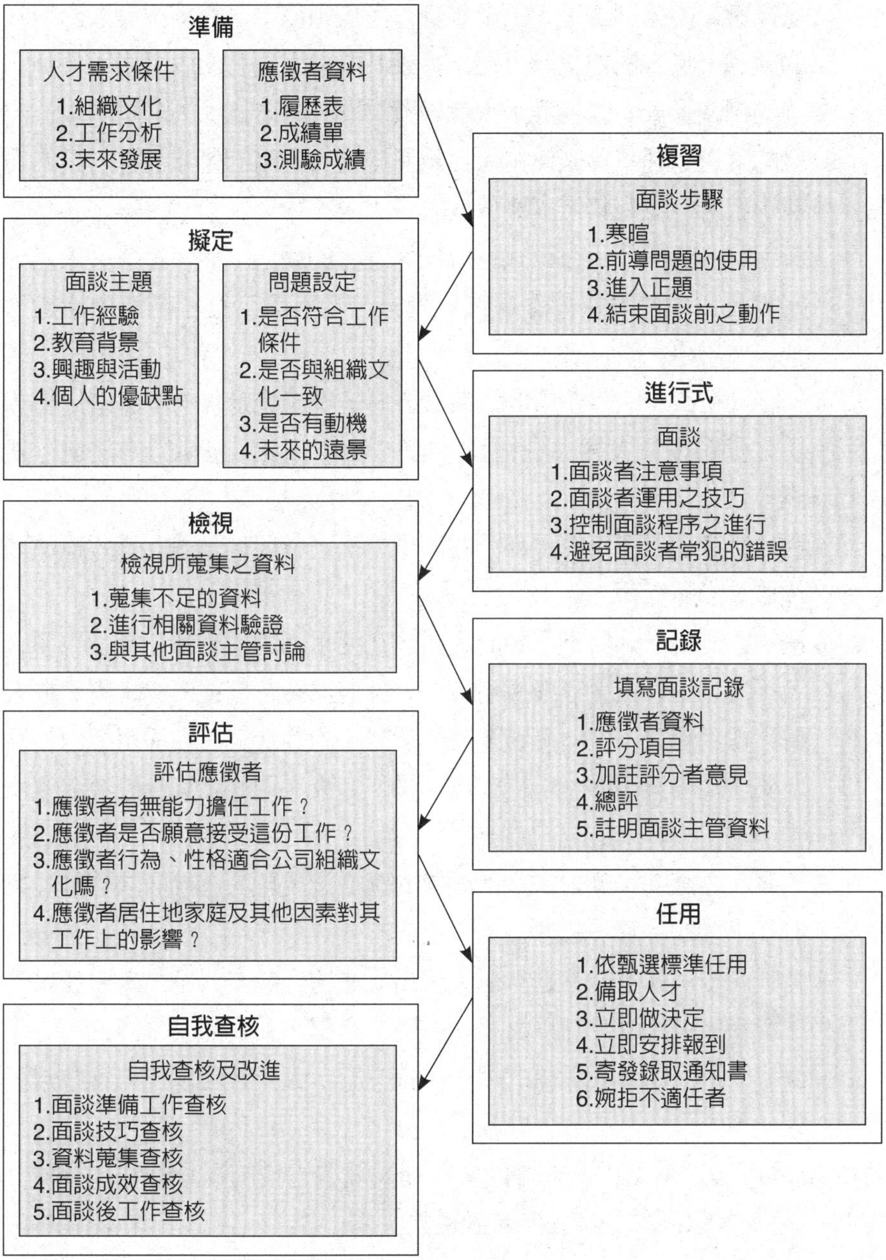

準備

人才需求條件	應徵者資料
1.組織文化 2.工作分析 3.未來發展	1.履歷表 2.成績單 3.測驗成績

複習

面談步驟

1.寒暄
2.前導問題的使用
3.進入正題
4.結束面談前之動作

擬定

面談主題	問題設定
1.工作經驗 2.教育背景 3.興趣與活動 4.個人的優缺點	1.是否符合工作條件 2.是否與組織文化一致 3.是否有動機 4.未來的遠景

進行式

面談

1.面談者注意事項
2.面談者運用之技巧
3.控制面談程序之進行
4.避免面談者常犯的錯誤

檢視

檢視所蒐集之資料

1.蒐集不足的資料
2.進行相關資料驗證
3.與其他面談主管討論

記錄

填寫面談記錄

1.應徵者資料
2.評分項目
3.加註評分者意見
4.總評
5.註明面談主管資料

評估

評估應徵者

1.應徵者有無能力擔任工作？
2.應徵者是否願意接受這份工作？
3.應徵者行為、性格適合公司組織文化嗎？
4.應徵者居住地家庭及其他因素對其工作上的影響？

任用

1.依甄選標準任用
2.備取人才
3.立即做決定
4.立即安排報到
5.寄發錄取通知書
6.婉拒不適任者

自我查核

自我查核及改進

1.面談準備工作查核
2.面談技巧查核
3.資料蒐集查核
4.面談成效查核
5.面談後工作查核

圖7-1　甄選面談流程

資料來源：鄭瀛川、許正聖（1996）。《高效能面談手冊》，頁14。台北：世台管理顧問公司。

2.選擇適當的甄選工具：企業本身可考慮根據本身的情況發展出適當的甄選工具，例如設計公司自行設計的特殊獨有的履歷表、發展測評的相關量表、問卷等；或者購買坊間人力資源顧問公司現成已開發的甄選測評工具來使用，但爲了確定所選用的選才測評工具的功能，就應考慮到其信度與效度。

3.訂定選才的標準：在正式進行任何選才的動作之前，企業必須先確定自己到底要尋找什麼樣的人進入公司，訂定選才標準才能選對人，做對事。

4.初審（初談）：當企業收到履歷表時，則應先進行初步篩選，但招聘大量的從業人員（技術員）時，可採用隨到隨談的方式進行甄試。

5.評估應徵者履歷：在這部分的篩選方法，就要以公司的選才標準爲依據，去蕪存菁。

6.測驗／測試：針對不同階層人員，在使用的選才測評工具上也要有所不同。主管人員一般採用智力、性向測驗及個案研究；對直接人員則採用智力、性向測驗及體能測驗；對間接人員則採用智力、性向測驗及專業測驗；現場工作（操作）人員則測試其身體靈活度爲主。

7.複審（複談）：針對初次面試後的應徵人員再次進行面談，最好找有任用權的主管一起參加。

8.背景調查：對應徵者進行個人信用（品德）調查，尤其是要任用的主管級人員，以及從事財務、採購、倉儲、人資部門之同仁。

9.決定人選：由參與面試的用人單位主管、人資管理單位主管共同決定。

10.錄用通知單：以正式書面文件通知錄取人員的報到時間、職稱、待遇及報到繳交文件（含體檢表）。

11.報到。

第二節　選才的方法

　　當企業招募人員的信息傳遞後，勢必收到若干應徵者資料，然後經由下列作業程序，才能從徵才、選才到正式錄用合適人選。

一、選才作業

　　選才作業可分爲過濾履歷表與進行面試兩部分。

(一)過濾履歷表

　　履歷表隨著時間，其效度會慢慢降低，故面試時，都以測驗及試作來加強其效度及相關性的確定。例如：某半導體公司在面試時，會用電腦題庫做性向、智商、英文程度、特殊專長的測驗，做完測驗，即將其成績計算出來，作爲參考的數值，但是這只是一項技能的檢定，還是要藉由面談的過程，來瞭解應徵者是否能接受公司的理念及文化。

(二)進行面試

　　誠如台積電張忠謀董事長在交大開課時，所提到的「台積電要用的人是志（願景）同道（企業文化）合的人」。所以，企業在招募時，除瞭解應徵者是否具有技能外，還要注意和公司的願景及企業文化是否吻合。

　　由於一般的企業都會讓用人主管進行面談，爲了讓主管能在面談當中蒐集有用的資訊，有效的評估應徵者是否具備各項工作的需求，企業必須對用人主管進行面談及資料評估的訓練。

二、選才成功的秘訣

　　正直徵才公司（Integrity Search Inc.）曾經對九百位溝通專家做了一

次問卷調查,請他們回憶當初自己應徵職位時,最受挫折的項目為何。結果發現,他們最不滿意的項目包括:同時由兩位以上的主考官面談(14%);過程太長且太複雜(17%);下一個步驟不明確(23%);被要求等候的時間太長且不合理(24%);應徵職位的描述不夠清楚或不一致(27%);缺乏回饋或覺得自己沒有地位(38%);以及面談未充分準備或沒有重點(39%)[2]。

選才是企業用人重要的一環,所以想要選才成功,有以下之秘訣可循:

1.清楚地呈現招募及甄選為組織帶來的效益。詳實明確的用才條件及標準。
2.清楚地定義角色及責任。
3.發展技巧。用人主管的選才及面談技巧都可以透過訓練學習,但千萬不要盲目一味迷信面相、八字及紫微斗數等。
4.一致化系統與流程。
5.事先設計面談題目,提供清楚的衡量標準。
6.精確安排面談過程。
7.決定如何做決策。
8.試用期間的緩衝。針對不同的職務有不同的試用期,例如直接人員的試用期一般為四十天,資訊人員的試用期則須長達三至六個月。

第三節　企業相人術

法國名將Napoleon I曾說:「四十歲以後,面相是自己決定的。」企業要準確地識別人才,通常採用選才測評工具外,如果再配以「觀相識人」的技巧,就能做到更加科學、合理的遴選適合的人才來工作(圖7-2)。

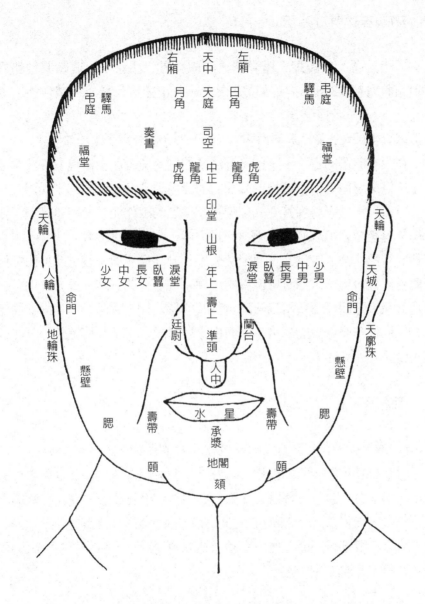

圖7-2　面部十三部位圖像

資料來源：梁湘潤（2004）。《相學辭淵》，頁24。台北：行卯。

一、中國古代選才方法

　　「相人術」係觀察人體骨骼、形貌與言行舉止，以測斷其性格好壞與富貴貧賤的中國古代傳統方術之一。中國古代是以「工作能力」（才）、「一般性品德與人格特質」（德）、「應有的行為規範」（常）與「見識與氣度等價值觀」（識）四類評量因子來鑑識人才。

　　在人才篩選的方法上，則可分為「控制應徵者所處情境」的「測」與「未控制應徵者所處情境」的「觀」等兩種評量方法。其中「測」的評量方法可以透過用詢答方式來瞭解應徵者的工作能力，和用實際工作情境來對應徵者加以測驗等兩種評量內容：來瞭解應徵者的「才」；以有利於某種「德」發生的正面情境與不利於某種「德」發生的反面情境等兩種評量內容，來探討應徵者的「德」。而「觀」的評量方法則可以透過某種人際關係下所當為及配合其某種特定身分時所當為等兩種評定內容，來瞭解應徵者的「常」；而由應徵者配合其某些特定身分下之所為與於其某些特定身分下之所難為探知其「識」❸。

二、面相學

　　面相學，是中國人的一門幾千年來長期「觀人」的統計歸納的結果，也就是利用觀看人的面相（含五官）和形體特徵，以及言談舉止來判定人的素質（智慧、經驗、知識）等情況和潛質狀況，譬如：職業軍人的一般形體特徵是身軀挺直；芭蕾舞者的一般形體特徵是脖子細長，腰桿直立，臀部較豐滿；體育運動員通常較健壯等，這些都說明人的面相和形體受某種特質所決定❹。

(一)觀察從事各職位的面相特徵

　　面相學所著重的就是面部，所以一個人臉部氣色好壞，都會直接或間接影響到運勢的起伏。氣色明亮的人，給人神采奕奕的感覺，自己做

起事來也會充滿信心；反之，氣色不佳的人，看起來沒有朝氣，做事無精打彩，效率自然大打折扣。語言（包括：口頭語言與書面語言）是一般人最熟悉的溝通媒體，還有非語言媒體，包括：面部表情、身體姿態等等。

■面部表情

面部包括前額、眉毛、眼睛、鼻子、臉頰、嘴唇、下巴等。透過面部各種器官之變化，可以展現喜樂、悲哀、驚訝、恐懼、憤怒與厭煩等表情。面部器官之中，以被稱爲「靈魂之窗」的眼睛最具表達力，眼睛明亮而正，其人胸中必正；眼睛明亮度差些，雖然脾氣與元氣不太好，可是信用還是很好，若兩眼一大一小，又不夠明亮，除非不得已，盡量避而遠之。孟子說：「存乎人者，莫良於眸子。眸子不能掩其惡。胸中正，則眸子瞭焉。胸中不正，則眸子眊焉。聽其言也，觀其眸子，人焉廋哉！」[5]

喜上眉梢，愁眉苦臉，在表情上只是生活際遇的表現，日子久了，自然影響工作效率與生命情趣。鳳凰上宮闕，「闕」在人面上即「眉」，雙眉之間即「闕中」，用於觀察爲人處事的氣魄。眉頭可看人做事有無頭緒，沒頭緒者多觸霉（眉）頭。眉尾端詳則做事有條不紊，疏稀毛落者不但三心二意心頭無主，且一旦天冷或緊張，手腳都會冰冷發抖，難成大業，此其氣候也。

下巴是「頤指氣使」命令他人的第一利器，頤和則正，身心正則萬事亨通。運用下巴表達身心的語言，除非是「隱私」，下巴小謂之瓜子臉，紅顏多薄命；下巴大謂之葫蘆臉，狐假虎威。人在成長中的際遇，都在臉上留下不可磨滅的痕跡，下巴最常被忽略，卻是最假不了的證據[6]。

■身體姿態

一個人的坐姿、走姿、立姿等，均足以傳達諸多的信息。例如：挺胸、收小腹，以穩健的步伐走路，可能傳達精神抖擻或趾高氣揚的信

息。腳擺放在桌上的坐姿，可能傳達自滿或玩世不恭的態度。

(二)核心職位人選的面相

在企業裡的核心職位，通常由行政管理人員、幕僚人員（包括研究、設計、企劃人員）、財務管理人員、銷售及公關人員組成的團隊，其勝任工作的面相可歸納分析如下：

■行政管理人員的面相

1.印堂、官祿宮開朗。

2.顴鼻配合得宜，法令紋深刻具氣勢。

3.下巴結實有力。

4.眉骨高聳向前傾，眉毛有氣勢。

5.目光篤定自信，有神采。

6.上唇薄，較理性，唇角帶稜線且有力，不會意氣用事且慎言。

7.耳垂厚重向前翹，具有協調能力和積極進取的性格。

8.說話的聲音鏗鏘有力，相學中稱作「求全在聲」。一個好的管理人員，說話清晰有力，表示對自己的意志、原則能加以貫徹。

■幕僚人員（包括研究、設計、企劃人員）

1.額頭高廣，額角揚升，代表有思考研發能力。

2.髮際整齊、平整，關係到一個人吸收新知和學習的能力。

3.眉清目秀，眼神靈活有光彩。

4.鼻子中正而長、又有力者，較謹慎。

5.耳垂大而堅實，耳中段後貼，聰明，做事情小心謹慎。

6.口型小，保守。

7.鼻孔稍微外露者，對事情有追根究柢的精神。臉型多呈倒立三角型。

■財務管理人員

1. 首重「福德宮」觀察，顯示此人的福分，或一般所謂「福緣」，就面相而言相當重要。一個人的福分從兩眉上的額頭（福德宮）可看出，這個部分最好飽滿豐厚，因為它直接關係到大筆投資的穩定性。

2. 「田宅宮」，也就是眉毛與眼睛之間（上眼瞼）的部分，它反應了人對錢的處理態度，以及投資報酬率的高低等。

3. 「鼻準」。鼻子在整張臉的中央，屬於五行中的「土」。中國人講「有土斯有財」，鼻子的尖端即鼻準必須豐隆，因為這個部分是「庫星」，鼻子兩側的鼻翼部分叫「金櫃」，都是我們裝錢守財的地方。所以鼻準豐隆之外，兩邊鼻翼也要均勻有肉，從正面看，兩個鼻孔不會朝天。

4. 嘴巴部分，有句話說「男兒口大吃四方」，嘴巴具吃喝功能之外，也代表一個人理財的態度。較大者氣量大，較小者趨於保守。

5. 耳朵。如果兩耳大而豐厚，耳垂延伸至嘴角成一水平線，且耳垂往前微翹，即為「兩珠朝海」的格局，福緣方面會很好，求財的可能性也相對增高。

■銷售及公關人員

1. 眼大而圓，眼神有力，口大而具彈性，熱情主動。有此類型面相的人外向、愛現。嘴巴也代表一個人的感情表達，嘴巴較厚者熱心親切。以公關工作而言，雖然需要嘴大、眼大的熱情，但「大」得過火就踰越了該有的分寸。而嘴唇薄的人較理性，在熱情之餘亦不失冷靜，會隨時注意自己扮演的角色與行為舉止，不致因聊天而忘了正事，這才不失為好的公關與銷售人員。

2. 臉型突出，從側面看成D型，尤其是凸出的鼻子，代表進取、主動，許多能幹的銷售人員都有這種面相。

3. 印堂開闊，印堂代表意志力與容人之量。銷售與公關人員須經常與

人接觸，聽取他人的意見，要做個出色的聽眾和演說家，從聽話中
瞭解對方意願、需求，並能充分溝通，所以印堂開闊的人容易接受
意見，不會閉關自守。

4.田宅宮豐厚有肉者，心情豁達，不與人斤斤計較，人緣也較佳。

5.眼睛有神、靈活以及兩頰有酒窩者，人緣往往相當不錯❼。

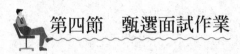

第四節　甄選面試作業

　　甄選面試是一種最古老、最廣泛用來蒐集應徵者資訊，並且利用
這種資訊作爲甄選決策工具的評量方法。運用面試方法，可以看出應徵
者在工作申請表上無法顯示出的資訊及一些非語言行爲，諸如：身體姿
態、表情舉止、眼光移動、說話的拿捏等，都可以經由面對面的觀察、
瞭解作爲評量錄用人選的參考。

一、招募面試的目的

　　招募面試的主要目的，就是爲職缺選擇合適的人來工作，經由面試
者和應徵者雙方口頭上的信息溝通、互動和態度上的觀察，獲得自己需
要的資訊，以便做最好的決定。

1.瞭解應徵者的人格特質與背景。

2.瞭解應徵者的相關經驗及能力。

3.瞭解應徵者的工作意願（動機）及職涯規劃。

4.提供應徵者所需的資訊（職位、制度、企業文化）。

5.塑造顯現出優質的企業形象，讓應徵者對企業留下良好而深刻印
　象。

6.選擇符合職位標準的最適合人才❽。

二、面試周邊環境的布置

面試就是一場考試，這毫無疑義。對面試周邊環境加以妥善管理，排除面試過程中外界因素的干擾，確保面試雙方的信息溝通暢通無阻，不僅有助於面試者的面試工作順利進行，而且也有向應徵者展示良好的企業形象的功用（**表7-1**）。

■選擇合適的面試場所

如果企業坐落在比較偏遠的地區，面試場所就應盡量選擇在企業外部交通便捷而且體面的場所（知名度較高的飯店或咖啡廳）進行，以利應徵者容易尋找。

面試場所的一切與環境不和諧的因素，都有可能分散應徵者的注意力，在招聘面試中，面試者和應徵者之間的互動溝通，主要透過觀察、交談等方式來完成。

■面試場所的擺設

桌子的擺設不要過多的裝飾物或不相干文件，手機要關機，室內溫

表7-1　面試環境的指導原則

- ．選擇一處沒有任何干擾的安靜環境。
- ．選擇一處溫度適宜、燈光柔和的環境。
- ．給雙方安排舒適的座位。
- ．面試官與應聘者之間保持有助於溝通的距離。
- ．雙方座位的安排應有一個角度，這樣既可以進行目光交流，又不會把應徵者直接置於面試官辦公桌的正面。
- ．減少各種干擾（各種打擾、電話鈴聲、引起注意的文件、電腦螢幕、外部噪音）。許多有經驗的應徵者能夠輕鬆地從反方向倒讀著讀文件，所以要把所有可能分散面試注意力的東西收起來。
- ．減少面試時段阻礙溝通的各種障礙（凌亂的辦公桌、氣勢凌人的座位安排）。如果可能，可考慮使用圓桌，以盡可能縮小雙方之間的權力差距。

資料來源：Richard Camp、Mary E. Vielhaber、Jack L. Simonetti（著），劉吉、張國華（譯）（2002）。《面談戰略：如何招聘優秀員工》（*Strategic Interviewing How To Hire Good People*），頁101。上海：交通大學。

258   度適中，不要有過強的光源（光線），不要在有異味的場所面談。營造一個和諧、優雅、安靜、色彩柔和、溫度適宜、空氣清新的環境，確保面試雙方能夠輕鬆自如地交流，從而使面試中的信息溝通獲得最大效率（**範例7-1**）。

營造一個理想的面試環境，不僅有助於透過面試聘到企業所需的優秀人才，還能夠塑造專業、負責、尊重人才及積極進取的企業形象[9]。

三、面試提問的方式

按照面試的提問方式，可分為下列幾種：

(一)封閉式提問

它只需要應徵者做出簡單的回答，一般以「是」或者「不是」來回答，至多加一句簡單的說明。這種提問方式只是為了明確某些不甚確實的信息，或充當過渡性的提問。

(二)開放式提問

這是一種鼓勵應徵者自由發揮的提問方式。在應徵者回答問題的過程中，面試者可以對應徵者的邏輯思維能力、語言表達能力等進行評價。

範例7-1　優先處理面談

> 為了找到適任的職員，英特爾的求職者必須接受多達六位主管的面談，而這些主管莫不以面談為優先的工作。
>
> 曾經有一位正在進行面談的主管拒絕終止面談而去接聽公司總裁打來的電話，「因為我有一位求職者在此。」
>
> 甚至創辦人兼董事長Andrew S. Grove本人都參與大學剛畢業的求職者的面談工作，如果有幾十家公司都有意任用某位極優秀的人才，Grove就會親自寫一封信，誠懇地告訴他應該加入英特爾的理由，求職者常會為之所動。

資料來源：Robert Heller（著），戴保堂（譯）（2003）。《安德魯·葛洛夫》，頁65。台北：龍齡。

(三)引導性提問

當涉及薪資、福利、工作安排等問題時，透過這種引導性的提問方式徵詢應徵人的意向、需要和一些較為肯定的回答。

(四)壓迫性提問

主要用於考察應徵者在壓力情形下的反應。提問都從應徵者的矛盾談話中引出話題，比如：面試過程中，應徵者表示出對原單位工作很滿意，而又急於找工作，面試者可針對這一矛盾進行質詢，形成一種壓迫性的談話。

(五)連串性提問

主要考察應徵者的反應能力、思維的邏輯性、條理性及情緒穩定性。面試者向應徵者提出一連串問題給應徵者造成一定的壓力，這也是這種提問方式的目的之一，譬如：面試者可以對應徵者說：「我有三個問題：第一，你為什麼離開原來的單位？第二，你若到我們公司工作，有什麼打算？第三，如果你到我們公司工作後，發現新工作和你所期望的工作有差距，你會怎麼辦？」

(六)假設性提問

它是採用虛擬的提問方式，目的是為了考察應徵者的應變能力、思維能力和解決問題能力。可以這樣提問，比如：「你現在工作不錯，福利也很好，如果我是你，會留在原單位工作，你認為呢？」虛擬式語句有時會收到很好的提問效果[10]。

面試者在提問上述問題後，要始終表現出認真傾聽的態度，並對應徵者交代不清楚的疑點提出進一步解釋。在面談過程中，面談者必須留意下列的情事：

1.不要提出狡猾的問題。

2.面談形式及氣氛不要呆板。

3.不要表露無聊的感覺或不耐煩的態度。

這些都會使面談的效果大打折扣。

第五節　非結構式與結構式面試

目前有愈來愈多的管道，可以讓應徵者得到訊息，在面試前演練漂亮的答案。要如何從眾多的應徵者當中選出真正需要的人才，恐怕是面試者的一大挑戰。Jim Collins在《從A到A＋》（*Good to Great*）書中強調：先找對人，再決定要做什麼。也就是先找對人，比做對事更重要。應用「結構化面試」（structured interview）才能找到對的人上車。

一、面試的種類

面試採用的種類，會因徵才的職位別不同而有不同的選擇，約可分為下列幾種：

(一)預選面試

甄選程序一開始通常為預選面試（preliminary interview），一般係以電話面試（telephone interview）為主。這種最初的篩選過程，主要是為了淘汰那些明顯不符合職位條件需求的應徵者。在這一階段，面試者提問的通常較簡單且直接有力的問題，例如：某位職位需要的是有特別證書（例如：會計師執照），如果一位應徵者在這方面的答案是否定的，那麼面試者也就不用再繼續問其他的問題，否則對彼此來說只是浪費時間而已[11]。

(二)一對一面談

在典型的面試中，通常採用一位面試者與一位應徵者進行一對一面試（one-to-one interview）。對應徵者而言，面試可能是一種高度需要訴諸情感的場合，因此，在單獨與面試者相處的情況下，通常是較不具威脅性的。這種方法所提供的面試環境，能使面試者與應徵者之間的資訊交流情形較有效率。

(三)團體面試

團體面試（群體約談）（group interview）也稱小組面試（panel interview），係指數位應徵者被安排在同一時間，接受公司派出的面試者（通常是多位面試者）共同評估應徵者的互動與表現。藉由這種方式，多位面試者（諸如：未來的同儕、部屬、主管）能觀察到應徵者在團隊中的表現情形，也就是人際關係技巧的能力表現。

企業實施團體面試的原因有二：

首先，這種面試方式既省時又有效。所有面試人員齊聚一堂，這樣應徵者就不需要在不同辦公室走來走去，接受不同面試者的問話。

其次，資訊取得的一致性。應徵者只要陳述一遍，而不必向不同的面試人員重複陳述。同樣地，因為面試人員在同一處面試會場裡，應徵者也因此能得到一致的資訊。

採用團體面試法，可以讓所有參與面談者以更全面性的觀點瞭解應徵者，同時也讓應徵者有機會從各種不同角度來更瞭解公司。這種型態所得到的面試結果，因多人會談一位應徵者，其效度與信度均高，然而其缺點則是耗費組織較多的資源與人力，以及可能對應徵者形成壓力等等（**範例7-2**）。

(四)壓力面試

壓力面試（stress interview）是指面試者有意地設計一種讓應徵者

範例7-2　西南航空的集體面談

> 　　西南航空對部分工作的應徵者採取集體面試。他們讓應徵者坐在一起交談，面試者則從旁觀察這些人的行為。要試驗一名應徵者是否不自私，西南航空使用一種不算很有創見的方法，然後分析其結果作為僱用的參考。
>
> 　　面試者請一群應徵者準備五分鐘的自我介紹，並且給他們很長的時間準備，在某人做自我介紹時，面試者並不只是在看那個人，而是在看其他的應徵者是在準備自己的自我介紹，還是在熱心的鼓掌支持可能成為他們同事的人。
>
> 　　能支持同事而不自私的人，才會受到西南航空的注意，當別人在講話時，只管自顧自的準備自己演講的人，是不會受到重視的。

資料來源：Kevin L. Freiberg、Jackie A. Freiberg（著），董更生（譯）（1999）。《西南航空：讓員工熱愛公司的瘋狂處方》，頁64-65。台北：智庫文化。

感覺到壓力或不舒服的面試方式。在有壓力情況下，藉以觀察應徵者會如何反應工作上所可能帶來的壓力，或是測驗應徵者對自我的壓力容忍度。如果採用壓力面試，可以選擇空間比較狹小的場所，這樣的場所有利於凸顯出面試的嚴肅性，能使應徵者產生壓力感，可以測試出其心理承受能力，是找出應徵者性格特性的最佳方式。

　　在壓力面試中，面試者會故意詢問應徵者一些直率且不禮貌的問題，以使應徵者感到不舒服的氣氛，這樣做的目的，是為了測驗應徵者對壓力的容忍度有多大。如果在工作本身的工作環境中，就必須面臨高度的壓力，那麼應徵者就必須具有承受壓力的容忍度才行。（**範例7-3**）

(五)行為式面試

　　應徵者是否能夠勝任該項職位的工作，可以從他們過去實際做過的經驗（類似的狀況及其行為反應）為基礎看出大概，來預測應徵者被錄取後的未來工作表現，此即行為式面試（behavioral interview）。譬如：問「你在過去的職務中，最喜歡哪一項工作？」這可以瞭解應徵者過去對工作的反應，未來將會發生類似問題的解決思維模式。

(六)情境式面談

　　情境式面談（situational interview）係主張應該將應徵者放在與日

範例7-3　壓力面試

英國《泰晤士報》報導，俄羅斯商界競爭愈來愈激烈，一些雇主因此採用所謂的高壓面談，協助他們找到適任的員工。面試官可能詢問應徵者非常私密的尷尬問題，甚至故意咆哮、丟水杯，希望測試應徵者的臨場反應。

娜塔莎·葛里希就遭遇過這種場面。最初面試的氣氛並無不對，直到面前的女面試官開始發飆，對著娜塔莎咆哮，指控她履歷造假，她要娜塔莎滾出去，在她離開時，還將她的履歷往地上丟。

第二天，同一名考官打電話給她，說她通過了面對破口大罵的口試，並通知她去上班。對方解釋，她只是假裝罵人，以瞭解應徵者遭遇棘手狀況時的反應。

二十六歲的娜塔莎說，事情讓她驚訝到難以接受，所以她也要對方滾一邊去。

三十二歲的阿戈什爾娜曾到一家獵人頭公司去面試，考官先是祝賀她通過了面試，但是卻要求她必須去染髮、做整容手術，一切費用由公司包辦。阿戈什爾娜當時就很生氣，覺得被羞辱了，於是破口大罵，結果，她沒能通過面試。

面試官普遍認為，非傳統的面試方式，更能準確協助他們評估應徵者的潛能。其中以把水杯丟到應徵者身上最為明顯。如果對方展現強烈的侵略攻勢，代表對方有個性，且有領袖特質。若是對方沒有反應，代表他或她會是老闆的最佳副手，野心不大，也不具威脅性。

資料來源：王麗娟（2006）。〈面試工作先挺過俄人「罵」〉。《聯合報》(2006/07/03)，
　　A14版。

後工作極為類似（假設）的環境、情境中，來考驗其如何處理（思考邏輯）及反應（行為反應）。譬如：問：「顧客若抱怨產品品質不良時，要如何處理？」或者問：「救生艇在外海遭擱淺，為了保存糧食，必須立刻決定要把哪位夥伴丟下船。」救生艇的擱淺，跟應徵者在找的工作沒有關係，但在應徵者回答會如何做出決策時，面試者就可以因為應徵者的答案而更瞭解應徵者。

(七)資訊式面談

資訊式面談（informational interview）的問題形式比較一般性，可能與工作相關或不相關。

一般而言，面試時可同時使用上述的各種方式，但是對於中、高階主管的職務，可使用「行為式面談」，以呈現應徵者之具體經驗與成就，而對於學校剛畢業或尚無相關工作經驗者，「情境式面試」則較為

合適[12]。

二、非結構式面試

非結構式面試（unstructured interview）又稱為非引導式面談（nondirective interview），係屬直覺判斷法，它並沒有預設的問題清單，而是採用自由回答的問話方式，由前一個問題不斷引出新的問題，再請應徵者回答。所以，應徵者回答的答案未必有標準答案可供參考比較。諸如：「告訴我，上個工作的情況？」它確實可提供一個較輕鬆的面談氣氛。

因為在非結構式面談中，應徵者有自由發揮的空間，因此，面試者會注意到任何可能隱藏在結構式詢問背後的資訊、態度或感覺，它較能瞭解應徵者工作人格的特質，這是非結構式面談特別有價值之處。

然而，這種類型的面試，也會造成一些問題，諸如：問題的詢問缺乏有條理的範圍，而且非常容易受到面試者個人偏見的影響。所以，非結構式面試的效度與信度可能最低，因為面試者的主觀意識會影響其面試結果。

三、結構式面試

近年來，結構式面談（structured interview）愈來愈廣泛地被採用。結構式面試又稱為引導式面談（directive interview），屬於標準面談法，它是透過精心的設計，即時考察應徵者的語言表達、人際溝通、思維反應能力。它是在工作分析為基礎的預設大綱來引導的面試，經由這個大綱的應用，面試者保持對面試過程與問話的掌控，應徵者的所有相關資料都被有條理地詢問。據研究指出，結構式面試的效度高於非結構式面試效度，常用於初試階段的面談（**表7-2**）。

表7-2　面談探尋問題之方向與所要瞭解的項目

問題	探尋問題之方向	所要瞭解的項目
外表與談吐	衣著整齊、說話清楚、體格健康	儀表、態度、自我表達能力
工作經驗	談一談你過去和現在的工作經驗？你現在負有多少職責？	曾任工作與職缺是否相關
	你能否描述一下自己一整天大致做些什麼工作？	對自己工作的瞭解與安排
	在工作中，你最喜歡的是哪項工作？最不喜歡的工作是什麼？	瞭解工作的興趣
	什麼工作做得最滿意？什麼最不滿意？	追求工作的成就感
	當你遇到困難的事，你如何克服？請舉例說明	克服困難的方法
	什麼原因使你決定離開目前的工作？	瞭解離職的原因
	你能告訴我為什麼你對這職位發生興趣？未來希望從工作中追求什麼？	自我成長突破的動機
	如果公司聘用你，你未來短期與長期的工作目標是什麼？	志向與抱負
專業技能與知識	你認為一個人應具備哪些條件才能在這個專業職位上勝任工作？	對專業知識的瞭解
	你在上一個職位是因為具有哪些長處，才使你的工作有成果？	瞭解他的長處對工作的影響
	你如何建立一套生產流程制度，舉例說明。	工作能力
態度與個性	你與以前的上司相處得如何？你能形容一下你遇到最好的主管嗎？最不好相處的主管？	上行溝通能力（領導風格）
	你認為你以前的主管會給你的評語是什麼？好的方面是什麼？不好的方面又是哪些？	以前主管的風評
	你認為自己的優點是什麼？比較弱的缺點是什麼？	自我瞭解的能力
	在你以往及各職位中，你做了哪些冒險？冒險之後的結果又如何？	承擔風險的能力
	在與同事相處中，你覺得最難相處的人是哪種人？	與人相處的融洽
	別人或同事給你的建設性批評是什麼？讚賞又是什麼？	對他人尊重
	到目前為止，在你的職業生涯中，最大的成就是什麼？最大的挫折（失望）又是什麼？	成就與挫折的感受度
	工作不順利時，你是如何處理的？	成熟度

（續）表7-2　面談探尋問題之方向與所要瞭解的項目

問題	探尋問題之方向	所要瞭解的項目
教育背景	在學校你最喜歡的課程是什麼？	對工作有否幫助
	你在學校的成績如何？	用功程度
	你在學校參加過哪些社團活動？曾擔任過社團幹部嗎？擔任班級幹部嗎？對你有何影響？	人際關係
	你有無考慮日後繼續進修或接受什麼訓練？	個人成長的計畫
	在學期間，你得過哪些獎項？	努力的程度
健康狀況	去年，你一共請假多少天？為什麼？	勤奮與責任
	依你的身體狀況，你最適合哪一類型的工作？	腦力或體力
	在以往的工作中，是否曾因健康或意外事故而對績效產生很大的影響，讓你覺得很遺憾？	病歷
興趣與活動	工作之餘，你有哪些興趣？在靜態與動態方面？	好動或好靜的個性

資料來源：丁志達（2002）。〈有效的甄才與面談技巧講義〉。國基電子公司（廣東省中山廠）。

(一)結構式面試程序

　　結構式面試可以促使面試者將面試的焦點擺在應徵職務相關的議題上，並且只詢問與職務有關的問題，因此有助於改善面談的品質，進而提升甄選面談之效標關聯效度（criterion-related validity）。

　　結構式面試程序有以下的特徵[13]：

1.面談程序是以對工作績效而言重要的工作責任和需求為基礎。

2.採用的問題有幾種類型，諸如：情境問題、工作知識問題、工作樣本／模擬問題等。

3.針對每一個問題有預先決定好的樣本（標竿）答案，應徵者所回答的答案，會以五點尺度來評等。

4.進行的程序與面試委員會有關，因此會有好幾個評等者來評估應徵者。

5.在每一次的面談都採用相同的程序，以確保每一個應徵者都有完全相同的機會表現。

6.面試者應做筆記，記錄面談內容，以作爲未來的選才參考資料，並防止日後發生法律上的問題的佐證。

(二)結構式面試法的優點

經驗老到的資深面試者，可運用自己累積的用人方法，以高超的面試技巧與細膩的觀察，在笑談間透視應徵者的內心想法，但對一般初任的面試者，則有賴人力資源部門設計一套制式的「結構招募面談題庫」，協助面試者短期內培養面試的技巧，達成選才的任務。

結構式招募面試法具有以下的優點[14]：

1.簡單易學：由於已預先設定面談結構順序與問題，面試者只要依據個人狀況微幅調整面談的題目，即可依樣畫葫蘆地照章演出。
2.不會漏問重要問題：因事先規劃與擬定面談的題目，可避免遺漏重要的問題或待釐清的事項。
3.便於評估答案：由於題目已預先備妥，它能於事前推測應徵者可能回覆的內容，便於評估答案的優劣，或進行更深入的詢問。
4.易於相互比較：由於所詢問的題目內容大同小異，可較易評估各應徵者的優劣處。
5.建立專業形象：採用系統性與結構性的面試方式，可以營造面試者的專業形象。

(三)設計結構化面試題目注意事項

設計結構化面試的題目，應注意以下幾個方面：

1.應對題目進行仔細審查，看題目是否真正測量了所要測量的職能特質，也就是面試題目的效度問題。
2.題目應具有較高的區分度與鑑別力，也就是說，素質較高者和素質較低者，在該題目的得分上應該有比較顯著的差異。
3.問題要清晰、易理解，切忌產生歧異。

268

4. 題目盡量採用開放型問題。所謂開放型問題就是指對方不能僅用簡單「是」或「不是」來回答，而必須另外加以解釋的問題。

5. 有些題目不能太廣泛，應提供一定的背景資料，否則，大部分面試對象會不知所措，無從談起（**表7-3**）。

　　事實上，無論企業招聘什麼樣的人，結構化面試都會被用到，而且在彙總各項選才測評結果而做出最終的決定時，面試的結果所占的比重也愈來愈大。面試也是企業對最有希望聘用的應徵者的最後一次把關，因此，面試者切不可把面試當作招聘中的一種例行公事，而要認真慎重地對待它[15]。

第六節　實際工作預覽

　　傳統上，招聘方案中的訊息被認為是在推銷公司、宣傳公司是一個良好的工作場所的手法，因此，它一般是正面的表述，例如：豐富的薪資、和諧的同事關係、一流的設備、升遷機會多、海外培訓、優厚的福利，以及富有工作挑戰性等，都是強調的內容，但是企業提供的職缺，其工作條件是絕對沒有辦法適合所有應徵者的期望，例如有些人不習慣穿防塵衣上班。所以傳統的「正面」招聘訊息會使應徵者產生在實際工

表7-3　綜合分析能力

試題：請你談談人才流失問題的看法？你有什麼對策來解決這個問題？
考察要素：綜合分析能力
評分標準：
好：有個人的見解，能從問題產生的背景、原因、過程、後果危害等方面來分析，提出多種可行方法，並能對各方法加以討論。
中：只能談到上述某些因素，分析不全面、不透徹，條理性和邏輯性不強，只能提出單一的方法，或方法雖不算錯誤，但不具可行性。
差：就事論事，觀點片面、偏激、無分析及解決問題的思路。

註：符益群、凌文輇（2004）。〈結構化面試題庫是如何獲得的？〉。《人力資源》，總第186期，頁71。

作中無法實現的錯誤預期，這種差距會導致錄用後的員工對組織缺乏忠誠度，甚至離職。

一、實際工作預覽

John Wanous建議採用「實際工作預覽」（realistic job previews, RJF）來招聘員工。它是以一種公正的方式，將工作的詳細內容資料傳達給應徵者，這份資料中包括有正、反兩方面的資料，應徵者既看到了工作積極的一面，也看到了工作消極的一面。舉例而言，面試者除了應說明工作本身所須擔任的職務、應徵者應具備的條件，以及公司的政策及程序等正面條件外，也應告訴應徵者在執行該工作時，將不會有很多與其他人交談的機會，或者告訴當事人該工作的工作量時多時少，多而緊急的時候可能會帶來很大的工作壓力。有了這份資料，應徵者能更加瞭解關於工作和公司的實質內容。譬如：南新英格蘭電話公司（Southern New England Telephone）為那些潛在的接線員製作了一部電影，向他們清楚地說明這份工作的監督很嚴格，重複性強，有時還需要應付粗魯的或令人不愉快的顧客。這種信息導致了一個自我甄選的過程，有的應徵者很看重工作的這些消極面，就自動地退出了申請，而那些留下來應徵的人，具備了對工作要求和特點的接受度[16]。

二、對組織的潛在影響

一位應徵者事先如果只獲得正面的工作或組織訊息，以後他就有可能成為影響組織的潛在負面因素。這些因素包括：

1. 應徵者可能在事先瞭解工作的全盤真相，而不會接受該工作，如今在不瞭解的情況下被錄用了，在瞭解真相後，短時間內便辭職他就。
2. 缺乏真實的負面訊息，會使應徵者對工作有不正確的期待，如果因

270

此而錄用了他，該新員工會在短期內便表現出不滿，接著是低落的員工滿意度和提早的離職。

3.新進人員如果事先不瞭解工作的實際狀況，以後在面對工作的負面情境時，容易對工作或組織不再存有積極正面的期待，對組織的向心力也因此降低。

事實上，沒有人喜歡在被錄用的過程中有被欺騙或誤導的感覺[17]。

三、對離職因素的影響

在大部分組織中，流動經常發生在新僱用的人員之間，特別是那些僅工作六個月內就離職的人。這種跳槽員工中，有許多是由於「過分熱心」的面試者引起。面試者透過不真實地誇大對工作的期望去「過分推銷」工作，但對負面的條件（如加班、出差、輪班等）未能據實以告。當過高的期望不能實現時，那些感到「被過分出賣」的錄取者，對工作不再抱有熱情，且會離開組織。例如：在研發組織中，最常見的是對工作自由度的「限制」，造成員工無法進行自己興趣的研究，之後就會產生一連串如調職、怠惰、離職等副作用。透過給應徵者更多實際的關於工作和組織的信息（不好的以及好的），向應徵者提供實際工作預覽能降低流動率，當應徵者被告知令人不快的工作實況時，他們能夠做出更多的是否接受該工作的知情選擇。

一旦向應徵者提供了實際的工作預覽，其中某些人將退出挑選過程，因為他們的需要和工作需求不相容。例如：當申請「包裹搬運工」職位的應徵者被告知裝船的工作有多麼辛苦時，一些人會收回他們的申請，因為他們不想如此艱難的工作。然而，那些對該工作存有興趣的應徵者如果被僱用，就有可能留在公司，因為他們一開始便知道這種工作有多麼艱苦。譬如：全錄（XEROX）公司在招募業務人員的時候，特別放映一部強調推銷業務困難的影片給應徵者看。全錄公司的說法是，可以淘汰那些遇有困難就認輸的人。

四、薪資給付有多少

面試者對給付的薪水和發展機會也應該扼要的對應徵者說清楚，尤其是薪資。應徵者有權知道工作報酬，但是初試時絕不適合談這個問題，必須等到有決定性的選擇時才可以涉及。假使應徵者直截了當的表示希望較高的待遇，得憑面試者自己的判斷抉擇是否接受他提出的待遇要求。如果這位應徵者是業界頂尖高手，面試者可以向應徵者說考慮後會再通知，或是跟公司其他人商量後再答覆。事後，面試者可以接受其提議的金額，而對方也可能改變心態，接受原先面試者向應徵者所提出的給付金額或條件[18]。

降低流動率能節省大量的人事重置成本的開支，尤其在公司經歷新員工的高流動率時，例如：一項研究表明，做好事先的實際工作預覽，可降低24%的流動率，可導致每年總平均人事費節省二十七萬一千六百美元[19]。

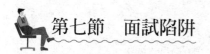

第七節　面試陷阱

西方的司法女神像的眼睛是蒙著布，這象徵只聽取客觀事實，不受訴訟者的形貌、服飾、地位等主觀條件影響，但在企業的招募面試過程中，面試者通常可能出現以下幾個方面的問題，從而影響錄用面試工作的效果。例如：若干實證研究發現，應徵者在面試過程中的表現的確會影響最後的甄選結果。一般來說，應徵者如果具有相當好的學歷背景，或是在甄選的選才測評階段得到較高分數，或是在面試過程中被認定為具有能夠勝任工作的知識、高度的進取心或是良好的溝通能力，那麼通常會得到較高的面試成績，最後被錄用的機會也會大增。因此，面試者需要在面試中有意識地努力克服這些人為陷阱（**表7-4**）。

所有的招聘工作人員在徵才與選才的全部作業過程中，都應該避免

表7-4　面談主試人員自我檢查表

	是	否
1.開始面試的技術		
(1) 主試人是否先行閱讀應徵人的報名單，藉以規劃面試的進行？	_____	_____
(2) 主試人是否已在面試開始之前，留意培養面試的親切氣氛？	_____	_____
(3) 主試人是否在面試過程中，逐步推進，進入談話的中心課題？	_____	_____
2.取得應徵人資訊的技術		
(1) 主試人是否運用「開口式」問題提出詢問，以取得所需資訊？	_____	_____
(2) 主試人是否根據應徵人的回答，逐步提出追問？	_____	_____
(3) 主試人是否避免在詢問問題時，對對方提供暗示？	_____	_____
(4) 主試人是否有能力控制面試的進行？	_____	_____
(5) 主試人是否能促成應徵人情緒的放鬆，自由作答？	_____	_____
(6) 主試人是否懂得運用傾聽對方談話的技巧？	_____	_____
(7) 主試人是否在面試中，取得了有關職位因素的資訊？	_____	_____
(8) 主試人是否在面試中，取得了有關無形因素的資訊？	_____	_____
3.對應徵人傳送資訊的技術		
(1) 主試人是否對應徵人清楚說明了應徵職位的情況？	_____	_____
(2) 主試人是否對應徵人清楚介紹了公司背景的情況？	_____	_____
(3) 主試人是否對應徵人善盡了「推銷」公司和應徵職位的任務？	_____	_____
(4) 主試人是否鼓勵應徵人，盡量提出尚不明瞭的問題？	_____	_____
4.結束面試的技術		
(1) 主試人是否能夠控制面試的情況，逐漸步入結束？	_____	_____
(2) 主試人倘認為不宜錄用，是否對應徵人提出不傷害對方的說明？	_____	_____
(3) 主試人倘認為尚須另作面試，是否已將下一步驟告知對方？	_____	_____
(4) 主試人是否能使應徵人留下對本公司的良好印象？	_____	_____
(5) 主試人是否在應徵人離去後，將面試結果立即記錄？	_____	_____

資料來源：人才招募研究小組（編著）（1987）。《人才招募與選才技巧》，頁163-165。
台北：前程企管。

陷入以下常見的誤區：

一、第一印象效應

第一印象是人們交往或相處的初始階段，各種表現給他人的反應效果，在心理學上稱為第一印象。人們在交往過程的開頭，一個人的

容貌、體態、儀表、服飾、言談、舉止、學習、工作等方面，會對與其交往的他人的感官發生刺激，形成一種初步認識，即俗話說的「一見鍾情」。

一般來說，應徵者在參加面試時，大都會刻意打扮與講究服飾穿著，給面試者留下良好的第一印象。研究調查顯示，面試者通常在面試過程前的幾分鐘內，已經對應徵者做了判斷，當此情形發生時，應徵者縱使再有許多具有高度潛在價值的條件也會被忽略。例如：三國時代的劉備對龐統，曹操對張松，皆因龐、張其貌不揚而被委屈對待（**範例7-4**）。

二、燻染效應

人總是生活在一定的環境裡，在同一環境中，成員之間頻繁接觸，

範例7-4　日本保險推銷之神

1904年，原一平出生於日本長野縣。1930年3月27日，二十七歲的他帶著自己的簡歷，走入了明治保險公司的招聘現場。

一位剛從美國研習推銷術歸來的資深專家擔任主考官，瞟了一眼面前這個身高只有一百四十五公分，體重五十公斤，被人稱為是「矮冬瓜」的應徵者，拋出一句硬梆梆的話：「你不能勝任。」

原一平驚呆了，好半天回過神來，結結巴巴地問：「何……以見得？」

主考官輕蔑地說：「老實對你說吧，推銷保險非常困難，你根本不是幹這個的料。」

原一平頭一抬問道：「請問進入貴公司，究竟要達到什麼樣的標準？」

主考官回答道：「每人每月一萬元。」

原一平繼續問道：「每個人都能完成這個數字？」

主考官回答道：「當然。」

原一平賭氣的說：「既然這樣，我也能做到一萬元。」

原一平「斗膽」許下了每月推銷一萬元的諾言，但並未得到主考官的青睞，勉強當了一名「見習推銷員」，沒有辦公桌，沒有薪水，還常被老推銷員當「聽差」使喚。一年過去了，他創造的業績讓同事們刮目相看。

在他三十六歲時，就已經成為美國百萬圓桌協會成員，與美國的推銷大王Joe Girand共同聞名於世，後來，他被日本天皇授予「四等旭日小綬勳章」。

資料整理：丁志達。

相互砥礪，會產生許多相似之處，稱為「燻染效應」，即俗話說的：「近朱者赤，近墨者黑」。據說孟母三遷，為的是給孟子尋找一個有利成長的環境。所以，企業要找到有共同信念、價值觀的人來一起工作，透過內部優秀員工推薦的應徵者被錄用的機率就會大增。

三、馬太效應

馬太效應（Matthew Effect）是指人們「注意」的集中性和慕名心理引起的效果。科學史研究者Robert Merton提出，在如何對待科學家和科學貢獻的問題上存在著這樣一種現象：「對已有相當聲譽的科學家做出的科學貢獻，給予的榮譽愈來愈多，而對那些未出名的科學家，則不承認他們的成績。」他將這種現象稱為「馬太效應」，是借用〈馬太福音〉這部著作中的兩句話：「凡有的，還要加給他，叫他多餘；沒有的，連他們所有的，也要把他奪過來。」因此，名校畢業生就容易被認定是好的人才。

四、鐘擺效應

鐘擺由於上下位置的不同，擺動起來產生的效果也不同，上端稍微擺動，底下的擺錘就會晃動得很大，稱為「鐘擺效應」。俗話說：「上樑不正下樑歪」或「失之毫釐，差之千里」，可詮釋鐘擺效應的最佳例子[20]。

五、過度一般化

面試者若對應徵者有自己喜好的特性，那麼就是好的；若對應徵者具有自己不喜歡的特性，則是不好的，這種非黑即白的兩分法，稱為「過度一般化」（overgeneralization），雖然能快速又方便的判斷，卻很隨便而不公平。

六、未經判斷即以斷定（prejudgment）

在沒有獲得充分的資料作爲判斷的依據之前，急於斷定。譬如：面試者最常問的兩個問題是：「請問你有哪些優缺點？」、「你希望五年內達到哪些目標？」不管應徵者的答案爲何，面試者總難免產生一些很直接的印象，我就是要晉用有這種十足野心的人，或是這樣人體會不出有什麼幹勁，恐怕不是理想的人選。如果面試者習慣用這種絕對的態度來評量應徵者，恐怕相當不客觀[21]。

七、意識投射（projection）

把自身文化背景中的喜好部分投射到應徵者身上，希望在應徵者身上找到同樣的特性。譬如：面試者畢業於國立大學，這個教育背景讓面試者引以爲榮，於是若發現應徵者也具有同樣的背景，就情不自禁地喜歡這位應徵者，否則，就覺得失望，如此一來，就很難發現並接受應徵者身上那些與自己不同的優點了。意識投射模式的最大缺點是忽略了這個職缺的真正要求是什麼。

八、隨身附會（stereotyping）

有些流傳的講法只是很一般化的敘述而已，但是有許多人卻拿來當作用人判斷的準則。譬如：「女人多較重細節，不從大處著眼」、「鄉下人比較老實」等。這些分類對人的影響是潛意識性的，所以，面試者一定要在評估資料時，特別提醒自己是否受此影響。

九、評等偏見（rate bias）

對於同樣的應徵者，不同的面試者可能給予不同的評等，其中一項的重要影響因素是面試者「評分的寬嚴尺度」，如果面試者存心「找

招募管理

276　礎」，面談往往會失眞[22]。

十、先入爲主的現象

面談者對應徵者先存有先入爲主的印象，就假設應徵者是什麼樣的人，在面談最初幾分鐘內即對應徵者下結論，而刻意忽略應徵者其他相關資訊。

十一、個人偏見

面談者個人偏見對應徵者常造成重大的影響。例如：一位擁有工程背景的行銷主管，在招募新人時，往往也對類似背景的應徵者有較大的偏好，這種情結是特別需要小心的偏見。此外，因應徵者的年紀、種族、性別、過去的工作經歷、個人的背景等所產生的偏見也在所難免。

十二、暈輪效應

面談者僅因爲欣賞應徵者的某一項突出特性，就影響對應徵者其他特性之判斷（推論），導致了以偏概全，這種傾向又稱爲「月暈效果」。例如：應徵者屬俊男美女，外表突出，面試者欣賞這種外表而忽略其他人格特性（一俊遮百醜）。然而，俊男美女不一定辦事能力強[23]。

十三、弦月效應

弦月效應正好與暈輪效應相反，也就是當面談者對應徵者在某一方面的表現感到特別失望時，往往會傾向於認爲這個人一無是處，並因而給予過低的評價。

十四、刻板印象

它是指對某一團體或某一類人的固定知覺（例如：新新人類都是好逸惡勞的），而此種知覺又將使個人對該團體賦予一組相對應的行為模式。然而，事實上此類行為模式卻未必能代表這一團體的真實行為（難道新新人類一定都是好逸惡勞的人嗎？），因此，面試者若過分依賴刻板印象，往往就會對應徵者產生錯誤的判斷，並因而不再蒐集真正能夠代表應徵者的相關訊息，完全按照面試者心中的想像標準去評估應徵者是否適合該職缺[24]。

十五、對比效果

前一位應徵者表現很好（或很差）衍生成眼前的應徵者表現不好（或很好）。

十六、太早下結論

面試者與應徵者談不到幾分鐘，就根據申請表或履歷表上的內容記載，急著對應徵者的面試結果下結論，評斷出應徵者的適任或不適任。

十七、歸因效應

歸因效應是指面試者認為自己是全能的「上帝」，永遠正確，居高臨下的態度對待應徵者，過分相信自己的直覺。

面試者為了避開上述之面談過程的陷阱，應專注於客觀的工作條件、應徵者的資歷、善用選才測評工具，並輔以明確適當的面談結果，充分瞭解應徵者的一切資料的真實性，如此一來，找對人、做對事的用人機率必能提高許多（**表7-5**）。

278   表7-5　面談問話的禁忌

- 不要問應徵者的國籍、出生地，這可能引起省籍情結。
- 不要問應徵者的年齡，這可能引起年齡歧視。企業可以問應徵者年齡是否超過十六足歲，如果回答是否定的，可以允許詢問確切的年齡（法律對僱用童工的限制與保護）。
- 不要問應徵者是否單身、已婚、離婚或分居，除非這一信息與工作有關（這是不大可能的）。
- 不要問宗教信仰的問題以及是否參加何種政黨（政治面貌）。
- 不要問應徵者有關身高或體重等辨識特徵的問題。
- 不要問應徵者有沒有小孩，是否計畫要生小孩，或是安排什麼樣的托兒照顧。如果企業決定不聘用一個家有小孩的婦女，這個問題可能引發性別歧視的指控。
- 不要問應徵者有沒有會干擾工作表現的體能或智能障礙。法律規定，雇主唯有在應徵者通過所需的體能、智能或工作技術測驗並錄取該應徵者後，才得以探討有關體能或智能障礙的問題。
- 不要問女性應徵者娘家的姓。有些雇主會藉此推斷應徵者的婚姻狀況，這類問題不論是對男性或是女性應徵者都應該避免，但詢問已在本企業工作，或問一位在競爭對手工作的親屬姓名是合法的。
- 不要問應徵者的前科紀錄，不過可以問應徵者是否曾經犯罪，但前提是這個提問與工作明確有關（例如：保全人員）。
- 不要問應徵者是否抽煙。因為有許多州以及地方上的規定禁止在某些樓層抽煙，所以，比較妥當的問法是問應徵者是否知道這些規定，以及是否願意遵守。
- 不要問應徵者是否有愛滋病（Acquired Immune Deficiency Symptoms, AIDS），或是人體免疫缺損病毒（Human Immunodeficiency Virus, HIV）帶原者。

參考資料：Luis R. Gomez-Mejia、David B. Balkin、Robert L. Cardy（著），胡瑋珊（譯）
　　　　（2005）。《人力資源管理》，頁224-225。台北：台灣培生教育。

第八節　甄選面試技巧

　　招募與甄選是一種雙向且相互影響的流程，不只雇主試圖吸引應徵者，應徵者也試圖引起面試者的好感，亦即組織甄選合適的應徵者來做事，而應徵者也決定將選擇到哪家企業來發揮個人專長（**表7-6**）。

表7-6　面試準備的表格

職稱：	
主要職責和工作	相關訓練和（或）經驗
1	1
2	2
3	3
4	4
尋求人格特質：	

待探究的主要領域	待提出的問題	附註
教育程度	1 2 3	
過去的經驗	1 2 3	
工作成就	1 2 3	
技能和知識	1 2 3	
人格特質	1 2 3	
前次評價和評等	1 2 3	

資料來源：Richard Luecke（編著），賴俊達（譯）（2005）。《掌握最佳人力資源》（*Hiring & Keeping the Best People*），頁19。台北：天下遠見。

一、甄選面試的流程

面試者在正式進行甄選面談前，首先應先確定公司對這一職缺的需求，以及自己在面談時所須扮演的角色（應負權責），並進而擬定相關的面談計畫。在甄選面試的進行中，需要掌握的要領歸納為五大項，循序漸進，就可以得到一個較有效率的面試結果（**表7-7**）。

表7-7　有效的面試問題集錦

分類	面談問題
開場白	・本公司（這個職位）吸引你的是什麼？ ・你如何知道我們的求才訊息？
瞭解應徵者目前（最近）的工作	・請告訴我有關你的工作背景？ ・你怎麼獲得目前的工作？ ・你擔任的是什麼職務？ ・請談談你目前（最近）的日常上班情形？ ・工作中最令你滿意的是哪一點？為什麼？ ・工作的哪一點最令你沮喪？為什麼？你如何處理？ ・對你的職位來說，最具挑戰的是哪一方面？為什麼？ ・你從工作中得到的最大收穫是什麼？他們對你的成長有何幫助？ ・如果我們向你現在的雇主打聽你的能力，他（她）會怎麼說？ ・你的直屬部屬會如何形容你？你的同僚又會如何形容你？ ・你目前或最近的經理認為你最大的貢獻是什麼？
工作經驗	・你的工作經驗對你獲得這份工作有何幫助？ ・請告訴一、兩項你的最大成就以及最大挫折？ ・你遇到的最大挑戰是什麼？你怎麼應付的？ ・你在工作中最有創意的成就是什麼？ ・你怎麼看待自己為成功付出心力？ ・可以談談你曾經參與而且成果獲得肯定的新企劃或措施嗎？ ・你在工作中做過好決定和壞決定，請各舉出兩個例子。 ・你的工作績效有時不如預期，請聊聊。 ・你能帶給這份職位什麼樣的品質？ ・試舉例說明你督導他人的能力。
評估應徵者的技巧	・你是個自動自發的人嗎？若是的話，請舉例說明。 ・你有什麼最大的優點可以造福本公司？ ・你曾經如何積極影響別人完成任務？

（續）表7-7　有效的面試問題集錦

分類	面談問題
評估應徵者的技巧	・談談你在缺乏一切相關資訊下所做的決定？ ・談談你迅速做成決定的事例？ ・你怎麼會支持自己當初不同意的某項新政策或措施？ ・你怎麼激勵直屬部屬與同僚？ ・談談你如何尋找資料、分析、然後做決定？ ・你最近做了一個高風險的決定，你是怎麼做這個決定？
評估應徵者的作風	・在你做過的所有工作，你最喜歡哪一個？為什麼？ ・過去任職時，你偏好有人督導你嗎？ ・你的舊上司扮演何種角色來支持你的工作和職涯發展？ ・你偏好在哪個類型的公司裡任職？ ・你比較喜歡團隊工作還是獨立工作？ ・談談你認為受益良多的團隊合作經驗？ ・你覺得你的上司有哪些重要的特徵？ ・你覺得在何種環境中工作效率最高？ ・你需要多少指導和回饋才會成功？ ・你覺得改變令你最興奮的是什麼？最洩氣的又是什麼？ ・你如何因應公司的改變？ ・你認為自己會是怎樣的上司？ ・你的上司會怎樣形容你？ ・你曾經做過最困難的管理決策是什麼？ ・你喜歡跟哪種人共事？ ・你覺得哪種人最難以共事？為什麼？ ・你在工作中最感困擾的是什麼？你怎麼去應付？
職涯企圖心符合目標	・你希望在下一個工作中避免再犯哪些錯誤？為什麼？ ・為什麼要辭掉你目前的工作？ ・這份工作符合你的整體職涯規劃嗎？ ・你認為三年後自己的處境如何？ ・你過去幾年對職涯的企圖心有何改變？為什麼？ ・如果你得到這份工作，你最想完成什麼事？ ・你認為自己五年以後會是什麼樣子？
教育	・你在班上的成績如何？ ・在校時，你參加過哪幾類的社團活動？擔任過何種工作？ ・在校時，你是否有機會賺取自己的部分零用金？ ・你憑什麼特殊的教育背景、經驗或訓練爭取到這份工作？ ・如果你得到了這份工作，你最想加強哪方面的訓練？ ・你所受的哪些教育或訓練，對這份工作有幫助嗎？ ・你受教育的目標是什麼？

（續）表7-7　有效的面試問題集錦

分類	面談問題
顧客服務	・你怎麼設法滿足顧客的需求？顧客有何需求？你如何協助他們？你採取哪些行動而結果如何？
自我控制	・談談你怎麼因應特別緊張的情況、不懷好意的同事或顧客？當時的情況如何？你採取了什麼行動？說了什麼？對方有何反應？
成果導向	・談談你為何主動改進工作方式或某些事物（程序、系統、團隊）的運作？你採取了什麼行動？結果如何？你怎麼知道你的解決方式促成改進？ ・你目前取得了哪一類的執照？
尾聲	・你曾否患過最嚴重的疾病？開刀手術過嗎？ ・我們在討論與職位有關的資歷問題時，是否有疏漏？你對敝公司有什麼疑問？

參考資料：Richard Luecke（編著），賴俊達（譯）（2005），《掌握最佳人力資源》（*Hiring & Keeping the Best People*），頁163-167。台北：天下遠見。

(一)開場

開場通常約占整個面試時間的一成左右。這個階段是為了讓應徵者覺得自在一些，並營造雙方融洽相處的氣氛，建立和善的關係，消除彼此之間的緊張，讓應徵者侃侃而談，順利進入面談主題。例如：面試者與應徵者座位之間盡可能減少障礙；面試者介紹自己與職位，讓應徵者感到輕鬆、舒適；面試者說明面試的流程；解釋面談過程做摘要記錄的動作等。有實證研究發現，面試者對應徵者是否顯現高度興趣和支持的態度，會影響應徵者對徵才公司的觀感，以及一旦被錄取後是否接受這份工作的意願。

(二)介紹公司與工作內容

簡短介紹公司文化、公司營業項目與顧客群、組織架構及應徵職缺的主要工作內容，並鼓勵應徵者提出問題。

(三)蒐集應徵者資訊

　　視職務的內容，一般面試的時間大約以一小時爲宜。可以採取非結構式的面談或結構式的問法，也可以進行一對一的或是小組面談。在發問時，應注意幾件事：

1.在面談中，不要只是面試者一個人在說話，不要問答案「是」或「否」的問題，應該問一些較須深入回答的開放性問題（例如：請你說一說，你在上一個服務單位工作的職責有哪些？），但也要避免會引導出特定回答的問題（例如：你是不是認爲你的人際關係技巧不錯？）。

2.不要引導回答方向。

3.不要以微笑或點頭來暗示某些答案是對的。

4.不要像是審問犯人般地詢問應徵者，也不要故作幽默狀、諷刺或顯出怠慢的態度。

5.使用開放式的問題及適當的問話技巧，並鼓勵應徵者充分表達意見，以追根究柢的瞭解應徵者話中之話的涵意，並保握80/20原則，專心傾聽，少中途插話。

6.應多問開放式的問題，且在問話時不要主控全場，以免應徵者沒有時間充分發言；也不要讓應徵者主控全場，以免沒有時間問完想要問的問題。

7.面談進行過程中要保持良好的溝通氣氛，除非是故意設計的壓力面談。

8.應徵者如對前任工作發出輕視的言語，則可能代表他的不忠或對人的敵意（**表7-8**）。

　　要預測一個人未來工作表現最好的指標是他以往的表現。所以，面試者與應徵者面談時，好好地把焦點放在應徵者的過去經驗與現在工作有關的問題上。譬如說，要找到一位對該工作有熱情（passionate）的

招募管理

284　表7-8　面試避免的問題

類別	例子
多重的問題	・請告訴我一些你在XX公司的工作內容？你的主管及同事相處如何？你為何想離開這家公司？
私人的問題	・你為何不喜歡與家人住在一起？
引導式的問題	・你不介意加班，是吧？你可以輪班，對嗎？
刁難性的問題	・為什麼你在XX公司服務了八年，待遇只有三萬元？
歧視性的問題	・你自認能與這些優秀的工程師共事嗎？
限制性的問題	・你喜歡擔任人事還是會計的工作？
標準答案的問題	・你喜歡與一群人一起工作嗎？

資料來源：丁志達（2008）。〈員工招聘與培訓實務研習班講義〉。台北：中華企業管理發展中心。

人，面試者就要問應徵者從過去的經驗中，你最擅長什麼？有什麼是被公認或被表揚的特殊事蹟？為什麼被升遷？什麼樣的工作會讓你投入？瞭解這些，就會讓你對應徵者的熱情所在，有一清楚的輪廓。然後，面試者還可以根據所掌握到的訊息，針對應徵者是否對該工作有熱情進行評估[25]。或面試者可以問應徵者：「在過去的工作上，你曾經做了哪些可以展示你創造力的工作？」或「在你的上一個工作中，什麼是你最想成就卻還沒有完成的事，為什麼？」等問題[26]。

(四)結束面試（尾聲）

一旦所有的問題及討論都結束後，面試者應做出結論，讓應徵者知道面試已經接近尾聲。例如：「我已經問完我所有的問題了，有沒有任何關於工作及本公司的問題我沒有回答你的？」之後，讓應徵者知道下一步會如何進展及何時會收到回音，是透過電子郵件、電話或書信方式通知他，會不會有進一步的面試等等情況[27]。

有些應徵者會在此刻提出有關薪資、福利的問題，這類問題通常是由公司人資單位處理，也有的公司會請應徵者說出自己期望的待遇。

在結束面談時，面試者要記得感謝應徵者前來面試，握手、眼睛注

視對方，並親自幫忙開門，陪著應徵者走到門口或親自交給人資單位招募承辦人員，讓應徵者留下「被尊重」的深刻印象，進而影響他的就業選擇。

(五)評估面談結果

在應徵者離開現場後，面試者應趁著記憶猶新之際，再次回顧先前的面談記錄，把相關的資料與評估填入定型式的面談表中（**表7-9**）。

二、有效面談的幾項建議

在面試時，如果應徵者太快回答面試者提出的問題，而沒有稍微停頓思考的話，這就表示應徵者的答案可能經過事先準備。所以，有效面談要注意的幾項建議如下：

表7-9　應徵者面試評估查核表

- 應徵者是否展現出對工作負責任的成熟度？是否瞭解職場上的基本價值，並且清楚自己為公司帶來的價值為何？
- 應徵者是否能清楚說明自己在前一個工作所負責的內容？
- 應徵者是否能清楚闡述自己在前一個工作所負責的項目與公司的策略目標之間有何關聯性？
- 應徵者是否尊重組織階層概念？此人看起來是否尊重你的意見？
- 應徵者是否展現出知識工作者典型的不良行為？例如心存怨恨、揶揄同事或管理者、不尊重流程以及責任？如果此人對過去的工作經驗抱持負面態度，他所提出的抱怨是否具體？或是反應出此人有「反」負責的工作心態？
- 應徵者是否仔細想過，達成成功的目標所需要的資源有哪些（包括時間、訓練以及其他人力）？
- 應徵者是否展現出他對於顧客的瞭解與敏感度？是否能清楚說明過去他跟顧客之間的關係？是什麼原因使他認知到與顧客的關係是否是負面的？

資料來源：Farzad Dibachi、Rhonda Dibachi（著），林宣萱（譯）（2004）。《這才是管理！強化員工生產力　提升企業績效的7大管理策略》，頁256。台北：美商麥格羅・希爾。

286

1.面試者應先研讀每一位應徵者的相關資料。

2.預先安排面談程序,並瞭解哪些是面談中的關鍵問題。

3.在安靜的房間內進行面談,不可讓人打擾面談過程。

4.面試者應先和應徵者閒話家常,使應徵者放鬆心情,然後開始就主題詢問應徵者。

5.不論是結構化的面談或非結構化的面談,面試者應專心傾聽應徵者的所有談話內容,並且避免對某段話預作評論。

6.面試者不但應避免以言語威嚇應徵者,也應避免以肢體動作、眼神等非語文訊息造成應徵者的不安。

7.面試者可鼓勵應徵者發問,使應徵者知道公司關切其權益。

8.面試者不但可探詢應徵者是否具有勝任工作的基本條件,也可在問答中瞭解應徵者的求職動機,對工作的熱誠等較為抽象的特質。

9.面試者可以記筆記,但不應一直做筆記,以免妨礙談話(**表7-10**)。

10.在面談結束前,面試者應確保應徵者瞭解工作的性質。

11.面談結束時,面試者應告知應徵者公司何時會決定錄取名單。與其說:「錄用與否,我們都會在一週內通知」,倒不如說:「後續的安排,我們會在一週內通知」比較恰當。

12.面試者應記下對應徵者的評估,並且檢討是否讓個人的偏好影響了應徵者的印象[28]。

　　人才雖然難找,但找錯人要付出的成本可能更大,以上這些建議,都可以幫助面試者找到真正的適任人才(**表7-11**)。

表7-10　面談記錄參考詞彙清單

一帆風順	多才多藝	知足常樂	捷足先登	樂於授權
一板一眼	有始有終	非常友善	深入淺出	樂觀活潑
一視同仁	有條不紊	非常合群	深思熟慮	樂觀豁達
一點就通	有話直說	非常專業	理性掛帥	毅然決然
人云亦云	百發百中	信心十足	眼光深邃	潛力十足
人直口快	老實可靠	信用第一	處世圓滑	窮追猛打
三省吾身	老練世故	冒險犯難	責任心強	衝勁十足
千依百順	自主性強	前瞻導向	野心勃勃	談吐詼諧
口才一流	自立自強	品質第一	創意十足	駕輕就熟
口齒清晰	自動自發	威權掛帥	勝任愉快	魅力四射
大權在握	作風務實	客觀超然	博學多聞	機智圓滑
小心翼翼	作風強勢	很有耐心	富想像力	機智過人
小心謹慎	冷酷無情	待人誠懇	智慧過人	機靈狡黠
才華洋溢	完美主義	待人親切	無所不談	獨立自主
不切實際	志向遠大	急公好義	無為而治	獨斷獨行
不屈不撓	抗壓性強	為人隨和	猶豫不決	積極參與
不畏風險	技巧熟練	突破傳統	善於辭令	辦事牢靠
不苟言笑	技術官僚	苦幹實幹	善體人意	遵守時間
不偏不倚	投機取巧	風趣幽默	韌性十足	頭腦清醒
不講人情	改革創新	值得信賴	勤勉不懈	優秀士兵
中規中矩	步步為營	個人掛帥	感同身受	優秀幹部
井井有條	沉著自信	個性外向	想到就做	績效導向
分析導向	沉默是金	個性積極	愛民如子	聰明伶俐
心甘情願	肝膽相照	哲人風範	楚楚動人	臨危不亂
文質彬彬	言行一致	宵衣旰食	腳踏實地	臨渴掘井
可靠無虞	言詞犀利	悟性頗高	道德掛帥	舉一反三
市場導向	足智多謀	效率至上	實用主義	講求效率
打拚天下	乖巧伶俐	氣定神閒	慷慨大方	謹言慎行
打造團隊	事必躬親	笑口常開	精力充沛	曠世奇才
未來導向	來勢洶洶	胸懷大志	精打細算	藝術天分
正人君子	和藹可親	能力高超	緊張兮兮	識途老馬
正直不阿	固執不通	能伸能屈	聞過則喜	關心別人
民主作風	忠厚老實	能言善道	儀態不凡	難以捉摸
立竿見影	明白事理	鬼斧神工	寬容雅量	觸覺敏銳
企劃導向	明察秋毫	堅定不移	彈性十足	犧牲奉獻
光明正大	明辨是非	堅持到底	德高望重	辯才無礙
先見之明	服從領導	執簡馭繁	憂心忡忡	顧客至上
先發制人	果斷明快	專心一致	樂於合作	體諒別人
全心全意	直截了當	帶領團隊	樂於助人	觀察敏銳
全心投入	直覺敏銳	得寸進尺	樂於配合	鑽牛角尖

資料來源：Marge Watters、Lynne O'Connor（著），陳柏蒼（譯）（2002）。《求職人聖經》，頁63。台北：正中書局。

288　　表7-11　應徵者的肢體動作與代表的含義

肢體動作	代表的含義
應徵者回話停頓過久	・表示其不瞭解問題 ・表示其不想回答 ・表示其不認同 ・表示正在揣摩上意 ・表示想要掩飾某些事實
皺眉	・表示其不耐煩 ・不能同意對方意見
避開眼神	・說謊 ・信心不足 ・膽怯 ・不專心 ・天生習慣
深呼吸	・緊張
掩嘴	・信心不足 ・講反話
姿態變換頻繁	・不耐煩 ・不專心
衣衫不整	・表示並不是非常在乎這工作

參考資料：楊平遠（2000）。《89年度企業人力資源作業實務研討會實錄（初階）——企業實例發表：選才篇》，頁67。台北：行政院勞工委員會職業訓練局。

結　語

　　《有效求才》一書作者David Walker說：「用人單位在擇人時，絕不會只要一個目前可以從事這項工作的人，而是希望找到即使一年半後工作內容有所改變、卻還能夠適任的人。」

註釋：

❶ 宋秉忠、林宜諄（2004）。〈讓諸葛亮不再遺憾：CEO如何用對人〉。《遠見雜誌》，第216期（2004/06），頁204。

❷ 編輯部（1998）。〈管理集短篇：面談新人要注意什麼？〉。《EMBA世界經理文摘》，第143期（1998/07），頁17。

❸ 陳海鳴、萬同軒（1999）。〈中國古代的人員篩選方法：以《古今圖書集成》「觀人部」為例〉。《管理與系統》，第6卷第2期（1999/04），頁191-205。

❹ 田浴（2004）。〈觀相識人求特殊人才〉。《人力資源》，總第194期（2004/10），頁24。

❺ 《孟子‧離婁上》。

❻ 李家雄（1998）。《企業相人術》，頁9-10。台北：卓越文化。

❼ 風生水起：兩岸三地堪輿網站：http://www.master168.com/writings/book02-guide-01.htm。

❽ 楊平遠（2000）。《89年度企業人力資源作業實務研討會實錄（初階）——企業實例發表：選才篇》，頁65。台北：行政院勞工委員會職業訓練局。

❾ 藍虹波（2005）。〈妥善管理面試環境〉。《人力資源》，總第216期（2005/12），頁53。

❿ 王繼承（編著）（2001）。《人事測評技術：建立人力資產採購的質檢體系》，頁170-171。廣州：廣東經濟。

⓫ Mondy、Nov（著），莊立民、陳永承（譯）（2005）。《人力資源管理》，頁163。台北：台灣培生教育。

⓬ 施義輝（2006）。〈運用結構性面談：發覺冰山下的人才〉。《管理雜誌》，第381期（2006/03），頁113。

⓭ George Bohlander、Scott Snell（著）（2005）。《人力資源管理》，頁180。台北：新加坡商湯姆生亞洲私人有限公司台灣分公司。

⓮ 林行宜（2006）。〈結構式招募面談〉。《經濟日報》（2006/10/18），A14版。

⓯ 符益群、凌文輇（2004）。〈結構化面試題庫是如何獲得的？〉。《人力資源》，總第186期，頁70。

⓰ Robert D. Gatewood、Hubert S. Field（著），薛在興、張林、崔秀明（譯）

290

　　（2005）。《人力資源甄選》（*Human Resource Selection*），頁13。北京：清華大學。

⑰Stephen P. Robbins（著），李炳林、林思伶（譯）（2004）。《管理人的箴言》，頁8-9。台北：台灣培生教育。

⑱Robert Half（著），余國芳（譯）（1990）。《人才僱用決策》，頁127。台北：遠流。

⑲Lawrence S. Kleiman（著），孫非等（譯）（2000）。《人力資源管理——獲取競爭優勢的工具》（*Human Resource Management—A Tool for Competitive Advantage*），頁100-101。北京：機械工業。

⑳呂建華（2005）。〈理智待人：育人用人上的心理效應〉。《人力資源》，總第216期（2005/12），頁75。

㉑編輯部（2000），〈小心落入僱用的陷阱〉，《EMBA世界經理文摘》，第162期（2006/02），頁89。

㉒蔡正飛（1988）。《面談藝術》，頁103-104。台北：卓越。

㉓李正綱、黃金印（2001）。《人力資源管理：新世紀的觀點》，頁146。台北：前程企管。

㉔徐增圓、李俊明、游紫華（2001）。《企業人力資源作業手冊：選才》，頁83-84。台北：行政院勞工委員會職業訓練局。

㉕編輯部（2006）。〈如何僱用熱情的員工？〉。《EMBA世界經理文摘》，第235期，頁126。

㉖Stephen P. Robbins（著），李炳林、林思伶（譯）（2004）。《管理人的箴言》，頁5-6。台北：台灣培生教育。

㉗Stephen P. Robbins（著），李炳林、林思伶（譯）（2004）。《管理人的箴言》，頁13。台北：台灣培生教育。

㉘胡幼偉（1998）。《媒體徵才：新聞機構甄募記者的理念與實務》，頁37-38。台北：正中書局。

Chapter 8

識人與用人

唐貞觀六年。太宗謂魏徵曰：「古人云：王者須為官擇人，不可造次即用。用得正人，為善者皆勸；誤用惡人，不善者競進。」❶

——唐‧吳兢《貞觀政要‧擇官第七》

　　招聘作業的最後一道關卡，就是錄用決策，亦即最終決定僱用應徵者並分配其職位的過程。因此，錄用是招聘過程的一個總結，是給招聘工作畫上一個休止符。前面所進行的所有人力規劃、工作分析、徵才作業、選才測評與甄試工作，都是為這個選才決策過程做鋪路。在這個招聘過程上，任用決策也常常是最難做出的，因帶有選錯人的風險❷。

第一節　識人與用人概述

　　用人不能僅限於「人才」，因為「人才」與「人材」之間本無嚴格界限，金玉雖貴，然不能代替銅鐵；騏驥雖俊，然「力田不如牛」。所以，用人是一個過程，不可僅限以「任」字，而應指從知人、擇人、任人、容人、勵人，直到育人的全過程，環環相扣，忽略其中任何一個環節，都不可能取得較好的用人效果。所以，企業選才的條件強調應徵者的人格特質要與企業文化相匹配，其道理在此（**表8-1**）。

一、因事擇人

　　清朝雍正皇帝曾云：「從古帝王之治天下，皆言理財、用人。朕思用人之關係，更在理財之上。果任用得人，又何患財不理乎？」（《雍正皇帝語錄》）因事擇人，即為謀求人事之間的有效配合，它是人盡其才的重要前提，是提高工作效率，確保事業成功的必要條件。《管子‧立政篇》說：「君子所審者三，一曰德不當其位；二曰功不當其祿；三曰能不當其官，此三者乃治亂之源也。」可見，能當其位是任人的重要

表8-1 選才上的有效性調查

- 就整體趨勢上來看,企業在招募上遇到的挑戰的第一名,是符合條件的應徵者愈來愈少,而第二名是和其他公司競爭同一批應徵者。
- 組織在招募上的重點放在高技術需求的人才上,而在人格條件上,則對道德及誠信更加重視。
- 對於人才而言,他們愈來愈重視公司是否提供足夠的發展機會及工作/生活的平衡。
- 非管理階層的自願離職率大於管理階層的自願離職率。台灣地區非主管階層的平均自願離職率是全球非主管階層的平均自願離職率的三倍以上。
- 大部分的員工為了更好的發展/成長機會離職。
- 大部分的主管期望新進員工能至少留任五年。
- 除了薪資福利,員工重視融洽的工作團隊、成長的機會及有創造力的工作文化。
- 41.3%的主管反映他們所僱用的人數比過去多。
- 只有四分之一的用人主管認為人力資源在選才流程上給予他們高度的支持。
- 人力資源要用更少的資源,達到更多數量及更有效的任用結果。
- 企業找一個主管人才時所做的投資是找一個非管理人才的四倍。
- 企業在招聘主管階層的人選時,傾向採取內部招募。
- 面談在任用過程中具決定性的影響。
- 企業認為行為式面談是目前最有效、最準確的選才方法。
- 高品質的選才流程中,會應用行為式面談、能力測驗、行為評鑑、知識測驗,及工作動力問卷。
- 台灣地區的主管認為,人的能力/特質有60%不會藉由訓練而改變。
- 對台灣地區而言,選才流程的合法性在選才上成為一個愈來愈重要的考量。
- 在台灣地區,大部分的企業對於甄選及招募的流程的評價平平。
- 用人主管通常會對無法清楚表達或是不能夠對於過去經驗做明確描述的應徵者產生反感。
- 在僱用了一位新人之後,經理們有時會發現令人覺得失望的特質沒有在選才過程中發現。
- 主管除了能力之外,還很注重應徵者能否與工作團隊和公司文化相容,及願意努力工作的程度。
- 做出錯誤的任用決策的主要原因是:急於填補空缺及對應徵者的評估標準不明。
- 在全球,有高品質選才流程的組織在人才競爭上表現優異。
- 在台灣地區,用人主管與人資主管對於選才流程的適法性有高度信心,但對於選才方式的品質信心程度偏低。
- 在台灣地區,選才系統與其他人力資源系統的連結是需要改善的。
- 在台灣地區,多數用人主管不瞭解一個好的且有效的面試應該針對應徵者蒐集什麼樣的資訊,以及如何蒐集這樣需要的資訊。
- 在台灣地區,從外部招募的新進人員要在到職三至四個月後才能開始有所貢獻。
- 在台灣地區,新進員工可以在第一年達成其目標的82%。
- 在台灣地區,五分之一的聘用決定是不好的決定。
- 在台灣地區,大部分新進人員的能力符合工作要求,但是幾乎有四分之一的人有可能會求去。

資料來源:美商宏智國際顧問有限公司(DDI)台灣分公司葉庭君(2005),〈2004年全球選才趨勢標竿研究調查:台灣地區分析報告〉(第41期)。網站:http://www.ddi-asia.com.tw/epaper/ep.htm。

294　原則，是因事擇人的首要前提。

　　因事擇人的一個重要原則，就是不用多餘的人。因為事之有限，必然要求用人有限。唐太宗李世民任人一貫堅持「官在得人，不再員多」的方針。所以要的人員精幹，必須有完善用人管理制度，尤其嚴格控制員額，嚴格精簡機構，強制推行「能者上，庸者下」的遷黜制度。

二、因人器使

　　人之才情，各有不同。三國時代劉劭所著《人物志‧材能篇》是舉才的經典大作，其中對識人本質、識別優劣、量能用才有精湛的論述，他將各種人才概括為「三類」、「十二材」。「三類」即「兼德（德行高尚者）、兼材（德才兼備）、偏材（才高德下）」；「十二材」即所謂「清節家（道德高尚）、法家（善於制訂法制）、術家（機智多變）、國體（三材兼備）、器能（處理事務）、臧否（明辨是非）、伎倆（精於技藝）、智意（長以解惑）、文章（善於著述）、儒學（篤於修行）、口辯（善於應對）、雄傑（膽略過人可委以軍兵）」。材既有別，當各領其用。

三、適才適所

　　選才的原則最重要是要「適才適所」，即選擇最適合的人選擔任最適合的職務。雖然知識、才能很重要，但是非招募條件的全部項目，最想要此工作的人，不一定是最適合的人，薪資要求過高或過低的人，也不是最適合此工作的人，由於人資人員並不是在為公司做採購，不是在為公司殺低薪資的價格而取得一個最便宜的人，而是在找最合適的人，而合適的人就要有一個最合適的薪資價格。

　　對薪資要求過高的人，當然有些人才很適合這份工作，也很有才華，這時要看用什麼方式來說服讓他接受這份工作，而在工作上有所發

揮。要選敬業的人，特別是高科技產業，其員工學習曲線較長，所以招募時要注重員工的穩定性，若員工在經企業長期培訓半年或一年後即離職，這對企業而言是很大的損失（**範例8-1**）。

四、不可忌才

企業要避免主管不用有潛力的人，人資部門是一個把關的關口，幫公司找到最適合的人才，使其適才適所，但有些主管會忌才，這種心態對公司是一種看不見的長期影響，所以作為一位把關者，應該要瞭解這個情形，扭轉這種狀況，這樣；公司才能在業界維持一個穩定的領先地位。

五、開誠布公

企業要避免組織同質化，這是指公司內部不能存有類似「校友

範例8-1　遴選人才的決策步驟

Marshall將軍在考慮人事任用決策時，會秉持以下五項簡單的步驟：
第一：他會仔細思考職務需求。工作說明或許會長期維持不變，不過職務需求會不斷變化。
第二：他會考慮幾個條件符合的人選。正式資格（譬如：履歷表上的資歷）只是個起點，沒有合適資歷的人會遭到淘汰。然而，最重要的是人選和職務是否相合。要找到合適的人選，你至少得有三到五個候選人，並瞭解每個人的長處。
第三：他會仔細審視這三到五位候選人的表現紀錄。他著眼於這些人的長處，至於他們的能力限制則無關緊要。因為你必須著眼於候選人的能力所及，才能判斷他們的長處是否符合職務需求。長處是績效表現唯一的基礎。
第四：他會和曾經與這些候選人共事的人討論。候選人過去的上司和同事通常能提供最好的資訊。
第五：決定人選後，他會確定接獲任命的人徹底瞭解他的任務。最好的辦法可能就是請新人仔細思考，他們要怎麼做才能成功，然後在上任九十天之後寫成報告。

資料來源：Peter F. Drucker（著），Joseph A. Maciariello（輯），胡瑋珊、張元嘉、張玉文（譯）（2005）。《每日遇見杜拉克》，頁132。台北：天下遠見。

會」、「宗親會」、「同鄉會」等「非正式組織」形式的人際相互網絡，因為「同質化」會造成組織沒有創新能力。美國的創新能力強，是因為它是民族的大熔爐，所以企業在聘用人才時，要「唯才是用」，絕對不是靠關係，走門道，這樣才能維持公司創新的活力（**範例8-2**）。例如：日本本田汽車社長本田宗一郎在〈經營之心〉一文中說道：「我有自知之明，在技術上，我有絕對的信心，可是在金錢上是不懂得節制。像我這樣性格的人，把公司交給我一個人去主理，保證不到一天公司就會倒閉。因此，我要物色一位和我性格不同的人來和我共同經營公司，我就找到了藤澤武夫。他在經營上有他的特長，可是，技術上他是一竅不通，不知技術為何物。由於性格的不同，我倆一長一短，互補增長，合作得很好，就把本田汽車這家公司搞成功了。」[3]

範例8-2 百家企業用人條件表

行業別	公司名稱	實務經驗	專業知識	工作穩定度	人品性格	工作者年齡
紡織業	新光合成纖維	4	3	1	2	5
	皇帝龍纖維	4	1	2	3	5
	潤泰紡織	1	2	4	3	5
	中和紡織	4	1	2	3	5
	中福紡織	2	3	4	1	5
電機業	亞力電機	2	1	5	3	4
	永大電機	4	1	2	3	5
	台安電機	2	3	5	1	4
	飛瑞	2	3	4	1	5
壽險業	新光人壽	3	2	4	1	5
	國華人壽	1	2	3	4	5
	南山人壽	2	1	4	3	5
	美商安泰人壽	1	3	4	2	5
	美商美國人壽	2	1	4	3	5
塑化業	聯成石油化學	2	3	4	1	5
	台達化學工業	4	5	2	1	3
	大穎集團	2	3	4	1	5

（續）範例8-2　百家企業用人條件表　　　　　　　　　　　

行業別	公司名稱	實務經驗	專業知識	工作穩定度	人品性格	工作者年齡
塑化業	華夏塑膠	4	5	2	1	3
	上曜塑膠	2	1	5	3	4
證券業	大信綜合證券	1	4	3	2	5
	康和綜合證券	2	1	4	3	5
	台証綜合證券	2	1	4	3	5
	寶來證券	2	1	4	3	5
	京華證券	2	4	5	1	3
航運業	益壽航業	1	4	3	2	5
	陽明海運	1	3	5	2	4
	萬海航運	1	5	4	2	3
	新興航運	4	3	2	1	5
百貨業	建台大丸百貨	4	5	3	2	1
	新光三越百貨	3	2	4	1	5
	高林實業	2	3	4	1	5
	統領百貨	2	1	3	4	5
	三商行	1	3	2	4	5
	特力	1	3	2	4	5
食品業	嘉新食品化纖	1	2	4	3	5
	福壽實業	2	4	3	1	5
	聯蓬食品	5	4	2	1	3
	味王	3	2	4	1	5
	益華	3	4	2	1	5
電子資訊業	宏碁電腦	2	3	4	1	5
	神達電腦	2	3	4	1	5
	中強電子	1	2	4	3	5
	精英電腦	1	2	5	4	3
	光磊科技	1	2	4	3	5
	智邦科技	2	1	3	4	5
	鍊德科技	5	4	3	1	2
	仲錡科技	1	2	3	4	5
	中凌科技	3	2	4	1	5
	瑞軒科技	2	1	3	4	5

298　　（續）範例8-2　百家企業用人條件表

行業別	公司名稱	實務經驗	專業知識	工作穩定度	人品性格	工作者年齡
電子資訊業	聯勝科技	4	3	2	1	5
	華邦電子	2	1	4	3	5
	明碁電腦	3	4	1	2	5
	聯華電子	1	3	4	2	5
	大眾電腦	1	2	4	3	5
	合泰半導體	3	4	1	2	5
	台灣積體電路	4	2	3	1	5
	日月光半導體	3	1	5	2	4
	仁寶電腦工業	1	2	4	3	5
金融業	台東中小企銀	2	3	4	1	5
	中國信託商銀	3	2	4	1	5
	台新國際商銀	1	5	4	2	3
	玉山商業銀行	3	1	4	2	5
	復華證券金融	3	2	4	1	5
鋼鐵業	大成不銹鋼	4	3	1	2	5
	春源鋼鐵工業	3	4	2	1	5
	華榮電線電纜	2	3	4	1	5
	紐新企業	1	2	3	4	5
	美亞鋼管	4	3	1	2	5
	燁興企業	4	3	1	2	5
	燁輝企業	4	1	3	2	5
汽車業	裕隆汽車製造	4	1	2	3	5
	中華汽車工業	4	3	1	2	5
	三富汽車	2	4	1	3	5
	國產汽車	2	1	4	3	5
	三陽工業	1	2	3	4	5
傳播業	TVBS	1	4	3	2	5
	民視	3	2	4	1	5
	非凡電視台	2	3	4	1	5
	環球電視台	1	2	4	3	5
	傳訊電視台	1	2	4	3	5
	東森電視台	1	2	3	4	5

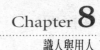
（續）範例8-2　百家企業用人條件表

行業別	公司名稱	實務經驗	專業知識	工作穩定度	人品性格	工作者年齡
廣告業	華威葛瑞廣告	1	2	4	3	5
	東方廣告	2	1	3	4	5
	國華廣告	3	2	4	1	5
	奧美廣告	1	3	4	2	5
	靈獅廣告	2	3	4	1	5
營造業	新亞建設開發	5	1	3	2	4
	三采建設實業	1	3	5	2	4
	大華建設	1	3	4	2	5
	冠德建設	1	2	3	4	5
	皇昌營造	2	1	4	3	5
	華熊營造	3	4	2	1	5
	益鼎工程	2	1	4	3	5
	龍邦建設	2	1	3	4	5
	宏福建設	2	3	5	1	4
	羕典工程	1	3	4	2	5
	大陸工程	2	1	4	3	5
	基泰建設	3	4	2	1	5

註：本表中用人條件針對重要性排序，1爲最重要，5爲最不重要。

資料來源：《1998就職事典：就業求職年度百科全書》（1998）。台北：就業情報雜誌社。

第二節　古代的識人與知人之道

　　L. Febvre曾說：「歷史其實是根據活人的需要向死人索求答案，在歷史理解中，現在與過去一向是糾纏不清的。」所以，挖掘古文典籍中的智慧，學習歷代領導人的卓絕典範，可以讓我們在歷史長河淘到智慧的珍寶，參考答案雖然存在，但如何用對人的考題，依然是管理最大的試煉❹。

　　宋朝陸九淵說：「事之至難，莫如知人，事之至大，亦莫如知人；

300 誠能知人，則天下無餘事矣。」一個企業，錯用人才，必造成虧空營
損：一個國家，錯用大臣（將），帶來的災難，更是生民塗炭。戰國長
平之戰，趙王不聽藺相如之勸，錯用趙括，導致全軍覆沒；三國諸葛亮
不聽劉備交代，錯用馬謖，導致街亭失守，這都是說明知人事大。因此
錯愛是禍患的起因（**範例8-3**）。

範例8-3 中國古代用人語彙集

出處	語彙
先秦‧《逸周書‧官人篇》	「觀誠、考言、視聲、觀色、觀隱、揆德」等「六徵」來鑑識人才。
先秦‧《管子‧法法》	「聞賢而不舉，殆；聞善而不索，殆；見能而不使，殆。」（聽聞有賢才而不舉薦，危險；得知有善人而不去求，危險；看到有才能的人而不任用，危險。）
先秦‧《荀子‧正論》	「德不稱位，能不稱官，賞不當功，罰不當罪，不祥莫大焉。」（道德與誠信不合乎其位，才能不合乎其職權，獎賞與功勞不適當，處罰與過失不適當，都是不祥的大錯。）
先秦‧《戰國策‧秦策五》	「國亡者，非無賢人，不能用也。」（亡國的人，並不是沒有可用之人，而是有人不任啊！）
先秦‧《左傳‧襄公二十六年》	「雖楚有材，晉實用之。」（雖然楚國有人才，卻被晉國使用了。）
先秦‧魯‧尸佼《尸子卷上》	「待士不敬，舉士不信，則善士不往焉。」（不尊重、不重視賢能之士，那麼有才能的人就不會來了。）
漢‧司馬遷《史記》	「相馬失之瘦，相士失之貧。」（相馬者往往因為馬瘦而看錯牠的材質，相人者往往因為人貧窮而忽略他的才能。）
漢‧桓寬《鹽鐵論‧刺復》	「任能者責成而不勞，任己者事廢而無功。」〔任用有才能的人並督責其完成任務，自己並不勞累；凡事自己親自去做（而不願任用人才），事情會做不成而沒有功效。〕
西晉‧陳壽《三國志‧吳書》	「非才而據，咎悔必至。」（不具備某種才能而擔任某種職責，肯定會有差錯而悔恨。）
北齊‧顏之推《顏氏家訓‧慕賢》	「用人之力而忘人之功，不可。」（只用人而忘記其功勞而不獎賞，那是不可以的。）
唐‧高適〈詠史〉	「不知天下士，猶做布衣看。」
唐‧皮日休《鹿門隱書六十篇》	「知道而不行，知賢而不舉，甚乎穿窬也。」（掌握理論而不實踐，知道賢才而不推薦，這樣的人比越牆的盜賊更可氣！）

（續）範例8-3　中國古代用人語彙集　　　　　　　　　　　　　　　301

出處	語彙
唐・韓愈〈雜說四首〉	「是馬也，雖有千里之能，食不飽，力不足，才美不外見，且欲與常馬等不可得，安求其能千里也。」（具備千里才能的馬，假若吃不飽，則沒有力氣，表現不出才能，甚至於連普通馬的本事都沒有，還如何要求其跑千里啊！）
唐・劉禹錫〈為裴相公讓官第二表〉	「才微而任重，功薄而賞厚。」（重任沒有才能的人，沒有功勞的人得到厚厚賞賜。）
宋・王安石〈上皇帝萬言書〉	「教之、養之、取之、任之，有一非其道，則足以敗亂天下之人才。」（教以學問，養以禮法，取以賢能，任以專職，有一點不按照正確的方向，都足以荒廢、敗亂天下的人才。）
宋・王安石〈委任〉	「情有忠偽，信其忠則不疑其偽。」（内心之情有忠有偽，如果相信了其忠就不要懷疑。）
宋・王安石〈材論〉	「天下之患，不患材之不眾，患上之人不欲其眾；不患士之不欲為，患上之人不使其為也。」（天下不愁人才不多，就怕上面的人不願意讓人才聚集眾多；天下不愁有才能的人不想有所作為，就怕上面的人不讓他們有所作為。）
宋・司馬光《續資治通鑑長編》卷三八二	臣竊惟為政之要，莫如得人，百官稱職，則萬務咸治。然人之才性，各有所能，或優於德而嗇於才，或長於此而短於彼，雖皋、夔、稷、契止能各守一官，況於中人，安可求備？是故孔門以四科論士，漢室以數路得人。若指瑕掩善，則朝無可用之人；苟隨器授任，則世無可棄之士。
宋・司馬光《資治通鑑・漢紀》	「何世無才，患人不能識之耳。」（哪個時代沒有人才？就怕人們沒有賞識的眼光罷了。）
宋・歐陽修〈范文度模本蘭亭序〉	「時不乏人而患知之不博。」
宋・歐陽修〈論軍中選將箚子〉	「非真無人也，但求之不勤不至耳。」（並不是真的沒有人才，是探求不勤奮，程度不到達而已。）
宋・歐陽修〈論李昭亮不可將兵箚子〉	「寧用不材以敗事，不肯勞心而擇材。」（寧可任用沒有才學的人導致失敗，而不願意鞠躬盡瘁去選拔真正的人才。）
宋・歐陽修〈論任人之體不可疑箚子〉	「任人之道，要在不疑。寧可艱於擇人，不可輕任而不信。」（用人之道，在於信任。寧可選人時多費功夫，也不能任用人而不信任。）
宋・歐陽修、宋祁《新唐書》	「不才者進，則有才之路塞。」（任用了沒有才能的人，則有才能的人就沒有出路了。）

（續）範例8-3　中國古代用人語彙集

出處	語彙
宋・蘇軾《策別二十》	「天下未嘗無才，患所以求才之道不至。」（天下不是沒有人才，怕的是探求人才的管道與方法不周全。）
宋・蘇軾《應詔論四事書》	「忠言有壅而未達，賢才有抑而未用。」（好的意見因為壅蔽而不能傳達，賢明的人才因為受抑制而得不到任用。）
宋・蘇軾〈上荊公書〉	「才難之歎，古今共之。」（感歎人才難得，古今都是一樣啊！）
元末明初・羅貫中《三國演義》	「舍美玉而求頑石。」（捨棄出色的人才而用庸碌無能之輩。）

資料來源：〈用人大師十大忌〉，網站：http://bbs.jxcn.cn/archive/index.php/t-36713.htm。

一、莊子的識人之道

道家經典之一的《莊子》在〈列禦寇篇〉中，論及了九種識人之方法可供參考：

1.遠使之而觀其忠（讓人到遠處任職，以觀察其忠誠度）。

2.近使之而觀其敬（讓人就近辦事，以觀察其是否謹慎、恭敬）。

3.煩使之而觀其能（讓人去處理繁雜困難的工作，藉以觀察其能力及耐力）。

4.卒然問焉而觀其知（對人突然提問，以測驗他的機智及應變能力）。

5.急與之期而觀其信（倉卒約定見面的時間或臨時交辦事件，以觀察他的信用程度）。

6.委之以財而觀其仁（託付他大筆財物，以觀察他是否為清廉的仁人君子）。

7.告之以危而觀其節（告訴他情況危急，觀察其節操）。

8.醉之以酒而觀其側（故意灌醉他，以觀察其本性、儀態）。

9.雜之以處而觀其色（與眾人雜處時，觀察其為人處事的態度，或是

男女雜處，以觀察是否好色）。

從上述九種表現可得到驗證，不好的人，自然無所遁形，就會被淘汰。所謂知人，才能善任，企業也才能永續經營，壯大事業，獲得美名❺。

二、諸葛亮的知人之道

諸葛亮所著〈知人性〉中提到：

夫知人性，莫難察焉。美惡既殊，情貌不一，有溫良而為詐者，有外恭而內欺者，有外勇而內怯者，有盡力而不忠者。然知人之道有七焉：

一曰，問之以是非而觀其志（即考察他辨別是非的能力和志向）；

二曰，窮之占辭辯而觀其變（即指出尖銳的難題詰難他而看他的觀點有什麼變化，能否隨機應變）；

三曰，咨之以計謀而觀其識（即詢問他的計謀、策略看他的見識如何）；

四曰，告之以禍難而觀其勇（即告訴他艱難、禍至，看看他有無克服困難的勇氣）；

五曰，醉之以酒而觀其性（在開懷暢飲的場合看他的自制能力和醉酒後的真實品性如何）；

六曰，臨之以利而觀其廉（讓他有利可圖，看他是否廉潔）；

七曰，期之以事而觀其信（即告訴他要完成的事情，看他信用如何）。

通過問志、窮變、咨識、告勇和醉性、臨廉、期信各方面的考核瞭解，以達到知人的目的，而不致錯用了奸佞、小人和庸才、劣才。

與諸葛亮同時代的魏國思想家劉劭就指出：「一流之人，能識一流

之善；二流之人，能識二流之美；盡有諸流，則亦能兼達眾才。」說明了具有什麼樣學識的人，才能發現和識別什麼樣水平的人❻。

第三節　人事背景調查

人事背景調查（background investigation）是組織確認應徵者是否表裡如一的方式，透過應徵者提供的證明人，或從他以前的工作單位那裡蒐集的信息來核實應聘者的個人資料，這是一種能直接證明應徵者情況的有效方法。其目的就是獲得應徵者更全面的信息，進一步驗證自己的判斷，而另一個重要作用，是驗證應徵者提供的信息是否真實可靠。例如：應徵會計職位者，必須調查其目前是否有欠債（卡債）、前科或犯案，以及家庭經濟狀況，以減少錄用後「監守自盜」的財務風險負擔。

人事背景調查可以涵蓋很多內容，諸如：教育背景、個人資質、忠誠、信譽等等，但是不是每一個背景調查項目都要面面俱到，在很多情況下，只要獲取最關鍵的信息就可以了。例如：保全業即是一項高風險行業，人品的重要性不言可喻，因此，每位保全員要先做身家調查，不能有前科，每人的指紋要向警方申報。

一、人事背景調查的作業程序

人事背景調查最好安排在面試結束後與通知錄取前的這一段時間進行，它的作業程序可分為人事背景調查的條件與人事背景調查的注意事項。

(一)人事背景調查的條件

企業要做好人事背景調查的條件有：

■ **要清楚該職缺應具備的職能**

　　職能是指與任職者工作績效有直接因果關係的能力、工作個性、工作風格等因素，只有熟稔職能模式，才能編製合理有效的人事背景調查的問題。

■ **採用恰當的詢問方法**

　　人事背景調查詢問的問題，要盡量具體、明確化。如果你想瞭解應徵者的團隊合作能力，請不要這樣問：「你認為他的團隊合作能力怎麼樣？」不妨這樣問：「請你仔細回憶一下，在你與他合作共事的過程中，他是否有時願意犧牲自己的利益來完成工作？」這樣的問題，不僅針對性強，而且可以讓對方容易回答（**表8-2**）。

表8-2　推薦人查核表（應徵者資格調查）

· 請給出一個應聘者概括性的優點或缺點。
· 舉例來說明其主要的優點和缺點。
· 這些缺點怎樣影響其工作業績。
· 能給出一些關於應聘者創作能力方面的例子嗎？
· 作為經理，你如何評價此人？
· 他的最大的工作成就是什麼？
· 在組織和發展團隊時這個人發揮了多大作用？
· 在專業技術方面，你如何評價此人？請舉例。
· 專業技術是他的一項真正的優勢嗎？為什麼？
· 請舉出一兩個例子說明其在工作中完成SMARTe目標的能力。
· 團隊精神和人際關係——在團隊項目中的實例。
· 時間觀念——關於時間壓力的例子。
· 他的口頭表達和寫作能力如何？這些都是如何衡量的？
· 處理面對壓力、批評的能力，並舉例。
· 他是一個怎樣的決策制定者？舉例並說明這些決策是如何做出的。
· 能給出一個關於其信仰的例子嗎？
· 在哪一方面應聘者還可以加以改進？
· 你會重新僱用該應聘者嗎？為什麼？
· 你怎樣看這個人的品質和個人價值觀？這對其工作業績有怎樣的影響？
· 與你所認識的這一水平的人相比，你怎樣評價這個應聘者？為什麼他是優秀的，或相反？
· 在0至10之間對其工作業績進行評價，如果要給他增加1分，理由是什麼？

資料來源：Lou Adler（著），張華、朱樺（譯）（2004）。《選聘精英5步法》（*Hire with You Head: Using Power Hiring to Build Great Companies*），頁121。北京：機械工業。

■注意調查對象的選擇

　　人事背景調查的對象與調查內容要匹配。如果要瞭解應聘者的專業知識水準，應該向其最後學習階段的同學或相同專業的同事調查；如果要瞭解工作態度，可以向原來的上司（以合作時間最久者為佳）調查；如果要瞭解其團隊合作能力和成就動機，可以諮詢他先前與他工作過的同儕（專案小組）。

二、人事背景調查的注意事項

　　人事背景調查的內容，應以簡明、實用為原則，其注意事項有：

1.企業並非對所有應徵職缺者做信用調查，而是要針對一些像財務、會計、警衛、法務、倉管、採購等會接觸到公司的機密、資金、物料管理的工作者做人事背景調查。

2.人事背景調查應尊重被調查者的意見，要徵得被調查者的同意。有些應徵者在應徵職位時，可能並未向原單位提出離職，因此，這類應徵者不希望面試者去向現任服務單位進行人事背景調查，以免過早暴露自己的離職意向而騎虎難下，左右為難。

3.人事背景調查僅針對已經有錄用意向的應聘者行之，如此一來，設計人事背景調查的問題會更周詳與全面。

4.人事背景調查結果只能作為錄用決策的參考，不能作為唯一的評價依據，因為調查對象形形色色，千差萬別，有的肆意渲染，有的會詆毀中傷，有的會輕率敷衍（**範例8-4**）。

　　總而言之，企業對一些重要職位的應聘者，進行人事背景調查是有其必要性與正當性。企業在招聘過程中，引入人事背景調查，不僅可避免錄用應徵者後與原服務單位的糾葛（例如：競業禁止、聘僱合同未解約等），它還能夠體現出招聘工作的專業、規範，有助於樹立企業的良好形象❼。

範例8-4　介紹人的片面之詞

> 　　多年前，我就發現推薦信或介紹信有其缺失。有一天，我進主管辦公室，他正在通電話，要我坐在一旁等待。由通話內容聽來，他顯然在回覆對方查詢被推薦人的工作經驗。他向電話那頭大聲嚷道：「她會傾全力做事，從不半途而廢，她有無窮精力，毅力過人。」
>
> 　　我當然好奇他在說誰。他繼續吹噓她的好處，全力奉獻……是……是，潛力很高，我覺得假以時日，奧黛莉一定可以擔當管理的大任，我們一定會懷念她。
>
> 　　奧黛莉？簡直不可能，他不是在說那個奧黛莉吧！她是典型說多做少，老是自我中心，歷來考績都是最差的人，絕不可能是他描述那個人。
>
> 　　主管掛上電話，自鳴得意地邊搓手邊笑著說：「這回應該可以除去這個頭痛人物了。」
>
> 　　你不能信任聽聞，人各有動機，若沒有一點直覺，你根本不知道對方說的是真是假，再加上當今人們愛興訟，在別人查證介紹函時，說壞話不小心吃上官司。因此，查證介紹信時，大家不見得會說出真正意見，你只能查證，如任用時間等事實。

資料來源：Paul G. Stoltz（著），莊安祺（譯）（2001）。《工作AQ：知識經濟職場守則》，頁201。台北：時報文化。

第四節　體格健康檢查

　　健康檢查（physical examination）是在選才過程中一項很重要的步驟，大多數的組織都留待應徵者通過各種測驗與面談後，對於準備僱用的應徵者，企業會指定並要求應徵者到當地一家信譽卓著或經常往來的醫療機構（醫院）進行體檢，在報到時，檢附體格檢查表（正本）備查。

一、健康檢查資料的運用

　　除了一般性標準的健康檢查項目外，組織可視工作的性質要求應徵者增減檢查項目，而其健康檢查提供之資料，可以作為下列三方面的應用：

　　1.可以瞭解應徵者是否符合此職位之體能需求，並發現其是否有體能

上的限制而不適任某種工作。

2.可為應徵者的健康狀況做記錄，以及將來人壽保險或補償的證明。

3.找出健康問題所在之後，可以降低員工缺席率及職業災害，亦可發現連應徵者都不知道的潛在疾病（傳染病、慢性病、隱疾）而能提早治療[8]。

新竹科學園區某大半導體公司就曾發生過一個案例：有位員工患有先天性的糖尿病，必須每天注射胰島素，但並未告知公司，且因接受偏方治療而停止注射胰島素，導致病情惡化，有一天竟在上班時昏迷而辭世（**範例8-5**）。

範例8-5　新進人員體檢通知單

請憑此單為本公司員工 ＿＿＿＿＿＿＿＿＿＿ 君做體檢

一、體檢項目

　　1.一般項目：身高、體重、視力、色盲、聽力及血壓

　　2.尿糖、尿蛋白檢查

　　3.血色素、白血球數檢查

　　4.肝腎功能（GPT Creatinine）檢查

　　5.胸部X光攝影檢查

二、地點：科學工業園區管理局員工診所

　　時間：週一至週六，每天早上（AM9:00～AM11:30）

　　地址：新竹市科學園區工業東二路二號

三、注意事項：

　　※請攜帶照片（二吋）二張。

　　※檢查前八小時請勿進食、須空腹檢查。

　　※為做胸部X光攝影，檢查前胸請勿配戴各種金屬物品、飾物等。

公司名稱：

負責人：

日期：＿＿＿＿＿年＿＿＿＿＿月＿＿＿＿＿日

資料來源：科學工業園區管理局員工診所。

二、身體健康檢查的對象

在下列情形下，應徵者通常需要進行身體健康檢查：

1. 應徵者所申請的是特別艱苦的工作，或是必須一個人獨自擔負的工作，例如：保全人員。
2. 應徵者申請的職缺，在工作者的生理衛生方面的要求標準極高，例如：酒席承辦人員、食品製造業、廚師等。
3. 經由面談過程或其他管道得知應徵者的醫療紀錄似乎很可疑者。
4. 所申請的工作本質會危害到工作者的健康時。
5. 工作申請者生理上已患有痼疾或殘疾，例如：領有身心障礙手冊者。

在工作申請表格中，申請人簽名的上方空白處，可以加上一段文字敘述，表明應徵者若能受到僱用，願意於任何時候接受身體健康檢查，這將是比較明智的作法[9]。

企業錄用員工前，必須清楚、明白的告訴錄取者體檢的項目內容，哪些體檢項目的異狀情況被檢查出來，公司不會錄用的，以免錄取者報到後，因健康檢查項目中的某一、二項不合格而被通知解約，這對錄取者是不公平的，因為有些求職者為了到新單位就職，已將原先的工作辭退後才到醫院做健康檢查，如今，因體檢過不了關，讓錄取者走投無路，這是不符合企業責任的作法，應避免之。

第五節　勞動契約的訂定

許多企業在正式僱用員工時，為了表示對員工的尊重，都會與之簽署一份勞動契約（聘僱合約書），以保障雙方的權益。

310

一、勞動契約的涵意

勞動契約意指勞資雙方針對有關的勞動條件訂定於契約內容內，作為雙方權利義務的依準。依據勞動基準法第二條第六項的規定，勞動契約謂約定勞雇關係的契約，而勞動契約其形成，主要是勞資雙方彼此不經由第三人而直接由勞工與雇主雙方各別約定勞動條件的內容。

適用勞動基準法的行業，雇主與勞方所成立的契約屬於「勞動契約」，而如果是不適用勞動基準法的行業，雇主與勞方所成立的契約則為「雇傭契約」，這是因為不適用勞動基準法的企業，本身仍發生雇傭關係，因此就要透過民法雇傭契約的規定，來解決勞資雙方的權利與義務關係。

二、勞動契約之類別

勞動契約在法律上可分為「定期契約」及「不定期契約」二種。勞動基準法第九條規定：「勞動契約，分為定期契約及不定期契約。臨時性、短期性、季節性及特定性工作得為定期契約，有繼續性工作應為不定期契約。」（**表8-3**）

所謂的「定期契約」，是指此一勞動契約有一定期間，一旦期間屆滿、契約屆滿或是契約約定的目的完成，則勞動契約就宣告終止，雇主不必給付勞工預告期間的工資，也不必給予資遣費，在這種契約下，雇主的人事成本負擔比較輕。如果是不定期契約而解僱員工，就會有預告期間的工資、資遣費的問題產生。

三、勞動契約書的內容

勞動契約書上應列舉的項目包括：聘僱的職務（清楚列出新進員工的職位名稱及合約生效日期）、試用期（試用期的長短、試用期內的

表8-3　定期契約的規範

類別	規範
臨時性工作	係指無法預期之非繼續性工作,期間不超過六個月。
短期性工作	係指可預期於短期間內完成之非繼續性工作,期間不超過六個月。
季節性工作	係指受季節性原料、材料來源或市場銷售影響之非繼續性工作,期間不得超過九個月。
特定性工作	係指可在特定期間完成之非繼續性工作,期間超過一年者,應報主管機關核備。
例外限制	下列情況下,定期契約會改成不定期契約: 1.定期契約到期,如果勞工繼續工作而雇主不即表示反對意思者。 2.雖經另訂新約,惟其前後勞動契約之工作期間超過九十日,前後契約間斷期間未超過三十日者,但「特定性」或「季節性」之定期工作不適用之(勞動基準法第九條)。 3.定期契約屆滿後或不定期契約因故停止履行後,未滿三個月而訂定新約或繼續履行原約時,勞工前後工作年資應合併計算(勞動基準法第十條)。

資料來源:丁志達(2008)。〈人力資源管理作業實務班講義〉。台北:中華企業管理發展中心。

薪資、試用期後的薪資、考核標準等)、智慧財產權(對研發人員尤其重要,釐清其在公司任職期間及工作範圍內所完成的發明、專利申請的歸屬權)、薪資與福利(每月薪資、津貼、給薪日、年終獎金、各類保險、休假日、每週工時、每日上下班時間、加班給付等)、保密條款(限制不能揭露公司營業秘密)、責任與職務(雖不須列出詳細內容,但可註明若有需要時,該職務必須接受職務調動的條件)、合約終止條款(公司終止合約的條件與情況,以及員工離職時所應遵守的事項,例如:年終獎金如何計算、離職時使用公司財產的歸還等)(**範例8-6**)。

　　雖然制式的聘僱合約書內容比較生硬刻板,但是對勞資雙方而言,將面談的結果以白紙黑字寫清楚,將是勞資雙方互惠的保護條款,彼此多一份瞭解,也讓所有的約定事項變得更容易執行[10]。

312　**範例8-6　聘僱契約書**

立契約人○○科技股份有限公司（以下簡稱甲方）聘請 ＿＿＿＿＿＿＿＿＿＿＿（以下簡稱乙方）為員工，雙方同意訂定本合約書，共同遵守合約條款如下：

第一條：職務與職位

乙方之職務與職位依甲方核發「錄用通知書」所載而定，但甲方得視公司發展與乙方專長及工作狀況，於不牴觸法令範圍內調整乙方職務，或視乙方工作表現與潛力，按甲方人事考核調整乙方職位。

第二條：薪津及各項福利

乙方之薪津及各項福利以「錄用通知書」所載者為準，乙方就薪津事項有保密之義務。甲方得視社會環境、物價情形及公司營運狀況和個人績效調整之。依據業經科學園區管理局核定之員工工作規則，每月薪資訂於當月最後一日發放（如遇國定、星期假日則於各放假日前一營業天提前發放），如有變更以公告條文修改之。

第三條：試用期間

乙方同意自報到之日起40日為試用期間，乙方於試用期滿，經甲方考核不及格者，本契約於甲方通知乙方之時起終止，但乙方試用期間之薪資及資遣費甲方仍應給付。

第四條：工作規範

一、關於上班時間、工作要求、休假制度、加班、請假、年度考核等一切事項，乙方同意均依甲方之員工工作規則及人事行政管理規則辦理，各項規則，於法令範圍內，甲方得視情況予以修改。

二、乙方得享有之權利與應盡之義務，除本契約有特別規定外，悉參照甲方工作規則之規定，該工作規則內容構成本契約之一部分，有效拘束雙方當事人。工作規則未規定或規定不全之部分，則從勞動基準法及民法等相關法令之規定。

三、乙方同意並願意配合甲方因工作需要之加班或因業務之需要而調整其原有職務、工作時間或工作地點或至甲方的關係企業任職。但前開之調整須係合理且與乙方專長相關者為限。

第五條：忠誠義務

在聘約期間，乙方應盡忠職守，除經甲方同意外，不得兼任甲方職務以外之其他內容相關之職務，亦不得有侵犯或違反甲方權益之行為。

第六條：保證責任

一、乙方於受聘時如已擁有任何專利權、商標權、著作權或其他智慧財產權應告知甲方；並保證本聘僱關係之成立或相關權利之執行未違反對任何人之義務或協定。

二、乙方保證於任職甲方期間所產出之一切創作，均出於其自行研發，或由公眾資料取得，並確實尊重他人之智慧財產權。乙方同時承諾於任職期間不

（續）範例8-6　聘僱契約書　　　　　　　　　　　　　　　　　313

　　　　得盜拷或使用非法軟體。如乙方因侵犯他人之智慧財產權，致甲方遭受第
　　　　三人或司法單位主張任何違法事宜，其因此所產生之一切損害，包括但不
　　　　限於對第三人之賠償及任何支出，乙方應負責賠償。

第七條：智慧財產權

　　　　乙方於任職期間，基於職務或與甲方業務有關之任何產出資料或構想，不論以
　　　　任何形式表達，亦不論有無取得專利權、商標專用權、著作權或其他智慧財產
　　　　權，皆歸屬於甲方所有，乙方於離職或甲方請求時，應立即交還甲方或其指定
　　　　之人，並不得影印或以其他方式留存。如甲方有申請權利登記、註冊之需要，
　　　　乙方應無條件提供必要之協助，本協助義務不因乙方離職而解除。

第八條：保密義務

　　一、乙方對於第七條所定之各項智慧財產權，及甲方各種相關之技術、產品、
　　　　規格、產銷計畫、人事及財務資料、客戶名單、策略規劃等機密資訊，應
　　　　負保密責任，非經甲方事前書面同意，不得洩漏、告知、交付或移轉予
　　　　任何第三人或自行以非供執行職務目的加以使用。本條之保密義務因資
　　　　料（1）已為公眾所周知；（2）非因乙方而外洩；（3）甲方予以解除機
　　　　密，或（4）甲方同意公開者，不在此限。

　　二、乙方因自己過失洩漏或知悉他人洩漏前項機密資料時，應立即通知甲方，
　　　　並應採取一切必要措施防止損害發生或繼續擴大。

　　三、本條義務不因本契約終止或解除而消滅。

第九條：工作記錄

　　　　乙方於聘僱期間平日之工作內容須詳細記載於甲方發予之「工作記要簿」內，
　　　　「工作記要簿」為甲方財產，乙方於聘僱期滿應將其持有之「工作記要簿」返
　　　　還甲方，甲方亦得隨時收回，乙方不得保有任何影本或重製之資料。

第十條：競業禁止

　　　　乙方同意於離職後一年內，非經甲方同意，不得受僱於其他人，或受委任、特
　　　　約，或與他人合作，或以有償或無償方式從事經營與甲方相同或相類似之產品
　　　　項目事業。相關項目將於離職同意書中述明。

第十一條：契約效力

　　　　本契約自雙方簽署後生效，如有部分條款有無效或無法執行之情事，不影響
　　　　其他條款之效力。

第十二條：違約責任

　　　　當事人之一若違反本契約之規定時，他方當事人得依本契約及相關法令之規
　　　　定，行使其終止本契約及請求損害賠償之權利。

第十三條：適用法律

　　　　雙方之權利義務關係，本合約未規定者，悉依勞動基準法及民法等中華民國
　　　　台灣之法令規定。

（續）範例8-6　聘僱契約書

第十四條：管轄法院
　　　　　凡因本契約而滋生之爭議，雙方同意先本誠信原則磋商之，磋商不協時，雙方同意以台灣新竹地方法院為第一審管轄法院。

第十五條：契約份數
　　　　　本契約一式二份，雙方各執一份為憑。

立合約書人

甲　　　方：○○科技股份有限公司

法定代理人：

住　　　址：

乙　　　方：

身分證字號：

住　　　址：

　　　　　　　　　　中華民國　　　　年　　　　月　　　　日

資料來源：某大科技公司（新竹科學園區內廠家）。

第六節　營業秘密與競業禁止

　　由於技術、資訊、營業秘密等無形的智慧資產，在知識經濟時代中對企業之競爭力有舉足輕重之影響，從高科技產業、金融服務業、甚至到房屋仲介業，企業與僱用員工簽訂競業禁止條款普遍受到重視。因此，企業在聘僱人才時，要以有效之法律或者契約來保護企業的競爭優勢與研發成果（**範例8-7**）。

範例8-7　保密合約書

立契約書人○○科技股份有限公司（以下簡稱甲方）因業務需要聘請 ＿＿＿＿＿＿＿＿
（以下簡稱乙方）為甲方員工，雙方同意訂定本合約書，共同遵守合約條款如下：

一、聘用日期

第一條　雙方同意自民國 ＿＿＿＿ 年 ＿＿＿＿ 月 ＿＿＿＿ 日起三個月為試用期間。

第二條　試用期滿合格留用者，聘僱合約自第一條所定日期起算。

第三條　試用期間屆滿如考核不合格者，經過甲方通知，乙方應即離職，甲方依勞動基
　　　　準法規定給予乙方資遣費，乙方不得對甲方再有任何主張或求償。

第四條　乙方同意於離職後，對於試用期間所知悉或持有之機密資訊負有保密之義務，
　　　　不得據為己用，亦不得洩漏、告知、交付、移轉予他人或對外發表出版；如持
　　　　有記載或含有機密資訊之筆記、資料、參考文件、圖表、電腦碟片等各種文件
　　　　媒體，應立即交還甲方或其指定之人，並不得影印或以其他方式留存。本項之
　　　　保密義務因資料已為公眾知識，或非因乙方而對外洩漏，或甲方已予解除機
　　　　密，或同意公開者，不在此限。所訂義務，如因法律或判決致使一部分不生效
　　　　力時，不影響其餘部分之效力。

二、智慧財產權

第五條　乙方同意於任職期間，基於職務為甲方所做，或與甲方業務有關之營業秘密，
　　　　無論有無取得專利權、商標專用權、著作權之任何語文著作、圖形著作（包
　　　　括：科技或工程設計圖形）錄音及視聽著作，以及各種甲方業務上相關之衍生
　　　　或編輯著作等，皆以甲方或其代表人為著作人，相關之著作人格權及著作財產
　　　　權等皆歸屬甲方自始擁有。

三、保密義務

第六條　乙方對於第二條所定之各項著作，及甲方各種相關之技術、產品、規格、行銷
　　　　計畫、人事及財務資料、客戶名單、策略規劃等，均應採取必要措施維持其受
　　　　聘期間所知悉或持有之機密資訊，非經甲方書面同意，不得洩漏、告知、交付
　　　　或移轉予任何第三人或自行以非供職務目的加以使用。本條規定於離職後仍然
　　　　有效。本條之保密義務因資料已為公眾知識，或非因乙方而外洩，或甲方已予
　　　　解除機密，或同意公開者，不在此限。所定義務，如因法律或判決致使一部分
　　　　不生效力時，不影響其餘部分之效力。

四、文件所有權

第七條　雙方同意所有記載或含有機密資訊之資料、參考文件、圖表、工作日誌等各種
　　　　文件媒體之所有權皆歸屬甲方所有，於離職或甲方請求時，乙方應立即交還甲
　　　　方或其指定之人，並不得影印或以其他方式留存。

五、反仿冒條款

第八條　乙方茲特別承諾於任職甲方期間所從事之一切創作，均應出自其自行創作，或
　　　　由公眾資料取得，並確實尊重他人之智慧財產權。乙方同時承諾於任職期間不
　　　　得盜拷軟體。如乙方因侵犯他人之著作權等智慧財產權，致甲方遭第三人及司
　　　　法控訴或警告，其因此所產生之一切損害，包括但不限於對第三人之賠償及任

（續）範例8-7　保密合約書

何支出，乙方應負責賠償。

六、適用法律與管轄法院

第九條　雙方之權利義務關係，本合約未規定者，悉依勞動基準法及民法等中華民國台灣之法令規定。

第十條　關於本合約或因本合約而滋生之一切爭端，雙方同意以誠信原則解決。如有訴訟上必要，雙方同意以台灣新竹地方法院為第一審管轄法院。

七、附則

第十一條　本合約期限自民國 ＿＿＿＿ 年 ＿＿＿＿ 月 ＿＿＿＿ 日起生效，於乙方離職日起自動終止。乙方並於離職之際，除有甲方之書面同意乙方保留之外，將歸還所有應屬於甲方之財產，並願意與甲方之指定主管進行離職面談，簽署備忘錄，以重申與提醒乙方在離職後，仍將繼續尊重甲方與乙方彼此合法的權益，包括但不限於本約第一、二、四及五條所定義務。

（立合約書人）

甲　　　方：○○科技股份有限公司

法定代理人：

住　　　址：

乙　　　方：

身分證字號：

住　　　址：

中華民國　　　　年　　　　月　　　　日

資料來源：某大科技公司（新竹科學園區內廠家）。

一、營業秘密法之立法目的

營業秘密法第一條規定：「為保障營業秘密，維護產業倫理與競爭秩序，調和社會公共利益，特制定本法。」換言之，營業秘密法立法目的有三：

(一)保障營業秘密

藉由營業秘密之保障，以達提升投資與研發意願之效果，並能提供環境，鼓勵在特定交易關係中的資訊得以有效流通。

(二)維護產業倫理與競爭秩序

它將使得員工與雇主間，以及事業體彼此間之倫理與競爭秩序有所規範依循。

(三)調和社會公共利益

宣示營業秘密法除保障權利人之權利外，亦應注意社會公益之維護，俾使將來爭訟時，法院得考量社會公益而為較妥適之判斷。

營業秘密法第三條規定：「受僱人於職務上研究或開發之營業秘密，歸僱用人所有。但契約另有約定者，從其約定。受僱人於非職務上研究或開發之營業秘密，歸受僱人所有。但其營業秘密係利用僱用人之資源或經驗者，僱用人得於支付合理報酬後，於該事業使用其營業秘密。」

按受僱人職務上所研究或開發之營業秘密，既係僱用人所企劃、監督執行，而受僱人並已取得薪資等對價，故應由僱用人取得該營業秘密。惟仍為尊重雙方之意願，得以契約另行約定。至於在非職務上所研究或開發之營業秘密，即應歸受僱人所有，惟如係受僱人利用僱用人之資源或經驗而研發取得之營業秘密，則應准許僱用人於支付合理報酬後有使用之權。至於有無利用僱用人之資源或經驗，以及合理報酬之訂定，自應依個案認定或決定之[11]。

二、競業禁止條款的定義

競業禁止，簡單地說，就是員工不能一方面在某單位上班，另一方面又對服務公司的競爭對手提供無論資金、資訊、諮詢等資源。因而，企業要求新進員工簽立保密契約，甚至爲防止保密契約隨雇傭關係之終止而失去實質拘束力，更與員工以契約約定，於雇傭契約終止或解除後一定期限內，不得利用僱用人機密資訊爲自己或他人從事或經營與僱用人直接或間接競爭之相關工作，一般將此等約款稱之爲「競業禁止條款」。

競業禁止條款的最大功能，就是在於可以事先預防員工在離職後，隨即將原企業的機密洩漏，或者利用原僱用企業的營業資料自立門戶，而做不公平之競爭，可說是「保密條款」的更進一步規範。

三、法定與約定的競業禁止

競業禁止有所謂法定之競業禁止與約定之競業禁止二種。

(一)法定之競業禁止

法定之競業禁止，即如公司法第三十二條規定：「經理人不得兼任其他營利事業之經理人，並不得自營或爲他人經營同類之業務。但經依第二十九條第一項規定之方式同意者不在此限。」又，公司法第二百零九條第一項規定：「董事爲自己或他人爲屬於公司營業範圍內之行爲，應對股東會說明其行爲之重要內容並取得其許可。」以及民法第五百六十二條規定：「經理人或代辦商，非得其商號之允許，不得爲自己或第三人經營與其所辦理之同類事業，亦不得爲同類事業公司無限責任之股東。」然此等法定之競業禁止義務，係針對特定人於任職關係存續中所制定之競業禁止規範，至於不具前揭特定身分之一般受僱人，則可以用契約之附隨義務，解釋其於任職關係中之競業禁止義務。

(二)約定競業禁止

至於任職關係終止後之競業禁止義務，法則無明文可循。在勞動契約法第十四條規定：「勞動契約，得約定勞動者於勞動關係終止後，不得與雇方競爭營業。但以勞動者因勞動關係得知雇方技術上秘密，而對於雇方有損害時為限。前項約定，應以書面為之；對於營業之種類、地域及時期應加以限制。」惟此法於1936年公布後，因當時社會經濟背景的考量，公布後迄今尚未施行，因而競業禁止產生的勞資訴訟，法官皆依照現行民法對雇傭關係的規範（**範例8-8**）。

範例8-8　競業禁止訴訟案判決

依從來通說之見解，要課離職員工以競業禁止義務，必須有法的依據，例如締結勞動契約時之合意、工作規則上之規定或另行書面約定等均是。競業限制約定，其限制之時間、地區、範圍及方式，在社會一般觀念及商業習慣上，可認為合理適當而且不危及受限制當事人之經濟生存能力，其約定並非無效，惟轉業之自由，牽涉憲法所保障人民工作權、生存權之基本人權，為合理限制競業禁止契約，依外國立法例及學說，認為競業禁止之契約或特約之有效要件，至少應包括下列各點：

(一)企業或雇主須有依競業禁止特約保護之利益存在，亦即雇主的固有知識和營業秘密有保護之必要。

(二)勞工或員工在原雇主或公司之職務及地位。關於沒有特別技能、技術且職位較低，並非公司之主要營業幹部，處於弱勢之勞工，縱使離職後再至相同或類似業務之公司任職，亦無妨害原雇主營業之可能，此時之競業禁止約定應認拘束勞工轉業自由，乃違反公序良俗而無效。

(三)限制勞工就業之對象、期間、區域、職業活動之範圍，須不超逾合理之範疇。

(四)須有填補勞工因競業禁止之損害之代償措施，代償措施之有無，有時亦為重要之判斷基準，於勞工競業禁止是有代償或津貼之情形，如無特別之情事，此種競業特約很難認為係違反公序良俗。

(五)離職後員工之競業行為是否具有顯著背信性或顯著的違反誠信原則，亦即當離職之員工對原雇主之客戶、情報大量篡奪等情事，或其競業之內容及態樣較具惡質性，或競業行為出現有顯著之背信性或顯著的違反誠信原則時，此時該離職違反競業禁止之員工自屬不值得保護。

（台灣高等法院86年度勞上字第39號民事判決）

資料來源：簡榮宗。〈營業秘密與競業禁止條款實務解析〉。權平法律資訊網：http://www.cyberlawyer.com.tw/alan4-1801.html。

320

  然爲求營業秘密保護之完善，針對離職後之競業禁止，則須賴當事人之間相互約定以求確保。基於私法自治與契約自由等民事法基本原則，以及保護秘密以確保競爭優勢之目的性需要，原則上應無不允許雇主及受僱人任意訂定競業禁止條款之理。惟在訂定競業禁止約款時，自應本於維護營業秘密之必要目的，在不過度侵害人民生存權及工作權之限度下做適當合理之限制[12]。

(三)違約金的標準

  通常競業禁止約定條款會搭配訂定員工於離職後有效期間內，違反其曾簽署之競業禁止約定的違約金補償條文，實務上也會受法院的承認，但必須注意是否會有違約金約定過高而被法院核減的問題。

  綜合言之，企業在訂定競業禁止條款時，能適度審酌自身固有知識與營業秘密保護之必要範圍，員工在公司的職位及地位，限制員工就業的對象、期間、區域、職業活動之範圍，以及在必要時提供填補員工因競業禁止之損害的代價措施[13]。

第七節　錄用通知與試用期限

  招募有「黃金週期」，最好在七天內迅速確定人選，才有機會留下好人才，否則一轉眼被競爭者「捷足先登」就徒呼奈何了。當求才洽談的結論爲雙方互相接受時，企業應立即寄發正式的任用通知。

一、僱用聘書

  錄用通知書的內容必須符合當初面試洽談的條件，同時要讓受聘者感到受歡迎。除此之外，爲了使其盡早與公司融爲一體，可以告知目前公司的聯絡人、公司提供的協助（提供住宿或代租住屋），以及報到日期。

僱用聘書上應載明一些重要的事項：

1.聘僱生效日期。

2.職稱。

3.試用期。

4.薪資。

5.福利概況。

6.是否接受僱用的答覆期限。

企業不要認為正式僱用聘書寄出後就算完成了最後步驟，還必須有更進一步的個人接觸。一通詢問電話是很重要的，詢問其是否接到通知？是否能夠到職？再強調這份工作職務的優點，並提出協助意願等。

假如報到當日未前來報到，又沒有任何回音，人資單位承辦人必須立刻電話詢問，用親切的口吻尋求一個肯定的答覆，其目的是為瞭解受聘者有無困難，以便協助處理。這項行動非常必要，假如該受聘者拒絕這項職務，企業可以立刻開始準備下一次的求才計畫，或通知備取人選前來工作的意願。

求才工作不僅要注意人才的選擇，更要重視任用前後的一連串準備工作，以期能順利完成人才的聘用，確實達到人才為己所用的目的[14]。

至於未錄用的人選，千萬不要輕易放手，企業要懂得建立儲備「人才庫」，現在不合適的人選，或是未如期約定來報到的人才，不代表未來就沒機會再聘僱，若能透過貼心的方式，例如：利用電子郵件隨時告知職缺訊息，以維持一份良好的關係，往後也許可再借重其專才為企業服務。

二、新進人員試用期

1997年6月22日修正前的勞動基準法施行細則第六條第三項規定：「勞工之試用期間不得超過四十日。」惟有鑑於勞動基準法並無試用期

間之規定，亦未對試用期間設限，因此爲避免牴觸勞動基準法，杜絕爭議，此項勞動基準法施行細則之規定，已於1997年6月22日法規修正時予以刪除，至此勞動基準法及其勞動基準法施行細則即無任何有關試用期間之相關規定。

然而，因企業僱用新進員工，大都僅能針對該員工所提出之書面文件，而就其學經歷爲形式上之審查與面談，並無法眞正瞭解該名受僱者之工作能力，而無法隨即判斷該名新進員工是否適任，且新進員工在剛進入公司工作，亦無法知悉服務公司之體制及是否能適應工作環境，因此，實務上企業在聘僱新任員工時，大都會與該名新進員工約定一定期間爲試用期，而依該名員工試用期間之表現，決定是否正式任用❶。

(一)試用期的作用

所有被錄用的新進員工都必須經歷試用階段。試用期間長短的約定，則應依勞工工作性質、勞動契約長短等因素綜合判斷，如果新進人員所擔負的工作，其性質較爲單純，其試用期大約是三個月，若是其所擔負的工作性質較爲複雜，而且責任也較重，其工作試用期可能就會更長些。

(二)試用期間解約補償

行政院勞工委員會在1997年9月3日（86）台勞資二字第035588號函指出：「於該試用期內或屆期時，雇主欲終止勞動契約，仍應依勞動基準法第十一、十二、十六及十七條等相關規定辦理。」認爲試用期間勞動契約之終止，仍有勞動基準法法定終止事由的限制，亦即認爲企業主應給付資遣費及其預告工資（**表8-4**）。

又，內政部在1985年9月9日（74）台內勞字第344222號函指出：「勞動基準法施行細則第五條規定：勞工工作年資自受僱當日起算。故勞工於試用期間屆滿，經雇主予以留用，其試用期間年資應併入工作年資內計算。」

表8-4 勞動基準法有關雇主解約的規定

條文	內容
第11條	非有下列情事之一者，雇主不得預告勞工終止勞動契約： 一、歇業或轉讓時。 二、虧損或業務緊縮時。 三、不可抗力暫停工作在一個月以上時。 四、業務性質變更，有減少勞工之必要，又無適當工作可供安置時。 五、勞工對於所擔任之工作確不能勝任時。
第12條	勞工有下列情形之一者，雇主得不經預告終止契約： 一、於訂立勞動契約時為虛偽意思表示，使雇主誤信而有受損害之虞者。 二、對於雇主、雇主家屬、雇主代理人或其他共同工作之勞工，實施暴行或有重大侮辱之行為者。 三、受有期徒刑以上刑之宣告確定，而未諭知緩刑或未准易科罰金者。 四、違反勞動契約或工作規則，情節重大者。 五、故意損耗機器、工具、原料、產品，或其他雇主所有物品，或故意洩漏雇主技術上、營業上之秘密，致雇主受有損害者。 六、無正當理由繼續曠工三日，或一個月內曠工達六日者。 雇主依前項第一款、第二款及第四款至第六款規定終止契約者，應自知悉其情形之日起，三十日內為之。
第16條	雇主依第11條或第13條但書規定終止勞動契約者，其預告期間依下列各款之規定： 一、繼續工作三個月以上一年未滿者，於十日前預告之。 二、繼續工作一年以上三年未滿者，於二十日前預告之。 三、繼續工作三年以上者，於三十日前預告之。 勞工於接到前項預告後，為另謀工作得於工作時間請假外出。其請假時數，每星期不得超過二日之工作時間，請假期間之工資照給。 雇主未依第一項規定期間預告而終止契約者，應給付預告期間之工資。
第17條	雇主依前條終止勞動契約者，應依下列規定發給勞工資遣費： 一、在同一雇主之事業單位繼續工作，每滿一年發給相當於一個月平均工資之資遣費。 二、依前款計算之剩餘月數，或工作未滿一年者，以比例計給之。未滿一個月者以一個月計。

資料來源：中華企業管理發展中心網站：http://www.china-mgt.com.tw/HRM-4/B01.htm。

三、引導新進員工入門

　　根據調查顯示，絕大多數在六個月之內離職的新進人員，最常見的離職原因就是該工作和原先的期望不符（**範例8-9**）。

　　新進員工報到上班的第一天，往往是決定員工態度的時刻。在第一天的前二到四個小時，員工最能夠聚精會神聆聽所有的資訊和指示。企業必須掌握這神奇的數小時，讓新進員工能在未來帶來最大的貢獻。

1. 確保有人負責帶領新進員工，回答新進員工的問題，才不致讓新進員工徬徨無助地枯坐在位子上無所適從。
2. 帶領新進員工參觀整個公司環境並介紹其他同事與之認識，讓他感受到團隊歡迎的氣氛。
3. 告訴新進員工未來幾週甚至幾個月中整體的訓練計畫包括哪些項目，公司期望他在這段時間內學到什麼技能。
4. 給新進員工一些公司的沿革、價值觀等背景資料，當新進員工看到公司的整體圖像，就愈能融入整個企業中。

範例8-9　新進人員晤談記錄表

姓名		到職日期	年　　月　　日	
晤談參考項目		晤談內容摘述		
一、該員對其工作內容、任務指派之瞭解情形				
二、該員對其工作之適應情形包括：工作負荷量、難易度及成就感等				
三、該員與同事間的合作、溝通情形				
四、該員在工作上或生活上需要協助之處				
五、該員對其工作及未來發展的期望				
六、該員到職以來最滿意及最不滿意之處				
七、其他				

部門主管：＿＿＿＿＿＿＿＿

年　　月　　日

資料來源：新竹科學園區某大科技公司。

5.簡短向新進員工說明公司的政策和規定，但不須太過繁瑣。

6.讓新進員工瞭解公司將如何驗收他的訓練結果，讓他感覺到公司對這個訓練的重視，他就會更認同整個公司和工作。

7.午餐時間往往是新進人員最尷尬的時刻，邀請一些同事和新進員工一起共進午餐，不要只由上司或人力資源人員代表歡迎。

8.在一天快要結束的時候，鼓勵新進員工多問問題，多一點互動，讓他帶著愉悅的心情回家。

找到對的員工，提供對的訓練，將可以為企業帶來更高的價值[16]。

第八節 招聘過程總檢討

每一次重大的聘僱經驗，都可提供參與者事後借鏡，用來評估每次徵才、選才步驟的效果，找出缺點及其根源，並認清改進的時機（**表8-4**）。

一、統計數據找原因

根據美國商業部勞動統計局以及國家職業安全和健康研究所的統計數據，可以看出：

1.30%的失敗企業是由於使用了糟糕的招聘技術。

2.39%的就業申請屬假現象。

3.45%的個人簡歷在工作經歷和教育等方面有虛假信息。

4.5%的應徵者偽造自己的姓名、社會保險號碼和駕駛執照號碼。

5.帶有企圖地尋得某個職位與犯罪傾向之間有很高的關注性。

以上的這些陳述絲毫沒有誇大事實真相，這也足以說明現在企業人力資源管理中徵才與選才工作的重要性，已經不容忽視[17]。

招募管理

326   表8-5　面試後備考單

面試以後，扼要重述下列要點：
單位：_____
面試人：_____
頭銜：_____地點：_____
如何得到這次面試機會的：_____
此次是第一次面試嗎？_____是否要你繼續面試？_____
面試環境：_____
面試大約持續了多長時間？_____
準時開始的嗎？_____
面試目的：_____
面試爭取的職位：_____
薪水範圍：_____
對該公司的總體印象：_____
對該職位的總體印象：_____
為自己打分：你做對了什麼？做錯了什麼？_____
為他們打分：他們做對了什麼？做錯了什麼？_____
在哪個方面你會做得不一樣？_____
你還對該工作感興趣嗎？_____為什麼？_____
你認為他們對你有興趣嗎？_____為什麼？_____
該職位人選何時確定？_____
他們如何同你進一步聯繫？_____
意見：_____
_____
於_____年_____寄出感謝信。

資料來源：Matthew J. Deluca（著），孫康琦、王文科（譯）（2000）。《求職面試201個常見問題巧答》，頁226。上海：上海譯文。

二、招聘成本評估

　　招聘成本的評估是指對招聘過程中的費用進行調查、核實，並對照預算進行評價的過程。

　　招聘工作結束後，要對招聘工作進行核算。招聘核算是對招聘經費的使用情況進行度量、審計、計算、記錄等的總稱。透過預算，可以瞭

解招聘中經費的精確支出使用情況，是否符合預算以及主要差異出現在那個環節上（**圖8-1**）。

三、錄用人員評估

錄用人員評估是指根據招聘計畫對錄用人員的質量和數量進行評價的過程。有下列兩個參考指標來衡量它：

1.判斷招聘數量的一個明顯方法，就是看職位空缺是否得到滿足，僱用率是否真正符合招聘計畫的設計。
2.衡量招聘質量是按照企業的長、短期經營指標來分別確定的。在短期計畫中，企業可根據應徵人數和實際僱用人數的比例來確定招聘

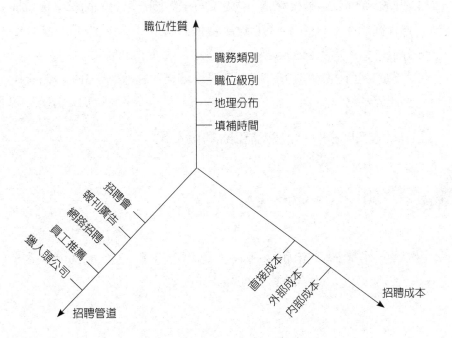

圖8-1　單位招聘成本的評價模式

資料來源：諶新民（編者）（2005）。《員工招聘成本收益分析》，頁287。廣州：廣東經濟。

328

的質量。在長期計畫中，企業可以根據接收僱用的求職者的轉換率來判斷招聘的質量。

四、招聘成員的自我檢視成效

每位涉及徵聘作業的人應該捫心自問下列問題：

1. 界定工作條件方式有多大效果？公司裡的適當人員曾參與招聘作業嗎？我們比較關心工作是否經過設計，而不是應如何設計？
2. 多管齊下的求才法，能否延攬到各方優秀的人才？怎麼樣吸引更多、更合格的人選？
3. 篩選應徵者的方法有效嗎？最好的方法是什麼？
4. 我們能從面試中獲得資訊，物色到好人才嗎？所有的面試者和面試過程都能保持一貫的素質嗎？某些面試者是否還須再加訓練？
5. 我們評估人選的過程夠客觀、嚴格和一貫嗎？如何改進？
6. 我們的聘用通知書夠清楚、明瞭嗎？如果對方拒絕受聘，我們能找出原因嗎？

設法改進徵聘過程，自然就能提高聘僱水準[18]。

結　語

用人是一門藝術，常因人、因地、因場合而異，但如能採用有系統的方法，仍然可以大幅提高成功的機率[19]。

註釋

❶翻譯：貞觀六年唐太宗對魏徵說：「古人說過：君王必須根據官職來選擇合適的人，不能匆忙任用。任用了正直的人，肯做事的人都得到勸勉；錯用了壞人，不幹好事的就爭相鑽營求利。」

❷諶新民（主編）（2005）。《員工招聘成本收益分析》，頁219-220。廣州：廣東經濟。

❸陳再明（1997）。《本田神話：本田宗一郎奮鬥史》，頁233-234。台北：遠流。

❹廖志德（2004）。〈尋找組織的A級人才〉。《能力雜誌》，第577期（2004/03），頁18。

❺高添財（1998）。《新人力經營：識人九招》，頁124-127。台北：工商時報社。

❻孫寶義（1993）。《讀三國識人才》，頁83。台北：方智。

❼余琛（2005）。〈背景調查：是不能忘記的〉，頁50。《人力資源》，總第216期（2005/12）。

❽吳繼祥（2004）。《我國特勤人員甄選、訓練與成效評估制度改革雛形之研究》，碩士論文，頁24。台北：銘傳大學管理科學研究所。

❾H. T. Graham、R. Bennett（著），創意力編輯組（譯）（1995）。《人力資源管理（二）》，頁72。台北：創意力文化。

❿方正儀（輯）（2004）。〈聘僱合約書該寫些什麼？〉。《管理雜誌》，第361期（2004/07），頁118-119。

⓫張靜（2002）。〈我國營業秘密法之介紹〉。網站：http://old.moeaipo.gov.tw/sub2/sub2-4-1a.htm（visited 2002/09/11）。

⓬簡榮宗。〈營業秘密與競業禁止條款實務解析〉。權平法律資訊網：http://www.cyberlawyer.com.tw/alan4-1801.html。

⓭顏雅倫（2002）。〈人才跳槽的緊箍咒：談競業禁止條款的合理運用〉。《管理雜誌》，第339期（2002/09），頁28-31。

⓮劉季旋（1989）。〈細細選好用：兩情相悅的企業求才術〉。《現代管理月刊》，第153期（1989/11），頁83。

⓯鄭渼蓁（2006）。〈論勞工之試用期間〉。《萬國法律雜誌》，第147期

招募管理

330

（2006/06），頁35。

❶編輯部（1997）。〈如何引導新員工入門〉。《EMBA世界經理文摘》，第126
期（1997/02），頁112-117。

❶王麗娟（編著）（2006）。《員工招聘與配置》，頁3。上海市：復旦大學。

❶Richard Luecke（編著），賴俊達（譯）（2005）。《掌握最佳人力資源》
（*Hiring & Keeping the Best People*），頁34-35。台北：天下遠見。

❶編輯部（2000）。〈小心落入僱用的陷阱〉。《EMBA世界經理文摘》，第162
期（2000/02），頁93。

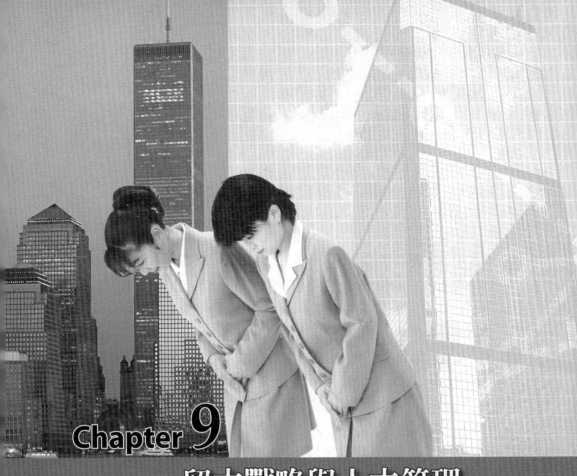

Chapter 9

留才戰略與人才管理

夫運籌策帷帳之中，決勝於千里之外，吾不如子房。鎮國家，撫百姓，給餽饟，不絕糧道，吾不如蕭何。連百萬之軍，戰必勝，攻必取，吾不如韓信。此三者，皆人傑也，吾能用之，此吾所以取天下也。項羽有一范增而不能用，此其所以為我擒也。

——漢·司馬遷《史記·高祖本紀》

　　人力資產等式的一邊是聘僱決策，另一邊則是留才。當人才和資本一樣成為「流動財」，使得人才流向，決定了企業的強弱，對企業而言，如何覓才和留才同等重要。IBM公司創辦人Thomas J. Watson, Sr.曾經豪氣萬丈地說：「就算你沒收我的工廠，燒毀我的建築物，但留給我員工，我將重建我的王國。」在「人力資本」才是企業重要資產時，員工的羅致、培育、借重與維護，仍成為企業經營者必須全力以赴的要務。要掌握人才，便先要掌握人性，人性有許多共同點，例如喜歡被尊重、喜歡學習；人性也有差異性，有人喜歡安定，有人喜歡冒險，有人喜歡被關懷，有人喜歡去關懷別人。管理若能符合人性的期待，就能掌握人才，就能留人，企業經營就能成功（**表9-1**）。

第一節　留才戰略

　　在當前快速發展及人才稀缺的就業市場環境中，企業應視「人才資本」為未來最重要的投資，這是企業保持競爭優勢和獲得持續發展的關鍵因素之一。無論經營環境如何多變，資訊如何突飛猛進，企業競爭的最後決勝關鍵仍在於人才，尋才、吸引人才，提高員工忠誠度與向心力成為當務之急。但隨著吸引和保留優秀人才日益成為大多數公司所面臨的重要組織議題時，除了薪酬增幅外，年度人員流失率亦成為備受關注的指標，建立一套能夠吸引、留置及發展人才的機制，才能保障企業能生生不息，基業長青（**圖9-1**）。

表9-1　3G留才策略

Good Pay	・具有吸引力的起薪。 ・提高分紅制度的提撥率，依考核等第給予不同的紅利（論功行賞）。 ・依每年公司的業績成長幅度，給予彈性的員工年終獎金。 ・股票期權的認股數。	
Good Life	・鼓勵部門參與屬下員工之婚、喪、住院之祝賀、弔唁、慰問，以實際行動關懷員工及其眷屬。 ・補助各部門活動經費，作為部門內員工之聯誼，達成「我們是一家人」的共識。 ・定期邀請眷屬（配偶和子女）到企業的工作場所參觀或聚會，使眷屬認同「企業」與「家庭」是一體的兩面，休戚與共。 ・強迫員工休假，以舒緩工作壓力及工作倦怠感。	
Good Job	職業生涯的規劃	・建立內部輪調制度。 ・讓員工參與經管業務的決策過程。
	訓練計畫	・規劃及執行每一職位應接受的課程。 ・加強職前訓練。 ・加強人文教育，提高競業精神。
	・每季表揚全公司各部門的優秀員工。 ・規劃每完成一項重要的專案給予獎勵金。 ・定期宣導公司未來發展的遠景，凝聚員工向心力。 ・輔導新進員工適應新環境、新工作。	

資料來源：丁志達（2008）。〈員工招聘與培訓實務研習班講義〉。台北：中華企業管理發展中心。

　　企業留才戰略，可分為「財務」與「非財務」兩大類。財務性的留才措施包括：薪資與福利，而非財務性的留才措施則包括：管理制度、組織文化、訓練發展、升遷機會等項目（**表9-2**）。

一、誠實面對應徵者

　　清楚地知道企業需要的是什麼樣的人才，透過篩選機制找出合適者。在這個技能與知識變化迅速的時代，各種面試機制必須更為正式、更為健全，以有效瞭解並評估每個職位角色所具備的能力、訓練與發展，即使僱用技能符合的員工，企業的培訓計畫還是不能中止，才能趕

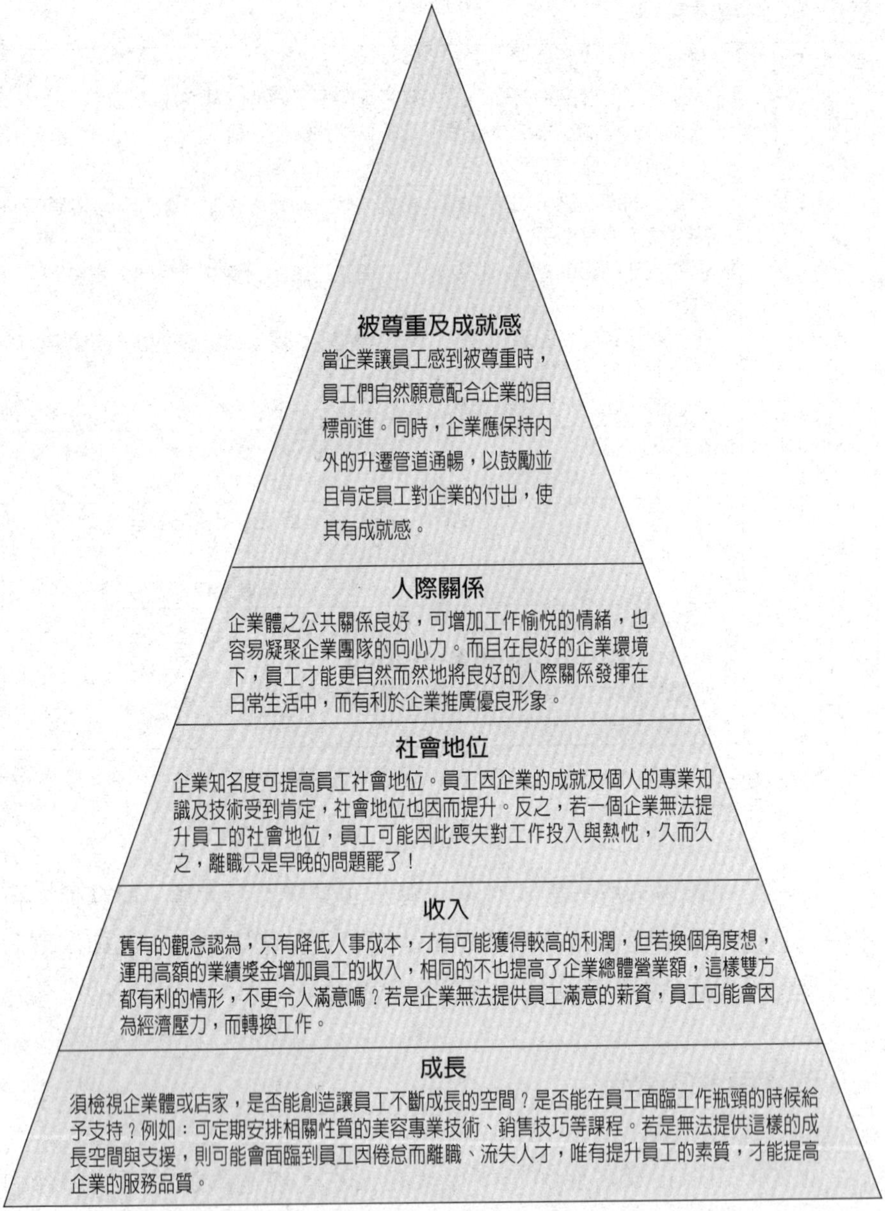

被尊重及成就感

當企業讓員工感到被尊重時，
員工們自然願意配合企業的目
標前進。同時，企業應保持內
外的升遷管道通暢，以鼓勵並
且肯定員工對企業的付出，使
其有成就感。

人際關係

企業體之公共關係良好，可增加工作愉悅的情緒，也
容易凝聚企業團隊的向心力。而且在良好的企業環境
下，員工才能更自然而然地將良好的人際關係發揮在
日常生活中，而有利於企業推廣優良形象。

社會地位

企業知名度可提高員工社會地位。員工因企業的成就及個人的專業知
識及技術受到肯定，社會地位也因而提升。反之，若一個企業無法提
升員工的社會地位，員工可能因此喪失對工作投入與熱忱，久而久
之，離職只是早晚的問題罷了！

收入

舊有的觀念認為，只有降低人事成本，才有可能獲得較高的利潤，但若換個角度想，
運用高額的業績獎金增加員工的收入，相同的不也提高了企業總體營業額，這樣雙方
都有利的情形，不更令人滿意嗎？若是企業無法提供員工滿意的薪資，員工可能會因
為經濟壓力，而轉換工作。

成長

須檢視企業體或店家，是否能創造讓員工不斷成長的空間？是否能在員工面臨工作瓶頸的時候給
予支持？例如：可定期安排相關性質的美容專業技術、銷售技巧等課程。若是無法提供這樣的成
長空間與支援，則可能會面臨到員工因倦怠而離職、流失人才，唯有提升員工的素質，才能提高
企業的服務品質。

圖9-1　Abraham Maslow人性需求層次圖

資料來源：完美主義經營團隊（編著）（2002）。《完美事業經營聖典：完美女人在美容業
找到一生的成就》，頁145。台北：揚智文化。

表9-2　非財務性獎酬類型

獎酬型態	類型	內容	
內在獎酬	工作特性	·參與決策 ·較有興趣的工作 ·清晰工作目標,讓人自由發揮的工作環境	·工作輪調 ·彈性工時
	發展機會	·個人成長的機會 ·工作回饋的機會	·技能學習機會 ·職涯發展機會
	組織文化	·和諧工作氣氛 ·良好溝通氣氛	·領導氣候
	工作生活均衡	·家庭日 ·財務諮詢 ·生活機能便利性	·健康諮詢 ·購物方便性
外在獎酬	政策與制度	·公平薪資給付 ·退休保障 ·員工申訴制度	·公平升遷機會 ·公平考核
	環境	·企業品牌與名聲 ·良好的軟硬體設備	·較寬裕的午餐時間 ·安全衛生
	象徵性的獎勵	·匾額 ·徽章 ·特定的停車位置	·口頭讚揚 ·職位美化 ·戒指

資料來源:林文政(2006)。〈全方位獎酬 留住人才心〉。《人才資本雜誌》,第3號
　　(2006/07),頁19。台北:經濟部工業局。

上不斷變化的市場需求與技術的更新。

　　企業提高留才率的方法之一,就是據實將企業與工作的實際情況告知應徵者,包含好的、壞的、醜陋的,減少應徵者懷有不切實際的期望。雖然誠實可能因此流失一些好人才,但是願意留下來的人,才是真正能與企業共創未來的人(**範例9-1**)。

二、塑造獨特的企業文化

　　Jack Welch曾提過:「一個績效表現優異的員工,如果無法認同企業價值觀,則還是應該請他離開。」留才率高的企業在篩選人才時,優

336　範例9-1　福特六和汽車的留才之道

條件	方法
公開的招聘任用	公開招聘不搞內線，透過面談或實際演練，將不同性格特質的新人放在最適當的位置上。
具有競爭力的薪資福利	提供員工在同業之中具有競爭力的薪資福利。
良好的教育訓練機會	「接班人計畫」、「新晉升主管發展計畫」以及「師徒制」三軌並行，讓基層員工、低階主管及中高階主管都有各適其所的教育訓練。
公平的績效考核	不論輪調、晉升、考績加薪等，都由直接主管及部門其他同級主管共同評定，讓考核更具客觀性。
明確的企業願景	由最好的員工製造人人買得起的好車，讓生活更精彩，這是福特汽車對消費者的承諾，也是公司的明確願景。

資料來源：徐舜達（2006）。〈向亞洲最佳雇主取經：福特六和全方位珍惜人才〉。《人才資本季刊》（*Human Capital*），第4期（2006/09），頁25。台北：經濟部工業局。

先取決的條件是，應徵者的態度與價值觀能符合企業文化的需求。西南航空、思科及3M公司，就是以「文化相稱」（culture fit）作為人才僱用的標準。價值觀係引領每個人行為標準的最高原則，每家企業各有不同的價值觀，例如：台積電最講求「誠信」，台塑集團最重視「勤勞樸實」，統一企業以「三好一公道」為立業基準，因此各企業所表現出來的企業文化便有所差異。

　　網路巨人谷歌（Google）中國區總裁李開復說：「谷歌的企業文化是授權式管理、彼此尊重、互相平等，沒有階級之別，是一種自下至上的鼓勵創新，人是公司最大資產。即使中美文化不同，但他仍然在北京的公司採取相同的管理模式。所以，他跑遍了北京的美食店，就為了替公司的餐廳找一位適任的大廚，因為他認為『抓住了員工的胃，就抓住了人』。」❶而谷歌的「輕鬆休閒」的企業文化提倡下，不僅寵物可以陪主人上班，公司內部還規定一百英尺內一定要有食物，再加上隨處可見的遊樂器材，都顯示出谷歌想提供給員工一處輕鬆自在的工作環境與氣氛，讓員工身處其境而願意留下來。

　　廣達電腦建造了全台灣最大的「廣達研究院」（研發中心），包含了創新科技博物館，它可容納七百人的音樂廳以及圖書館、游泳池，該公司希望廣達人能兼具「文化品味」與「工作專業」，而不只是爲分紅配股而工作的「科技人」[2]。

　　組織文化的不對味，是留不住人才的，只有認同企業價值觀的人才投入該企業中，才能如魚得水，悠然自得，樂於貢獻，盡其所能爲企業創造更多的績效。

三、組織發展的未來性

　　企業留人，需要強化自己的體質，以實際具體成績來吸引人才，公司有競爭力，人才會願意留下來，公司人才也不會流失。例如：國內某家代工貼紙公司，雖然其出廠價只有國外零售價的十分之一不到，利潤微薄，但是這家公司擁有生產全世界最高檔次貼紙的能力，這就是它的核心競爭力（獨此一家，別無分號），是吸引好人才的最基本條件[3]。

四、管理制度健全化

　　如何把人的資產做最大的發揮？就是要建立一套制度，不論是晉用、升遷、考核、獎懲都有所依據。人事制度如果太僵化與太官僚化，將成爲流失人才的致命傷。全錄公司研究發現，大部分負責維修影印機的服務工程師，是從早上一起喝咖啡的同事身上學到最多知識，而不是從那些經過多年編製的維修手冊得來的[4]。

五、挑戰性的工作

　　報酬雖是吸引及留住人才最基本也是最重要的因素，但在「一個錢多事少」的企業環境裡，根本留不住優秀的人才，真正能讓人才願意留

338

住的最高境界，還是工作的本身具有挑戰性，以滿足其工作成就感。讓員工快樂上班，是留住人才的好方法，以免員工輕率跳槽，投效競爭對手。唯有如此，員工具有更大的責任和權力，才能夠在既定的組織目標和自我考核體系下自主完成工作，為企業創造高價值。

六、良好的教育訓練機會

在知識經濟時代裡，現代人普遍重視成長，員工的成長也一定會反應在公司管理效率和競爭力上。加強教育訓練，對人才培育的適當「投資」，員工在工作上就有信心，就會產生勝任感與進步感（**範例9-2**）。

範例9-2　人才培訓體系圖

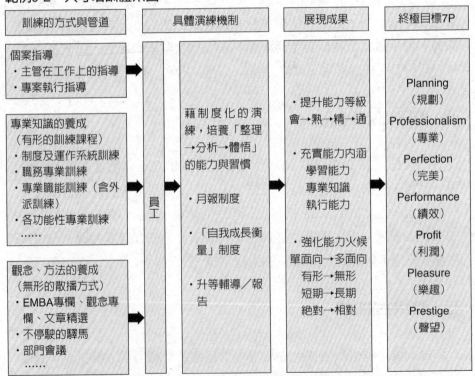

資料來源：郭晉彰（2006）。《3%的超越——透視杜書伍的聯強國際經營學》，頁238。台北：天下遠見。

　　過去人事管理講求按年資、年齡順序升遷的所謂「敬老尊賢」的傳統方式，已無法符合快速求新求變的時代要求。目前在職場上，管理層主管年齡逐漸年輕化，講求的是「能力主義」，企業如何設計一套具有前瞻性、發展性的輪調及升遷管道，乃是去蕪存菁，留住好人才的方法。因此，企業必須同步思考人才培育與組織策略的配套措施，因為積極培育員工的企業，若沒有適當的升遷管道，員工的主動離職率反而更高❺。

七、全方位職涯發展定位

　　根據美國國家認證的職涯諮商師協會（National Association of Certified Career Counselors）研究顯示，美國已經有許多企業正式或非正式地聘用了專業的職涯諮商師，主要目的除為員工解決職涯發展上的各種疑問外，更重要的是想藉此留住企業內的人才❻。

　　一般企業提供「高潛力人才」（high potentials）的職涯發展管道，包括：跨國工作機會、跨功能工作輪調、甚至於升遷等等。許多公司並建立儲備幹部培訓制度（management trainee program），以吸引及培養更多的高潛力人才，確保公司的人才能源源不斷。

八、順暢的溝通管道

　　美國賓州大學華頓學院彼得‧卡派禮教授提出傳統與新興的兩種人力資源管理概念：「維護一座水壩」或「管理一條河流」。前者猶如鯀治水，後者猶如禹治水的想法。圍堵員工「抱怨」不如普設多元溝通管道，讓員工的「怨氣」有正規的宣泄出處。懂得傾聽員工的「哀怨」聲，就能及早發現潛藏組織優秀員工離職的人事風險。所以，企業留住好人才，不能只靠優渥的紅利，因為這是其他競爭對手最容易模仿的模式。營造團結、友愛、互助的工作氣氛，使員工融入到企業和睦的大環

境之中，進而增進企業團隊和諧度和協作性。

一般公司員工多元溝通方式有：申訴制度、定期會議、主管會議、部門會議、業務公報、總經理座談、勞資會議，以及不定期溝通等。

九、好主管（讓主管負起留才的責任）

《首先，打破成規》（*Fist, break all the rule: what the world's greatest managers do differently*）一書作者Marcus Buckingham指出，員工離職的主要原因與主管有關。一家公司將主管的績效獎金與人才流動率相連之後，便解決了高流動率問題。

員工價值主張的內容包含四點：好企業、好工作、好報酬及好主管。好企業可以建立員工的歸屬感，讓他們覺得留下來是一件值得驕傲的事；好工作可以發揮員工的特質與能力，並可以感受到其價值所在；好報酬可以反應企業珍惜員工的付出；好主管瞭解員工的需求，並適時提供指引，幫助他們達成任務。

十、完善員工報酬補償機制

早在管理科學之父F. W. Taylor時代，就被認定報酬應與員工的貢獻度相等，迄今報酬仍是吸引及留住人才最重要的因素，誠如思科總裁John Chambers表示：「一位世界級工程師加上五位同儕所創造的效益超過二百位一般工程師。」為吸引與留住人才，企業當然要給予優渥的報酬[7]。所以，員工報酬補償制度必須要反應員工在企業內部和社會上的身分地位，並在肯定個人績效和維持團隊的永續穩定發展之間取得平衡。設計富有競爭力的多層次報酬體系，建立良好的福利制度，將可能成為薪酬以外留住核心人才的有效手段之一。由於企業吸引人才時，人才著重的是外部機會比較，因此，充分瞭解人才競爭市場的薪酬給付方式與水準，是設計具競爭性薪酬的必要條件（**範例9-3**）。

範例9-3　績效導向的薪資設計

薪資設計原則	作法
市場人才水位	・企業必須先建立取才政策。如果要找的是市場上頂尖的人才，就要依據頂尖人才的「市場薪位」決定給薪的基準。 ・事先調查企業競爭對手的薪位，瞭解市場薪資行情。例如：公司要找的人才是市場上排行前10%的，所給的薪資行情也必須是企業排名的前10%。 ・對新進人員的固定薪部分，以個人的「職能」為依據。
依據職務決定給薪方式	・以職務給薪，薪酬不會因年資、性別、種族而不同，公平是最高原則。 ・不同的職務有不同的薪資級距。職務愈高，責任愈重，薪資愈高。激勵員工爭取升遷。 ・外勤與行政人員固定薪資與浮動薪資比例不同。決定兩者比例的依據是「個人對於工作表現可以直接掌握的程度」。
績效導向的計薪方式	・績效考評與獎金高度連動。部門、個人的年度工作成果直接關係員工可以拿到的薪酬與獎勵。 ・部門主管與員工共同訂定年度工作目標、執行工作指導、打考績。 ・拉大薪資差異化。即使是內勤，依據個人工作表現，年終獎金也可以有零到十二個月的差別。表現好的人拿得最多，用高度差異化的變動薪資來留住企業想留住的人。
透明的績效考評制度	・訂定明確而具體的績效考評辦法。人力資源部門依據企業策略、平衡計分卡、關鍵評量指標、達成指標等工具，明確訂定每個關鍵職務的考評依據。 ・所有的規則都公布在企業網站，員工可以自行評量是否達成工作目標，並算出可能得到的獎金。 ・部門主管與員工都必須受訓，確實瞭解企業對績效考評的要求。

資料來源：匯豐銀行。引自：李郁怡（2006），〈透明績效：匯豐銀行的金蘋果〉，《管理雜誌》，第379期（2006/01），頁85。

十一、激勵體制

美國蓋洛普調查公司（Gallup Market Research Corp.）曾經進行一項長達二十年的研究，研究結果顯示，提升工作效率的十二項關鍵因素的四項分別是：知道公司期望、公司能提供必要的資源、有機會從事擅長的工作、在出色地完成一項任務後獲得及時的褒揚與獎勵[8]。

　　褒揚與獎勵措施的運用得當與否，關乎員工對於企業的信任感與忠誠度，它包括：及時獎勵、定期與不定期的回饋、職務輪調、個人發展規劃、內部晉升制度、接班人計畫、績效付薪，以及其他獎酬制度（**表9-3**）。

　　依據Abraham Maslow的需求層級理論中，人類存在著生理、安全、愛、自尊及自我實現的需求。針對員工實現自我價值的心理，對員工進行正式且標準一致的獎賞，可以塑造出組織中相互信任與相互尊重的文化氣氛，優秀人才就會留下來（**圖9-2**）。

　　每個員工都有獨特的喜好與個性，為了留住人才，企業就要投其所好。近來愈來愈多的獎勵誘因，除強調差異化外，也強調非財務類的彈性誘因，像是彈性工作安排、幫助員工處理個人事務等。美國有一家保險公司就要求員工列出一張「喜好表」，舉凡最喜歡的冰淇淋、顏色、花、電影明星、餐廳、戶外活動等都包含在內，在獎勵員工的特殊表現時，就依據其喜好，提供個人化的獎勵。

十二、輪調與晉升

　　輪調制度可說是企業培育人才的關鍵，良好的輪調制度，不但可為員工的職涯發展奠基，且可幫助企業培養未來全方位管理人才，有利企

表9-3　知識型員工激勵因素有關研究結論

代表性研究	第一位	第二位	第三位	第四位
瑪漢・坦姆樸	個體成長	工作自主	業務成就	金錢財富
安盛諮詢公司	報酬	工作的性質	提升	與同事的關係
張望軍、彭劍鋒	工作報酬與獎勵	個人的成長與發展	公司的前途	有挑戰性的工作
陳景安、景光儀	業務成就	工作環境	薪酬福利	個人成長
陳雲娟、張小林	目標實現期望	工作外部環境	企業前景	個人發展機會
鄭超、黃筱立	收入	個人成長	業務成就	工作自主

資料來源：惠調豔（2006）。〈知識型員工激勵因素研究〉。《企業研究》，第260期（2006/02），頁37。

兩百位受訪經理人中，認為公司留住人才最重要的項目有哪些，分別占多少：

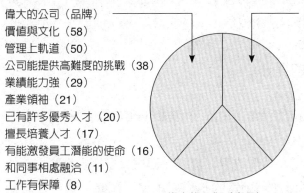

偉大的公司（品牌）
價值與文化（58）
管理上軌道（50）
公司能提供高難度的挑戰（38）
業績能力強（29）
產業領袖（21）
已有許多優秀人才（20）
擅長培養人才（17）
有能激發員工潛能的使命（16）
和同事相處融洽（11）
工作有保障（8）

待遇與生活型態（價格）
差別待遇（29）
高年所得（23）
地理位置（19）
生活型態被尊重（14）
可以接受的工作步調和壓力（1）

偉大的工作（產品）
享有自由與自主權（56）
從事工作很有挑戰性（51）
工作升遷及發展機會很大（39）
受到上司肯定（29）

圖9-2　優秀人才受哪些價值的激勵

資料來源：*The Mckinsey Quarterly*（1998年）第3期。引自：Elizabeth G. Chambers, Mark Foulon, Helen Handfield-Jones, Steven M. Hankin, and Edward G. Michaels III（著），李田樹（譯）（1999）。〈新競爭：企業求才大戰〉。《EMBA世界經理文摘》，第150期（1999/02），頁65。

業長遠發展。

　　內部晉升指的是職位升遷以公司內部員工遞補為優先，為了避免空降部隊的產生，造成內部員工不平的心理，採取內部晉升方式可激勵員工，且可幫助員工規劃個人職涯發展。

十三、公平績效評估

　　公司用才政策就是希望人盡其才，這就要靠績效管理來執行。利用客觀的評估方式或工具，定期進行一套過程公平、透明、指標明確、行動取向，同時能整合才能與策略的績效考核程序，來協助員工瞭解個人

344

的工作績效狀況，對公司的貢獻度，以及如何精益求精改善績效，以激發個人潛能。一般績效評估的流程可分為：目標設定、定期及不定期評核、績效討論、績效改善、持續觀察。

十四、員工生活品質的提升

惠普（HP）公司的創始者Bill Hewlett與David Packard所訂下著名的「惠普風範」（The HP Way）政策，他們下了一個結論：「是可以這樣說，這是源自於一種新信仰政策和實踐，相信只要提供良好的工作環境，大家就會有良好而別具創意的工作表現。」明基公司自創暑假（Sunny Day），讓三分之二的員工可在7月初把所有的休假一次休完，帶著家人、孩子度假散心。為了鼓勵員工追求真愛，明基還訂有一天的有薪「訂婚假」[9]。

十五、福利措施

福利的配套措施，使員工可以瞭解自己的需求，並且規劃自身的福利（**範例9-4**）。福利計畫賦予員工從企業內得到的最大化利益價值，因此，通常具有相當的吸引力。如果公司無法以優渥的薪資爭取人才，則組織必須比它們的競爭者更進一步贏得員工與其家庭的「心」。例如：美國國家保險專員協會（National Association of Insurance Commissioners）在瞭解自己無法在薪資上著力時，改以提供員工更具彈性和品質的生活，以吸引留住他們，結果員工離職率節節下滑。全球最大廣告業者宏盟集團（Omnicom Group Inc.）旗下的企業有機（Organic）公司，請來持有執照的專業按摩師，直接在公司的按摩室內為員工按摩、舒壓，這種福利備受員工喜愛，這也攸關招募人力且留住現有員工的好方法[10]。

範例9-4　超高級員工健身中心比一比

345

企業名稱	健身房器材設施	主要特色及費用
華碩	獨立陶然館內有溫水游泳池、健身房、三溫暖、桌球、籃球場、韻律教室	斥資六千萬元，假日開放給員工親友使用
廣達	康達館有跑步機、撞球、桌球、有氧舞蹈教室、超音波按摩椅；康橋二館則有游泳池、羽球場、補眠太空艙	年費估計約四千元
光寶科技	騎馬機、小型高爾夫球場、跑步機、腳踏車、舉重、按摩椅、瑜伽教室	每三個月收費一千五百元
聯華電子	分水區、Sport活動區、藝文區、交誼廳四大區塊	斥資四億元，三千多坪空間可同時容納五百餘人一起活動
友達光電	活力養生館包括籃球場、健身房和瑜伽教室	美容沙龍及包廂式KTV，是科技廠商健身房中少見的設施

資料來源：《蘋果》資料室。《蘋果日報》（2007/01/15），B2版。

第二節　人才管理制度

　　厚植人才的競爭力，是企業近年來最重要的策略工作之一，特別是地球變「平」的全球化時代。俗話說：「戰國君王多，三國英雄多。」所謂時勢造英雄，三國紛爭，正是一個需要英雄俊傑、人才輩出的時代，曹操就把人才看作逐鹿天下的第一要務，因為「治平尙德行，有事尙功能」，曹操不問門第，唯才是舉，造就曹氏帝業。根據《三國志‧宗僚》開列：蜀漢人物一百零四人；曹魏人物二百四十二人；東吳人物一百三十一人，總共四百七十七人，曹魏人才冠於吳、蜀，三國鼎立終歸魏國一統天下（**範例9-5**）。

一、人才管理的重要性

　　人才管理（talent management）與人力資源管理（human resource management）都是在處理企業員工的選才、用才、育才、留才的問題。

346　範例9-5　知名企業的人才標準

企業名稱	A級人才機密檔案
國際商業機器公司 （IBM）	必勝的決心（win） 又快又好的執行能力（execution） 團隊精神（team）
殼牌（Shell）	分析力（capacity） 成就力（Achievement） 關係力（Relation）
摩托羅拉	遠見卓越（Envision） 活力（Energy） 行動力（Execution） 果斷（Edge） 道德（Ethics）
寶潔（P&G）	領導能力 誠實正直 能力發展 承擔風險 積極創新 解決問題 團結合作 專業技能
聯強國際	IQ與EQ兼具 富團隊合作精神 不斷地自我檢討、改善 主動努力、積極學習 平衡的特質（過分保守的不要、過分積極的也不要） 成熟度高
台灣飛利浦	具創新精神 具團隊合作的協調精神 要能夠搬來搬去（即適應、學習能力強） 具世界觀
仁寶科技	具團隊精神 前瞻的眼光 吃苦耐勞 強烈完成任務的信心與企圖心

資料來源：黃海珍（2006）。〈世界知名企業的人才標準〉，《中國就業雜誌》，總第103
期（2006／第1期），頁49-50。／《能力雜誌》，第577期（2004/03），頁30、
60。

然而，兩者最大不同之處，在於人力資源管理關心的對象，包括組織中全體的員工，而人才管理主要關心的對象則是在組織中約20%的頂尖員工。Lance A. Berger和Dorothy R. Berger在其《人才管理》（*Talent Management Handbook*）一書中指出，在組織中屬於拔尖人才者（super-keeper）約占3%至5%，屬於優越人才者（keeper）約占8%至12%，這些員工擁有公司競爭所需的核心能力與價值，是公司成功的典範，公司一旦缺乏或失去這些組織中頂尖的員工，將嚴重影響公司的成長，甚至公司的永續經營。微軟（Microsoft）總裁Bill Gates就曾說過：「如果抽離我們公司最傑出的20%員工，微軟將不再是一家舉足輕重的公司。」[11]

同樣地，思科系統（Cisco Systems）總裁John Chambers也認為：「與一般軟體工程師相比，最優秀的工程師能寫出十倍可用的程式碼，他們開發產品創造超過五倍的利潤。」又說：「一位世界級的工程師加上五位同儕所產生的績效，可超過二百位一般的工程師。」

Peter F. Drucker說：「當產業無法吸引條件好、有才幹、有企圖心的人，這便是衰退的第一個徵兆。譬如：美國鐵路的沒落並非始於二次世界大戰之後，只是在那個時候才開始浮出檯面，而且情勢變得無法扭轉。美國鐵路業早在一次大戰期間就已顯露頹勢。一次世界大戰之前，美國的工程系畢業生都嚮往進入鐵路業。可是從第一次世界大戰結束，不管是什麼原因，鐵路業不再得到年輕工程畢業生的青睞，甚至一般受過教育的年輕人也不願投入。二十年後，當鐵路陷入困境，管理階層便沒有人具備解決問題的擔當和能力。」[12]所以，產業無法吸引人才乃是衰退的第一個徵兆。

「人才管理」在近年開始蔚為風潮，在激烈的人才爭奪戰中，企業如何能夠一次就選對人、用對人，「人才管理」成為企業愈來愈重要的議題與課題，整合性的人才管理機制讓企業在擁有人才資產的基礎上，發揮最大的人才資產效益，使得企業得以生生不息、基業長青（**表9-4**）。

表9-4　人力和人才的主要差別

類別	人力	人才
人才供給	充裕、供給無慮	優秀人才永遠不足
時間範圍	隨時可以尋找、補充新員工	長期努力建立人才庫
態度	雇主主導，員工各司其職	權力分享、工作整合
人口結構	從當地招募員工	招募全球各地的頂尖人才
經濟效益	評估不易，把人力視為成本	能夠準確評量，創造盈餘
全球化效應	只在當地完成工作	可以移往全球各地工作
徵才人員的觀點	遇缺才補	積極規劃，打造人才庫
行銷	微乎其微	有策略地投資，並評量投資報酬率

資料來源：徐峰志（譯）（2006），〈搶人才！人才市場趨勢〉（Talent Force：A New Manifesto for the Human Side of Business）。《大師輕鬆讀》，第178期（2006/05/18），頁17。

二、人才評估矩陣

　　所謂人才，絕非天才，而是要有一顆進取的心，願意奉獻，不斤斤計較，能團結一致，全力以赴，向共同目標努力的打拚者。早在約一千八百年前的三國時代，劉備就提出了「成大事者，以人為本」的口號，成功、牢固的人才戰略，使得劉備在力量弱小的劣勢下收攬了一大批人才，成就了一番事業。所以，企業能將對的人擺放在正確的位置（適才適所），才能凸顯出組織的能量。

　　人才的評估，依其表現強度大小可分為四類（**表9-5**）：

(一)人才

　　人才係指屬於潛力和能力頂尖的一群，就好像是組織裡頭的「閃亮明星」，這群人最容易被競爭對手挖角，所以他們需要栽培，應給予更多知識的訓練，培養精專的策略規劃，盡全力關照這一類的人才。譬如：讓他們真正投身於熱愛的工作項目，讓他們在工作中有不斷成長的機會，迎向新的挑戰，以及和同事的優質互動關係。舉例而言，對年營

表9-5　人才能力

策略需求	產品範圍： 只提供差異化 （differentiated） 的產品	產品重點： 我們強調售後服務	成長重心： 主要的成長點來自 於在新的市場銷售 現有產品	競爭優勢： 我們會透過快速開 發並推出客製化的 產品取得勝利
經營管理 程序需求	存貨管理程序： 淘汰一般商品的存 貨	業務開發程序： 服務業務的成長	市場進入程序： 排列想要進入各個 潛在市場順序	產品開發程序： 加快設計產品模型
部門需求	財務部： 管理資產負債表的 影響	銷售部： 服務性合約的銷售 量	市場行銷部： 調查研究市場的大 小、競爭情況以及 可能的價位	工程部： 設計製作實體模型
職位需求	財務分析師： 估算報廢物品的費 用	全國客戶關係經 理： 賣給全國性客戶的 長期服務合約數	市場分析專家： 分析目標客戶的情 況	工程師： 撰寫實體模型的規 格說明
人才能力 需求	· 報廢銷帳政策 · 基本數學 · 折舊公式 · 會計法則 · 會計報表的輸入 　與資料操控	· 全國性客戶需要 　和購買標準 · 產品優點和特徵 · 價格政策 · 傾聽 · 關係的建立	· 人口統計資料蒐 　集和分析 · 心理描繪圖式資 　料的蒐集與分析 · 個體經濟分析 · 客戶輪廓的格式	· 功能性評估 · CAD/CAM（電 　腦輔助設計／電 　腦輔助製造）的 　設計方案 · 技術文件撰寫 · 非技術文件撰寫 · 跨職能合作 · 預算指標

資料來源：Alan P. Brache（著），中國生產力中心（譯）（2005）。《改變組織DNA：
組織追得上變遷嗎？》（*How organizations work: Taking a holistic approach to
enterprise health*），頁195。台北：中國生產力中心。

業額超過二百四十億美元的聯邦快遞（Federal Express）來說，收送文
件與包裹的快遞人員，對於企業營運的關鍵性，超出將文件包裹運送各
地的貨機駕駛人員，其原因是，快遞人員除了是直接接觸客戶的第一線
人員外，更必須常對如何維持整個遞送環節的效率做出正確的判斷，所
以，收送文件與包裹的快遞人員就是關鍵人才[13]。

350

(二)人財

人財係指潛力好，但其能力尚須加強的一群人。「人財」顧名思義是組織的財富，是組織裡頭具有潛力的一分子，其共同的人格特質，就是對知識飢渴，培養其最好的方法，就是給予很多專案去執行，很快就可收到效果。

(三)人在

人在是指能力好但其潛力不張的一群，屬於組織裡螺絲釘的角色，能把分內工作做好，在固定的職能上，可以將工作效能發揮很好，但卻無法到達管理職，不過可以彌補人竭的不足。

(四)人竭

人竭是指在能力和潛力上都顯得不足的一群，雖其表現並不如其他人理想，但不足以影響組織的運作，而提升人竭的方法，就是以考績去制衡，要求其效率更高、更好[14]。

三國時代魏國學者劉劭曾說：「才能大小，其準不同，量力而授，所任乃濟。」（管理者的責任就在於充分發掘每個員工的特質，依據各別的差異性來引導其生涯的發展，讓所派任的工作能夠充分發揮員工的潛能。）透過人才評估，管理者適時找出部屬的優缺點，不僅有利其職能的發展，也可以讓組織更健全地走上正途。

三、人才管理制度的建立

對於重要人才的發展，奇異公司（GE）以水庫圖型來表現「人才水位」的高低，以掌握人才的僱用、升遷、移動及流失的狀況。此外，每年奇異公司會針對各事業單位的主管打分數，藉以區分出A、B、C三個不同表現的員工。

表現最傑出的A級員工必須是事業單位中的前20%；B級員工是中間的70%；C級員工約10%。奇異公司以常態分配的鐘型活力曲線（vitality curve）來呈現這種概念，A級員工將得到B級員工二到三倍的薪資獎酬，而C級員工則有遭到淘汰的危機。活力曲線是年復一年、不斷進行的動態機制，以確保奇異公司向前邁進的動能[15]。

人才管理制度建立的範疇包括：人才吸引與招募（社會新鮮人、有經驗的工作者、現有員工等）、人才激勵與留置（整體獎酬與特別獎金）、人才發展（專業能力發展、評鑑中心、核心能力）、領導才能發展（短期／特別任務指派、高階指導、跨功能／部門輪調、跨國海外派遣機會、快速晉升管道）、績效管理（才能管理與發展、高挑戰績效目標設定與績效回饋、特別回饋機制）、人力規劃（人才市場供需分析、關鍵人才能力預測與培養、人才需求分析）、組織文化（企業價值觀、彈性的工作環境、多樣化活動、內部溝通管道與機制）等[16]。

四、人才管理的範疇

整合性人才管理與人力資源管理相結合，故其範疇涵蓋整個人力資源管理流程，包括：人才需求分析規劃、人才的招募與遴選、人才的發展與培育、人才的留置與激勵、績效考核管理及企業文化的建立等。

大致而言，人才管理的範疇有下列三股動力：

(一)吸引

組織應吸引哪方面的人才，招募的方法及用什麼方式來遴選確實所需的人才。

(二)培養

如何配合升遷及輪調制度，有計畫地予以工作中訓練（on-job-training），以增進人才的經驗與歷練；如何給予有計畫地集中訓練（offjob-training），來增進人才專業核心能力及領導管理之知能。

(三)留置

薪資、福利及獎勵制度的設計、彈性工作時間與環境、組織內部參與制度、多元溝通管道、多樣化活動、企業價值觀及企業文化的建立等[17]。

五、人才管理的發展趨勢

由於人才管理從後勤作業轉變為企業提升競爭力的重要策略之一，因此許多科技企業紛紛尋求具備總經理的資歷，能夠以商業思維規劃人資策略的高階經理人出任人才長（chief talent officer）。

「人才」的定義，指的是那些能對現在及未來企業經營績效做出重要貢獻的一群人或個別員工，而人才管理的發展趨勢從一開始的「關鍵職位出缺規劃」，演進到「接班人計畫」，再演化至「整合性人才管理」。

1. 愈來愈多的企業準備把徵才工作委外。委外徵才使得招聘卓越人才變得更複雜，因為在徵才過程中有了第三者加入。
2. 企業正在規劃更完善的指標，來評量優秀員工為企業貢獻了多少價值。高階主管現在更清楚體認到，必須協助人才發展職涯，也瞭解這麼做能夠帶來的財務效益[18]。
3. 接班人計畫為軸心的人才管理對象擴展到更廣泛的高階人才庫，未來著重在策略性人力規劃與發展，確保有品質且足夠的人才庫，以作為高階領導團隊的接班人計畫，除了定期評量外，並接受相關的培育與發展。
4. 企業推展一個與離職員工保持聯繫的策略，適當的再找機會聘請這些離職員工返職，讓他們帶著充沛的精力與全新的視野，回到原本的組織內繼續服務與貢獻。

當員工感受到企業關切與重視員工志趣、技能與人員之間的連接與互動時，優秀的員工就不太會尋求公司外的其他發展機會（**表9-6**）。

第三節　管理才能評鑑中心

一個組織之前景如何，有極大一部分取決於管理人才的素質。於是，如何辨別人才與拔擢人才，便成為管理上的重要課題。

管理才能評鑑中心是現代人員素質測評的一種主要形式，它是公司要求受評者執行的一連串模擬任務或練習，接著觀察人員會對受評者在模擬任務的表現進行評分，並藉此評估其管理技巧和能力。它主要用於管理人員的選拔和培訓，也常用於遴選營銷人員。例如：外派管理人員

表9-6　人才管理發展趨勢

演進方向	關鍵職位出缺規劃 ➡	接班人計畫 ➡	整合性人才管理
目的	風險管理	策略性人力規劃與發展	廣泛的人才蒐尋與發展
對象	高階主管職位	高階人才庫	多層級的組織關鍵人才
評量依據	工作相關績效與潛能	歷年績效表現與領導才能	所有相關績效與核心能力
結果	關鍵職位的取代計畫	人才庫的發展與人力規劃	人才的發展、部署與人力資源流程整合
生涯發展	線性發展，主要在同一功能的職位上升遷	跨功能；跨地域；跨部門異動	多元發展管道；跨功能；跨地域；跨部門；跨事業群
執行方式	年度高階主管／董事會會議	年度檢視會議、發展計畫擬定及持續的人力規劃	連接人力資源制度的規劃與持續性發展活動（多重生涯管道）
負責單位	高階主管，董事會	高階領導團隊	關鍵人才、直屬主管及當地高階領導團隊
人才參與方式	配合	接受培育與發展	高度參與

資料來源：張玲娟（2004）。〈人才管理——企業基業長青的基石〉。《能力雜誌》，第581期（2004/07），頁61。

354　的評鑑，通常會考量其適應環境的能力、語言能力及領導能力。

一、評鑑中心的沿革

　　評鑑中心起源於德國。1929年德國心理學家建立了一套用於挑選軍官的非常先進的多項評價程序，其中一項是對領導才能測評。測評的方法是讓被試者參加指揮一組士兵，他必須完成一些任務或者向士兵們解釋一個問題，在此基礎上，評鑑員再對他的面部表情、講話形式和筆跡進行觀察和評價。

　　在1956年，評鑑中心制度爲美國電話電報公司（AT&T）所採用，主要用於評價高級管理人員。由於實施效果良好，因此廣受企業界的重視，紛紛採用此一方法來進行「管理才能」的評鑑，非常成功地把「預測」的選才工作做得很好。台灣地區亦於1983年由中國鋼鐵公司引入，作爲基層主管晉升的評選工具；此外，台灣電力公司、統一企業、信義房屋、山葉機車及中石化公司，亦分別著手建立此一甄選與培訓具有領導才能主管的制度（範例9-6）。

二、評鑑中心的作法

　　評鑑中心並不是指實際成立一處評鑑場所，而是使用不同的行爲評鑑方法，包括：行爲事例訪談、三百六十度評量、各種紙筆測試、案例分析、心理測驗以及情境模擬練習（例如：公文處理練習、無領導的小組討論、角色扮演練習等）。這些技術並不是在一次評鑑中都要使用，而是根據不同組織的目標要求和工作情境，有針對性地挑選幾項技術即可。

　　從測評的主要方式來看，有投射測驗、面談情境模擬、能力測驗等，但從評鑑中心活動的內容來看，主要有公文處理、無領導小組討論、管理遊戲、角色小組討論、演講、安全分析、事實判斷等形式。對

範例9-6　經營才能發展考評表

單位名稱（代號）：＿＿＿＿＿＿＿＿＿＿（　　　）
考評期間：＿＿＿ 年 ＿＿＿ 月 ＿＿＿ 日起至 ＿＿＿ 年 ＿＿＿ 月 ＿＿＿ 日止
受考評人姓名（代號）：＿＿＿＿＿＿＿＿＿＿（　　　）
一、考評項目：
　　　註：1.考評項目被評為「特優」或「欠佳」者，須說明具體理由。
　　　　　2.計評方式：採基點制；「欠佳」者1點，「尚可」者2點，「良好」者3點，
　　　　　　「甚佳」者4點，「特優」者5點。總基點未達39點以上者，暫不派培訓，得
　　　　　　點未達45點以上者，不得列為基、中階層主管遴派之人選。
　　　　　3.考評由直接主管初評，間接主管、單位副主管複評，單位主管做總評，遇
　　　　　　初、複、總評點數不同時，請以不同顏色筆更改，並蓋更正者之職章，最後
　　　　　　以單位主管總評為準。

	1 欠佳	2 尚可	3 良好	4 甚佳	5 特優
1.工作績效…工作量：（達成規定工作、職務、責任與目標的勤勉程度） ※本項表現特優或欠佳之理由說明：	☐	☐	☐	☐	☐
2.工作績效…工作質：（正確、完整、有效率完成分內工作） ※本項表現特優或欠佳之理由說明：	☐	☐	☐	☐	☐
3.人群關係：（與主管、部屬、同僚及大眾相處共事的表現） ※本項表現特優或欠佳之理由說明：	☐	☐	☐	☐	☐
4.工作知識：（對其工作及有關事務各方面的瞭解） ※本項表現特優或欠佳之理由說明：	☐	☐	☐	☐	☐
5.計畫與組織能力：（計畫將來、安排程序及布置工作之能力。對於人事、物料及設備的經濟有效使用） ※本項表現特優或欠佳之理由說明：	☐	☐	☐	☐	☐
6.分析能力：（考慮問題、蒐集及衡量事實，達成成熟結論及有效地予以陳述之能力） ※本項表現特優或欠佳之理由說明：	☐	☐	☐	☐	☐
7.決斷能力：（做決定的意願，及其所做決定成熟的程度） ※本項表現特優或欠佳之理由說明：	☐	☐	☐	☐	☐
8.適應能力：（對上級指示、新情況新方法，及新程序之瞭解、解釋及調整適應的快慢） ※本項表現特優或欠佳之理由說明：	☐	☐	☐	☐	☐
9.創造能力：（創造或發展新觀念及主動發展新工作的能力） ※本項表現特優或欠佳之理由說明：	☐	☐	☐	☐	☐

356 （續）範例9-6　經營才能發展考評表

	1	2	3	4	5
	欠佳	尚可	良好	甚佳	特優

10.表達能力：（用口述及文字表達思想與意見的能力）　□　□　□　□　□
　※本項表現特優或欠佳之理由說明：

11.識才能力：（對於他人之天賦、才華、能力的辨識發展與運用的能力）　□　□　□　□　□
　※本項表現特優或欠佳之理由說明：

12.領導能力：（建立目標、激發士氣、溝通意見使部屬產生完成目標意願的能力）　□　□　□　□　□
　※本項表現特優或欠佳之理由說明：

13.品德能力：（包括服務、負責、操守、忠貞等綜合表現）　□　□　□　□　□
　※本項表現特優或欠佳之理由說明：

點數合計：□＝□＋□＋□＋□＋□

二、性格特徵：（根據上述13項能力及表現，綜合判斷受考評人之性格特質，本項依受評人實際情況，得予複選）
　□1.B型：適合擔任主管之類型。
　□2.D型：適合擔任現場指揮性主管之類型。
　□3.S型：適合擔任內部幕僚性主管之類型。
　□4.PL型：適合擔任計畫性工作之類型。
　□5.PR型：適合擔任專業性研究工作之類型。

三、培訓建議：（請以阿拉伯數字由小至大，列出優先派訓班別之順序）
　□ 班別名稱 _____　班別代號 _____
　□ 班別名稱 _____　班別代號 _____
　□ 班別名稱 _____　班別代號 _____
　□ 班別名稱 _____　班別代號 _____
　□ 班別名稱 _____　班別代號 _____

四、派職建議：（本項得複選；如複選，請以阿拉伯數字由小至大，列出優先順序）
　□ 仍留原職
　□ 可調遷：輪調：□ 原部門輪調　□ 部門間輪調　□ 單位間輪調
　　　　　　派升：□ 專業性（或計畫性）職位　□ 主管職位

考評人（簽名或蓋章）：

單位主管：　　　　　間接主管：　　　　　　　直接主管：

資料來源：台灣電力公司人事規章彙編。

於評鑑對象進行已界定好的才能（competence）項目進行評鑑，藉以預測受評者在這些才能項目的日後表現。

典型的管理評鑑中心模擬課程包括：

(一)情境模擬

情境模擬屬於評鑑中心的一種評價方法，有時也稱爲無領導者的小組討論（leaderless group discussion）。它是透過創設某種模擬情境，讓應徵者參與其中，由於應徵者專注於活動本身，往往能夠眞實地投入，透過參與活動的動態特徵觀察進行評鑑，可較好地避免應徵者的稱許性。同時，由於有多位應徵者同時參加測試，可爲評鑑者提供了對應徵者之間相互比較的條件，使評鑑的結果更加客觀、準確。

組織在設計情境模擬時，應遵循下列的一些基本原則[19]：

1. 應該在明確管理行爲要素定義的基礎上進行評鑑。
2. 應該採用多種多樣的評鑑方法。
3. 應該採用各種類型的工作的選樣方法。
4. 評鑑者應該知道成功的要訣是什麼，他們應該是對該工作和該組織有比較深刻的瞭解，如果可能的話，最好能夠從事過該工作。
5. 評鑑者應該在情境模擬前得到充分的培訓。
6. 觀察到的行爲數據應該在評鑑小組進行記錄與交流。
7. 應該有評鑑小組討論的過程，彙總觀察的結果並做出預測。
8. 評鑑過程應該分解成一個一個階段，以推斷總體形象得出總體預測。
9. 評鑑對象應該在一個確切含義的標準下接受評價，而不應該相互作爲參照標準，也就是說最好有一個常模。

(二)管理遊戲

管理遊戲（management gamcs）也是評鑑中心常用的方法之一。在

這種活動中被組成領導小組的每一位應徵者被分配一定的任務,必須合作才能較好地解決它,例如:廣告、採購、供應、計畫、生產與搬運等實際問題都必須做成決策,有時也會引入一些競爭因素,例如三、四個小組同時進行銷售或進行市場占領,以分出優劣,如此就可以看出各別應徵者表現出來的創意、規劃能力、組織能力、人際關係及領導能力等素質。

(三)角色扮演

角色扮演就是要求受評者扮演一個特定的管理角色來處理日常的管理事務,以此來觀察受評者的多種表現,以便瞭解其心理素質與潛在能力的測試方法。如邀請受評者扮演一名高階管理者,由他來向觀察員所扮演的部屬做指示,或者要求受評者扮演一位銷售員,實際地去向零售單位銷售產品,或者要求受評者扮演一位製造部生產主任,在生產線上指揮生產事宜等[20]。

(四)電腦化演練

電腦化演練(computerized exercises)係將演練情境、教材程式化,受測者僅須透過簡單的操作,即可進行演練,同時其各項「動作」亦可完整的記錄,並以設定的公式加以計分。最常見的電腦化演練是籃中演練與經營競賽,其優點是可同時評鑑多人,且不需評審人員[21]。

(五)籃中演練

應徵者面對著一大堆與其所扮演角色有關的報告、備忘錄、電話留言、信函及其他的資料,放置在他辦公桌上的公事籃中。應徵者必須適切地一一處理這些事情。例如:回信、撰寫備忘錄、擬定議程等。應徵者處理這些事情的過程,由評量員加以記錄並評分。籃中演練(in-basket exercise)可評鑑受評者的決策能力、分析能力、領導能力、組織能力、書面溝通能力、果斷力與抗壓性等。

(六)各種紙筆測驗

各種紙筆測驗（objective tests）包括：人格測驗、性向測驗、興趣測驗、成就測驗等，都可以作為評鑑中心的一部分（**範例9-7**）。

範例9-7 世界五百大情緒管理測試題精選

這是歐美企業界流行的一套情緒智商測試題，可口可樂公司、麥當勞公司、諾基亞公司等世界五百大眾多企業，曾以此作為員工EQ測試的模板，幫助員工瞭解自己的EQ狀況。共有33題，測試時間為25分鐘，最大EQ為174分。

第1～9題：請從下面的問題中，選擇一個和自己最切合的答案，但要盡可能少選中性答案。

1.我有能力克服各種困難：＿＿＿＿＿
  A.是的　　　　　　B.不一定　　　　　　C.不是的
2.如果我能到一個新的環境，我要把生活安排得：＿＿＿＿＿
  A.和從前相仿　　　B.不一定　　　　　　C.和從前不一樣
3.一生中，我覺得自己能達到我所預想的目標：＿＿＿＿＿
  A. 是的　　　　　　B.不一定　　　　　　C.不是的
4.不知為什麼，有些人總是迴避或冷淡我：＿＿＿＿＿
  A.不是的　　　　　B.不一定　　　　　　C.是的
5.在大街上，我常常避開我不願打招呼的人：＿＿＿＿＿
  A.從未如此　　　　B.偶爾如此　　　　　C.有時如此
6.當我集中精力工作時，假使有人在旁邊高談闊論：＿＿＿＿＿
  A.我仍能專心工作　B.介於A、C之間　　C.我不能專心且感到憤怒
7.我不論到什麼地方，都能清楚地辨別方向：＿＿＿＿＿
  A.是的　　　　　　B.不一定　　　　　　C.不是的
8.我熱愛所學的專業和所從事的工作：＿＿＿＿＿
  A.是的　　　　　　B.不一定　　　　　　C.不是的
9.氣候的變化不會影響我的情緒：＿＿＿＿＿
  A.是的　　　　　　B.介於A、C之間　　C.不是的

第10～16題：請如實選答下列問題，將答案填入右邊橫線處。

10.我從不因流言蜚語而生氣：＿＿＿＿＿
  A.是的　　　　　　B.介於A、C之間　　C.不是的
11.我善於控制自己的面部表情：＿＿＿＿＿
  A.是的　　　　　　B.不太確定　　　　　C.不是的
12.在就寢時，我常常：＿＿＿＿＿
  A.極易入睡　　　　B.介於A、C之間　　C.不易入睡

（續）範例9-7　世界五百大情緒管理測試題精選

13.有人侵擾我時，我：_____
　　A.不露聲色　　　　B.介於A、C之間　　　C.大聲抗議，以洩己憤
14.在和人爭辯或工作出現失誤後，我常常感到震顫，精疲力竭，而不能繼續安心工作：
　　_____
　　A.不是的　　　　　B.介於A、C之間　　　C.是的
15.我常常被一些無謂的小事困擾：_____
　　A.不是的　　　　　B.介於A、C之間　　　C.是的
16.我寧願住在僻靜的郊區，也不願住在嘈雜的市區：_____
　　A.不是的　　　　　B.不太確定　　　　　C.是的
第17～25題：在下面問題中，每一題請選擇一個和自己最切合的答案，同樣少選中性答案。
17.我被朋友、同事起過綽號、挖苦過：_____
　　A.從來沒有　　　　B.偶爾有過　　　　　C.這是常有的事
18.有一種食物使我吃後嘔吐：_____
　　A.沒有　　　　　　B.記不清　　　　　　C.有
19.除去看見的世界外，我的心中沒有另外的世界：_____
　　A.不是的　　　　　B.記不清　　　　　　C.是的
20.我會想到若干年後有什麼使自己極為不安的事：_____
　　A.從來沒有想過　　B.偶爾想到過　　　　C.經常想到
21.我常常覺得自己的家庭對自己不好，但是我又確切地知道他們的確對我好：_____
　　A.否　　　　　　　B.說不清楚　　　　　C.是
22.每天我回家就立刻把門關上：_____
　　A.否　　　　　　　B.說不清楚　　　　　C.是
23.我坐在小房間裡把門關上，但我仍覺得心裡不安：_____
　　A.否　　　　　　　B.偶爾是　　　　　　C.是
24.當一件事需要我做決定時，我常覺得很難：_____
　　A.否　　　　　　　B.偶爾是　　　　　　C.是
25.我常常用拋硬幣、翻紙、抽籤之類的遊戲來預測凶吉：_____
　　A.否　　　　　　　B.偶爾是　　　　　　C.是
第26～29題：下面各題，請按實際情況如實回答，僅須回答「是」或「否」即可，在你選擇的答案下打"✔"。
26.為了工作我早出晚歸，早晨起床我常感到疲憊不堪：
　　是　　　　　　　　否
27.在某種心境下，我會因為困惑陷入空想，將工作擱置下來：
　　是_____　　　　　否_____
28.我的神經脆弱，稍有刺激就會使我戰慄：
　　是_____　　　　　否_____
29.睡夢中，我常常被噩夢驚醒：
　　是_____　　　　　否_____

（續）範例9-7　世界五百大情緒管理測試題精選　　　　　　　　361

第30～33題：本組測試共4題，每題有5種答案，請選擇與自己最切合的答案，在你選擇的答案下打 "✔"。

答案標準如下：

1	2	3	4	5
從不	幾乎不	一半時間	大多數時間	總是

30.工作中我願意挑戰艱巨的任務。　　　　　　　1　2　3　4　5
31.我常發現別人好的意願。　　　　　　　　　　1　2　3　4　5
32.能聽取不同的意見，包括對自己的批評。　　　1　2　3　4　5
33.我時常勉勵自己，對未來充滿希望。　　　　　1　2　3　4　5

參考答案及計分評估：

計分時請按照記分標準，先算出各部分得分，最後將幾部分得分相加，得到的那一分值即為你的最終得分。

第1～9題，每回答一個A得6分，回答一個B得3分，回答一個C得0分。計 _____ 分。
第10～16題，每回答一個A得5分，回答一個B得2分，回答一個C得0分。計 _____ 分。
第17～25題，每回答一個A得5分，回答一個B得2分，回答一個C得0分。計 _____ 分。
第26～29題，每回答一個「是」得0分，回答一個「否」得5分。計 _____ 分。
第30～33題，從左至右分數分別為1分、2分、3分、4分、5分。計 _____ 分。

總計為 _____ 分。

測試點評

★通過以上測試，你將對自己的EQ有所瞭解。但切記這不是一個求職詢問表，用不著刻意展示優點和掩飾缺點。

★測試後如果得分在90分以下，說明你的EQ較低，常常不能控制自己，極易被自己的情緒所左右。很多時候，你容易被激怒、動火、發脾氣，這是非常危險的信號──你的事業可能會毀於你的急躁，對此，最好的解決辦法是能夠給不好的東西一個好的解釋，保持頭腦冷靜，使自己心情開朗。

★如果得分在90至129分，說明你的EQ一般，對於一件事，你不同時候的表現可能不一，這與你的意識有關，你比前者更具有EQ意識，但這種意識不是常常都有，因此需要你多加注意、時時提醒。

★如果你的得分在130至149分，說明你的EQ較高，是一個快樂的人，不易恐懼擔憂，對於工作你作熱情投入、敢於負責，為人更是正義正直、同情關懷，這是你的優點，應該努力保持。

★如果你的EQ在150分以上，那你就是個EQ高手。你的情緒智慧不再是你事業的阻礙，而是你事業有成的一個重要前提條件。

資料來源：編輯部。〈職場塑煉：世界500強情緒管理測試題精選〉，《人力資源》，總第221期（2006/02），頁76-77。

使用各種評鑑工具，可以幫助淘汰不符職務要求的應徵者，而能花更多時間在適合的應徵者身上，它不僅節省時間與成本，更能創造最大的效益。拜耳（Bayer）公司曾經利用評鑑中心的方式，針對亞洲一知名管理學院的碩士班做儲備幹部的選才，這些人一旦被選中之後，公司不但給予重點培訓，對於工作輪調上，他們都會是第一人選[22]。

被評鑑者以一至三天的時間經歷未來職位所可能面對的各種情境，接受不同評鑑方法的測試（多元的評鑑）。許多企業於中、高階主管的培育與甄選上運用評鑑中心法，若從培育的角度來看，可藉此提供被評鑑者（企業所選擇出來的關鍵人才）其未來所需能力的發展重點；從甄選的角度來看，則可依評鑑結果作為關鍵職位應徵者決定的重要參考，以降低「選錯人、用錯人」的可能性（圖9-3）。

三、評鑑中心的實施原則

評鑑中心強調對與被評價人員今後工作有關的能力進行全面的觀察和測量，強調觀察和記錄模擬情境中的行為變化，其所應遵循的原則有[23]：

1.評鑑應根據明確定義的成功管理行為的特徵進行。
2.須用多種評鑑技術，利用團體互動的狀況，觀察被評鑑者各種能力的展現。
3.應使用不同類型的工作模擬技術。
4.評鑑人員應該非常熟悉評鑑工作和具體工作行為，如果可能，最好具有該工作的經驗。
5.評鑑人員應在評鑑中心受過系統訓練，以維持評鑑的客觀性。
6.評鑑人員應觀察記錄行為資料，並在評鑑人員之間進行交流，評鑑的結果必須是所有評鑑者的共識。
7.評鑑人員進行團體觀察、討論後做出預測。

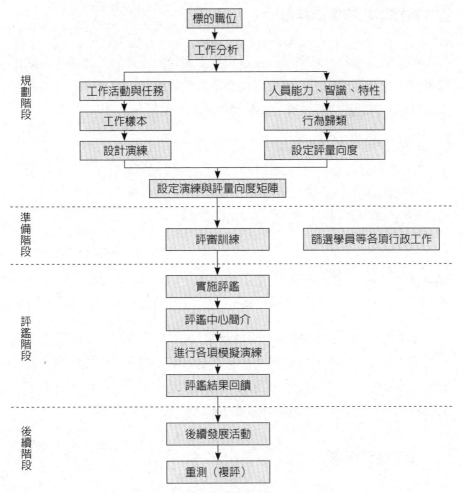

規劃階段

標的職位

工作分析

工作活動與任務　　　人員能力、智識、特性

工作樣本　　　　　　行為歸類

設計演練　　　　　　設定評量向度

設定演練與評量向度矩陣

準備階段

評審訓練　　　　　篩選學員等各項行政工作

評鑑階段

實施評鑑

評鑑中心簡介

進行各項模擬演練

評鑑結果回饋

後續階段

後續發展活動

重測（複評）

圖9-3　評鑑中心設計與發展過程

資料來源：黃一峰（1999）。《管理才能評鑑中心──演進與運用現況》，頁311。台北：
　　元照。

8.評鑑人員是按某個非常清楚的、已定的客觀標準進行評價，而不是
在被評鑑人員之間進行比較。

9.必須使每個人員都有機會觀察和記錄每一位被評價人員。

10.必須做出管理成功與否的預測。

四、評鑑中心的負面評價

364

　　評鑑中心的費用高昂，但卻是預測管理職位績效的有效指標，如果聘請到或晉升不適任的人選會造成企業沉重代價時，評鑑中心便深具價值。但是，對評鑑中心也有一些負面的批評，主要有：

1. 與它所帶來的效益相比，評鑑中心的成本相對來說比較高。
2. 若沒有對評鑑中心的方法技術進行充分研究就大規模使用，則將使評鑑質量受到影響。
3. 對評鑑中心的效度也缺乏理論的解釋。

第四節　離職管理

　　僅專注於人才管理的始末兩個端點（徵聘與留才），而不注重培育與適才適所（配置）的過程，企業就是忽略了關鍵人才最為關切的環節。一旦發生，人才流失不可避免，而在市場人才短缺的關鍵時刻，企業將陷入招不到「人才」的困境（**圖9-4**）。

一、員工離職概念

　　自1950年代以來，人事行政人員、行為科學家及管理學者，對員工離職行為的研究一直深感興趣。在總體層次上，離職率與總體層面的經濟活動有關，在個體層次上，它與工作的不滿足感有正關聯性。

　　離職一詞，根據Rice的界定為：「員工主動地請求終止僱用關係，即員工在某一企業組織中工作一段時間後，個人經過一番考慮，否定了原有職務，結果不僅辭去工作及其職務所賦予的利益，而且與原企業組織完全脫離關係。」

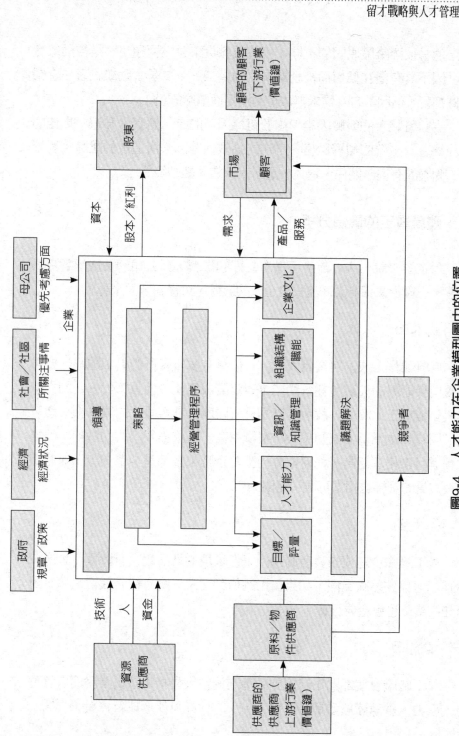

圖9-4 人才能力在企業模型圖中的位置

資料來源：Alan P. Brache（著），中國生產力中心（譯）（2005）。《改變組織DNA：組織追得上得變遷嗎？》（*How organizations work: Taking a holistic approach to enterprise health*），頁195。台北：中國生產力中心。

通常按照離職原因的不同，可將離職員工分為兩類：一是被動離職者（因不具有潛在價值而被企業淘汰的員工）；二是主動離職者（企業企圖挽留，但因其自身需求無法得到滿足而離職的員工）。

主動離職者的離職因素，屬於組織因素的有：薪資、升遷、更佳的工作機會、主管的領導風格、工作的挑戰性等因素所造成的離職；屬於個人因素的有健康關係、退休、遷居、深造、結婚等[24]。

二、離職員工的價值分析

對企業來說，人才流失不僅有立即的影響，對公司的發展影響更為深遠。一般企業探究人才流失對企業的影響，可從四方面來著手：

(一)成本面

就離職員工成本與貢獻而言，一個具有多年資歷的員工離職，要再培養同樣能力的人員所耗費的成本與年資成正比，而員工對公司的貢獻亦與年資成正比關係，故愈資深的員工離職，其可量化的成本損失愈可觀。同時，企業員工流動率大，離職率高，企業為了人員的遞補，須經常舉辦員工招募活動，任何招募活動對企業來說都是一筆支出，而遞補之後人員的訓練也相當可觀（**範例9-8**）。

(二)士氣面

員工離職會造成該員所屬部門工作環境的低氣壓，有時甚至會形成一種牽連性的離職風潮，如果員工跳槽到同業，會有彼長我消之感，對留任的員工也會造成影響。

(三)業務面

員工離職會使部門主管因調派不到適當人員接手該員業務而有管理上的壓力。就算陸續遞補新進員工，一方面亦可能形成新舊員工之間工

範例9-8 勘察設計行業工程技術人員流動成本

成本類別	序號	具體科目	參數或說明
離職成本	1	公司在離職員工任職期間為其培訓、教育和資格（職稱）證書獲得等方面投入的成本及參加培訓期間的差旅費等	按人均500元人民幣／年計算（我院統計數據，下同）
	2	離職面談成本	至少3次（部門主管2次，院長1次），每次1小時
	3	部門主管和人力資源部安排臨時替補的作本	2小時／人
	4	有關部門辦理員工離職手續的成本	有關部門：共計至少4小時 離職員工本人：前後8小時
	5	員工離職期間製造的工作場所干擾成本	按離職員工全年收入的30%
	6	引發其他員工辭職的連鎖流動成本	離職員工同時帶走其他員工或其他員工受影響後辭職，若有則按實際計算
崗位空缺成本	1	內部員工填補空缺成本	崗位一般空缺週期為60天，按所在部門人均工資計算
	2	部門主管協調完成空缺崗位工作的成本	累計部門主管8小時
替換成本	1	招聘工作的準備成本，包括確定招聘策略、招聘管道、招聘廣告等	整個過程需人力資源部招聘人員8小時
	2	接受和預覽簡歷成本	需人力資源部招聘人員2小時
	3	面試成本	至少2次（招聘人員、部門主管各1次），每次1小時
	4	商討候選人錄用的成本	人力資源部和用人部門主管，至少1小時
	5	候選人健康檢查成本	100元人民幣／人／次
	6	錄用報到前的準備工作，如辦公地點、辦公用品等	用人部門經辦人員1小時
	7	辦理錄用手續的成本	人力資源部門前後8小時
	8	新員工在試用期（一般為三個月）內工作動態的追蹤和反饋成本	由用人部門主管和人力資源部承擔，累計各1小時

招募管理

368　（續）範例9-8　勘察設計行業工程技術人員流動成本

成本類別	序號	具體科目	參數或說明
損失的生產率成本	1	離職員工提出辭職前一個月左右損失的生產率成本	只有平時生產率的70%
	2	離職員工提出辭職後一個月內損失的生產率成本	只有平時生產率的50%
	3	部門主管生產率下降成本（包括離職員工提出辭職前一個月和辭職後兩個月）	生產率下降30%
	4	離職員工對整個部門生產率的影響成本	生產率下降20%，部門按10人，時間三個月
	5	空缺崗位損失的生產率成本（按兩個月）	無人替補，損失100% 有人替補，損失50%
	6	新員工損失的生產率成本	按每月獲得20%生產率計，平均要五個月達到100%
	7	新員工對其他密切相關部門造成的生產率影響成本	生產率下降10%左右，人數按10人，時間按五個月
培訓成本	1	新員工上班前的培訓準備成本	名單、通知、日程、地點、設備等，需培訓人員3小時
	2	各有關培訓師的成本	累計按30小時
	3	所在部門專門或一對一培訓成本	累計按20小時
	4	培訓資料成本	200元人民幣／套
	5	培訓室、設備、辦公用品等成本	200元人民幣／天或200元人民幣／8小時
	6	培訓記錄、跟踪、反饋等管理成本	人力資源部負責，約2小時

資料來源：周輝強（2006）。〈細算員工流動成本〉。《人力資源雜誌》，總第241期（2006/12），頁53。

作不協調及不順暢所產生的成本，另一方面也會由於業務由不熟悉的人員負責，造成產品不穩定，後續處理成本大增，或者無形中增加生財器具之耗損。如此一來，客戶因得不到資深人員的服務，將對產品的信心降低。

(四)智慧資本面

員工一旦離職，也會帶走在公司中所累積的隱性知識資本，這些知識多數難以文字化，有些是員工工作上的經驗，有些則為員工將其所知所學運用在工作上的技術，若離職員工為公司的關鍵員工，知識資本的損失相形更大[25]。

三、重視人才保留率

每年看似穩定的5%至10%人員的流動率，實際上隱藏了真正關鍵人才早已大量流失的事實，原因在於，這個數字同時包含了關鍵核心離職員工與一般表現的離職員工，因此，人力資源管理部門提出的「總體人員流失率」，是無法分辨究竟哪一類的員工離職居多，再者，人員流動率統計數字，完全無法說明員工為何離職。在離職面談裡，離職員工經常因顧慮雙方顏面，或希望好聚好散，而不願說明離職的真正原因，一旦就業市場「求過於供」，企業組織就很容易留下一群對組織沒有承諾的人。因此，真正影響績效的關鍵是人才保留率（retention rate）而不是人員流動率（turnover rate）。

為了留住好人才，企業要著重四個數字：自願性及非自願性的好員工留任率，整體、部門及工作別的留才率，全職及兼職員工的留才率，以及好人才的回任率，如此，企業才能掌握好人才的實際狀況。譬如：台灣人才市場競爭激烈，許多從台灣飛利浦（PHILIP）公司離職轉戰其他企業跑道的人才，成立了一個名為「飛友會」的組織，定期聚會做專業上的交流。台灣飛利浦公司對人才永遠敞開大門歡迎，並不會有離職員工就是企業拒絕往來戶的情形，「飛友會」的成員也會推薦人才，而這些人才對台灣飛利浦公司亦有相當的助益[26]。

370

　　人才是企業成長的活水，人才提供了企業前進源源不斷的動能，優秀人才絕對是企業贏得競爭、創造差異的關鍵利器，厚植人才的競爭力，是企業競爭力最重要的策略之一。企業挑選人才，人才也在挑選企業。當全球化競爭倏忽來到眼前，優質的人才打造、培育、留用，是企業取勝競爭對手的有利後盾，也正是克敵制勝武器。不論商場環境怎麼改變，優秀人才永遠「缺貨」，企業永遠求才「若渴」。優秀人才是就業市場炙手可熱的人物，而且這些人也心知肚明自己的優勢，企業該怎麼留住人才？這是個刻不容緩的問題，一定要未雨綢繆，及早因應。

註釋

❶ 華英惠（2006）。〈企業文化：鼓勵創新人，公司最大資產〉。《聯合報》（2006/04/19），A13版。

❷ 謝佳宇（2006）。〈創造雙贏的管理藝術：股票＋願景　好人才不請自來〉。《卓越雜誌》，第260期（2006/06），頁100-103。

❸ 朱侃如（2006）。〈中小企業如何留住優秀人才〉。《EMBA世界經理文摘》，第237期，頁136-137。

❹ 李學澄、苗德荃（2005）。〈三個關鍵要點：徵聘與留才為何不再奏效？〉。《管理雜誌》，第374期（2005/08），頁60。

❺ 楊永妙（2005）。〈企業的鑽石：人才，別走！〉。《管理雜誌》，第374期（2005/08），頁54。

❻ 石銳（2004）。〈企業人才資本的保母〉。《能力雜誌》，總第584期（2004/10），頁111。

❼ 陳麗容（2005）。〈人才管理：人力資源管理的新挑戰〉。《國際培訓總會第33屆印度新德里國際年會報告（2004/11/22-11/25）》，頁82。台北：中華民國訓練協會。

❽呂玉娟（2005）。〈讓優秀人才留下來〉。《能力雜誌》，總第591期（2005/05），頁12。

❾楊齡媛（2006）。〈成功就是做自己：明基電通〉。《台灣光華雜誌》，第31卷第5期（2006/05），頁50。

❿夏嘉玲（譯）（2006）。〈按摩舒壓員工不想走〉。《聯合報》（2006/06/11），A14版。

⓫林文政（2006）。〈留住組織中20%的頂尖菁英：職能與人才管理〉。《人力資本》，第2期（2006/05），頁8-9。

⓬Peter F. Drucker（著），Joseph A. Maciariello（編），胡瑋珊等（譯）（2005）。《每日遇見杜拉克：世紀管理大師366篇智慧精選》，頁130。台北：天下遠見。

⓭李學澄、苗德荃（2005）。〈勞動力結構改變：2008人才在哪裡？〉。《管理雜誌》，第373期（2005/07），頁47。

⓮吳怡銘（2005）。〈台灣百事：攬才因地制宜 薈萃南北菁英〉。《能力雜誌》，第591期（2005/05），頁36-37。

⓯廖志德（2004）。〈尋找組織的A級人才〉。《能力雜誌》，第577期（2004/03），頁19-20。

⓰張玲娟（2004）。〈人才管理——企業基業長青的基石〉。《能力雜誌》，第581期（2004/07），頁62。

⓱陳麗容（2005）。〈人才管理：人力資源管理的新挑戰〉。《國際培訓總會第33屆印度新德里國際年會報告（2004/11/22-11/25）》，頁81。台北：中華民國訓練協會。

⓲徐峰志（譯）（2006）。〈搶人才！人才市場趨勢〉（Talent Force：A New Manifesto for the Human Side of Business）。《大師輕鬆讀》，第178期（2006/05/18），頁15。

⓳邰啟揚、張衛峰（2003）。《人力資源管理教程》，頁133。北京：社會科學文獻。

⓴邰啟揚、張衛峰（2003）。《人力資源管理教程》，頁132。北京：社會科學文獻。

㉑黃一峰（著）（1999），R. Golembeiewski、孫本初、江岷欽（主編），頁309。《管理才能評鑑中心：演進與運用現況》。台北：元照。

㉒莊芬玲（2000）。《89年度企業人力資源作業實務研討會實錄（初階）——企

372

業實例發表：選才篇》，頁79。台北：行政院勞工委員會職業訓練局。

㉓王繼承（編著）（2001）。《人事測評技術：建立人力資產採購的質檢體系》，頁290-291。廣州：廣東經濟。

㉔謝鴻鈞（編著）（1996）。《工業社會工作實務：員工協助方案》，頁209-210。台北：桂冠圖書。

㉕陳培光、陳碧芬（2001）。〈華邦的留人政策〉。李誠（主編）。《高科技產業人力資源管理》，頁210-211。台北：天下文化。

㉖李晨建（2004）。〈台灣飛利浦：創新、協調的A級人才策略〉。《能力雜誌》，第577期（2004/03），頁62。

Chapter 10

求職者教戰守則

374

畢業，自然大家盼望的，但一畢業，都又有些爽然若失。

——魯迅《朝花夕拾·瑣記》

不管是在台灣或者大陸，人力市場的競爭態勢已然白熱化，且隨著這種態勢的發展，人才市場上的供需狀況呈現兩極化：一爲「優秀人才被更多企業爭搶」，另一爲「工作愈來愈難找」，將成爲一般人的普遍感受。如果對比東西方社會對「畢業」一詞的用語，東方人所稱的「畢業」一詞，含有「結束」的意思，意味著結束了一段學習過程；但英文畢業典禮叫作"commencement"，則是「開始」的意義，意味著即將展開新的人生❶。

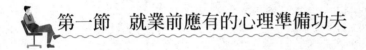 第一節　就業前應有的心理準備功夫

離開學校，心中不免有點茫然，但仍要面對工作的挑戰。到底「工作是人類的本能」，書讀得再多，還是要工作，可是找工作也不要「患得患失」，過分焦慮，只要在就業前有充分認識與準備，信心、勤勞與樂觀是成功的基礎，找到一份工作將「指日可待」（**表10-1**）：

表10-1　自我創業的檢視

- 是否有足夠的決心願意承擔風險？過去的利益是否捨得放棄？
- 是否具備創業者應有的能力與特質？是否能承受挫折？
- 是否具有專項技術特長？創業成功和核心資源優勢是什麼？
- 是否有足夠的資本？行業經驗？客戶資源？技術創新？商業運作能力？
- 是否有足夠的耐心與耐力度過創業期的消耗？
- 創業最大的風險是什麼？最壞的結果是什麼？我是否能承受？

資料來源：編輯部（2006）。〈我要創業嗎？投入創業前的自我檢視〉，頁3。台北：經濟部中小企業處（2006/09）。

一、自我定位

　　求職前，首先要清楚自己要的是什麼？若連自己都不清楚自己要什麼？別人又如何幫助你呢？如果要的是高待遇，那麼工作再辛苦都不能抱怨，這樣就可以換得優厚的酬勞；如果你對待遇沒有什麼要求，只希望老闆和氣、壓力不大、同事相處好、工作穩定、無風無浪的，那麼公家機構最適合你，大公司也行，反正你在團體裡只是個小螺絲釘，按部就班，待遇還可以，有保障，也不會被炒魷魚什麼的。如果你積極有企圖心，希望在短時間內累積很多經驗、財富，且在一段時間後自行創業，或是在短時間內能獨當一面得到最高的位子，那你最好選擇中、小企業，雖帶點風險，成功的機會還是很大。

　　每個人都有天賦，但是要懂得善於去創造機會。倘若想做超出自己能力的事，通常都會失敗，而如果只做低於自己能力的事，則無法發揮實力，亦無法獲得工作意義，因此，對自己進行正確評估，即所謂的自我評價（**範例10-1**）非常重要，找到自己性格中的DNA（Deoxyribonucleic acid，去氧核糖核酸，縮寫為DNA，是一種分子，可組成遺傳指令，以引導生物發育與生命機能運作），做自己最合適的工作，才能夠發揮適才適所的利基（**表10-2**）。

二、職業的選擇

　　進入就業市場要衡量自己的性向、興趣與專長能力等主觀條件，並配合社會客觀環境的需要。複雜的環境，繁重的工作，也許就是增進歷練和學習的好機會，記得「天生我才必有用」，不可在求職過程中受到一點挫折便自暴自棄，因而斷送個人美好的未來前景（**表10-3**）。

三、本身條件的適合性

　　事先瞭解所應徵職缺需要的專長與個人的興趣。因個性、興趣不

招募管理

範例10-1　自我能力盤點

能力盤點	項目
1.改善力	☐ a.會主動向上司與同事建議「如果這樣做的話，會有怎樣的效果？」 ☐ b.盡己所能，把本分的工作做好。
2.柔軟性	☐ a.即使遭遇失敗，會試試看別的方法是否可以見效。 ☐ b.遇到後輩的挑戰，不會生氣，而是覺得自己要更加油。
3.積極性	☐ a.開會時，同事之間發生爭執，會出面以中肯態度平息爭端。 ☐ b.工作上發生問題時，會主動尋求解決之道。
4.活力度	☐ a.跟後輩共事時，能跟得上年輕人的快速步調。 ☐ b.開會時即使感到有股勢力支持某種看法，也敢於提出我的主張。
5.抗壓性	☐ a.案子被中途喊停，能夠冷靜思考原因，而不是跑去跟上司吵架。 ☐ b.即使心情沮喪，也能在下一個案子開始時以全新的態度面對。
6.謙虛度	☐ a.即使對部下或晚輩，也會主動打招呼。 ☐ b.專案成功的功勞與榮耀，能夠跟部下與晚輩共享，而非自己居功。
7.管理能力	☐ a.能夠掌握部下的工作進度，並瞭解加班情形。 ☐ b.部下犯錯或進度落後，能即時指正，以免擴大。
8.人才養成力	☐ a.會先詢問部下：「你有什麼樣的想法？」而非一意孤行。 ☐ b.部下的提案比自己的好，會以「把事做到最好」為原則而採用。
9.跨部門合作力	☐ a.會主動加強跟其他部門的合作。 ☐ b.會積極到現場走動，瞭解實際情形並蒐集情報，而不只坐在辦公室裡
10.計畫力	☐ a.每次因公外出之前，會把當天該做的事明確地整理出來。 ☐ b.預定的事會掌握所有細節，開會時間、截止期限均確實遵守。
11.判斷力	☐ a.對於含糊不清的部分，會徹底予以瞭解。 ☐ b.不只是憑經驗來判斷，也會根據科學、理論、數據，以統合思考。
12.反省力	☐ a.專案結束後，不只關心成敗，對於結果與過程，也會跟部下討論。 ☐ b.工作結束之後，即使細節的部分也會歸納整理。

得分結果：24個項目，每項為1分，加總結果如下：
◎5分以下：低階人才
你不適合在企業裡求生存，不妨試試自行創業，也許更能開拓屬於自己的天空。
◎6-12分：中階偏下的人才
你是在企業中可有可無的人才，從現在起努力增加自己對企業的價值，還來得及。
◎13-19分：中上等人才
你擁有戰力與競爭力，在自己擅長的領域頗有貢獻，是企業想要的人才。
◎20-24分：頂級人才
你是企業夢寐以求的頂級人才，不僅在自己擅長的領域頗有建樹，在其他方面也積極學習、為自己的競爭力加值，而且能夠帶動身邊的人一起成長。

資料來源：《日經商業週刊》。引自：張漢宜（2006）。〈5大關鍵讓你二十年後依然是人才〉。《天下雜誌》，第349期（2006/06/21），頁144。

表10-2　星座求職秘訣

星座名稱	優點	缺點	適合從事何種工作	較不適合從事何種工作
牡羊座 （Aries） （3/21～4/20）	做事積極、富創意、樂觀進取有自信、臉皮厚	自我中心太強、急躁缺乏耐性、數字觀念差	業務員、記者、服飾設計師、演藝人員、探險家、房地產銷售、旅遊業、服務業、金融業、作家	會計、行政工作、護士、股票營業員
金牛座 （Taurus） （4/21～5/21）	耐性十足、腳踏實地、能堅持到底、擇善固執	過於保守、善妒、缺乏協調性、太重視安全感	會計、老師、寶石鑑定業、金融業、烹飪、料理事業、護士、學術研究、服務業、行政工作	藝術家、業務員、貿易、演藝界
雙子座 （Gemini） （5/22～6/21）	多才多藝、有好奇心、足智多謀、反應靈敏	善變、處世缺乏原則、意志不堅定、沒恆心	業務員、股票買賣、推銷員、律師、大眾傳播、廣告設計、主持人、企劃、公關、服務業	雇主、會計、行政工作、工地管理
巨蟹座 （Cancer） （6/22～7/22）	想像力豐富、念舊、重情義、謹慎、考慮周到	太過多愁善感、缺乏安全感、心腸太軟	企劃、會計、食品製造業、律師、老師、護士、保母、醫師、股票買賣、服務業、業務員	記者、行政人員、編劇、歌手、演員
獅子座（Leo） （7/23～8/23）	有領導能力、樂觀、組織力強、誠懇正直	缺乏耐性、好大喜功、自尊心強、粗心	政治家、經營者、藝術家、律師、公關、業務員、企劃、演歌星、導演、模特兒、製作人	醫生、會計、行政人員、編劇
處女座 （Virgo） （8/24～9/23）	追求完美、謹慎、善於蒐集資料、勤奮努力	有潔癖、愛嘮叨、缺乏接受批評的雅量	股票買賣、醫生、新聞記者、講師、學術研究員、作家、公務員、會計、編劇、調查員、工程師	業務員、服飾設計師、房地產銷售、歌手、演員

378　（續）表10-2　星座求職秘訣

星座名稱	優點	缺點	適合從事何種工作	較不適合從事何種工作
天秤座 （Libra） （9/24～10/23）	擅長溝通協調、公正、適應力強、對美感有鑑賞力	優柔寡斷、缺乏自省能力、鄉愿、不能承受壓力	公關、外交官、老師、秘書、占卜師、服務業、設計、歌手、演員、美容、傳播製作	會計、學術研究、工程師、內勤工作
天蠍座 （Scorpio） （10/24～11/22）	深謀遠慮、直覺敏銳、執著、有強烈的企圖心	鑽牛角尖、善妒、疑心病重、人際關係差	醫師、心理學家、直銷業務員、保險業、偵探、新聞記者、歌手、演員、科學研究員	老師、內勤工作、會計、護士、服務業
射手座 （Sagittarius） （11/23～12/21）	樂觀、積極、正直坦率、酷愛和平、待人友善	粗心大意、缺乏耐性、不善理財、過度理想化	各行業業務員、服飾設計師、翻譯員、律師、外交人員、藝術家、旅遊業、貿易業、傳播業	會計、行政人員、工地管理、編劇、作家
魔羯座 （Capricorn） （12/22～1/20）	踏實謹慎、堅守原則、重視紀律、對人謙遜	太過現實、頑固、保守、不善於溝通	編劇、公務員、教師、學者、醫生、律師、公關、直銷、收銀員、內勤人員、園藝、工程師	傳播業、服務業、藝術創作、房地產銷售
水瓶座 （Aquarius） （1/21～2/18）	興趣廣泛、有創意、有前瞻性、勇敢、樂於助人	自戀、思想多變、沒有恆心、想法過於理想化	廣播電視業、藝術家、學術研究、作家、服裝設計師、各行業業務員、攝影師、觀光業、記者	商店雇主、會計、編劇、行政工作
雙魚座 （Pisces） （2/19～3/20）	具有想像力、敏感、善解人意、容易信賴別人	不夠實際、太情緒化、沒有原則、不善於理財	記者、演員、作曲家、詩人、作家、藝術家、舞台設計、歌手、醫生、護士、社會工作者	行政人員、編劇、會計、工程師

資料來源：全國就業e網：http://www.ejob.gov.tw/finejob/book/book5.php。

表10-3　個性與工作兩相配合

個性類別	描述	特徵	適合從事的職業
務實型	喜歡技術性、體力與協調性的身體活動	害羞、真實、有毅力、穩定、符合群體與實際	技工、鑽動器材操作員、生產線作業員、農夫等
探索型	喜歡具有思考力、組織力與理解力的工作	分析的、原創的、較好奇而且獨立的	生物學家、經濟學家、軟體工程師、數學家及新聞記者等
人際關係型	喜歡幫助與開發別人	合群而友善、容易合作而且較體諒別人	社工員、老師、諮詢師、心理醫師等
傳統保守型	喜歡依循規則、有秩序、清清楚楚的活動	同類化、效率化、務實、不妄想，也較不具彈性	會計人員、企業經理人員、銀行行員、檔案管理員等
企業家型	喜歡口語性質的活動，並藉此去影響他人，獲得權力	有自信、具有野心、體力好、喜歡主宰別人	律師、不動產經紀人、公關人員、小企業經理人員等
藝術家型	喜歡模糊、沒有系統的活動，並在其中尋找有創意的空間	富想像力、不務實	畫家、音樂家、作家、室內設計師等

資料來源：Stephen P. Robbins（著），李炳林、林思伶（譯）（2004）。《管理人的箴言》，頁35-37。台北：台灣培生教育。

同，適任的工作也會有所差異，好高騖遠常會形成就業的障礙。若個性保守寡言，則不適合應徵業務的工作；若個性活潑外向，則選擇與物體相處的工作也不恰當（例如：製程工程師須每天面對機器），切不可不先做考量就貿然去應徵（**圖10-1**）。

四、善用求職管道

在開始尋找工作時，必須知道哪裡有就業資訊，哪裡有就業機會。傳統的報章雜誌，是一般人找工作的第一來源，不過必須注意的是工作的種類及性質，以防受騙。另外人際關係更是求職的最佳方式之一，透過較有人脈關係的親友協助的就業機會，一來可以減少對陌生公司的不

380

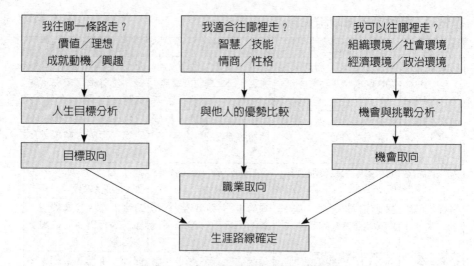

圖10-1　個人職業生涯路徑規劃圖

資料來源：張小彤（2004）。《如何選育用留人才》。北京：北京大學。引自：蕭永欣
　　（2006）。《大陸台商經營管理手冊：台籍幹部與大陸幹部之培訓與人力資源規
　　劃實務作法》，頁90。台北：大陸工作委員會。

信任感，二來錄取機率也較有成功的勝算。此外，也可透過人才仲介公
司（人力資源顧問公司），由對方幫忙安排找尋適合的工作機會，而現
今上網找工作更是最快捷、最便利的方法，只要上網查詢工作機會，不
論是個人求職或是企業求才，都可以利用資料庫篩選符合需求的對象，
是既省時又省力的方式。

五、研究你所選擇的企業

　　每個公司的企業文化不同，用人習慣也不同，譬如：有的公司喜歡
用乖乖牌，有的公司卻喜歡用積極個性的人。要瞭解一家特定的公司資
訊，網路搜尋是不錯的選擇（**範例10-2**）。

　　1.此行業有沒有前景？
　　2.企業的規模（包括：營業項目、營業額、淨利、市場占有率、員工
　　　人數）。

範例10-2 務必聘用具有熱情的人

我為「閱讀空間」面談求職者時，經常想起史帝夫‧巴爾莫。我想知道和我面談之前，他們是否熱情、辛勤到研究過「閱讀空間」的細節。

有一次，我約談一位應徵發展總監的出色求職者。瑪茜有多年的募款經驗，所以我認為她是另一個不停打電話取得捐款的人。我希望這個面談能成功，但很快地我就看出，這只是她的「另一份工作」，瑪茜沒有我想要的那份熱忱。

「首先，妳能不能告訴我『閱讀空間』建了多少學校？」

「我不確定。十所？」

「不，目前已經有三十所，今年還會蓋另外三十所。」

「這我倒不知道。」

經過一番對話，我知道面談結束了。如果她無法把我們的成果和認捐模式告訴捐助者，那麼她如何促銷「閱讀空間」？我們最後聘用的求職者，是在面談前詳細研讀過我們的年度報告和網頁的人，她有熱情，她知道她的論據、怎麼計算，當然，還要有她算出來的數據。

除非每個員工對於自己的任務都具有熱情，否則任何新的機構必垮無疑。這種熱情對早期的聘用尤其重要，因為它會隨著企業文化傳遞給新員工。因此，每一個企業家都必須對求職者重複這一點。一定要聘用具有熱情以及知道組織數據的人。

資料來源：John Wood（著），鄭明華（譯）（2006），《一個創業家的意外人生》。台北：商智。引自：編輯部（2006），〈用微軟經驗打造非營利組織〉。《理財週刊》，第321期（2006/10/19），頁91。

3.這家企業的主要競爭者是誰？有何相似之處？有何不同之處？

4.企業的競爭優勢與弱點。

5.主要的領導人是誰？領導風評如何？

6.組織文化為何？它的價值觀、特性與願景？企業社會責任？

7.傳統產業？科技產業？組織規模？

8.檢視該職缺的工作內容與工作職責（可瀏覽該企業網站得到資訊，或聯絡曾在這一家企業工作過的親朋好友取得資訊）。

9.僱用的形式（正職員工、臨時性員工）、加班、輪班、休假制度的情況。

10.需要什麼樣的任職資格條件？薪水大概是多少？福利與保險等問題。

11.找出企業人資主管的相關信息，以利在求職信上的開頭尊稱直接

382　　　　　用其姓氏與職銜，而不要用「敬啓者」的通稱，這樣比較親切與
尊重。

　　瞭解了這些狀況後，求職者便知道怎麼去應對未來的面談話題。另
外，這家公司的待遇如何？升遷如何？也應在打聽範圍之內，好事先預
作評估。

第二節　履歷表與自傳撰寫技巧

　　履歷表與自傳可說是目前求職的必備文件之一，也是應徵者自我行
銷的工具。它能夠策略性地凸顯你的目標、才能、成就與未來潛能。如
何準備一份完整生動的履歷（含自傳）常是贏得面試機會的主要因素。
（**表10-4**）

　　Richard Nelson Bolles在所撰寫的《求職聖經》（*What Color Is Your
Parachute?*）一書中提到：一份有效、有用的履歷，秘訣很簡單，你必
須知道你為什麼而寫……為你打開機會，或協助人家在面談之後能夠回
想起你來，或兩者皆是。你寫給誰看？有權錄用你的人，你想要讓他知
道你的什麼，你可以怎麼來協助他與公司，你又可以怎麼來證實你的說
法，使他相信錄用你是明智的決定。此外，你必須知道你主要的功能目
標……你有什麼擅長的能力，還有你主要的組織目標，公司需要你什麼
能力，你可以做得最有效率。

一、履歷表撰寫

　　出奇制勝的履歷表並不是讓你得到工作，而是讓你贏得面試機會
（**範例10-3**）。有些人的履歷表是在他進應徵公司時隨手寫的，草率馬
虎；有的人則乾脆影印，甚至連照片也是影印的，這代表什麼？代表求
職者不尊重這家公司，不重視這份工作，連開始都不重視，以後會重視

表10-4　各種履歷表的寫法

年序式履歷表	年序式履歷表（chroulogical Curriculum Vitae）對於轉業應徵者格外有用。這類履歷表在依時序排列的內容中，著重主要技術領域，並以三至五個與工作相關的技術作為小標題。 ・把姓名與聯絡地址、電話放在最上面。 ・說明你的事業目標。 ・工作資歷是從現在（或最近）的工作往前敘述。 ・寫出最近十年裡四到五項的工作經驗即可。 ・簡短扼要地形容主要的工作執掌及成就。 ・形容這些工作執掌與成就時，不要忘記你的事業目標，但只強調跟你現在熱切想找的工作有關的部分。 ・教育背景用另外一個區塊列出，放在履歷表的最下方。各種學位依時間的先後順序列出。
功能式履歷表	功能式履歷表（Functional Curriculum Vitae）和年序式履歷表類似，只不過學經歷背景是按照重要性排列，而非按時間性。 ・把姓名與聯絡地址、電話放在最上面。 ・說明你的事業目標。 ・用三到五個文字段落強調你特殊的工作技能或成就。 ・依重要性排列，把跟你的事業目標最有關係的部分放在最上方，為每一個段落做一個標題。 ・在每一個標題下，強調與你現在所找的工作最相關的技能或成就。 ・在列出工作技能與成就時，不需要說明那家公司的老闆是誰，或是你的職位如何。 ・教育背景用另外一個區塊列出，放在履歷表的最下方。各種學位依時間的先後順序列出。
目標性履歷表	・要準備一份目標性履歷表（Targeted Curriculum Vitae）前，先腦力激盪想出主要重點清單。例如：你曾經做過哪些與你的事業目標有關聯的事，並得到哪些成果？你對這些成就感到驕傲嗎？你曾在別的領域中也得到一些成就，而且也跟你的事業目標有關係的呢？哪些事足以證明你跟他人共事的能力？ ・把姓名與聯絡地址、電話放在最上面。 ・說明你的事業目標。 ・從上述腦力激盪出的清單裡，選出五到八項跟你的事業目標最有關聯的工作能力與成就。記住！要在這些敘述中強調實際採行過的工作行動與得到的成果。 ・在工作能力與成就欄位裡，簡單地列出你的實際工作經驗，只需要列出工作期間、公司名稱及職稱。 ・教育背景用另外一個區塊列出，放在履歷表的最下方。各種學位依時間的先後順序列出。

（續）表10-4　各種履歷表的寫法

資格性履歷表	資格性履歷表（Capabilities Curriculum Vitae）的寫法是： ・盡一切可能去瞭解你現在所應徵的內部職缺。接著從你的現職工作中，找出五到八項跟這項職缺有關的工作能力與成就，並列出一張清單。 ・把姓名與聯絡地址、電話放在最上面。 ・直接用內部職缺公告裡的文字說明你的工作目標。用求職信向人事主管表達你對這份工作特定職位的興趣。 ・列出五到八項你跟這項職缺有關的工作能力與成就，並敘述你曾經做過的實際工作行動與得到的工作成果。 ・很簡單的列出你在公司裡的相關工作資歷。如果你在公司的時間很短，你就得列出其他的工作資歷，如同在目標性履歷表敘述的內容。 ・教育背景用另外一個區塊列出，放在履歷表的最下方。各種學位依時間的先後順序列出。

參考資料：Bloomsbury Business（編），陳絜吾（譯）（2005）。《商務行動清單：成功人士應有的專業技能》，頁81-82。台北：商周。

範例10-3　上傳影音履歷　求職有聲有色

　　剛從伊利諾大學畢業的泰勒要找工程師的職務，人力仲介業者建議他拍攝錄影帶介紹自己，於是他在專業攝影棚拍了一支數分鐘長的簡短錄影帶，內容是他回答五個問題。例如為什麼他選擇結構工程為生涯？他回答：「因為他天生是一個解決問題高手。」

　　人力仲介公司再將他的檔案網址利用電子郵件寄給潛在雇主。後來四家公司請他去上班，他從中選擇了一家。

　　儘管利用數位錄影加強履歷內容的還只有少數求職者，但已有不少社會新鮮人利用YouTube或Google Video網站刊登自己的影音履歷。求職網站Jobster.com甚至讓使用者在電子履歷上加入錄影內容。

　　威斯康辛州人力顧問業者懷特顧問公司總裁懷特說：「雇主可以花半個小時看十支影音履歷，而不用花兩、三天時間——面談十個人。」

資料來源：謝璦竹（2006）。〈上傳影音履歷　求職有聲有色〉。《經濟日報》（2006/12/07），A8版。

嗎？既然求職，自然該好好書寫自己的資料，用打字的也好，特別設計一份也好，照片也要好好挑一張，如果你抱著極慎重的心理，對方又怎麼察覺不到。說不定在眾多不認真的應徵人員中，面試者就看中你的認真（表10-5）。

表10-5 履歷表的5C

Clear	內容精心編排、清楚易讀，易於掌握重點。
Concise	內容簡潔扼要，僅陳述相關資料。
Correct	內容詳實正確，沒有錯別字。
Comprehensive	內容具體易領會，例證、附件資料一應俱全。
Considerate	不以自己主觀的立場撰寫，強調設身處地，使對方閱讀時順暢無礙。

資料來源：侯明順（1998）。〈如何寫令人印象深刻的履歷表〉。許書揚（編著）。《你可以更搶手：23位人事主管教你求職高招》，頁36。台北：奧林文化。

　　履歷表要寫幾張（頁），取決於企業別、產業別，以及你的資歷多寡。例如：快速變化的廣告與網路業，比較喜歡短而簡潔的履歷表；較保守的企業，例如：財務公司與製造業，則希望瞭解應徵者的資格條件，這種公司會接受兩頁甚至三頁的履歷表（**範例10-4**）。

　　撰寫履歷表的重點，是在於你要確定自己「尋職」的目標（騎驢找馬、初次找工作），在履歷表的開頭就要以非常簡單、扼要的敘述語法去引起招募人員的興趣。

　　教育背景的敘述是很簡單的，通常就是載明某某年度畢業於哪所學校，以及取得什麼學位。要表達專業工作資歷就比較具有挑戰性了。

　　對於轉業的應徵者而言，履歷表中關於工作資歷的敘述最為重要。一開始就要說明你工作背景中，曾採取過的行動，以及所有能具體衡量的成果，而且愈多愈好。如果以下任何一種情況適合你，則你可以在你的工作經歷中多加著墨[2]：

　　1.你的貢獻對公司、員工或客戶、股東造成重要結果。
　　2.你使用極少資源、低於預算的成本，或是截止日期前完成工作。
　　3.你使得某些事務更容易、簡化、更好或更快。
　　4.你在某些情況下表現優異。
　　5.你或他人對你所為感到驕傲；你的行為讓事情全然改觀。

　　寄出履歷表後，你必須接著打電話要求面試機會。如果你是因為害怕遭到拒絕而不敢打電話，那麼你可能永遠得不到這個工作機會了。

範例10-4　簡歷表

應徵類別：人力資源管理顧問師

姓名：丁志達

出生地：彰化縣鹿港鎮

出生日：1945年01月18日

聯絡地址：○○縣○○市220○○路○段○○○巷○○弄○○號○樓

電話：（02）××××-××××

行動電話：××××-×××-×××

傳真：（02）××××-××××

e-mail：（網址號碼）

工作經歷

（1）台灣地區服務經歷

服務期間	企業名稱	擔任職位
1969.07~1972.06.	東成機械公司（日商東芝機械投資）	人事／總務專員
1972.06~1974.06.	環宇電子公司（美國ITT投資）	人事／行政部課長
1974.06~1976.02.	西電公司（美國西屋家電產品台灣總代理）	行政部副理
1976.03~1976.05.	華王公司（日立冰箱製造廠）	行政部課長
1976.06~1980.06.	敬業電子公司（與美國休斯公司技術合作）	人事／行政部主管
1980.06~1982.02.	安達電子公司（義大利商投資）	人事／行政部經理
1982.03~1998.03.	台灣國際標準電子公司（法商阿爾卡特投資）	薪酬／一般行政經理
1998.04~2000.01.	智捷科技公司（新竹科學園區）	總經理特別助理
2000.02.~迄今	中華企業管理發展中心（台北市）	首席顧問／講師
	共好管理顧問公司（台北市）	諮詢顧問
	中國生產力中區服務處	特約講師
	漢邦企業管理顧問公司	特約講師
	中華民國貿易教育基金會	特約講師
	台北市進出口公會	特約講師
	中華汽車公司培訓中心	特約講師

（2）大陸地區工作經驗

參與台灣國際標準電子公司海外投資計畫，負責設計大陸勞動人事行政管理制度，實際在大陸下列各地辦事處、合資公司從事人事行政業務（包括招募）：

辦事處	合資廠
1992年亞洲阿爾卡特技術服務公司廣州辦事處	1994年瀋陽阿爾卡特電訊有限公司
1992年亞洲阿爾卡特技術服務公司福州辦事處	1994年福建阿爾卡特通訊技術有限公司
1992年亞洲阿爾卡特技術服務公司南京辦事處	1994年杭州阿爾卡特通訊系統有限公司
1994年亞洲阿爾卡特技術服務公司南昌辦事處	1994年上海阿爾卡特網路支援系統公司
1995年亞洲阿爾卡特技術服務公司上海辦事處	

1999年為智捷科技公司成立南京研究發展中心

2001~2002年為安徽煙草公司從事人力資源管理制度專案的建立

（續）範例10-4　簡歷表　　　　　　　　　　　　　　　　　　387

工作專長

企業人事管理制度規劃與設計　　　企業員額規劃與執行
企業薪酬制度規劃與設計　　　　　企業員工訓練規劃與執行
勞資關係和諧的營建　　　　　　　績效管理
大陸勞動人事管理　　　　　　　　人力資源管理諮詢

教育背景

輔仁大學歷史學系畢業（1968年06月畢業）
政治大學企研所企業經理班結業（1998年）

著作

薪酬管理（2006.03出版）
人力資源管理（2005.01出版）
績效管理（2003.10出版）
職場兵法（南方出版社簡體字本 2002.03出版）
裁員風暴（2001.06出版）
大陸勞動人事管理實務手冊（1996.07出版）

輔導企業（機構）

味丹食品企業集團（台中縣）　　　人員合理化
智崧科技公司　　　　　　　　　　人事管理制度建立
台灣電力公司　　　　　　　　　　員額合理化標準評估
台壽保險人力資源制度設計　　　　績效管理、晉升制度、招聘制度
台灣航勤人力資源制度設計　　　　組織診斷與部門執掌、員額配置合理化、績效評估
　　　　　　　　　　　　　　　　制度、輪調制度
台大醫院　　　　　　　　　　　　人力制度評估
交通銀行人力資源制度設計　　　　績效管理、晉升制度、輪調制度
安徽煙草公司（大陸）　　　　　　人力資源管理專案（組織診斷與組織設計）

講授科目

人力資源管理作業、人事制度設計、人力規劃與人力合理化、薪酬管理實務、績效
管理實務、徵才與選才實務、培訓與職涯發展、勞動法規實務、激勵性留才策略與
離職管理、大陸勞動人事管理實務、大陸勞動爭議處理技巧……等等

擔任外聘講師單位（台灣地區）

東吳大學、元智大學、政治大學、文化大學教育推展中心、交通銀行、中華航空、
裕隆汽車、中華電信、台灣電視公司、南山人壽、勤業管理顧問公司、中小企業青
創會、台北外貿協會、台中世貿中心、中小企業協會、全國工業總會、中衛發展中
心、中華企管中心、長興化工、三福化工、智捷科技、東友科技、台北市期貨公
會、興農集團、上銀科技、友旺科技、叡揚資訊、神腦國際、東京威力、中時人力
網、聯合人力網、帝寶工業、元大金控、奇美光電、中華開發金控……等等

擔任外聘講師單位（大陸地區）

明門實業（東莞清溪）、國基電子（廣東中山）、智崧科技（東莞橋頭鎮）……等等

製表：丁志達。

二、自傳撰寫訣竅

在自傳部分，如何寫得簡潔、生動、有特色，也是令人留下深刻印象的重點要素之一（**表10-6**）。除了字跡工整、行文流暢外，內容要能凸顯個人的特質，可強調對此份工作的期許，企圖心及人生的規劃等等，還要言簡意賅地說出個人優缺點、成功失敗經驗談、印象最深刻的挑戰等等（**範例10-5**）。

三、撰寫求職信技巧

履歷表（含自傳）不是一份獨立存在的文件，為了增加其效率，還需要附上一封語氣誠懇的求職信（covering letter）加以介紹。因為每一封求職信，都先會被人資單位的招募負責人員閱讀到，所以求職信的撰寫，必須抓住他們的注意力，能從眾多應徵函件中「脫穎而出」，讓你寄出去的履歷表（通常放在求職信之後）能被詳細的閱讀。

在求職信（放在履歷表之外的一封信）裡，要很簡單敘述你想找的工作、為何適合這份工作，以及你為何對這家公司有興趣。

由於有經驗的招募人員早已看過成千上百封的求職信，對於使用

表10-6 撰寫自傳的訣竅

- ・不要全部重複描述履歷表的個人基本資料。
- ・字數宜在六百至八百字為限。
- ・段落分明，標點符號清楚，文句通暢，陳述經歷要符合時間順序及邏輯，例如先受教育才會有專業知識能力。
- ・強調專長潛力及未來的可塑性。
- ・誠懇的描述自己的成功經驗。
- ・避免傳達悲觀人生觀。
- ・避免對人、事、物有太多批判。
- ・結束語句要禮貌的表達自己對面試的殷切期盼。

資料來源：台中區就業服務中心（2004）。《求職寶典：履歷自傳範例》，頁5。台中：行政院勞工委員會職業訓練局台中區就業服務中心。

範例10-5　自傳

　　我（丁志達），出生於「一府二鹿三艋舺」的鹿港，滄海桑田，古早繁華的商業城市已不復見，但「純樸」小鎮的民風，是我童年成長的環境，耳濡目染，頗受影響。

　　小學六年，年年獲得全勤獎表揚；初中三年通勤，每日早起，從鹿港搭車到彰化車站，然後步行三、四十分鐘到校，養成「健行」、「守時」的好習慣；高中三年，畢業時獲得二項殊榮：當屆畢業生學業總成績排名第二暨三學年均「全勤獎」，「守本分」（讀書不分心）、「毅力」（不請假）是我的特質。

　　十八歲北上就讀輔仁大學，有感於家境清寒，因家父（丁玉書）任職於鎮公所，收入菲薄，除要養育四個子女外，也要不時照顧多病的祖母，家母（施彩鸞）乃靠自己手藝替人縫製衣服，將所掙到的工錢用來補貼家用。所以個人大學就讀期間，省吃儉用，並且每學期申請到獎學金，畢業時的總平均分數達82分。學業成績中以隋唐史（98分）、史學方法（95分）最好；在校期間也經常發表文章，而為了畢業後能順利找到工作，減輕家中的經濟負擔，也選修了應用文、民法總則、憲法、心理學（91分）等學科，希望在出了社會後能學以致用。

　　大學畢業後隨即服預官役，被派往東沙群島駐守八個月，島孤人也孤，每日面對著是汪洋大海，看盡了日出日落，浪來浪去的無常，平靜無波的海面忽然捲起千堆雪的「澎湃」氣勢，不久又平靜「如鏡」，進而向大海學習著「包容」，挫折不「失志」，得意勿「驕縱」的胸襟。

　　透過報紙徵才廣告得知　貴公司正在徵求「人事管理人員」，這份職務是我很想從事的工作，而　貴公司的「商譽」有口皆碑，出生純樸的小鎮、公務員的家庭、個人文筆自認流暢、個性循規蹈矩，且無不良嗜好（不抽菸、喝酒）、私生活檢點、交友單純、做事勤快、逆來順受、犧牲奉獻、有創意、自我發展（追求工作成就感而不是報酬的多寡），頗適合個人事業發展、相得益彰的好處所。

　　雖然我的行政工作經驗只是軍中服役期間所學習而來的，懇請　貴公司能惠予我一個學習與奉獻的機會，只要假以時日，一旦融入　貴公司的文化後，必然能發揮所長，成為貴公司不可或缺的一員。

　　感謝　鈞長在百忙中費神閱讀我的求職資料，希望所提供的資料足夠讓　鈞長們對我有所初步的瞭解，個人期盼在最短期間內能接到面談的訊息（電話號碼／電傳網址）。

　　耑此布意　順頌
平安

　　　　　　　　　　　　　　　　　　　　　　　求職者
　　　　　　　　　　　　　　　　　　　　　　　丁志達　敬上
　　　　　　　　　　　　　　　　　　　　　　　○○年○○月○○日

製表：丁志達。

390　坊間書局販售的「求職大全」諸類型書籍上所提供的「老套」範例，千
萬不要全文照抄，你必須眞實寫出爲什麼這份工作最適合你來做它，同
時，你得要用最好的紙張，用最專業的電腦字體，盡一切可能去傳遞出
語言與文字所無法傳達的訊息：你是一位有品味、有品質的人。

　　1.直接稱呼對方頭銜或姓名，讓每封信皆獨一無二。

　　2.內容務必保持簡短，以不超過一頁最爲適當。

　　3.使用簡單直接的語言及適當的語氣。

　　4.將重點放在這家公司的需求與風格上。

　　5.不要重複履歷表中的細節。

　　6.避免傲慢的陳述，或誇大不實的自我吹捧。

　　7.避免使用專業術語、咬文嚼字或陳腔濫調。

　　8.讓你的興趣與熱忱從字裡行間顯現。

　　9.求職信使用的紙張須與履歷表相同尺寸。

　　10.一遍再一遍的閱讀，檢查信中的錯別字[3]。

四、推薦函

　　許多人發現，利用人際關係得知工作機會，或主動與公司內招聘人
員排定面試，是非常有用的作法。應徵者可以在履歷表之外，另請一位
有分量的人推薦你一下；再不然，若確有才幹，可於履歷表上加以註明
以前服務單位的老闆、上司或幾個同事的電話，請招募負責人員不妨與
他們聯絡一下，以正確的得知自己的爲人處事（**範例10-6**）。

第三節　面談要點備忘錄

　　面試是整個求職程序中最具關鍵的一環，懂得在有限的面試時間內
表現自己，是個人被錄取與否的關鍵。

範例10-6　推薦函

Dear Sirs,

　　Mr. J. D. Ting has been employed by AFE from the beginning in Aug. 1980 up to now, Feb. 1982, when our Company has terminated operations.

　　In this period Mr. Ting has covered the position of Personnel Manager.

　　We reached a level of about 300 employees, in the various positions, technical, administrative and clerical necessary to an independent factory operation.

　　All personnel matters in our Company progressed very smoothly, both the quick increase of staff and the laying off, and I thoroughly recommend Mr. Ting as a capable Personnel Manager.

Sincerely

Carlo Bertolino

General Manager

敬啓者：

　　丁志達君自1980年8月創廠時，就受僱於本公司（安達工業股份有限公司）服務，一直服務到我們的公司在今（1982）年2月正式宣布歇業為止。

　　在這一段在職期間，他擔任的職務是「人事經理」的職位。

　　我們公司僱用的員工約有三百人，包括各種職位的專業性技術人員、行政人員以及一家生產工廠運作、生產所需的人員在內。

　　他負責本公司人事功能上的所有行政事務，尤其在僱用員工的時效以及在資遣員工的運作上，相當順利、圓滿的達成目標。本人毫無保留的極力推薦他是一位有才幹、有能力的人事經理。

總經理　白德隆

資料來源：丁志達（2001）。《裁員風暴：企業與員工的保命聖經》，頁172-173。台北：生智文化。

　　在面談前，應先再次瀏覽一遍你寄給企業求職信與履歷資料，如此得以避免在回答問題與資料時有所出入。同時，最好在面試赴約前，能請你的家人或好友一起來幫忙你演練一場情境模擬的面談，請他們提出一些可能在真實面談時會提到的棘手問題的答覆方式，或如果你想隱藏不為人知的職業空窗期被提問時，如何「自圓其說」，以及個人「肢體動作」細節的注意事項，以避免「落出馬腳」而「功虧一簣」。

一、穿著要端莊整齊

　　面試時的準備與態度，可能成為是否獲得此份工作的最重要影響因素了。俗話說：「佛要金裝，人要衣裝」，面試時的儀容，適當的裝扮，容易給面試者良好的第一印象，也是一種禮貌。因此，配合工作環境做適度的裝扮是必要的。服裝要乾淨，頭髮要梳理整齊，要使人覺得整潔、有朝氣，並盡量提早十至十五分鐘到達面試地點，除了可緩和自己的情緒，也能讓自己有時間想些面試時的應對技巧。例如：面試時，女士最好穿著套裝或洋裝，衣著避免過於華麗或暴露外，搭配不露腳趾、素淨的鞋子，頭髮則應梳理整潔，盡量能表現自己特質的淡雅妝扮，但應徵演藝界或創意、廣告與流行業的有關產業職缺則較不受此限；男士應徵者以穿著西裝，燙平、無皺紋的襯衫為穿著重點，再搭配素色的領帶，並視工作類型選擇適當的款式及顏色和西裝做整體搭配，髮型則簡單利落即可，鞋子應擦得光亮，並以款式簡單的造型為考量❹。

　　要記得，面試者在跟應徵者面談時的興趣所在，不只是想證實履歷所敘述的資料是否屬實，還想透過面談的過程，對求職者個人做一整體評價，想從求職者的外表、服飾、說話態度、氣質、機智及其性格等觀察求職者，來印證求職者是否是那種值得信賴、可以合作共事、又有旺盛鬥志、且易於相處的人❺。

二、臨場面談要訣

　　面試前花點時間蒐集公司資料、概況，除了可以使求職者多瞭解這個公司的文化，資料準備充分也可使面試者對應徵者更加印象深刻。在面試的過程中，態度是一個很重要的因素，不要答非所問，要保持誠懇、誠意、不卑不亢，語氣完整連貫，保持自信，不要顯露出緊張的態度，切勿心浮氣躁，誇大不實。說到缺點時一定要有技巧，譬如：英文不好，可以委婉地說：「在所有語文能力中，英文是較須加強的」，而

不是一味直話直說：「我精通日語、閩南語，但就差在英文」。面談時也不要漫不經心、東拉西扯、前後矛盾，務實與得體的應對，必能增進面試者對求職者的好感，注意觀察面試者的談話內容及舉動，並加以適度的回應。面試者通常比較記得求職者在結束時的表現（近因效果），而不是在剛開始面談的表現，所以，面試過程要始終如一的良好表現，這都是使求職者能夠獲得此份工作的因素之一（**表10-7**）。

三、面談時不可做的事

「教養」是可以從面談過程中的個人舉動、言語等肢體動作觀察得到的。下列是一些求職者面談時不可做的事：

1. 若你等候面談時間已經超過排定時間而尚未接受面談時，別露出一臉苦惱的表情。
2. 面談進行前後，千萬不能接聽手機。
3. 開始面談時，別說出一些令人喪氣的言語，例如：這個地方眞難找。
4. 進入面談室時，別急於坐下，除非面試者請你坐下時方可。
5. 握手寒暄雖然是友善的舉動，但最好等到面試者先做出此動作，你再與之握手。開始這個誠摯表徵的行爲是面試者的特權。
6. 除非應徵者已事先請求面試者並得到允許，否則千萬別將個人的資料袋、手提袋、錢包、外衣或其他私人物品放在其桌面上。
7. 千萬別爲過去的錯誤辯解，誠實地回答所有的問題。
8. 避免表現出過多的肢體動作。
9. 不要用艱澀難懂的專業用語或外語交談。
10. 別抱怨你的上一任上司，或像細數家珍般地詳述你的束縛、煩惱及抱怨牢騷。
11. 千萬不可試著出賣良心，或洩漏上一任老闆的商業機密來迎合、討好面試者。

394　表10-7　面談答話一覽表

類型	問題	回答方向
對企業的認知型	你為什麼想來本公司應徵這個工作？	可朝對企業的正面印象來回答，說明是因為公司的體制、業界的知名度、人員素質、福利……等吸引人，因此希望能在公司一展自己的長才。
	你對本公司還有什麼問題想要發問？	一般來講，最保守的回答是已經沒有問題，但是如果能夠發問幾個問題是最好不過了。 ・可否麻煩你介紹一下公司的工作環境？ ・公司的考績標準是什麼？ ・對於員工是否有培訓或在職進修的作法？ ・目前這個工作的基本職責是什麼？ ・這份工作的成長潛力大概是如何？
自我認知型	請做一下簡單的自我介紹	這個問題雖然簡單，但是有關於自己生平經歷實在太多了，若真的講述從小到大的生長情形、家中有幾人、就讀學校……未免會讓人找不到方向，因此不妨先問對方想要瞭解哪一部分再敘述即可。
	你覺得你自己的優缺點在哪裡？	對於優點方面，盡量強調關於做事情的效率、處理事情態度，以及與群體相處方面的優點；至於缺點，可以說到自己曾經有過的缺點，但改過的過程是如何，將缺點轉化為優點。
經驗型	你曾經參加過社團嗎？什麼樣的社團呢？	可以回答自己在社團中參與活動的情形、表現、曾經擔任過重要職務等，也可以提到最難忘的社團活動經驗。
工作認知型	為什麼選擇這一份工作？	提出工作性質與眾不同的地方、被吸引的原因，這些都是面試者大都會感到興趣的話題。
	對工作有什麼期望和目標	回答此問題時，必須點出自己具體的目標是什麼，如何達成這個目標，同時表明自己絕對有自信可以擔當。
	如果需要加班時，你的感覺如何？	以回答是否能完成工作為主，若未完成，加班是應該的，但切莫提及加班費之事，否則反而會招致面試者的反感。
	你理想中的待遇是多少？	這個問題十分難以拿捏，可以先反問對方在公司中跟自己同學歷、同職位等級的人薪資情況大概是如何，這樣自己也會有個拿捏的標準。

資料來源：華之鳳（2001）。《e舉成功電腦求職術》，頁5-8、5-9、5-10，台北：金禾資訊。

12.切勿過度彰顯自我，趾高氣揚。

13.讓面試者控制主題和節奏，不要急著表現而搶話或插話。

四、面談時可做的事

面談的目的是讓面試者能更進一步認識求職者，以便知道彼此是否可以共事。對求職者而言，面談的目的是希望能獲得工作機會，讓面試者產生認同，所以，面談時，求職者可加強使面試者留下良好印象的一些行為舉止，諸如：

1.讓面試者控制或更換主題，不要搶話或插話。原則上只提供本身的長處、優點，除非面試者提出，否則不要主動暴露個人的缺點。

2.言語表達要充滿自信心與對工作的興趣，表達意見應清楚。

3.對面試者的問題要肯定、正確，且從容不迫的回答（**範例10-7**）。

4.對於不瞭解的事情，可以提出問題請教，不要逞強。

5.對於聽不清楚的訊息可以主動、客氣的請面試者再說一下，以表示自己的專心。

6.坦誠的語言，平順的聲調和聲量。

7.注意主試者的身體語言，懂得察言觀色。

8.面談時要認真的聆聽對方的說話，並且將眼光注視對方。

9.適度地自我推銷，造成「捨我其誰」的優勢。例如：可隨身攜帶一些資料或作品，以作為自己能力與經驗的補充說明。

10.詢問主試者對你的建議，以便日後改進。

11.要說客套話[6]。

在面談時，曾有工作經歷者，至少應以一個實例來向面試者證實你的優秀資歷。在說明實例時，把重點放在因為運用到你的長處或技能，使先前服務的公司可以得到具體或可明確衡量的成果。在被問及為什麼要離開目前服務的公司時，千萬不要批評你的主管或「訴說」公司的

範例10-7　失業或離職問題

問題	你為什麼事被解僱的？
面試官的目的	這個問題可能難以回答。注意你的措辭，在討論被解聘問題時，不要對你的能力和工作經驗做不必要的貶低。
答案示例	很遺憾，由於電信業的不景氣，我的公司不得不無奈地裁減30%的員工。他們不是根據表現，而是根據工作的特定領域決定裁員名單的。凡是他們決定精簡的領域相關部門的員工全部在解聘之列。我在公司工作那段時間是很愉快的，由於其良好的工作環境，我的許多目標都得以實現，從培養過硬的團隊工作能力到與客戶的聯繫等大量工作，雖然我為自己的職位由於經濟因素被裁減感到遺憾，但仍準備好在新的工作環境中做出積極的貢獻，我將把這四年來積累的工作經驗和技能應用到工作中去。
答案分析	這個回答樂觀而積極，並且沒有為自己辯解的感覺。回答時的語氣可能會為面試官留下良好的印象。在這個求職者的描繪下，他似乎在電信公司做得十分愉快，而自己也表現得踏實肯幹，在遭到解聘時依然實現了自己的目標。面試官可能會對他將為新職位貢獻的技術和經驗留下積極的印象。
避免事項	避免讓人感覺在以前單位工作得一團糟，是在浪費時間，除非你有明確的理由對自己所花的時間做出解釋。

資料來源：Shelly Leanne（著），彭一勃（譯）（2005）。《面試中的陷阱》（*How to Interview Like a Top MBA*），頁193-194。北京：機械工業。

壞事，對於一位不會「感激」而只會「批評」他人的應徵者，誰敢用你呢？像這類問題的回答是要把焦點放在未來的展望上，不要談心中的不滿。

五、事先準備想要請教的問題

有哪些問題是你在面談中希望得到答案的，你必須列出一份清單，適時就教於面試者。例如：

1.這是一份永久性的職業嗎？或是暫時性或季節性的工作？
2.公司內部文化的價值是什麼？
3.公司有哪些要素能協助我成功？
4.有哪些要素使公司有競爭力？

5.這份職缺的前任者服務多久？什麼原因離開這份工作？

6.通常員工能多快獲得升遷？升遷的標準是什麼？

7.關於員工的職涯發展，公司的處理方式及政策是什麼？

8.面談後要多久，我才能知道是否被錄用？

總之，先看自己適不適合這份工作，再準備好該做的功課，接下來是大方誠實面試，例如：應徵工程師職缺面談的秘訣，答案不是重點，重點在於推論與邏輯思考的過程，至於待遇、福利、加班這些相關事項，先問好、談好是最佳，但也不要太斤斤計較，以免引起反感❼。

六、薪資報酬的商榷

企業對於薪資有其基本的給付制度。關於薪資的協商，應徵者應先明確的知道自己求職的最大目的是什麼？心中的期望值是要放在行業的發展趨勢上？或採取「打帶跑」先賺一票的「高薪」要求？薪資行情的資料可事先上一些提供相關薪資資訊的網站搜尋。除此之外，打聽已就業的同學（或離職的舊同事）目前所領取的薪資總額，也可以作為薪資協商參考的指標，甚至於從報章、雜誌等刊登的人事欄上去蒐集片段的各職位的起薪標準。但待遇的要求不能只鎖定底薪，有時一份工作帶來的價值，不全然能以薪資來界定，例如：公司的福利制度、工作可以給求職者帶來成長的空間，都是求職者在衡量薪資時應該同時評估的內容。

報酬不光是指金錢而已，它還包含下列一些有形、無形的給付：

1.基本薪資（底薪）。

2.試用期薪資及試用後的薪資差異。

3.調薪日期。

4.簽約金。

5.其他津貼名目（伙食津貼、交通津貼、輪班津貼等）。

398

6.獎金（年終獎金、績效獎金、年節獎金等）。

7.分紅入股、股票選擇權。

8.職稱（名位）。

9.福利措施（停車位）。

10.勞動條件（加班、有薪休假天數）。

11.教育訓練的機會。

在求職時，應徵者也要有一重要的觀念，就是視野要比薪資或物質報酬更重要，因為視野可以讓自己的格局放大，有助於未來職場發展，尤其對於年輕人來說，無形的視野所帶來的收穫，比有形的薪資與頭銜來得更多（**圖10-2**）。

第四節　求職陷阱與防騙守則

近年來，國內產業結構與勞動型態轉向多元化，求職待業的週期也隨之拉長，有許多不肖人士利用求職者謀職心切的弱點，於各種媒體刊登不實徵才廣告，製造求職陷阱，使得初入社會、涉世未深的職場新鮮人，或負擔家計重責、經濟狀況處於弱勢的待業族群，因一時求職心切與疏忽而蒙受損失。

有關求職詐騙的訊息隨時可見，不法業者假借徵才名義，對求職者進行產品銷售、誘導加盟或加入多層次傳銷、詐騙財物或進行招生受訓等，使得求職者不僅沒找到心目中理想的職位，還在心理或財物上蒙受重大損失。記住天下沒有白吃的午餐，切勿因一時貪念、疏忽而簽具不合理的勞動契約或交付財物及證件。

一、就業陷阱的定義

就業陷阱是指將來從事的工作內容，並不是雇主與求職者雙方在書

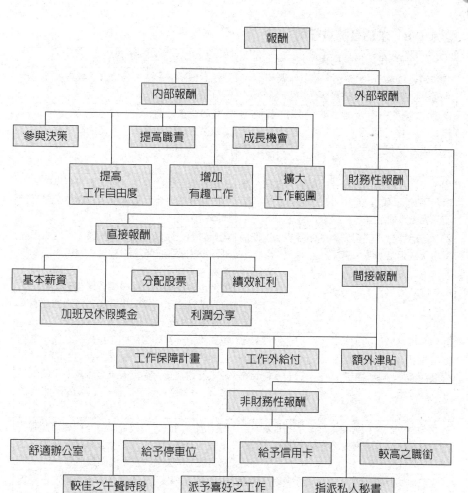

圖10-2　激勵獎酬制度

資料來源：Stephen P. Robbins(1983). *Organization Behavior: Concepts, Controversies, and Applications,* 2nd ed, p. 440. Prentice-Hall, Inc.

面上或原先口頭承諾的內容要件，或者是藉著工作機會的誘因，違背應徵者個人的意願，用騙術使應徵者付出不在原訂立勞動契約內容的額外財務支付，或是從事違背善良風俗行為而言（**範例10-8**）。

　範例10-8　求職者防騙守則

花招伎倆百樣出	防騙守則
徵才廣告強調「待遇優厚、工作輕鬆」、「純內勤工作、無需業績、不需經驗」。	要抱定懷疑的態度，分析其可靠性，不可貿然應徵。
表明可以「先行貸款」、「協助解決困難」、「身分保密」、「月入數十萬」、「小費多」或是用「貌美」、「英俊」字眼。	求職者必須知道「天下沒有白吃的晚餐」，這類徵才條件的廣告，多為色情行業，切勿應徵。
招收演員、歌星、模特兒的廣告，並只註明信箱號碼或電話徵才，沒有刊登公司（單位）名稱及地址者。	先要考慮自己的條件，再查明其真實性，不可一味想當明星而落入圈套，應徵時最好結伴同行。
不必舉行甄試，但要先繳納報名費、工作保證金，或扣留證件、印章等。	求職者到一家公司應徵或就職時，就必須先判斷這家公司的狀況及負責人是否為正當的生意人，即使覺得一切都正常，在繳交身分證時也要謹慎小心，一切要求自己蓋章，如公司堅持一定要繳交身分證印章，也要明確知道用途並盡快收回。
職位名稱好聽（如培訓幹部、行政助理），標榜高薪（不符合市場薪資行情），且表明需要所謂不必有專長的人才，只要受訓合格即給予錄用。	要先弄清楚其中實際的工作內容，通常這些公司在面談後開出繳納保證金之類的條件，在收了錢之後，竟又要求吸收其他希望就職者前來就職，成為一種「循環騙術」的情況。
要求夜間面試，或要求前往非上班地點（如泡沫紅茶店），或要求換地點面試。	面試地點偏僻，或是要求從一個地方換到另一個地方再面談，求職者都要小心防範，因為可能的陷阱就設在新的面談地點。
「家庭副業長期代工、小投資大發財、家庭代工賺錢創業良機」等廣告，但要求購買材料費。	求職者在未領到工資前最好不要繳付任何費用，如材料費、保證金、儀器費，若有受騙情形，立即向警方報案或打電話到行政院勞工委員會申訴。
應徵工作須繳保證金、保險費等。	求職者應瞭解公司此要求是不合理的收費行為，要提高警覺，不要輕易付費。

資料來源：行政院勞工委員會職業訓練局中彰投區就業服務中心網站：http://tcesa.evta.gov.tw/frontsite/contentAction.do?method=viewContentDetail&contentId=111。

二、常見求職陷阱危險類型

現行求職陷阱多為「假徵才、真推銷」、「假徵才、真收費」、「假徵才、真招生」、「假徵才、真詐騙」的情況。常見的求職陷阱有以下幾類：

1. 生前契約靈骨塔類：利用招募員工之機會，藉機推銷生前契約。
2. 演藝經紀公司類：要求模特兒繳交訓練費、拍照費、海報製作費等費用，但遲遲沒有推介演出機會。
3. 技藝補習班類：刊登「公家機關」、「航空公司」招募員工機會，實則「電腦」或「空中服務員」補習班的學員招攬生意的花招。
4. 期貨外匯買賣業：利用招募員工之機會，藉機誘導求職者投資從事期貨買賣或假造交易資料詐騙金錢。
5. 電子商務類：利用招募員工之機會，藉機推銷未上市股票、網路空間銷售。
6. 多層次傳銷類：刊登徵才廣告，實為推銷產品或遊說加入傳銷事業。
7. 其他類型：諸如：家庭代工類（名為代工，實賣原料。以高價購買原料，辛苦完工後，公司藉故不買回成品）、生物科技類（利用招募員工機會，藉機推銷氣血循環機、靈芝、胎盤素等健康器材、健康食品）❽。

三、求職陷阱的實例

以演藝經紀公司類而言，目前坊間有一些不實的演藝人員經紀公司，利用求職者想成名的心理，聲稱可以幫助求職者進入電視、電影或唱片公司工作，這些公司其實是以招收會員及非會員為由，來遊說求職者參加拍攝、訓練、錄音及推介演出機會，然後從中謀取不當利益。其類別有：

1.經紀公司類：以替各類廣告商推介模特兒為由，賺取超出市價甚多的高額拍照費、加洗費、V8試鏡費、保證金、造型費、宣傳費、Model卡等費用。

2.唱片公司類：以和錄音室結合，錄製個人唱片為由，來賺取高額宣傳費、補習費、簽約金、錄製CD（VCD）費，但其費用依市價衡量顯失公平。

3.演員訓練班類：以製作未知名的電視（電影）劇為由，招收演員，並收取高額的排演費、訓練費，卻只能擔任臨時演員，甚至無演出機會，造成求職者入不敷出的情形。

4.假借傳播公司、電視公司的名義徵求演員類：利用開班授課來賺取訓練費，結果受訓者領不到演員證，然後該公司再以各種因素為由，一再地受訓、繳費，達到斂財的目的。

5.網路模特兒公司類：模特兒前往應徵，自掏腰包拍攝照片後，以為自己的照片會被刊登在網站上，結果發現網路上的清涼寫真照不是自己，而是日本不知名清純美麗的高中女生。此為色情網站及020X色情電話的常見手法，求職者會發現對方開始慫恿自己加入其旗下語音女郎，甚至從事色情交易[9]。

現實社會中求職陷阱無所不在，求職者應謹慎小心。倘若不幸受了騙，除可向父母、師長反應外，更應積極向警察單位報案以打擊犯罪，或向消費者基金會、公平交易委員會檢舉申訴，轉交當地主管單位處理，勿使歹徒逍遙法外。

 **結　語**

台積電董事長張忠謀說：「如果我現在剛要踏出校門，我會先想好要投入什麼產業。軟體、電子商務及二十一世紀的生技生化是名聲產

業，將在後半導體時代承繼半導體業的發展榮景。青年人不要太早創業，在自己創業前，最好先到一家價值觀相符，有成長潛力的公司待一陣子，年輕人可以先學習，不要貿然創業，因為這是很大的風險。依我看來，要創業的話，三十歲左右最好。」❿

註釋

❶陳長文（2006）。〈給畢業生的一封信〉。《講義雜誌》，第39卷第5期，總第233期（2006/08），頁42。

❷Karen O. Dowd、Sherrie Gong Taguchi（著），劉復苓（譯）（2004）。《功成名就的第一本書》，頁233-234。台北：美商麥格羅·希爾。

❸Karen O. Dowd、Sherrie Gong Taguchi（著），劉復苓（譯）（2004）。《功成名就的第一本書》，頁236-237。台北：美商麥格羅·希爾。

❹《新鮮人求職手冊》（未註名出版日期），頁10-11。台北縣就業服務中心。

❺北條利森（著），謝志河（譯）（1998）。《求職簡歷表》，頁187。台北：眾文圖書。

❻台北就業服務中心網站：http://www.goodjob.tpc.gov.tw/esc/freshman3_1.htm。

❼趙少康（1995）。《上班放輕鬆》，頁28-32。台北：希代。

❽台北市政府勞工局（編）（2003）。《求職防騙完全攻略本》，頁16-17。台北市政府。

❾行政院勞工委員會職業訓練局網址：http://www.evta.gov.tw/employee/jobsafe.htm。

❿張忠謀（主講），台灣大學商學院研究所（編）（2006）。〈企業三基石：願景價值與策略〉。《台灣奇蹟推手：孫運璿先生管理講座紀念文集第一輯》，頁174。台北：台灣大學出版中心。

Chapter 11

著名企業徵才與選才實務作法

如果我比Descartes等人看得遠些，那是因為我站在巨人的肩上而已。

——英國‧Sir Isaac Newton（1642-1727）

現代企業的競爭是人才的競爭，人才是企業最寶貴的智力資本。國內外著名的成功企業，在各自的徵才與選才實踐中，都積累了豐富的、實務的，且各具特色的經典案例，可供借鑑。

範例一　微軟公司（僱用聰明的人）

微軟公司成立於1975年，多年來在全球個人電腦與商用軟體、服務與網際網路技術上居領導地位。微軟公司致力於提供各種產品與服務，讓人們在任何時間、任何地點、使用任何裝置，都能輕鬆取得資訊。

微軟公司總裁Bill Gates說：「在我的公司裡，我願意僱用有潛質的人，而不是那些有經驗的人。因為從長遠來看，潛質更有價值。如果雇員以加薪或晉升作為條件威脅要離職，那麼即使造成短期的麻煩局面，我也讓他們離開，因為不受眼前因素左右的僱用關係，將有利於公司長遠的發展。❶」

Julie Bick於1990年進入微軟工作，歷任Word文書處理軟體及辦公室套裝軟體的產品經理，光碟產品的部門主管。在她著作的《微軟成功啟示錄》（*All I Really Need To Know In Business I Learned At Microsoft*）一書中，分享她在微軟學會如何評鑑出員工潛力的面談技巧的寶貴經驗。

一、漸進式的發問

大部分的應徵者都很緊張，所以首先不如問一些簡單的問題，例如：他們的背景和興趣，好讓他們能夠放鬆自己發揮水準，在暖身之後

再提出一些挑戰性的難題，並於最後放慢速度，好讓他們恢復思考能力，並有信心去面對下一個面試者。

二、考驗他的思考邏輯和解題能力而非專業知識

應徵者就算是不知道視窗（Windows）的全球客戶有多少，或者如何使用Excel的圖表也沒什麼關係，只要思慮清晰，善於推理，自然可以推敲出問題的重點。有些主管在陳述問題時，會故意遺漏主要關鍵，以觀察應徵者是會追問這些資料呢，還是不假思索地直接開始回答問題。

三、設計一套同樣的專業問題

同樣的問題能夠找出應徵人選彼此之間的創造力、反應力和智商等差異，同時也能建立審查的基準（**範例11-1**）。

在面試結束之後，每一個面試者都會把他們對應徵者的印象，以電子郵件的形式寄給負責的人事專員和每一個參與面試的主管，這些郵件以「錄用」或是「不錄用」為開頭，底下再詳述理由。若是決定錄用的人不多，等於是否定他的錄用機會，這也表示你心目中的合格人選絕對不能只得六十分，其表現必須在水準以上。如果你的意見是「我的部門不錄用，但也許適合別的部門」，分明是在虐待別人，如果你認為這個

範例11-1　微軟對應徵者的創造力測評

對於剛畢業的大學生，微軟會問：「為什麼下水道的井蓋是圓的？」或者「在沒有天平的情況下，你如何秤出一架飛機的重量？」等諸如此類的問題。對於這些問題，最糟糕的回答莫過於：「我不知道。」、「我也不知道如何計算。」但是如果有人回答說：「這真是一個愚蠢的問題！」微軟並不認為這是錯誤的回答，當然應聘者必須說明他這樣回答的理由，如果解釋得當，甚至還可以為自己創造極為有利的機會。其實微軟並不是想得到正確的答案，他只是想看看應聘者能否創造性思考問題。

參考資料：后東升（主編）（2006）。《36家跨國公司的人才戰略》，頁11。北京：中國水利水電。

408   人不夠好，沒有推給別人的必要❷。

範例二　奇異電氣公司（招募優秀的科技人才）

前奇異電氣公司總裁Jack Walch在《致勝：威爾許給經理人的二十個建言》（*Winning*）一書中提到：「擁有最佳球員的球隊，才會成為贏家。因此，務必物色一流的球員，設法留住他們。」在奇異電氣公司，人力資源部門會發覺機構內最有才能的人，然後投入大量資金，進行培訓和指導（**範例11-2**）。

一、甄選人才的基本要求

奇異公司甄選人才時，有兩個最基本的要求，一是具備某個職位必需的專業技能，二是個人價值觀與公司價值觀的吻合。「殺掉官僚、開明、講究速度、自信、高瞻遠矚、精力充沛、勇敢地設定目標、視變化為機遇、適應全球化」是奇異公司的主要價值觀。如果員工個人的價值觀與此價值觀不相符，就無法配合奇異的企業文化及政策方針。

範例11-2　誰是接班人？

> 奇異公司董事長兼總執行長Jack Welch（他當年接班奇異時，自己也僅四十八歲）退休前選定接班人的場景如下：
> 當Jack Welch終於從三個候選人中擇定Jeffery R. Immelt接班，他的第一件事不是通知Immelt，而是搭乘專機，親自飛向另兩位高階主管向他們說：「你被淘汰了！」
> 沒有什麼理由，也沒有太多安慰。Jack Welch告訴他們，落選「不表示你們不好」；但是，「你們也不適合再留在奇異公司了」。
> 落選的這兩名大將中，James跳槽至3M，Robert Nardelli至世界最大的家飾商——Home Depot站。當時兩人都不過五十歲出頭。

資料來源：彭慧明（2006）。〈接班的任務　包括找好接班人〉，《聯合報》（2006/03/06），A10版。

　　除此以外，最重要的是員工是否具有追求進步的特質，因為奇異是一個強調變革的企業，在變革的同時，也會要求員工不斷的發展潛力，提升自我[3]。

二、需要的人才類型

　　奇異公司的實驗室在招募人才時，需要的人才類型為：

(一)個人品質優秀

　　他們最看重品德上的誠實，學術上正直的人才。他們認為一個自欺欺人的人，或一個欺騙他人的人，是不可能成為一位成功的科研工作者。

(二)善於與人合作

　　那些缺乏合作精神的人，即使進入實驗室工作，也會被辭退。他們強調必須使合作成為實驗室科研人員的行為規範，也就是一般所說的團隊精神。

(三)思維活躍，情緒樂觀

　　他們必須有幹勁、有衝勁，敢於將今天看來不切實際的東西變成明天的現實。

(四)有極強的分析能力、好奇心、樂於接受新思想

　　他們要求應聘者具有博士學位，受過博士學術訓練的人，才能勝任實際科研工作。

410

三、成功的求才經驗

　　奇異公司在多年的實驗中，摸索到了一些成功的求才經驗。他們到著名大學的研究所去吸收新鮮人。他們認為，僱用那些已經獲得聲望的科技人員風險比較大，一方面他們對薪水要價很高，另一方面他們的研究方式、行為方式已經定型，很難保證他們能夠很好地融入新的團隊中。

　　在僱用新手時，奇異公司除一方面看別人寫來的推薦函外，另一方面也要看被推薦者的業績。在決定僱用新手時，首先必須對他有個瞭解，必須有一段試用的期間，其作法是在學校暑假期間，邀請候選人來實習，經過這一段時間觀察，如果發現那個候選人不能勝任實驗室的工作，下次就不會再邀請他來實習，這樣兼顧到雙方的體面，不會出現尷尬辭退的局面，比僱用後再解僱要好得多。如果發現他能幹，實驗室就會錄用他。

　　科研人員的薪酬給付方式，根據奇異公司的規定，接受研究所教育的年限，一年可以折算成兩年的工作年資[4]。

範例三　谷歌公司（誠信比學歷重要）

　　谷歌公司（Google的全球中文名字為「谷歌」）是一家以設計並管理一個網際網路搜索引擎的公司，它是由二名史丹福大學的理工博士Larry Page和Sergey Brin在1998年創立。谷歌公司的總部稱作"Googleplex"，位於美國加州聖塔克拉拉郡的山景市。於2006年在台灣登記之分公司取名為「美商科高國際有限公司」（Google International LLC）。

一、僱用一流的人

在谷歌公司，每位管理者最重要的一件事就是招聘。谷歌公司堅信：「一流的人，僱用一流的人，二流的人，僱用三流的人。」因此，某個團隊開始僱用二流人才，就是它走下坡路的時候。谷歌公司總能發覺世界上最好的人才並延攬他們加入團隊，他們似乎擁有一種不可抵禦的「魔力」。

谷歌採取極為嚴謹的態度，使用統一、精心設計的面談流程。除了極少數有特殊技能的應徵者之外，幾乎所有應徵者都會接受不同部門的人面談，每位面談者都可以看到前位面談者提出的問題（這樣就不會重複發問），但他看不到其他面談者的評分，這樣才能保證每個人都是夠客觀的（**範例11-3**）。

二、不重視學歷的選人條件

要進入谷歌公司，最重要是看能力，看你「以前做過什麼？」、「未來可以做什麼？」、「什麼都沒有做過才會看學歷」。例如：谷歌辦公室內有一位同事的「諾基亞」手機發生了一點故障，因此廣發信件，徵詢「諾基亞」手機「達人」。不久回信來了：「我沒有諾基亞手機，但是那一款手機的作業系統是我寫的，有什麼問題嗎？」回信的是一位高中沒有畢業的英國籍工程師[5]。

三、重視人品

谷歌每位工程師都擁有進入公司內部網路鑰匙，任何人想搞蛋，都可以搞亂數據中心與幾十萬部電腦！因此谷歌在選才機制中「誠信」遠比「學歷」重要。谷歌內部有一個自動化軟體，會針對每位應徵者的簡歷自動詢問可能認識他的公司員工，請他給予該應徵者的評價，如果任

412　範例11-3　精選谷歌十大考題

1. 下列的隱藏等式，其中M與E的值可以互換，但第一位不得為0：
WWWDOT－GOOGLE＝DOTCOM

2.

		1		A.122111
	1	1		B.112211
	2	1	下一行是什麼？	C.312211
1	2	1	1	D.11443321
1	1	1 2	2 1	E.11113221

3. 你身處於一個全部都是彎曲小徑的迷宮裡。有一台積滿灰塵的筆記型電腦，無線連網的訊號很弱。有一些陰森可怕、死氣沉沉的小矮人四處遊蕩。你會怎麼辦？
   A. 漫遊，四處碰避，然後被妖怪吃掉。
   B. 用手提電腦當挖掘工具，挖條隧道到下一關。
   C. 玩網路遊戲《魔法奇兵》，直到你的希望隨著電池耗盡一同消失無蹤。
   D. 利用電腦畫出迷宮的節點地圖，找到出口的路線。
   E. 把你的履歷表寄到谷歌，告訴小矮人的首領說你不玩了，然後發現你自己到了一個全然不同的世界。

4. 你到谷歌上班的第一天，發現你讀研究所第一年作為主修參考資料的教科書，正是和你同一辦公空間裡的同事寫的。你會：
   A. 逢迎巴結，請她幫你簽名。
   B. 乖乖地坐著不動，輕柔地打字，避免打擾到她的思考。
   C. 每天拿食物桶裡的格蘭諾拉麥片和英國太妃糖請她吃。
   D. 引述那本教科書裡你最喜歡的方程式，並告訴她這則方程式已成為你的座右銘。
   E. 告訴她例17b有其他解法，而且可以省去第34行答案。

5. 下列哪句話最能表達谷歌的主要哲學？
   A. 我感到很幸運。
   B. 不得邪惡。
   C. 喔，我已經解決那個了。
   D. 你身旁五十英尺內，必能找到食物。
   E. 以上皆是。

6. 用三種顏色為一個二十立面體，每個面一種顏色，一共有多少組合？你會選擇哪些顏色？

7. 現在是下午兩點，陽光明媚，你正在舊金山的灣區，你可以選擇去國家公園紅杉林裡的健行步道散步，或者參觀城市裡的世界級文化景觀。你會怎麼做？

8. 下列何者不是谷歌員工組成的實際社團？A.女子籃球。B.電視影集《魔法奇兵》的粉絲。C.板球。D.諾貝爾獎得主。E.葡萄酒俱樂部。

9. 一個專案小組的最適規模為何？亦即多餘的成員貢獻的生產力未與人員規模增加的比例成正比。
   A.1人。B.3人。C.5人。D.11人。E.24人。

10. 下列數字，接下來應是什麼數字：10,9,60,90,70,66,？
   A.96。B.10的100次方。C.以上皆是。D.以上皆非。

資料來源：本題目摘自《關於Google的50個故事》（宇河出版）、《翻動世界的Google》（時報出版）。引自：龐文真（2006）。〈Google如何找人？〉。《數位時代》，第129期（2006/5/1），頁64。

何人表示他「誠信有問題」，這個人便不可能錄用[6]。例如：曾經有一位知名大學碩士畢業者到台灣的分公司面試，各面試關卡表現都相當優異，但谷歌曾和應徵者簽有保密條款，不得對外洩漏考試內容，該名應徵者違反規定，谷歌馬上把這人從錄用名單中刪除[7]。

四、重視人才

到谷歌公司上班，要有三項基本能力：數學要好、演算法要強、編寫程式能力要高人一等。谷歌將人才視為企業最大的財富，為員工提供獨一無二的環境：幾乎不存在的「管理」、充分授權和平等的創新，20%自由支配時間，世界級名廚，「不出百步必有食物」的工作環境（**範例11-4**）、按摩師、遊戲間、KTV（空中樂隊和螢光幕唱歌的場所）等[8]。

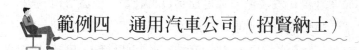

範例四　通用汽車公司（招賢納士）

在通用汽車發展史上，Alfred P. Sloan稱得上是具有舉足輕重的地位，他引領通用汽車走進最輝煌的歲月。Sloan曾說過：「人事決策是公司唯一真正重要的決策，大家都以為公司要找的是『更好的人』，其實

範例11-4　谷歌餐廳　美食聯合國

在美國因為各大企業吸納的員工愈來愈多來自海外，公司餐廳非準備全球美食不可。位在美國加州山景市的谷歌公司的餐廳，最近竟成為美食天堂。菜色包括：捲心豬裡脊肉、挪威煙燻鮭魚、泰國牛肉湯、日本米飯，外加數十種世界名菜，讓人聽到菜色就垂涎三尺。

谷歌公司相信，必須先照料員工胃口，員工才能專心工作發揮創意。谷歌餐廳約有一百位廚師，每天要餵飽約二千三百多人的胃。許多員工三餐都在公司解決，員工前往餐廳用餐一律免費。

谷歌餐廳2004年的餐飲預算是六百二十多萬美元（約新台幣二億七百萬元），公司還直呼實在划算。

資料來源：《亞洲華爾街日報》、《聯合報》（2005/11/16）。

414　公司能做的不過是讓人適得其所。人放對了位置，績效自然會來。」❾

　　通用汽車的宗旨是：「依靠一支訓練有素、富有使命感和團隊精神的員工隊伍，貫徹精益經營原則，注重不斷學習和積極創新，安全地為用戶提供世界級的產品和服務，成為二十一世紀國內領先、國際上具有競爭力的汽車公司。」

一、提早做規劃

　　在通用汽車願景的指引下，人力資源部門訂出了招聘員工的規劃，以確保為吸引人才提供了參考依據。

1. 員工必須認同公司的宗旨和五個核心價值（以客戶為中心、安全、團隊合作、誠信正直、不斷改進和創新）。
2. 根據公司的發展計畫和生產量，制定招聘員工計畫，依據公司的組織結構、各部門職位的實際需求，分層次、有步驟的實施招聘。
3. 根據建立一流員工隊伍的發展目標，不拘泥於某個地域，廣泛地選拔人才。

二、內外兼顧的任用

　　一般說來，企業招聘分為兩類：一是內部招聘；二是外部招聘。一些層次較高的職位，通用汽車比較傾向於在內部的員工中聘用有多年專業經歷的資深員工，但在大量招聘時，通用汽車主要採取的常常是以招聘廣告形式為主的外部招聘，公司會在專業媒體上刊登招聘廣告，對每類人才都分別從個人能力、業務素質、教育程度、工作經驗等方面做了基本規定，隨後又根據招聘計畫及不同職位的特點，選擇不同的新聞媒體多次刊登招聘啟事。

　　為了準確即時的處理應徵者的資料，通用汽車建有人才資訊庫，統一設計職位描述表、應聘登記表、人員評估表、員工預算計畫表及目標

追蹤管理表等。

三、錄用前的評估

通用汽車有一個專門的人員評估中心，設置了標準的評估模式，這是人力資源部門的重要組織機構之一。根據通用汽車的宗旨、價值觀和精益生產製造系統對人員的要求，設計了四大類十九項具體行為指標作為評估的衡量依據（**範例11-5**）。

對於這十九項具體行為指標，因職位而異，各有所偏重，不過工作動力、團隊精神、顧客導向等指標是對公司全體員工的共同要求。與其他公司的僱用測驗（心理測驗、人格測驗、工作樣本測驗）相比，通用汽車的人員甄選模式，更注重個性品質與工作技能的關係，以及過去經歷與將來發展關係的比較與權重。

四、錄用手續

在標準確定的情況下，評估的程序和環節也有所規定。凡被錄用者，必須經過填表、篩選、筆試、目標面試、情境面試、體檢、背景調查和審批錄用。

範例11-5　通用汽車具體行為指標

個人素質 （7項）	學習能力、適應能力、工作動力、不斷改進、注意細節、主動性、講求品質
領導能力 （5項）	指導能力、團隊發展、自主管理、計畫組織、工作安排
有效的人際關係與溝通能力 （4項）	建立合作和夥伴關係、溝通能力、團隊精神、顧客導向
專業知識和管理能力 （3項）	技術專業、知識問題評估與決策能力、管理事務的能力

資料來源：Gallant Hwang（2005）。《通用汽車：全球最大汽車公司》，頁70-71。台北：維德文化。

416　　在通用汽車公司，凡被錄用者，首先須經七個評估員的評估並統一意見，然後分別由用人單位的主管、人力資源部人事主管和部門經理的審批簽字，最後才能發送錄取通知書。由於有著規範的運作程序和科學的評估方法，用人單位和人力資源單位分權制衡，兩者都有否決權，評估中心的評估結果是共同決定的結果，所有應徵者均須經過評估流程，沒有人能夠例外❿。

範例五　思科系統公司（打著燈籠找人才）

　　思科系統公司一直是全球科技產業中常為人津津樂道的一家公司。Cisco一詞源自於舊金山的英文名San Francisco的尾詞，公司Logo靈感來自美國金門大橋形象，寓意思科系統公司透過網路連接全人類。

　　John Chambers在思科系統任職期間，帶動了前所未有的公司成長，其市值在成立的十二年內，就達到了一千億美元，比微軟公司還早八年⓫。

一、企業文化

　　John Chambers創造的公司文化，吸引並留住了所有最好、最傑出的人才，像是電訊發展以及在職教育等福利，都是吸引頂尖人才的條件。思科系統有自己的托兒所，其設立目的是為了讓員工更容易裡外兼顧，同時提高工作生產力和工作需要。而為了達到這個目的，思科系統更在員工家中裝設了高速DSL（Digital Subscriber Line，數位用戶線路）線。這樣的福利，使得思科系統可以連續多年獲選《財星》雜誌「美國優質公司一百大」的最佳工作場所之一的企業。

二、尋找被動求職者

　　大概沒有其他領域比科技產業更急需人才了，思科系統的招聘廣告是：我們永遠在僱人。思科系統想要找的人才是所謂的被動求職者，這些人已經有了不錯的工作，但是還不夠瞭解思科系統才是他們的最佳選擇。思科系統把一些競爭敵手的資深工程師，還有行銷主管列為鎖定目標（也就是他們最想聘請的人），不但深入打探關於他們的風聲，更想辦法吸引他們加入團隊（**範例11-6**）。

三、求才管道

　　思科系統招募新血的招募人員，會問這些特定對象有關工作的問題，還有他們怎麼打發時間，平常上什麼網站，乃至於他們對找工作的看法，之後，再突然獻身於藝術展覽或啤酒大會（Microbrewery

範例11-6　思科如何留住「併購」而來的員工

　　思科在挽留1995年以來所併購的四十多家公司員工方面，可說成就非凡。被思科併購而來的員工離職率，只有整個業界的十分之一。思科究竟如何留住併購來的員工呢？
・首先讓他們知道公司需要他們。思科副總裁Don Listwin說：「要給併購公司的員工更大的工作，而不是更小的工作，這點相當重要。」《商業週刊》報導，思科有三個企業集團是由原併購公司的執行長領導。
・不輕易將併購公司的員工解職。任何併購公司員工的解職，都須經過John Chambers與原公司執行長同意。負責政府事務的副總裁Daniel Scheinman說：「這樣的作法讓新的員工瞭解，思科需要他們、關心他們，我們和普通的大公司是不一樣的。如此可以贏得人們的信任……他們的熱忱也比任何廉價的法律保護更值錢。」
・以股票誘惑與留住員工。多數新員工在公司被思科併購時所獲得的股票，不到一年內就漲價一倍。一位因公司遭併購而成為思科一員的電機工程師承認，他因為股票選擇權而累積可觀的財富。「我走不了，因為如今我在思科有太大的利益關聯，以金手銬鎖人的確管用。」

資料來源：David Stauffer（著），陳澄和（譯）（2000）。《思科的十大秘訣》，頁90。台
　　　　　北：聯經。

418 Festivals）秀出名片。根據一家公司的內幕人士指出，思科系統負責招待新血的招募人員，特別喜歡參加矽谷年度房屋和花園大會，因為那兒會吸引許多首次購屋的成功年輕人，他們是這樣想的，如果他們負擔得起矽谷的房子，他們就很可能是頂尖人才，思科系統想要網羅的就是這些人。

　　思科系統曾經推出極有創意的「朋友」計畫。在1998年調查過鎖定族群之後，思科便推出了一項提案，讓員工主動去向可能聘僱的人才說明在思科系統工作的細節，爾後公司便把一些可能聘僱的人才資訊貼到網上，在思科系統有類似背景技術的員工，就充任「朋友」，告訴他們在思科系統工作的情形，要不要變成「朋友」，完全是自願的，不過公司也不會讓員工吃虧，思科系統提供的介紹費以五百美元起跳，並且可以參加免費夏威夷旅遊抽獎[12]。

範例六　西南航空公司（依態度僱用）

　　西南航空是美國第五大航空公司，年營業額約四十億美元，有二萬九千名員工，航線遍及全美二十六州的五十二個城市，只要有媒體評選「全美最佳雇主」，該公司往往能夠獲得極高的評價[13]。

一、員工第一　顧客第二

　　西南航空公司的核心價值是「員工第一、顧客第二」。西南航空執行長Herb Kelleher說：「只要員工開心、滿意、投入，又有幹勁，自然就會打從心裡關心顧客；只要顧客開心，自然就會再次光臨，最後股東也就會開心。」所以，有快樂的員工，才有滿意的顧客，在僱用人員的過程中，比較集中在淘汰較不快樂或較不外向的人員。因此，他們將員工擺在第一位，塑造良好的環境，滿足員工的需求，在航空業慘澹經營的

1990年代，西南航空的股價卻一連上漲了五倍，而且連續二十八年從來沒有虧損，靠的就是其新的經營模式：定點直飛（**範例11-7**）。

二、要幽默感的員工

對西南航空而言，員工不只是人力資源，他們是真正的人，有其需要和情緒，公司對於他們這些需要和情緒非常重視。Herb Kelleher指示人事部門僱用有幽默感的人，他常說：「我要讓坐飛機變成一種樂趣，人生苦短，如果沒有幽默感，生活就太辛苦了。」又說過：「我們看態度，找有幽默感而不會太嚴肅的人。我們會教你所需要的技能，但是我們不會做的一件事就是教人幽默。」

西南航空以這種特別的精神來作為用人的標準。在面談時，會問應徵者：「請舉出最近一次在工作中運用幽默感的例子，並說明你如何利用幽默感來化解一個困難的狀況。」

曾經有一位得到過很多獎章的空軍飛行員來西南航空應徵，以資

範例11-7　西南航空公司的員工管理

經營哲學與價值觀	・工作應該要好玩，也確實可以很好玩。所以，放輕鬆享受工作。 ・工作很重要，所以不要太嚴肅，壞了工作興致。 ・員工很重要，每位員工都會有不同的貢獻，要尊重每一位員工。
人力管理措施	・員工只要能夠運用良好的判斷能力和常識，盡力滿足旅客的需求，就算違反了公司規定，也絕對不會受罰。 ・讓員工參與招募工作，招募自己未來的同事，並且搭配一套全面的甄試流程，包括填寫申請表、電話面試、集體面試以及三次個別面試。 ・公司設立了「訓練大學」，教導員工怎麼提升工作表現、提供優越服務，並且瞭解其他同事的工作狀況。 ・公司會提供每位員工詳細的營運資訊，這能夠讓員工從企業主的角度思考，不會只從員工角度思考。 ・採行多樣的薪酬制度，包含分紅、配股等獎勵措施。

資料來源：曾淯菁（譯）（2006）。〈找人才不必踏破鐵鞋〉。《大師輕鬆讀》，第187期（2006/07/20），頁13。

歷而言，他是西南航空有史以來最夠格的應徵者，但他在前往達拉斯（Dallas）應徵時，在櫃台對運務員態度粗魯，在報到接受面談時，對接待員態度冷酷傲慢，這使面試者認為，雖然他在資歷方面無懈可擊，但態度卻不適合西南航空，因此把他刷掉[14]。

三、面談題庫

西南航空的人才資源部對公司雇員的行為進行了長達十年的分析，不僅把測試常識、判斷和決策能力這類共同屬性的問題標準化，而且把各個工作的具體需要和要求進行測試的問題標準化。2005年新進五千名員工，是從十六萬名申請者中挑選出來的，其中通知七萬名應徵者前來面試。這個招聘過程，使得公司的人力流失率只有9%，其中上層管理人員為6%，遠低於航空業的其他公司流失率[15]。

四、乘客做甄選委員

西南航空公司招聘空中小姐的政策很有特色。為保證乘客真的對空中小姐滿意，公司聘請了二十多位經常乘坐該公司飛機的乘客做評審委員。該公司認為，如果這些乘客都對應徵者不滿意，這些空中小姐長得再漂亮也無濟於事，由乘客自己挑選空中小姐，至少在培訓方面的成本比較低，因為她們本身就是乘客喜歡的類型了[16]。

範例七　豐田汽車公司（全面招聘體制）

豐田汽車公司是日本最大的汽車公司，也是世界三大汽車工業公司之一，早期以製造紡織機械為主。創始人豐田喜一郎在1933年在紡織機械製作所設立汽車部，從而開始了製造汽車的歷史。

　　豐田汽車實施「全面招聘體系」的目的，就是要招聘最優秀、最有責任感的員工，他們不惜爲複雜的招聘過程付出時間和精力，他們不僅僅考慮應聘員工的技能，還考慮員工的價值觀念，努力做到企業的需要和員工的價值觀以及技能相適應。

　　豐田汽車的「全面招聘體系」分爲六個階段來進行招聘作業（**範例11-8**）：

■第一階段

　　豐田汽車通常會委託專業的職業招聘機構進行初步的篩選。應徵者

範例11-8　豐田汽車全面招聘體系六大階段

階段	目的	內容	執行單位
第一階段	工作崗位說明和蒐集應徵員工的基本信息	輔導和接受應聘： ・填寫工作申請書 ・觀看豐田汽車的工作環境和全面招聘體系錄影片一小時	地區招聘專業機構
第二階段	評估技術知識和潛能	技術技能評估： ・筆試 ・一般知識測驗（2小時） ・現場實際機器和工具操作測試（6小時）	地區招聘專業機構
第三階段	評估人際關係和決策能力	人際關係能力評估： ・小組和個人問題解決活動（4小時） ・生產線工作模擬（5小時）	豐田汽車公司
第四階段	討論成就和獲得的成果	豐田公司評估： ・小組面試和評估（1小時）	豐田汽車公司
第五階段	確定體能的適應能力	身體健康評估 ・身體檢查和特別檢查（2.5小時）	地區大型醫院
第六階段	評估工作表現和培養前途	在職觀察評估 ・聘用後的在職觀察和督導（6個月）	豐田汽車公司

資料來源：諶新民（主編）（2005）。《員工招聘成本收益分析》，頁113-114。廣州：廣東經濟。

422　一般會觀看豐田汽車的工作環境和工作內容的錄影資料,同時瞭解豐田汽車的全面招聘體系,隨後填寫工作申請表。一個小時的錄影片可以使應徵者對豐田汽車的具體工作情況有個概括瞭解,初步感受工作崗位的要求,同時也是應徵者自我評估和選擇的過程,許多應聘人員因而知難而退。專業招聘機構也會根據應徵者的工作申請表和具體的能力和經驗做初步篩選。

■第二階段

評估應徵者的技術知識和工作潛能。通常會要求應徵者進行基本能力和職業態度心理測試,評估應徵者解決問題的能力、學習能力和潛能,以及職業興趣和愛好。如果是技術崗位工作的應徵者,更加需要進行六個小時的現場實際機器和工具操作測試。通過第一、二階段的應徵者的有關資料轉入豐田汽車公司。

■第三階段

豐田汽車公司接手有關的招聘工作。本階段主要是評價應徵者的人際關係能力和決策能力。應徵者在公司的評估中心參加一個四小時的小組討論,討論的過程由豐田汽車的招聘專家即時觀察評估,比較典型的小組討論可能是應徵者組成一個小組,討論未來幾年汽車的主要特徵是什麼。實地問題的解決可以考察應徵者的洞察力、靈活性和創造力。同樣在第三階段,應徵者需要參加五個小時的實際汽車生產線的模擬操作。在模擬操作過程中,應徵者需要組成專案小組,負擔起計畫和管理的職能,比如:如何生產一種零配件、人員分工、材料採購、資金運用、計畫管理、生產過程等一系列生產考慮因素的有效運用。

■第四階段

應聘人員需要參加一個一小時的集體面試,分別向豐田汽車的招聘專家談論自己有過的成就,這樣可以使豐田汽車的招聘專家更加全面地瞭解應聘人員的興趣和愛好,他們以什麼為榮,什麼樣的事業才能使應

徵者興奮，更好地做出工作崗位安排和職業生涯計畫。在此階段也可以進一步瞭解應徵者的小組互動能力。

■第五階段

通過以上四個階段，應徵者基本上被豐田汽車錄用，但是錄取人員還需要參加一個兩小時半的全面身體檢查。瞭解員工的身體一般狀況和特別的情況，例如：酗酒、藥物濫用的問題。

■第六階段

新進員工需要接受六個月的工作表現和發展潛能評估，新進員工會接受監控、觀察、督導等方面嚴密的關注和培訓。

從豐田汽車「全面招聘體系」中可以看出，豐田汽車招聘的是具有良好人際關係的員工，因為公司非常注重團隊精神；其次，豐田汽車生產體系的中心點就是品質，因此需要員工對於高品質的工作進行承諾；再次，公司強調工作的持續改善，這也是為什麼豐田汽車需要招收聰明和有過良好教育的員工，基本能力和職業態度、解決問題能力的模擬測試，都有助於良好的員工隊伍形成[17]。

範例八　美國本田汽車公司（多層次面談）

本田汽車公司是世界上最大的摩托車生產廠家，汽車產量與規模也名列世界十大汽車廠家之列。坐落在美國俄亥俄州（Ohio）馬里維理市的美國本田汽車公司（Honda of America Manufacturing Inc.）不舉辦筆試，而是進行三次分開的面試，由本田主管與甄選人員探詢應徵者工作態度的蛛絲馬跡。這些面談反映出本田公司重視人際關係的程度。

424

一、集體面談

第一次是召集一至五位應徵者一起面談。集體面談可說是一種新方式,目的在減少甄選時間。通過第一次面談之後,由兩位經理單獨面談。如果還有第三次面談,也是至少有兩位經理主持面談,通常第三次面談比前兩次面談時間來得長,需要持續數小時。

二、企業文化

面談焦點,放在判斷一個人是否會與公司配合良好。美國本田公司副總裁兼引擎廠廠長Al Kinzer解釋說:「我們在找團隊成員,而不是超級巨星,我們要一群打擊率二成九的打擊手。畢竟如果球隊每個打擊手都有穩定的零點二九打擊率,大家又攜手朝向同一目標努力,那就不需要六成打擊率的強棒。如果每位球員的打擊率都能達成二成九,我保證這個球隊一定贏球。」

面談所問的問題很多,問法也人人不同,但有了足夠的答案,就能描繪出求職者的輪廓。進行面談的秘訣之一是,主談者必須是個好聽眾。美國本田的聘僱目標是吸引最合用的人,而工廠的前途就取決於這個目標達成的程度了(**範例11-9**)。

除了面對面的深入訪談外,甄選人員還要仔細審核履歷表,討論應徵者是升遷遲緩或流動頻頻。美國本田自開廠以來持續擴充,員工經常被調到不同的職務,因此彈性變成一個關鍵要素。電氣工程師可能在未來的日子被派任完全不同性質的工作,也許是焊接工、會計、甚至秘書。

三、雙向溝通

雙向溝通的面談最有效。這意思是鼓勵應徵者提出問題,而且要留

範例11-9　本田汽車公司面談的問題　　　　　　　　　　　425

- 你是否自己維修汽車或機車？
- 你在尋找什麼樣的雇主？
- 你為什麼要來本田工作？
- 你聽過有關本田最好與最壞的事情是什麼？
- 如果有兩家公司給你工作機會，待遇與福利都一樣，你會考慮什麼因素來決定你要進哪一家公司？
- 如果你在裝配線上工作，卻趕不上別人的速度，你怎麼辦？
- 如果有一位在裝配線上工作五年的人，還繼續給你壞的零件，你怎麼辦？
- 如果你被本田僱用，但派任的工作不是你的專長，你會做何反應？
- 你在什麼領域最具創造力？
- 你會把你的構想與別人分享嗎？
- 你對團隊合作的定義是什麼？
- 你認為工作場所的團隊合作有何優缺點？
- 你平均每週工作時數是多少？
- 長時間工作會造成你的家庭問題嗎？

資料來源：Robert L. Shook（著），江榮國（譯）（1993）。《本田之道》（*HONDA：An American Success Story*），頁199-200。台北：長河。

下充分時間，詳細解釋公司的理念及要求的工作態度。甄選時，主談者都會直言不諱。誠如一位經理所說：「如果某人對於我們的工作環境感到不舒服，譬如：大辦公室、穿制服、沒有專用停車位等等，那麼他也許就不適合在美國本田公司工作。」另一位經理則指出：「我們不鼓勵準時下班的人。下班鈴聲一響，不到一分鐘就衝出工廠的人，可能也不適合我們。我們也會讓他們知道，他們可能經常要加班，我們先把可能的情況講清楚，免得日後覺得不適應。如果有人覺得這裡不快樂，那就不要來這裡上班了。」

四、內舉避親

美國本田還有「內舉避親」的不成文規定。同一個家庭的成員不能同時在廠裡服務，這麼做的目的是基於一個不尋常的理由：「本田承諾

426　要服務整個社區，不僱用同一家庭的人，可以使更多家庭加入本田的陣容」[18]。

範例九　迪士尼樂園（甄選程序）

　　"It all started with a mouse"（一切都始於一隻老鼠），這是迪士尼的締造者生前最喜歡掛在嘴邊的一句話，的確，正是米老鼠的奇蹟造就了整個迪士尼王國。Walt Disney（1901-1966）從創辦迪士尼樂園開始，便有一個鮮明的主題：創造歡樂（to create happiness），並且沿用至今。以著名的迪士尼樂園為例，本身是屬於一種讓大眾感覺快樂的「故事產業」，不僅在硬體設備及空間場景方面強調設計概念，在招募徵選的過程中更是融入獨特的經營理念，職缺並非是以傳統的功能性為區隔，而是以「故事角色」量身設計徵才的條件，讓求職者能夠融入、喜愛自己在組織中扮演的角色，再透過完整的人才甄選程序（包括：書面審核、評鑑工具、面談、角色扮演等不同手法的組合），如此一來，就能夠找到符合企業需求又能融入組織文化特色的人才。

一、員工統稱為演員

　　在迪士尼樂園的術語中，以「賓客」（guest）代替「顧客」（customer），令遊客們有賓至如歸的感覺；員工統稱為「演員」（cast member），員工穿的制服稱為戲服（costume），而員工工作時便稱為「登台」，因為服務的本身，就是一門表演，這套理念為顧客創造歡樂之餘，也為樂園創造出龐大的財富[19]。

　　新進員工的遴選是透過「選角」而非「聘僱」的程序，被錄用的應徵者便成為表演節目中的「卡司」，而非擔任某個職位的員工。與應徵者面談的人力資源經理人則稱為「選角指導」。

二、迪士尼甄選的程序

迪士尼樂園甄選或選角的程序，應用了許多有效的人力資源管理技巧。選角指導或面談人員通常會與每位應徵者面談二十至三十分鐘，即使應徵的是以「小時計酬」的職位也不例外。在面談時，選角指導會評估應徵者是否具有融入迪士尼樂園文化的能力，例如：同意遵守儀容規範（男性不可蓄鬍，女性要上淡妝），願意在假日工作（因為假日通常是業務最繁忙的時候），以及謙恭有禮。在這種初步的「篩選」後，選角指導還會評估應徵者的人際關係，亦即與他人的互動情形及他們是否適合在演藝界工作（**範例11-10**）。

範例十　麥當勞公司（不用天才型的人）

金黃拱門下的美味漢堡和親切服務，麥當勞公司已成為全球最具規模、最成功的快速餐飲業連鎖品牌與領導者。

範例11-10　客服人員面談問題

- 如果有客戶對你提出不合理的要求時，你會如何處理？
- 我知道當一個人要處理一些棘手的顧客時，心裡都會感到相當不安。你有這種處理難纏客戶的經驗嗎？如果碰到這種情形你該如何處理？
- 你今天來這兒的時候，是否注意到我們客戶服務部門有哪些地方做得好？此外，你認為我們有哪些地方需要再加強？
- 請告訴我，你是不是曾經有疏於照顧客戶的情形？
- 在從事客戶服務的工作中，你最喜歡的事情是什麼？
- 在從事客戶服務的工作當中，你最不喜歡的事情又是什麼？
- 現在我們都免不了面對客戶時的壓力，你將如何保持在一種既有朝氣又有活力的情況？在面對客戶壓力時，你該如何處理？

資料來源：Thomas K. Connellan（著），黃碧惠（譯）（1998）。《爸爸我要去迪士尼！迪士尼樂園製造歡樂的七大秘訣》（*Inside the Magic Kingdom: Seven keys to Disney's*）。台北：智庫文化。

428

一、麥當勞經營方針

麥當勞的二十四字方針是「堅持務實，反對虛華；激勵進取，憎恨惰性；倡導民主，反對奴性」。麥當勞始終堅持務實而不重視學歷作風與人才觀，因為他們認為天才是留不住的。麥當勞招聘最適合的人才是願意給公司一個承諾、努力去工作的人。炸薯條、做漢堡，是在麥當勞走向成功的必經之路，這對那些取得了各式文憑，躊躇滿志想要大展鴻圖的年輕人來說，是難以接受的（**範例11-11**）。

二、以道德標準取才

麥當勞明確規定個人的經歷、履歷和學歷，只能作為參考。Ray A. Kroc對員工的聘用有許多標準，但是他認為道德標準是第一位的，這就要求一定要用對公司真誠的人。若一個人有不忠誠的行為，Kroc認為這個人是無可寬恕的，公司重視的是個人的能力。正是基於這個觀點，麥當勞形成了自己獨特的徵人模式，即在職位上的評估模式，對應徵者既不進行筆試，也不進行技能考試，更不會以貌取人。第一次會有兩人與應徵者面試，只是談談基本狀況，面試的重點是瞭解應徵者的溝通、回應、體能和工作標準等基本素質，因為麥當勞強調"3C"的工作態度：溝通、協調、合作。如果應徵者符合要求，就會安排第二次面試，項目與第一次相同，但是由不同的人員面試。如果通過面試，則到餐廳上三天的班，餐廳經理人會依據特製表格給應徵者評分，達到一定評分標準後，再由人力資源部決定是否錄用。由此不難看出，麥當勞更重視的是人的實際能力[20]。

三、面試要訣

要塑造優秀人才，首先必須選擇具有良好素質的、有培養前途的人

範例11-11　麥當勞面試時詢問的事項　　　　　　　　　　　　　　429

判斷應徵者對於工作內容的認知
・過去從事過哪些工作？或打工？為何離職？
・是否曾經從事獨當一面的工作？比較專長的領域為何？
・長時間從事同性質的工作是否能夠得心應手？與其他人相較之下，自己的優點何在？
關於參與感與積極性的判斷
・在過去所從事的工作或是學生時代參加的社團活動中，自己最喜歡或是印象最深刻的工作為何？
・對沒有打工經驗也沒有社團活動經驗的人，詢問其理由。
判斷「適應性」的問題
・在過去工作崗位上，假使上司臨時調派其他的工作或是派遣至外地出差，配合度如何？
・在上述的情況下，應徵者是以何種態度面對？
關於工作時數的問題
・每天能夠上班多少小時？
・每星期能夠上班幾天？
・希望早班、中班、晚班還是大夜班？
關於服裝儀容的問題
・第一印象是否良好？（應徵者看起來是否健康？）
・應徵者是否注視著自己，仔細傾聽說明？（推測應徵者的性格是否開朗？能否給人一種親切感？）
・服裝與儀容是否整潔？（細心觀察應徵者的頭髮和指甲，推測是否有良好的衛生習慣。）
其他的問題
・若是學生，目前是否有參加學校的社團活動？
・過去曾經從事過哪種性質的打工？離職的理由為何？
・過去是否曾經有過團隊工作的經驗？
・希望能夠在麥當勞學習到什麼？
・通勤上班是否方便？
・能否準時上班？
・能否配合加班或增加排班的班次？
・若為家庭主婦，是否曾經得到家人的認同，能夠安心工作？

資料來源：山口廣太（著），李維（譯）（2004）。《與客共舞：麥當勞以客為尊的開拓哲學》，頁22-24。台北：博識文化；任賢旺（2003）。《速食連鎖大王麥當勞》，頁203-204。台北：憲業企管。

430

才。麥當勞招募工作主要是通過面試。面試地點主要是在該店內，面談時間一般選擇在銷售非高峰時，即顧客較少的時候進行。由於來求職的許多應徵者是沒有工作經驗的學生，因此為了使面試達到較佳效果，店長盡量營造出輕鬆的氣氛，以打消應徵者的緊張情緒，讓應徵者暢所欲言，同時仔細聆聽應徵者的回答，他們牢記應徵者是麥當勞的顧客，最後一定對應徵者表示感謝。面試後，無論該應徵者是否被錄用，該店長都會電話通知應徵者[21]。

範例十一　台灣積體電路公司（文化適性測驗）

台灣積體電路公司於1987年在新竹科學園區成立，是全球第一家專業積體電路製造服務公司，提供業界最先進的製程技術及擁有專業晶圓製造服務領域最完備的元件資料庫、智財、設計工具及設計流程。

一、創意招募管道

2005年8月20日台積電開著總統級火車：台鐵一號，從基隆到新竹，以服務到家的方式直接面對應徵者。為了搶到對的人，台積電還特別與私立方曙工商建教合作，招收五十名方曙工商學生擔任技術員，將培訓年齡下降至十五歲（**範例11-12**）。

二、找志同道合的員工

台積電將留人思考模式提前至選人，就是台積電人資創新的一部分。選對人，就可以降低離職率問題，所以，台積電和香港中文大學合作，將台積電的企業核心價值：正直誠信（integrity）、客戶導向（customer partnership）、創新變革（innovation）、全力以赴

（commitment）為中心議題，設計出「文化適性測驗」題，總共有一百三十八道題目，透過這個測驗，找到能適應台積電企業文化的人（**範例11-13**）。

三、文化適性測驗的內容

這一份「文化適應測驗」題，是在測驗新人的成就動機、溝通傾向、自發性、主導性、管理傾向、創新求變、堅毅性，每一個項目得分愈高，顯示員工愈具備這方面的能力，也較能適應台積電的企業文化。

實施一年後，台積電追蹤發現，在七大面向中只要任何四項得分愈

範例11-12　台積電人才庫資料卡

<table>
<tr><td colspan="8" align="center">廣邀天下英才‧領導尖端科技
台灣積體電路製造股份有限公司
人才庫資料卡</td></tr>
<tr><td colspan="8">　　　　　　　　　　　　　　　　　　　　　編　　號：
填寫日期：　　年　　月　　日　　　　　　收件日期：</td></tr>
<tr><td>姓名</td><td></td><td>性別</td><td>□男　　□女</td><td>血型</td><td colspan="3"></td></tr>
<tr><td>出生</td><td>年　　月　　日</td><td>婚姻</td><td>□未婚□已婚</td><td>國籍</td><td colspan="3"></td></tr>
<tr><td>兵役</td><td colspan="3">□役畢　□未役　□免役　□服役中</td><td>退伍日期</td><td colspan="3">年　　月　　日</td></tr>
<tr><td colspan="2">現在（退伍前）住址</td><td colspan="2"></td><td>電話</td><td colspan="3"></td></tr>
<tr><td colspan="2">永久（退伍後）住址</td><td colspan="2"></td><td>電話</td><td colspan="3"></td></tr>
<tr><td rowspan="4">學歷</td><td>等別</td><td colspan="2">學校名稱</td><td>自</td><td>至</td><td colspan="2">主修科系</td></tr>
<tr><td>專科</td><td colspan="2"></td><td></td><td></td><td colspan="2"></td></tr>
<tr><td>大學</td><td colspan="2"></td><td></td><td></td><td colspan="2"></td></tr>
<tr><td>研究所</td><td colspan="2"></td><td></td><td></td><td colspan="2"></td></tr>
<tr><td colspan="8">希望參加哪類人員甄試？（工作類別可參考下面所列）（請依優先順序填寫）
1.　　　　　　　　　2.　　　　　　　　　3.</td></tr>
<tr><td colspan="8">希望公司安排的面試時間？

□五月下旬　□六月 上旬 下旬　□七月 上旬 下旬　□九月上旬　□皆可</td></tr>
</table>

432 （續）範例11-12　台積電人才庫資料卡

學校主修課程與本公司各職務之配合狀況

主修科系／工作類別	電子	電機	機械	控制	物理	化學	電物	材料	電算	資訊	會計	IE	國貿	管理	統計
1.品管工程師	√	√			√	√	√	√							√
2.製程工程師	√	√			√	√	√	√							
3.設備工程師	√	√		√											
4.產品工程師	√	√			√		√								
5.廠務工程師	√	√	√	√											
6.ASIC工程師	√	√													
7.系統工程師									√	√					
8.工業工程師												√			
9.企劃工程師												√		√	
10.採購工程師	√	√			√	√	√						√		
11.測試工程師	√	√					√	√							
12.生產線主管	√	√	√	√	√	√	√	√				√			
13.會計管理師											√		√		√
14.行銷管理師	√										√	√	√	√	
15.人事管理師												√			
16.採購管理師											√	√	√	√	√

「製程工程師」之工作內容為製造流程之改善，使生產順暢。

「設備工程師」之工作內容為生產機台評估、改善設備問題分析處理。

「產品工程師」之工作內容為產品良率之提升，減少產品報廢。

「ASIC工程師」之工作內容為協助客戶設計IC，電路模擬，布局驗證。

「企劃工程師」之工作內容為生產管制、物料管理。

「生產線主管」之工作內容為生產線管理、人員工作安排、產品流程管制、作業問題分析……等。

應徵者請留意

1.工作地點：新竹科學園區

2.應徵辦法：請詳填此卡後裁下此頁逕寄：新竹科學園區園區三路121號人力資源處　莊先生收

3.為尊重應徵者隱私權，本公司嚴守應徵資料之機密。您的資料將會存入人才資料庫，遇有職缺將主動與您聯絡。謝謝！

4.本資料卡可自行複印使用。

5.如有疑問，請電（035）782865或（035）780221轉2308莊先生洽詢。

資料來源：台灣積體電路製造公司。引自：《1997知名企業求才專刊》。三惠就業情報雜誌社。

範例11-13 高階主管的遴選

> 我（台積電董事長張忠謀）在挑選副總經理以上的高階人員時，都是看他們的背景，曾經在什麼公司工作？他們有不少是在國外公司做過，我很瞭解國外公司的情況。如果是在一個品格好的公司工作很久，那就是一個相當好的背景，因為品格不好的人，不會在品格好的公司工作很久，因為格格不入，最後不是公司不要他，就是他會自行離開。
>
> 我也會旁敲側擊，因為我對美國企業，特別是科技業發生的大事相當瞭解，如果應徵者是從一個大公司來的人，我會問他對該行業所發生的重大事件的看法，從他的回答中，我可以聽出滿多的東西，我不但聽他講的話，同時也看他的反應，
>
> 因為除非特別好的演員，那才能完全掩飾心裡真正的反應。但即使是好演員，也不可能對我問的問題有充分準備，通常我會在三個平淡的問題之後，突然問一個尖銳的問題。

資料來源：宋秉忠（2004）。〈台積電董事長張忠謀：把台積電變道德淨土〉。《遠見雜誌》（2004/06），頁198-200。

高，員工的績效愈好，留任的時間也愈長。如今台積電選人，除了專業分數，一定要參考文化適應測驗的結果[22]。

範例十二 聯華電子公司（置入性行銷）

聯華電子公司總部設在新竹科學園區，為世界一流的晶圓專工公司，在台灣半導體業扮演著重要的角色，除身為台灣第一家晶圓製造服務公司外，也是台灣第一家上市的半導體公司（1985年）。聯電以策略創新見長，首創員工分紅入股制度，此制度已被公認為引領台灣電子產業快速成功發展的主因（**範例11-14**）。

一、運用置入性行銷概念

聯華電子在2004年年度方針展開時，明確宣示「加強人才招募與培訓」為年度重點方針。為確保此一企業目標順利達成，管理部門成立招

434 範例11-14 聯華電子技術員簡歷表

聯華電子
技術員簡歷表

介紹人	姓名	
	部門	
	工號	

姓名	出生日期	性別	婚姻	視力	身高	體重	兵役
	年 月 日	□女 □男	□未婚 □已婚 □離婚	□近視 □色盲	公分	公斤	□未役 □役畢

住址		電話	最高學歷	
通訊地址		( )	學 校	
			科 組	
戶籍地址		( )	畢業年度	年 月
			肄業年級	

工作經驗（含工讀或實習）	自	至	服務公司	職稱	薪資	離職原因
	年 月	年 月				
	年 月	年 月				
	年 月	年 月				

家屬狀況	關係	姓名	年齡	關係	姓名	年齡	備註
							目前與 □父母　□兄弟姊妹 □配偶　□子女 □其他 _____ 居住

您有無親戚或朋友在本公司服務？ □無　　□有	姓名		關係	
	姓名		關係	
	姓名		關係	

您是否參加今年的升學考試？□否　□是，請列舉參加考試類別：_____

您希望的上班地點為：□新竹　□台南　□不拘　□其他 _____

您可上之班別為 □四班二輪日班　□四班二輪夜班	可接受之最低待遇：新台幣 _____ 元／月
您最快可於何時上班 □隨時　□ 年 月 日以後	可曾犯刑案？□否　□是 _____

請列舉兩位您的好朋友

姓名		電話		姓名		電話	

本人允許被查核本表內所填各項資料，如有虛報情事，願接受解職處分。

填表人：_____ 身分證字號：_____ 日期：　年　月　日

（此面填妥，請翻至背面繼續填寫，謝謝！）

（續）範例11-14　聯華電子技術員簡歷表　　　　　　　　　　　　　　435

請在適當的□內打√，謝謝！			
題號	題目		
1	您最近兩年內有工作經驗嗎？	□是	□否
2	您兩年內曾有在製造業（生產線）現場操作的經驗？	□是	□否
3	您過去一、二年內有參加補習或升學考試的經驗？	□是	□否
4	您未來兩年內有補習或升學的意願？	□是	□否
5	您能默寫26個英文字母並能熟記工作中須用的英文單字？	□是	□否
6	您能接受工作時經常走動或久站四小時？	□是	□否
7	您是否穿過無塵衣？	□是	□否
8	您騎車時有習慣戴口罩？	□是	□否
9	您有貧血、鼻子過敏、皮膚病（皮膚過敏）、手多汗、富貴手、坐骨神經痛、骨折過等其中一種狀況？	□是	□否
10	您一個月平均看醫生一次以上？	□是	□否
11	您曾發生過車禍（骨折、腦震盪）或動過重大手術？	□是	□否
12	您現在身體有些不適，並正在治療中？	□是	□否
13	您曾在服務業工作（例如：店員、KTV、百貨、業務性等工作）？	□是	□否
14	您比較喜歡在百貨、商店、辦公室或其他類似性質的地方工作嗎？	□是	□否
15	您會吸煙？	□是	□否
16	您常會緊張或失眠？	□是	□否
17	您能接受新事務的挑戰？	□是	□否
18	您做事一定要求完美，不然心裡就很不舒服？	□是	□否
19	您已婚？（若答案為否，則以下題目免答）	□是	□否
20	目前您配偶的上班時間為白天？	□是	□否
21	您有四歲以下的小孩，並且尚須找別人幫忙照顧？	□是	□否
22	您是否懷孕？	□是	□否

應徵者請勿填寫以下項目，謝謝！									
	項目	非常適合	適合	不適合	附註		項目	非常適合	適合	不適合	附註

部門面談意見	年齡、健康					人事面談意見	年齡、健康				細心度測驗成績：共100題 作答：＿＿題 答對：＿＿題 英文、數學測驗成績：＿分
	談吐、外表						談吐、外表				
	教育狀況						教育狀況				
	經驗、技能						經驗、技能				
	動機、意願						動機、意願				
	家庭因素						家庭因素				
	學習態度						學習態度				
	合群性						合群性				
	穩定性						穩定性				

□非常適合　　□適合　　□不適合
面談人：　　　　　日期：　年　月　日

□非常適合　　□適合　　□不適合
面談人：　　　　　日期：　年　月　日

資料來源：聯華電子公司。

436 募行銷化專案:「以置入性行銷概念運用於招募活動」,希望藉由創意式的手法,提升人員招募效率,蓄積優質人力。

招募式行銷化,主要是在招募活動中加入行銷概念和手法,有別於傳統招募方式去傳遞人才需求的訊息,得以有效且精準地引起目標族群注意,並產生具體求職的行動。

二、定位招募策略

聯華電子選擇以互動式網路行銷作為媒介。整個策略分為長期、短期計畫,參考求職者工作價值觀、公司營運發展方向、產業景氣變化、產業地位轉變等外在變動因素,重新定位招募策略。置入性行銷採三大項目來進行,第一為長期,以深耕並經營招募形象及校際關係為重點;第二為短期,繼續增加既有履歷來源及管道;第三為專業,持續海外人才招募,訓儲人力招募申請。

三、長、短期招募活動的策劃

在長期人才資源開發及經營上,指的是該類別活動執行期間超過一年,具有時間連續性、活動重複性以及效益累積性,主要目標是建立未來穩定人力晉用來源,並推廣企業招募形象;在短期招募活動上,指的是該類別活動執行期在一年內,不具有長期人才資源開發的三種特性(時間連續性、活動重複性以及效益累積性),目標則是提升招募效率,以解決對人力晉用的需求。

四、確定招募對象

以置入性行銷概念運用於招募活動計畫,設定招募對象分為兩類:一為間接人員(IDL),例如:工程師,二為直接人員(DL),例如:

技術人員。整個招募主軸鎖定「學習、成長、快樂、分享、國際化」。基調的產生是分析聯華電子企業文化及客觀競爭因素，再透過抽樣訪談員工，確認目標對象選擇就業環境所考量的因素後，進行交叉比對而來。

(一)短期活動的三大項目與成果

短期活動的三大主軸為：我的聯電故事、聯電活力美眉、優質菁英尊榮獨享三項，茲說明如下：

■我的聯電故事（2004/1/13-2004/08/31）

執行手法上，以網路行銷（短片首播；強打預告、網路遊戲）、實體互動（校友熱線、投遞履歷送大獎）來創造話題。聯電拍了一部「我的聯電故事」，在七分鐘的短片裡，短片的拍攝風格、內容，緊緊抓住年輕人的心，娓娓道出一位聯電工程師的成長足跡，包括第一天報到、第一次接案子、如何在挫折中成長，漸漸成為團隊的一分子。

第一階段的活動從2月上線後到8月，履歷總收件數二千零五十三份，問卷填答五千五百六十二份，成功招募九百位間接人員，原本預定目標在六百位，調整目標為八百位，達成率為113%。

■聯電活力美眉（2004/05/10-2004/09/30）

招募對象為高中職以上校園新鮮人的技術員，抓住新人類排斥專業技能的心理，推出活力美眉來引導認識聯電。虛擬美眉姓名分別為"Uma"、"Mandy"和"Candy"，巧妙地置入"UMC"品牌，賦予三位美眉線上解說的任務，詳實介紹聯電以及各種福利措施，體驗企業文化。截至9月底，原定招募一千二百人，調整至一千六百二十人，實際達成一千六百九十一人，達成率104%。

■優質菁英尊榮獨享（2004/09/01-2004/11/15）

以有經驗的專職工程師為對象，設想有經驗工程師轉職的一些重要

需求，以聯電「尊才」、「惜才」規劃出「尊榮禮聘」的格調，提出三種體貼的訴求：

    1.快速回應。考量有經驗者的需求，抓緊轉職者的動機，急速在四十八小時內回應。

    2.預留停車位。由資深專業人員接待，快速回答相關問題。

    3.資料保密。

    截至10月底，原求才目標為四百人，實際招才五百二十五人，達成率105%。

(二)長期活動的重點與成效

    聯電在長期人才的開發上，在建立未來人力晉用來源，以推廣招募形象為目標。

■聯電暑期實習生計畫

    聯電積極深入校園向學子招手，開放大量暑假實習的機會，計畫培養優質人力，讓學生親身體驗工程師的工作和環境，並為實習生開設專屬網站，設置完整培訓課程，定期辦理期初、期中及期末訓練，並設置關懷協助專線，替實習生解決疑難雜症，讓其感受聯電熱情人性化的一面，並透過心得報告的撰寫，頒發「卓越新星獎」。在整個計畫中，實習生對聯電整體平均滿意度九十二分。

■聯電獎學金

    有別於其他獎學金以張貼海報或是在BBS（Bulletin Board System，電子布告欄）公布訊息，聯電設計動畫式專屬網站，吸引年輕人注意，更結合實習生計畫，提供人才養成的機會，也把申請資料納入人才庫，當有適當的就業機會，主動發出徵才邀請。聯電獎學金講究「頒獎當天」和「後續關懷」活動，時常舉辦校友座談、回娘家活動，活絡學生彼此之間的關係。整體效益上，聯電獎學金在2004年10月上線，到年底

有效履歷三百八十四份，比預計多了一百八十四份，目標達成率194%。

■傑出科技人才養成計畫

　　主要鼓勵及培養青年學子參與高科技研究與發展的能力、興趣，並建立聯電與國內外各大學理工系所師生的長期合作關係，提供高額獎助學金，輔以網路、實體海報宣傳，吸引優秀研發人才。

　　經過整整一年的努力，聯電在招募人才採用置入性行銷的手法得到的成果，在有形預計招募二千五百人，實際招募三千零六十人，而在建立完善的人力招募制度無形成果上，有效地提升企業形象，確保長期人力資源[23]。

範例十三　趨勢科技公司（集天下英才而用之）

　　趨勢科技公司（Trend Micro）於1988年在美國加州成立，鎖定電腦保全、病毒防治為主要的利基市場，是一家自個人電腦（PC）、網路伺服器（network server）至網路匣道（Internet gateway）的全方位電腦防毒領導廠商。公司各部門依全球資源最佳使用為原則，將財務中心放在東京，研發重心置於台北、南京和加州的庫比提諾，行銷中心在美國，安全回應與技術支援則在菲律賓馬尼拉。哈佛大學管理學院認為趨勢科技是一家真正的全球化公司（**範例11-15**）。

一、人才徵選

　　趨勢科技的人才徵選政策是「集天下英才而用之」。全球功能部門人才的徵選範圍來自全球，例如：在台北有一個軟體介面研發部，裡面成員有台灣、韓國、美國、加拿大、澳洲國籍。軟體介面研發部需要有心理學、動畫技能兩類專業人士，但是在台灣不易找到兼具心理學與

440 **範例11-15　趨勢科技人資地圖**

類別	第一季	第二季	第三季	第四季
組織發展	人力預估	職能評估	人資計畫執行	職能評估
訓練與發展	設立訓練目標與課程	實施核心管理課程	實施領導課程	實施核心管理課程
溝通	單位面談	問卷調查	變革管理	派拉蒙運動
薪資福利	職系、職等重新設計	市場調查	福利檢討	薪資調整
人資系統	建立美國與拉丁美洲缺席追蹤（absence tracking）	人資電腦管理系統升級		發展線上招募
績效管理	360度評估 績效檢討 建立績效發展計畫	討論股票選擇權各國分配比例	年中檢討	討論股票選擇權各國分配比例

資料來源：趨勢科技（2004年）。引自：李誠、周慧如（2006）。《趨勢科技：企業國際化的典範》，頁164。台北：天下遠見。

軟體研發背景的專業人才，因此此一部門的徵才是以全球為徵求範圍，在徵才管道上必須透過專業的組織，例如在Human-Computer Interaction Resources網站刊登求才廣告，載明工作地點可依應徵者的志願，選擇在台北、庫比提諾或東京上班。

二、內部員工推薦人才

趨勢科技重視員工以理念相結合，因此在政策上不以高薪向同業挖角，因為他們認為，易受高薪吸引而來的人，未來也極容易在高薪吸引下被外界挖走。但是趨勢科技接受內部員工推薦人選，約有15%的員工經由內部推薦錄用，不過內部推薦者跟從公開徵才管道進來的應徵者一樣都要接受測驗。求職者應徵的職缺如為研發人員，則須接受程式設計考試與智力、性向測驗。這些測驗結果只是提供參考，人資單位與部門主管面談時，會考慮應徵者的個性是否與趨勢科技文化相符，是否有學習意願，由過去的經驗瞭解應徵者的個性，一個人即使軟體程式技術再高強，但個性高傲或價值觀與公司文化不能吻合也只能割捨。

三、創意徵才廣告

趨勢科技在辦理招募時，徵才廣告經常有創意性的作法。例如2003年5月曾推出「同學會喝下午茶，趨勢買單」的活動來招募研發工程師。先由趨勢科技員工出面邀請同學參加，人資部門再安排參與者先至趨勢科技參觀，研發部門主管陪同參與，然後雙方再一起到遠企飯店喝下午茶，深入洽談，一方面可經由內部人員先行篩選適當人選後推薦，一方面也為應徵者做到保密原則。

近年來，趨勢科技的徵才已向下發展延伸進入校園，主動發覺優秀儲備人才。例如在海峽兩岸舉辦百萬程式競賽，優勝隊伍除獲得百萬獎學金外，還有一紙預聘書，歡迎他們在畢業後加入趨勢科技工作。

四、用人原則

趨勢科技在進行高階主管的面試時，會試圖瞭解應徵者的家庭背景與婚姻狀況，因為一個平衡的工作與家庭關係有助於員工拉高績效表現。

趨勢科技在徵求人才時，有三項特殊考慮：第一，為讓組織產生不同創意，有必要加入跨領域的人才，因此有時會僱用非技術背景出身的人；第二，偏好有創意經驗的員工；第三，喜歡僱用在美國第二代移民，因為第二代移民的家境多數並不富裕，父母胼手胝足供他們念到一流大學後，他們具有相當學歷，又橫跨東西方文化，與趨勢的文化相合，很適合擔任行銷人員[24]。

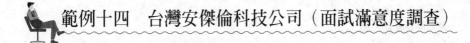

範例十四　台灣安傑倫科技公司（面試滿意度調查）

安傑倫（Agilent Technologies）科技公司是全球最大電子量測廠商，

442 　其營運主軸集中在三個領域：通信、電子、生命科學／化學分析。台
灣安傑倫科技公司的成立可追溯至1970年惠普科技在台北成立分公司，
1999年安傑倫從惠普科技獨立出來。其企業的價值觀爲：絕對的誠信、
信任、尊重和團隊合作，以及致力於創新與貢獻，並曾榮獲由翰崴特公
司（Hewitt Associates）與《CHEERS》雜誌所共同舉辦之台灣最佳企業
雇主第一名（**範例11-16**）。

一、以客爲尊

　　安傑倫科技（台灣）從一個應徵者接到電話通知來面試時，就開始
實踐待客之道，如接待者都受過電話禮儀的基本訓練，被要求必須明確
地問清楚應徵者所在位置，提供該如何抵達的資訊，並請應徵者留下交
通費用收據，因爲安傑倫將會負責支付車馬費。

　　當應徵者到達公司時，接待人員已擁有面試者的詳細名單，不需要
再三轉介給人事部門，而可以最短時間安頓面試者。在第一輪面試過程

範例11-16　台灣安傑倫科技公司福利制度

- 員工購股計畫
- 自選式福利
- 彈性工作型態（彈性上下班、咖啡時間、部分工時／分享工時、駐家上班）
- 優於勞基法之休假制度（年假十天以上，到職即可依比例享有年假）
- 勞保／健保／團體保險
- 婚／喪／生產津貼
- 年度免費醫療體檢（新進員工免費醫療體檢）
- 服務年資賀禮
- 退休／離職金計畫
- 職工福利委員會福利
- 教育訓練補助計畫
- 中秋／年終獎金
- 現金紅利

資料來源：安傑倫科技公司網址：http://www.jobs.agilent.com/locations/taiwan_chinese.html。

中，面試的部門主管除了盡其所能瞭解面試者外，也要讓面試者認識安傑倫，例如：「我們最近財報剛出，狀況如何、如何……」、「最近剛結束的家庭日非常有趣，對我們台灣三百多位員工的意義是……」等。

二、面談流程

到安傑倫面試者至少要跟三位主管面談。第一位面試主管負責瞭解專業，其他部門主管以交叉面試方式瞭解面試者的人格特質。當新人結束面談後，由最後一位面試主管送到電梯門口，即使是總經理面試也相同。

在安傑倫面試流程中，針對落選人員都會立刻以電子郵件等書面通知，表達無法合作的遺憾之意，不會讓求職者空等。

三、滿意問卷表調查

新人進入公司後，公司還會請他們填寫滿意度問卷表，諸如：「你是否覺得花時間來面試值得？」或「你的主管是否在面試過程中有提供你額外的資訊？」等等，用以傳遞安傑倫的尊重與誠信的價值觀，更能吸引志同道合的對象，降低離職率與新人離職率。

安傑倫不僅把面試流程管理視為徵才環節，更定義為可藉此提升企業形象與營運競爭力，因為找到一位錯誤人才的代價，將是面試成本的千萬倍[25]。

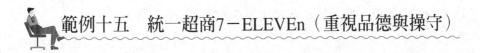

範例十五　統一超商7－ELEVEn（重視品德與操守）

7-ELEVEn便利商店，源自於美國7-ELEVEn, Inc.，以銷售冰塊起家，並於1930年一舉推出二十七家圖騰商店，導入「便利商店」的服務

444 概念，至1946年更推出當時的便利服務創舉：延長營業時間爲早上七點至晚上十一點，自此「7-ELEVEn」傳奇性的名字在美國達拉斯誕生，它的橘色、紅色、綠色的商標，以及在夜間閃爍於都市之招牌，已成爲社會景觀。

一、觀人術

日本7-ELEVEn在徵人時，特別注意選擇那種善於觀察事物，並能夠及時處理各種突發問題的人。例如：他們在招聘臨時店員時，甚至有可能在地板上放上一些小垃圾，看應聘者是否能注意這一細節，並彎腰用手將垃圾拾起再丟進垃圾桶中。

對於日本7-ELEVEn的人事部來講，這不只意味著愛清潔，或者主動撿垃圾的小問題，而是一個人是否有及時發現問題，解決問題能力的一個重要反應。假如應聘者缺乏這種良好的意識和習慣，長此以往，集腋成裘，這樣的小問題就可能惡化爲大問題，一方面可能會對企業帶來不可估量的損失，另一方面有可能使公司對那位員工的多種投入付之東流，一旦出現這樣的局面，對公司來說，都是絕不合算的。因此，日本7-ELEVEn從徵人這一源頭抓起，避免日後引來大麻煩。

二、僱用社會新鮮人

台灣的統一超商7-ELEVEn則特別喜歡剛出校門或軍營退伍的社會新鮮人，原因在於沒有職業背景的新員工，好比一張白紙，更能快速融入企業的工作氣氛，體會到企業歷久傳承的文化與向心力。

三、介紹人制度

　　台灣的統一超商還有一項特別的「介紹人制度」，即由現職的員工向企業推薦適當的人才。統一超商認為「介紹人制度」優點多多，因為員工敢於推薦，都會有一定的德行和能力的人，如果推薦的人表現甚差，那推薦者也很有壓力，同樣的，正因為是被推薦而來的，那麼新進的人也會有壓力，力求以好的表現回報信任（**範例11-17**）。

四、態度取才

　　人力資源主管在審核求職者的履歷表時，遴選的標準十分實在。他們選人的唯一門檻，就是檢驗求職者是否擁有一份築夢踏實的勇氣

範例11-17　統一超商核心職能

職能	組織	工作者
核心職能	顧客滿意（Customer Satisfaction）	・誠信可靠
		・顧客服務
		・團隊意識
	工作效率（Efficiency）	・經營敏銳度
		・問題解決能力
		・語文運用能力
		・電腦技術運用
	創新精進（Innovation）	・創新與實踐
	主動領導（Leadership）	・團隊領導力
		・領導魄力
		・成就動機
	有效溝通（Communication）	・方針管理
		・組織認同
		・專家精神
	啟發潛能（Inspiration）	・部屬培育

資料來源：統一超商網站（http://www.7-11.com.tw）。引自：黃一峰（2004）。《考選與任用》，頁144。台北：空中大學。

446

與衝勁。因此，應徵者寄來的履歷表與面談中，尋找的是那些具備「態度」、「技巧」、「專業」三項特徵的人才，而「態度」更是人力資源主管最重視的要項。

五、品德與操守掛帥

在台灣，由於統一企業集團重視企業信譽，堅信個人的操守比能力更重要，因此，員工的品德與操守是統一超商用人的標準。統一超商招募新人時，除非專業技術如會計、財務等職務外，其他職務則很少考試，反而會先看應徵者成績單上的操行成績，以及個人自傳，如果自傳語氣太浮誇，即使學歷、成績再好也難被錄用。而且要想瞭解求職者對公司用心的程度，最好的方法就是測驗他對公司的事先預習準備的功夫。在面試時，面試者會提出諸如：「你觀看最新7-ELEVEn廣告的心得如何？」或「你對7-ELEVEn的印象為何？」等類似的相關問題。那些沉著應對，侃侃道來，有根有據者會得高分。為了規範對「態度」的考核，公司還特地根據人才需求，備有一份制式的心理測驗，以量化分析的方式計量求職者是否符合公司的期望[26]。

範例十六　信義房屋仲介公司（不挖角策略）

信義企業集團以信義房屋為起點，整合不動產上、中、下游產業，並朝產業、技術、資訊與客戶四個相關領域跨出多角化經營的腳步，已逐漸展開自立而健全的經營體系。

信義房屋曾獲得第一屆人力創新獎，評審委員的推薦語是：秉持「人才為事業之本」的經營理念，策定人力資源政策的四大主軸：以「促進發展」為前提的人力發展政策、以「核心職能」為中心的職能發展規劃、以「適才適用」為原則的績效發展設計、以「樂在工作」為目

標的人事服務制度，不斷創新、改進，建構優質人力資源環境，並量身訂製符合信義房屋發展的人力創新具體措施。

一、立業宗旨

　　信義房屋公司非常注重對新進員工的招募與甄選工作，特別強調「信義」的重要性，其立業宗旨揭示：「吾等願藉專業知識、群體力量以服務社會大眾，促進房地產交易之安全、迅速與合理，並提供良好環境，使同仁獲得就業之安全與成長，而以適當利潤維持企業之生存與發展。」

二、校園或軍中徵才

　　信義房屋在招募時，有一個很特殊的原則，大量招募無仲介經驗的新人，並發展出一套創新的人才招募標準，採取不向同業挖角的用人政策。

　　信義房屋因為相信「乾淨的杯子才能裝乾淨的水」（無仲介經驗）、「鑽石才能琢磨鑽石」（大學以上畢業）、「長期共同發展的事業夥伴」（三十二歲以下）的「愼始」取選條件，如果錄用曾在這一行業混久了的人，這種人容易養成一些陋規或陋習，要再透過教育訓練的方式去調教是很困難的，因此信義房屋特別指定新人可以無仲介經驗、須符合大學以上畢業、年齡在三十二歲以下的條件，才能如乾淨杯子般地予以培育（**範例11-18**）。因此，信義房屋喜歡到學校或軍中去徵才，就是希望進來的人是白紙一張，就可以清楚地把公司的經營理念傳達給員工，讓員工養成正確的觀念，員工在公司就能待得久、待得愉快，並且能夠有好的表現。換言之，信義房屋是透過有效的招募，篩選適合的人選進入公司，才能夠建立企業的優良文化（信義立業，止於至善）[27]。

　　在選才上，每位新進員工在到職的六個月內，先參與觀摩學長的行

448   **範例11-18   「選質」──嚴謹甄選方法（體驗日活動）**

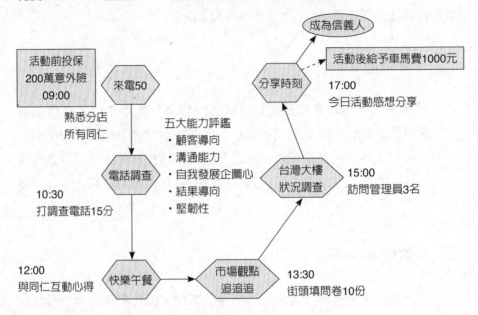

資料來源：信義房屋。引自：第一屆人力創新獎頒獎典禮暨成果發表會（經驗分享發表
　　　　　會），行政院勞工委員會主辦（2005/08/03）。

程或請其陪同適時指導，不得單獨服務顧客，並且提供信義集團旗下的
仲介、代書、鑑價等多元的職涯發展（**表11-1**）。

三、用學習累積經驗

　　對於每位新進人員會給予前半年每個月至少五萬元基本薪資的保
障，並接受完整的新秀養成訓練，不能單獨接待客戶，僅能從旁學習前
輩的服務專業，並從繪製商圈地圖開始，培養經紀人的專業能力，如此
邊做邊學，才能將基礎概念的馬步紮穩[23]。

表11-1　成本與效益

條件	成本	效益
嚴選條件	・選擇人數少 ・任用成本高 ・前半年保障薪資 ・未立即帶來績效 ・經驗及閱歷少，訓練成本高	・專業養成快 ・人力素質高，組織易發展 ・同質性高，團隊性強 ・公司理念易接受、落實 ・公司認同度高，離職率低 ・積極熱忱，提供滿意服務
甄選方法	・甄選投入時間長 ・投入費用高 ・投入人力高 ・影響分店作業生產	・求職者認同度高 ・用人單位主管滿意度高 ・團隊融合度高 ・認知差距縮小，離職率降低 ・適職性高，生產力提升

資料來源：信義房屋。引自：《第一屆人力創新獎經驗分享發表會：事業團體服務獎講義》
　　　　（2005/08/03），頁5。台北行政院勞工委員會主辦。

範例十七　震旦集團（多元招募管道）

　　震旦集團於1965年率先引進台灣第一台打卡鐘及中文打字機，至今從「事務機器總匯」蛻變為辦公室自動化事業的翹楚，市占率居於領先地位。震旦集團以「顧客滿意、同仁樂意、經營得意」為經營圭臬，而在匯聚融合了「永續經營」的哲學、「堅守本業、多品牌、多公司」的策略、「人事公開、機會均等」的原則，以及「責任中心」的體制，不僅為企業體注入活性化的成長能源，同時也一點一滴地冶煉出「中國式管理」的成功範例[29]。

一、才、德、能、拚的人才

　　震旦集團在用人方面，向來相當慎重，強調「才、德、能、拚」。「才」指的是知識和智慧；「德」是品德和操守；「能」是辦事的經

450 驗和效率;「拚」則是勤勉和努力。以營業人員的甄試爲例,主要有筆試和口試兩部分。筆試包括:智力測驗與性向測驗,藉以瞭解應徵人員的基本反應能力和興趣;口試則是筆試合格之後錄取與否的關鍵(**範例11-19**)。

口試通常舉行三至五次,除了愼重擇才外,也在考驗應徵人員的耐性,因爲營業人員必須不斷面對不同的顧客,因此,透過多次的口試才能眞正瞭解應徵人員的性格特質,以免將來由於甄試過程草率而造成人員的不適任,這對公司及同仁來說都是一種損失。

範例11-19　震旦集團的招募管道

- 報紙人事招募廣告。
- 在公司門口或公布欄張貼人事廣告。
- 部隊徵才:蒐集部隊郵政信箱號碼,寄發人事DM;參加軍中退伍人員企業說明會。
- 在「儂特利」餐盤紙上刊登徵才訊息。
- 建教合作。
- 商業廣告的運用。
- 報紙夾頁運用。
- 透過學校名冊與畢業紀念冊尋找人才,寄發DM(文宣)。
- 至各鄉鎮市區公所兵役課蒐集屆退人員名單,並進行接觸。
- 在就業情報等徵才專業雜誌刊登廣告。
- 透過救國團團隊諮商處介紹。
- 由各縣市里辦公處里幹事介紹。
- 國民黨民眾服務分社介紹。
- 校園招募,徵求即將畢業的社會新鮮人。
- 人力仲介公司。
- 同仁介紹。
- 朋友介紹。
- 退輔會介紹。
- 國民就業輔導處。
- 老同仁歸隊。歡迎以前離職而無不良紀錄的同仁重回震旦服務。
- 在商業、企管、財經雜誌刊登廣告。
- 儂特利MATE資料庫。
- 透過學校老師介紹。
- 青輔會介紹。

資料來源:穩定人力手冊(震旦集團)。引自:鄭紹成(1994)。《震旦的營銷管理》,頁99-101。台北:卓越文化。

二、全員面試

常務董事郭進財回憶說：「早年我擔任分公司主管時，所謂的口試並不是只有主管和幹部擔任主考官，公司的櫃台或會計小姐也是主考官之一。當應徵人員一踏進公司大門，接待小姐就會針對他的言談、舉止、等待時的動作打分數，如果未符合標準，接待小姐就可以自行決定應徵人員已落選，請他回家等候通知。」

震旦集團對於經過甄試進來的人員，通常有三個月的試用期。在試用期間，除了必要的職前訓練之外，部門主管還擔任新進人員的監督人和輔導人，協助新進人員適應公司環境和工作業務，一旦新進人員升任為正式人員，公司會頒發正式證書，歡迎他們加入震旦集團的工作行列[30]。

範例十八　德州儀器公司（接班人規劃）

德州儀器公司（Texas Instruments Incorporated，簡稱TI）是一家全球性的半導體公司，居全球數位訊號處理器（DSP）及類比（Analog）技術領先地位，而這兩項技術也是網路時代的驅動引擎。台灣德州儀器公司創立於1969年，並於1994年成為亞洲總部。

德州儀器有一套運行已久的接班人遴選流程，此項流程多用於主管的接班培育。高階主管在一年中會花固定的時間，檢視人才庫人員的進展狀況（圖11-1）。

一、正直、創新、承諾的價值觀

在接班人培育的過程中，除了檢視接班人培育後的表現，更重要的是這些接班人的行為及工作信念，是否呈現德州儀器的三大核心價值：

452

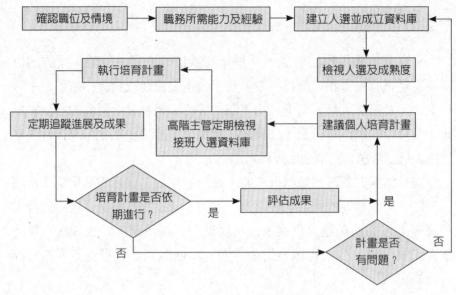

確認職位及情境 → 職務所需能力及經驗 → 建立人選並成立資料庫

建立人選並成立資料庫 → 檢視人選及成熟度

執行培育計畫

檢視人選及成熟度 → 建議個人培育計畫

定期追蹤進展及成果 ← 高階主管定期檢視接班人選資料庫 ← 建議個人培育計畫

培育計畫是否依期進行？ —是→ 評估成果 —是→

培育計畫是否依期進行？ —否→

評估成果 → 計畫是否有問題？ —否→

計畫是否有問題？ —是→

圖11-1　接班人培育流程圖

資料來源：曾玉芳（著），張瑋玲（採訪／整理）（2004）。〈你的員工是不是公司的競爭優勢〉。楊國安、姚燕洪（主編）。《新經濟理「才」經》，頁106。台北：聯經。

正直（integrity）、創新（innovation）和承諾（commitment），唯有符合德州儀器三大核心價值者，方能進入升遷的流程計畫。

二、定期審視執行進度

在接班人培育計畫中，就管理階層而言，德州儀器的核心價值觀是主要評核的標準。執行過程中，主管本身是否將此議題納入自己的工作行程中，主管本身的重視程度，亦會影響此計畫的執行效果。在德州儀器每一位高階主管（包括董事長），在年初要將接班人計畫納入個人行事曆中，並定期審視執行進度。若就科技人才的培育上，公司要能擬出重點發展的方向，將選定的人才透過導師（mentor）、教練（coach）、團隊學習，或者派人遠赴他國學習，讓他們的技能更加精進。

三、雙軌職級晉升制度

　　德州儀器秉持對人才發展的重視，除了有管理階層的晉升階梯，對科技人員而言，其晉升的管道亦如管理階層的職級一樣，也有相對應的頭銜與榮耀。另外，在人員升遷、培育的過程，除了本身業績達成率的考量，更重要的是，他是否與德州儀器價值觀一致？若這個人才的業績達成率不理想，但與德州儀器的價值觀一致，德州儀器會再給他一次機會。反之，若業績達成率很好，但與德州儀器價值觀不一致，有時德州儀器寧可選擇放棄。

　　人才培育與領導養成是一長久的過程，並非一蹴即至的，要有耐心地執行，才可能有所成就[31]。

範例十九　財團法人工業技術研究院（運用人力派遣）

　　1973年，經濟部管轄的聯合工業研究所（前身是「天然瓦斯研究所」）、聯合礦業研究所與金屬工業研究所合併，在新竹縣竹東鎮成立「財團法人工業技術研究院」（簡稱工研院），是政府立法設置的國家級產業科技研發機構，主要任務是協助台灣的勞力密集產業升級為技術密集產業。

一、引進派遣人力

　　十多年前，工研院開始面臨員額編制上的壓力，工研院人力室乃逐步開始尋求解決方案，幾經嘗試後，發現人力派遣是最佳的彈性人力運用策略，並著手實施，可說是台灣地區較早將派遣政策帶進人力資源管理的組織。工研院採用派遣人力的職位有兩類：一是以非核心性的短期工作為主，也就是事務性、支援性工作；另一種職位是專案性的短期專

454　　業人才。

二、評選制度的建立

　　工研院對於遴選派遣公司有一套完整的評選制度，包括：初選、複選，而評審委員是由各個院所的人資代表組成，依據派遣公司的規模、實務經驗、口碑、制度、管理及財務情況等各方面的規模來作為初審的標準，再由評審委員選出初審之派遣公司進行複審，並採用多家派遣公司提供派遣人力，同時，也針對已合作的派遣公司制定評鑑制度進行監督，以建構工研院、派遣公司與派遣員工這個三角關係的最佳品質與互動。

三、績效考核和獎勵制度

　　工研院不分派遣員工或是正職員工，要讓其績效最大化，不外乎績效考核和獎勵制度。因此，對於派遣員工每年都有績效考核，依據考核結果來作為下一年度是否續約與薪資調整的依據。

　　工研院對派遣人員的薪資、福利待遇不會與正職員工有很大的差別，也避免派遣人員有二等公民的感覺，除非從識別證的員工編號去看，不然員工之間分辨不出哪些是正職員工而哪些是派遣人員。

四、評鑑制度

　　工研院在整個運作派遣的過程中，評鑑制度尤其重要。透過完善的評鑑制度，可以瞭解到派遣公司的服務品質及員工關照各方面，最重要的是發揮監督派遣公司的功能。有效的評鑑制度才能保障要派企業與派遣員工的權利，不要只是以低價來作為選擇派遣公司的考量，在薄利多銷下，服務水準往往會受影響。在簽定合約時，工研院寧可另多支付一

些商業保險的費用，來轉嫁職災發生時雇主的責任與風險。

企業在使用派遣人力的架構下，從評估、規劃、選擇、合作廠商、簽定合約到執行的整個流程，都需要很謹慎地看待每個環節，才能達到預期的目標和績效[32]。

結 語

他山之石，可以攻玉。這些著名企業公之於世的徵才、選才與用才的新見解、新方法、新思慮的典範事例，值得企業界按圖索驥，檢視目前在招聘過程中的盲點，藉此獲得撥雲見日的新氣象。

註釋

❶黃海珍（2006）。〈世界知名企業的人才標準〉。《中國就業》，總第103期（2006/01），頁49。

❷Julie Bick（著），葉康雄（譯）（1997）。《微軟成功啓示錄》，頁150-151。台北：圓智文化。

❸Katlina Green（著），葛翎（譯）（2006）。《把蠢才變人才》（*Change Fools to Talents*），頁25。台北：前景文化。

❹劉立（2003）。《GE通用電氣》（*GE＝The General Electric Story*），頁105-107。高雄市：宏文館。

❺何佩儒（2006）。〈Google工程師學歷愈差愈厲害〉。《經濟日報》（2006/12/19），A11版。

❻許韶芹、陳宛茜（2006）。〈李開復：Google員工誠信比學歷重要〉。《聯合報》（2006/12/22），B1版。

❼許韶芹（2006）。〈Google選才首重人格〉。《聯合報》（2006/12/22），B2版。

456

❽李開復（2006）。〈新世紀人才〉。《經濟日報》（2006/12/18），A14版。

❾Peter F. Drucker（著），Joseph A. Maciariello（編），胡瑋珊等（譯）（2005）。《每日遇見杜拉克：世紀管理大師366篇智慧精選》，頁135。台北：天下遠見。

❿Gallant Hwang（2005）。《通用汽車：全球最大汽車公司》，頁65-73。台北：維德文化。

⓫曾淯菁（譯）（2006）。〈找人才不必踏破鐵鞋〉。《大師輕鬆讀》，第187期（2006/07/20），頁19。

⓬John K. Waters（著），謝品華、陳逸如（譯）（2003）。《思科風範：錢伯斯－樂觀、創新的經營哲學》（*John Chambers and the Cisco Way*），頁148-158。台北：台灣培生教育。

⓭曾淯菁（譯）（2006）。〈找人才不必踏破鐵鞋：西南航空〉。《大師輕鬆讀》，第187期（2006/07/20），頁13。

⓮Kevin L. Freiberg、Jackie A. Freiberg（著），董更生（譯）（1999）。《西南航空：讓員工熱愛公司的瘋狂處方》，頁61-70。台北：智庫文化。

⓯彭若青（2006）。〈對抗人才大地震：僱用完整的人〉。《管理雜誌》，第381期（2006/03），頁117。

⓰Katlina Green（著），葛翎（譯）（2006）。《把蠢才變人才》（*Change Fools to Talents*），頁145。台北：前景文化。

⓱中華英才網：〈讓你一次看個夠──知名企業招聘案例集錦〉，網址：http://www.chinahr.com/news/news.asp?newid=200409160027&channelid=au02。

⓲Robert L. Shook（著），江榮國（譯）（1993）。《本田之道》（*HONDA: An American Success Story*），頁195-201。台北：長河。

⓳陳澄輝（2005）。〈迪士尼的管理藝術〉。《明報月刊》，總第477期（2005/09），頁42-44。

⓴新加坡華新世紀企業管理研究學院（編著）（2005）。《麥當勞：溫情征服世界》，頁119-122。台北：亞鈸。

㉑任賢旺（2003）。《速食連鎖大王麥當勞》，頁202-206。台北：憲業企管。

㉒曾如瑩（2005）。〈能力重要 契合度更重要：要留人才台積電從選對人做起〉。《商業週刊》，第926期（2005/08/22），頁93。

㉓吳怡銘（2006）。〈聯華電子取勝人才戰爭：置入行銷新手法 招募人才有一

套〉。《能力雜誌》,第59期(2006/01),頁50-57。

❷李誠、周慧如(2006)。《趨勢科技:企業國際化的典範》,頁156-176。台北:天下遠見。

㉕曠文琪(2006)。〈把應徵者當顧客:贏得最佳雇主美名〉。《商業週刊》,第964期(2006/05/15),頁202-203。

㉖黃寰(編著)(2005)。《通路之王:7-ELEVEn經營之道》,頁150-154。台北:維德文化。

㉗王秉鈞(2005)。〈人力資源管理〉。《經理人月刊》(*Manager Today*),第10期(2005/09),頁143。

㉘張元祥(2005)。〈房屋仲介 信義房屋:先學善待客戶再談業績〉。《遠見雜誌》,第232期(2005/10),頁240。

㉙震旦集團網址:http://www.aurora.com.tw。

㉚鄭紹成(1994)。《震旦的營銷管理》,頁99-103。台北:卓越文化。

㉛曾玉芳(2002)。〈你的員工是不是公司的競爭優勢?〉。楊國安、姚燕洪(主編)。《新經濟理「才」經》,頁103-113。台北:聯經。

㉜張嘉惠(著),楊朝安(主編)(2004)。《人力派遣大革命:工研院運用人力派遣成功案例》(*The revolution of dispatch*),頁163-169。台北:才庫人力資源事業群。

詞彙表

460

成就測驗（achievement test）

成就測驗係對應徵者在特殊領域所具備知識及能力水準的測驗，亦即衡量應徵者在學習上的知識及能力，例如：舉辦中文打字測驗、英文打字測驗等。

應徵者表格（application form）

提供教育資訊、先前工作紀錄和技巧等資訊的表格。

評價中心（assessment center）

它指用於診斷應徵者潛力方面所需的儀器和實驗方法的匯集地。通常它是用來評估管理者或高階主管者的潛力。

適性測驗（aptitude tests）

適性測驗乃針對人類的能力和潛能與工作能力和工作績效的相關聯因素的測驗，又稱為性向測驗。

傳記式資訊（biographical information）

詢問應徵者先前的相關經歷，例如：教育程度和工作經驗等。

小組面試（board/panel interviews）

一種以兩個以上的人來面試一個應徵者的面試方法，又稱為團體面試。

校園招募（campus recruiting）

它是每年定期（一般在春季）在各大專院校校園內舉辦的徵才活動。

人才長（chief talent officer）

由於人才管理從後勤作業轉變為企業提升競爭力的重要策略之一，因此，許多科技企業紛紛尋求具備總經理資歷，能夠以商業思維規劃人資策略的高階經理人出任人才長。

承諾式人力規劃（commitment manpower planning, CMP）

承諾式人力規劃乃是一種人力資源規劃的系統性方法，它試圖使管理者及他們的部屬去思考並參與人力資源規劃。

建立離職員工檔案（communication records card of leaving employee, CRC）

它係指定期寄送最新的通訊錄給離職員工；邀請他們參加公司組織的各項活動；

對他們發出公司長期發展規劃、業務方向和內部管理變動情況，並徵求他門的意見，盡可能幫助這些離職員工。

職能模式（competency model）

職能模式是指構成每一項工作所須具備的職能，而知識、技能、行為以及個人特質則潛在於每一項職能中。職能模式可以運用在人力資源管理中的招募遴選、人力配置、教育訓練、能力開發、績效考核等領域。

一致性效度（concurrent validity）

一致性效度乃透過指定一種標準預測因子，將此因子實施於組織現有員工，並將其結果與員工之績效做相關分析。例如：一家公司針對現有員工實施工作相關測驗，並把測驗成績與員工的當年績效做一相關分析。

內容效度（content validity）

它是指所欲填補空缺的職位的實際工作和所須技能的適當取樣之謂。

核心職能（core competency）

它指成功扮演某一職位或工作角色所須具備的才能、知識、技術、判斷、態度、價值觀和人格。

企業社會責任（corporate social responsibility）

它是指企業在創造利潤，對股東利益負責的同時，還要承擔對員工、社會和環境的社會責任，包括：遵守商業道德、生產安全、職業健康、保護勞動者的合法權益、節約能源等。

標準效度（criterion validity）

一種測驗效度，可看出測驗得分（指標）和相關工作績效的相關聯程度。

D

德爾菲法技術（Delphi technique）

德爾菲法技術是一種預測判斷法，它利用專門委員會對未來的需求做出初步的獨立估計，然後由委員先自行評估，再將自己的預測與其他委員分享、溝通，最後再修正預測結果，直到所有委員達成共識為止。

歧視（discrimination）

歧視係指使用不當的測驗來決定人事上的僱用、升遷、調職。

解僱（dismissal）

企業在非員工意願而解除其工作的行為。

組織縮編（downsizing）

組織縮編又稱裁員，它指員額減少，且往往是巨幅減少企業僱用人數的過程。以前組織縮編是組織衰退的指標，但現在則已被企業當成組織重整的正當策略。

情緒智商（emotional intelligence, EQ）

情緒智商是態度、價值觀等性格特質的指標，可以反應出一個人的主動性、自制力、理性程度以及人際關係等特質。相對於智商（IQ）是天生的不容易改變，而情緒智商具有比較大的可塑性，但由於情緒智商的判定無法像智商測試一般，有工具可以輔助，情緒智商往往必須藉由觀察言談、舉止應對進退，及面對事件的反應態度，才能發覺應徵者的特質，而這種功力，就需要靠面試者的經驗與火候了。

員工租賃（employee leasing）

員工租賃是雇主終止僱用一些員工，然後這些員工由第三者（專業雇主組織，Professional Employer Organizations, PEOs）僱用之後，原雇主再租賃這些員工回到原先組織工作的一種程序。這些租賃公司負責執行雇主所有的人力資源責任，包括：僱用、薪資、績效評估、福利管理，以及其他每日的人力資源活動。

僱用合同（employment contracts）

僱用合同係指列入了詳細規定條款的勞資協議。

外部招聘（external job posting）

外部招聘一般都是用在比較低基層的員工，因為基層員工通常流動率比較高，採用外招的方式比較容易擴展招募的來源，也可以讓公司成員有新陳代謝的機會。

預測（forecasting）

預測係指依據過去和當前的信息資料來確定未來的可能狀況。

飛特族（freeter）

飛特族係指年輕的一代喜歡以計時工作取得報酬的非典型工作新族群。

職能工作分析法（functional job analysis, FJA）

職能工作分析法是一種根據《職業頭銜辭典》（*Dictionary of Occupational Titles, D.O.T.*）從資料、人、事三個角度來評估各項工作的方法。

G

玻璃天花板（glass ceiling）

玻璃天花板係指阻礙女性（或其他弱勢族群）升遷至企業頂端職位的無形障礙。

筆跡分析（graphology analysis）

以一個受過訓練的分析師去檢查一個人的筆跡，從而評估這個人的人格、情緒問題及誠實。由於人格特質與工作績效的關係也不易衡量，故許多筆跡學專家建議，此種分析只能作為輔助性的工具使用。

團體面試（group interview）

一種同時詢問多個應徵者的面試方法。

H

獵人頭公司（head hunter）

幫助企業搜尋高級主管職位的代理人或代理商。獵人頭的佣金通常是被獵主管第一年薪資（年薪）的某個比例，由委託企業主支付。

人才能力（human capabilities）

人才能力是指在某個工作環境中執行任務的員工所應具備的技術、知識、個人價值觀及信念的總和。

人力資本（human capital）

人力資本分三大構成要素：員工人數、員工品質、工作團隊的效能。

人力資源管理（human resource management, HRM）

人力資源管理是指組織內所有人力資源的取得、運用及維護等一切管理的過程和活動。

人力資源規劃（human resource planning）

人力資源規劃是指為實現企業的各種目標，而對人力資源的需求和滿足該需求的可能性進行分析和確定的過程。

人力資源策略（human resource strategy）

人力資源策略的功能在界定一家企業為達成目標所需要的人力資源。它處理的問題包括：人力資源的數量、品質、任務編組、外包、能力和動機等等。

招募管理

印象管理（impression management）

印象管理又稱自我呈現（self presentation），是美國著名的社會心理學家Erving Goffman透過系統的觀察和分析，於1959年提出的理論。目前廣泛地運用於求職面試中。應徵者的印象管理包括語言的呈現和策略性行為，有助於應徵者在短期內樹立良好的形象。

興趣測驗（interest tests）

興趣測驗是指一種試圖在特定工作中對某一個人的興趣與成功者的興趣之比較情況的測驗。

內部招聘（internal job posting）

企業通常對比較高階的職務優先從公司內部找人，找不到適當的人選時才對外招募。

面試（interview）

面試是指使組織和應徵者面對面接觸，對應徵者進一步瞭解，並察覺測驗在書面資料中所無法發覺的特性，諸如：熱忱、經歷、反應等等，而組織採用面試的方法有很多種，一般視職缺的職等與所選定的就業市場人力來源管道，才能決定出最適合的面試方式。

徵人啟事（job advertising）

它是用在報紙、商業及專業刊物或收音機及電視上刊登徵求人才的廣告方法。

職缺公布與職位申請（job posting and bidding）

它是將職缺的通告公布於公司內部最顯眼的位置，並給員工一段特定的申請時間去申請這個職缺的方法。

工作分析（job analysis）

工作分析是指一種蒐集和分析有關各種職務的工作內容和對人的各種要求，以及履行工作的背景環境等信息資料的系統方法。

工作深度（job depth）

工作深度是指工作者計畫和組織其工作，以自己的步調工作和依自己的期望自由地移動與溝通而言。

職位說明書（job description）

工作分析後的產品之一，其內容包括：工作的職責、報告從屬關係、工作條件，以及監督範圍等。

工作設計（job design）

它是將任務、職責、責任組合成一完整工作的方法，包括：工作性質、工作間互動及組織內外關係。

工作涉入（job involvement）

個人從事於工作的程度，以及工作在他生活中重要的程度。與工作涉入相關的因素有個人特質、情境特性和工作結果。

工作告示（job posting）

企業內部徵才最主要的管道是經由公司的布告欄張貼職位出缺的情形，同時指出應徵者所須具備的資格條件，允許組織內任何合於其資格的員工，在一定時間內前往人資單位來登記，並經過甄選程序後調升或調任。

工作廣度（job scope）

工作廣度是指工作者所執行不同任務的數目與種類。

工作分享（job sharing）

工作分享的觀念是數個部分工時的員工做一個全職（full-time job）員工的工作，以避免企業裁員。

工作規範（job specification）

是工作說明書的延伸，描述完成此項工作者的資格與條件。通常分為三類（KSA）：知識（knowledge）、技術（skills）與能力（ability）。

K

知識管理（knowledge management, KM）

知識管理係因組織、員工與顧客皆存在一定的知識（例如：飯店資深員工對於老顧客之瞭解）與潛在資訊（例如：已去過東南亞旅遊的顧客，下一個選擇很可能是東北亞或美西）。企業如能將這些知識與潛在資訊充分的調查、整理與儲存，並在企業中進一步擴散分享予所有員工，將對於企業之策略達成與提升經營績效，有相當之助益。

L

勞動力市場（labor market）

勞動力市場係指企業從中吸收員工的外部源泉。

矩陣管理（matrix management）

管理跨國企業的方法，由荷蘭的飛利浦首創於二次大戰之後。公司活動的責任分屬在地機構與產品部門（位於荷蘭），因此責任歸屬會依縱向與橫向流動，形成矩陣型態，每位經理人的上司都有二位，沒有任何人只對一個人負責。根據研究顯示，矩陣管理最適用於專案計畫（例如：新產品開發），因為此類計畫需要緊密的團隊合作，而且有時間限制。

動機（motivation）

它係指一個人由內在而引起其行動的願望。

尼特族（NEET, Not in Education, Employment or Training）

不喜歡工作，希望待在家裡的非典型工作新族群。

裙帶關係（nepotism）

它係指允許具有親戚關係的員工為同一個雇主工作的作法。

人力淨需求（net human resource requirements）

它係指公司所需求的人力減去現在之供給稱之。

常模（norm）

解釋考選工具分數的依據。

O

組織吸引力（organizational attractiveness）

它係指組織本身潛在應徵者嚮往的程度。換言之，企業為獲取人才，必須先確保組織本身有足夠的魅力，以吸引到符合條件和一定數量的應徵者願意前來應徵和接受僱用。

組織誘因（organizational inducements）

組織誘因是企業提供該項職缺工作所有正面特點與福利，以吸引求職者報名。最常見的三項組織誘因是：報酬制度、培訓機會與企業聲望。

組織活性指標（organizational vitality index, OVI）

組織活性指標可被當作組織人力資源生命力的概括衡量法。它是用以衡量企業內部員工潛力以及組織老化程度的指標，該指標乃依據組織內可升遷的人數以及現有候補者的人數來計算的，其公式為：OVI（組織活性指標）=[HP（高度潛力）+PN（可立即晉升）+P(1)（一年內可晉升）+P(2-3)（二至三年內可晉升）–NP（不可晉升）–NBU（無接班人）]÷員工總數。

新人訓練（orientation）

主要是引導新進員工順利進入工作的環境中產生績效，是一種有計畫的訓練。

外包（outsourcing）

外包是將公司的非核心業務外包給其他公司，由它們承攬公司所不擅長的工作。外包使得原本應由企業（要派企業）內員工承擔的工作與責任，轉由承包夥伴（派遣機構）來承擔。因此，企業如何與承包的另一當事人（派遣勞力）建構新的夥伴關係，將影響外包的成敗。

P

績效評估（performance appraisal）

它指的是一套正式的、結構化的制度，用來衡量、評核及影響與員工工作有關的特性、行為及結果，發現員工的工作成效，瞭解未來是否能有更好的表現，以期員工與組織均能獲益。

績效管理（performance management）

它是指一套有系統的管理過程，用來建立組織與個人對目標以及如何達成該目標之共識，進而採行有效的員工管理，以提升目標達成的可能性。

績效薪俸制（performance-related pay, PRP）

它係指在基本薪資與生活成本津貼之外，根據個人的績效表現來決定額外報酬。在一年伊始，對每位員工訂定績效目標，到了年底，根據該員工達成績效目標的表現水準，決定下一次的薪資調整幅度或獎金多寡。

人員需求表（personal requisition form）

它乃在敘述需要聘僱新人的理由及這個工作的資格條件。

性格測驗（personality tests）

它是一種試圖衡量人格特點的測驗。

468

粉領勞工（pink-collar workers）

它係指女性的藍領階級（blue-collar workers，一開始都被假定是男性），尤其是從事電子設備裝配工作的女性。這名詞可能源自 Louise Kapp Howe 1997年所寫的一本同名書籍而來。

心理測驗（psychological test）

它用於在控制環境下（紙筆作業或運用肢體操作物件）人員應完成之項目或作業之標準化組合。它可用來評估能力、興趣、知識、人格與技能。

測謊試驗（polygraph）

它是一種在受測人回答問題時記錄其身體變化的儀器。此測驗都使用於服務業，其用意是希望降低員工的偷竊率。

職位分析問卷（position analysis questionnaire, PAQ）

它是一種結構嚴密的定量工作分析法。在1972年由美國普渡大學教授所開發的。設計的初衷在於開發一種通用的、以統計分析為基礎的方法來建立某職位的能力模型，同時運用統計推理，進行職位之間的比較，以確定相對報酬。它包括一九四個項目，其中一八七項用來分析完成工作過程中員工活動的特徵，另外七項涉及薪酬問題。它所需的時間成本很大且非常繁瑣。

預測效度（predictive validity）

它乃透過指定一種標準預測因子，將此因子施行在應徵者身上，但僱用時並不考慮此因子，而是日後再將此因子提出與其工作成功標準進行相關分析，以決定此因子能否預測員工的成功（績效）。

熟練度測驗（proficiency tests）

它是一種用於衡量一位應徵者將一項在工作中要去執行的工作內容做得好的測驗。

影射人格特質（projective personality tests）

它是以一種模糊的刺激，例如墨水點或一張昏黃的照片，呈現在受測者面前，要求受測者寫出一點感想。受測者在描述當中，必然會將自己融入其中。

升遷（promotion）

它係指將員工職位變更而派任至職等較高、薪資較高、職稱較高的職位而言。

Q

辭職（quit）
它是指由工作者主動請求終止僱用關係而言。

離職（quit）
員工主動地請求終止雇傭關係，亦即員工在某一企業組織中工作一段時間後，個人經過一番考慮，否定了原有職務，結果不僅辭去工作及其職務所賦予的利益，而且與原企業組織完全脫離關係。

R

比例分析（ratio analysis）
它是判斷未來人力資源需求的程序，其方法是計算某一業務因素與需用員工人數之間的精確比率，如此即可獲得比趨勢分析更精準的預估值。

實際工作預覽（realistic job previews, RJP）
它乃是一種為工作申請人提供正反兩面完整資訊的過程。

招募（recruitment）
企業在面臨人力需求時，透過不同媒介，以吸引具有工作能力又有興趣的人前來求職，以尋覓合格求職者的過程。

迴歸分析（regression analysis）
它是使用在人力資源規劃的一種統計工具，用來確定企業未來某一時刻所需要的員額。

信度（reliability）
它係決定個別考選工具的測量結果是否具考選決策的參考價值，亦即指一個人重複接受相同或類似的測驗之所有得分之間的一致程度（衡量結果的一致性與穩定性），不會因為衡量時間或判斷者的不同而有所差異。

漣漪效果（ripple effect）
如果出缺的職位層級高，則將引發職位依次出缺與晉升補足的情形，於是單純的一個職位出缺，可能像水面漣漪擴散般，連帶造成數個職位出缺，這種情形稱為漣漪效果。漣漪效果愈大，內部招募的成本也愈高。

470

S

甄選（selection）
它為某項工作決定「僱用」或「不僱用」求職者的過程。

醡漿草組織（shamrock organization）
它指組織就像三葉瓣構成的醡漿草一樣，葉雖三瓣，仍屬一葉。三葉瓣分別代表核心工作團隊、約聘人員及彈性勞工。

情景類比法（simulation）
它是根據應聘職位要求的技能、技巧、日常操作流程，給應徵者一個獨立操作的環境，通過對應徵者要求時間內的工作任務的處理，來評價應聘者的個人能力及勝任素質。這個方法可以有效的避免選才時的主觀判斷失誤，以客觀表現與結果來判斷應聘者的工作能力。

情景面談（situational interview）
它是在面談時給予應徵者一種假設情境，然後要求應徵者發表對此特殊事件的處理方法。

管控幅度（span of control）
它係指一位經理人手下直接管制的人數。對於這個理想的人數，眾說紛紜，端視組織架構的需要而定，一般認為最理想的人數是七至八人。

用人（staffing）
用人與規劃、組織、領導與控制同屬主管所執行的五種基本功能。

股票選擇權（stock options）
它是指企業將股票權發給員工，員工有權利用較低的股價來承購其股票。但是，選擇權並不能直接在股票市場買賣，如要獲利，員工必須先在企業規定的一定期限內，分期執行權利，即員工向企業申請將此持有的一些選擇權轉成股票，股票再由個人（公司）賣掉，員工賺取差價。員工也可以不將選擇權轉換股票，長期持有。

策略（strategy）
它是達到特定目標所訂定的一般原則。此字源由希臘文的「兵法」演繹而來，到現在還有軍事涵意「策劃」並遂行戰爭的藝術。

策略性人力資源管理（strategy human resource management, SHRM）
在組織總體經營策略目標之下，配合各單位運用各種人力資源管理過程（規劃、

執行與控制、評價與回饋），且致力於組織的活性化，並以招募與任用、訓練與發展、績效評估與報酬等活動相關聯，進而確保組織的經營績效與持續的競爭優勢。

壓力面試（stress interview）
一種將應徵者置於壓力之下，從而確定他是否非常情緒化的面試方法。

結構式面談（structured interview）
一種根據工作分析為基礎的預設大綱來引導的面試。

能力（talent）
一種可辨識的能力，可以為現在或未來的活動、訓練或企業組織增值。

測驗（test）
它基本上是行為的一種樣本。此一名詞定義為任何紙上作答或作為錄用基礎的績效衡量方式，可包括自傳、面談的評估尺度、申請表等。

回顧式面談（the backward interview）
透過詢問應徵者過去的作為，然後找出應徵者的行為模式。

自傳式面試（the biographical interview）
從應徵者的履歷表開始，以年表為基礎，逐步詢問與瞭解其經驗、工作轉換或重大決定的動機，以及他們的願望等等。

學經歷審查（training and experiences evaluation）
針對應徵者所提供的個人學歷、經歷及所受過的相關訓練等資訊，進行客觀評價的過程。

趨勢分析（trend analysis）
它指未來的人力資源需求係依照某項業務因素的過去業務趨勢進行計畫。

自我推薦（unsolicited）
自我推薦通常又稱為walk in，是指應徵者主動來到公司，與人力資源管理單位的招募人員直接接觸，以尋求工作的機會。

472

效度（validity）

效度決定哪些測量結果（對知識、技術或能力的衡量程度）所得的資訊能作為決策參考，應用在甄選的背景裡，效度則是指測驗分數或面談評比相對於實際工作績效的程度。例如：一位文書處理員的工作成功標準，可用應徵者的打字速度來預測。

效度係數（validity coefficient）

在驗證一項測驗的過程中所使用到的相關係數。

加權申請表（weighted application forms）

一種分配不同的權數給不同的問題的申請表。加權申請表在業務、文書人員、生產部員工、秘書及督導人員的甄選過程中很有用。

工作樣本（work sample）

工作樣本基本上是一種工作內容的模擬，例如：組裝馬達。它常用於秘書和文書工作的職位，因為電腦操作可以用客觀的方法評估。實際的工作樣本要視應徵的工作職務而定，例如：應徵業務員時，可能要求模擬拜訪一位潛在客戶。

非結構式面談（unstructured interview）

一種不以預設的問題清單而採用自由回答的問話方式來引導的面試。

參考文獻

一、中文書籍

《1998就職事典：就業求職年度百科全書》（1998）。台北：就業情報雜誌社。

Alan P. Brache（著），中國生產力中心（譯）（2005）。《改變組織DNA：組織追得上變遷嗎？》。台北：中國生產力中心。

Bob Adams、Peter Veruki（著），陳瑋（譯）（2004）。《聘用最佳員工》（*Hiring Top Performers*）。上海：上海人民。

Carol Quinn（著），任應梅（譯）（2003）。《獵頭眼光：尋找最優秀的人為你工作》（*Don't Hire Anyone Without Me*）。北京：人民郵電。

Charles L. Gay、James Essinger（著），盧娜（譯）（2001）。《企業外包模式：如何利用外部資源提升競爭力》。台北：商周。

David D. Dubois（著），楊傳華（譯）（2005）。《勝任力：組織成功的核心源動力》。北京：北京大學。

David Stauffer（著），陳澄和（譯）（2000）。《思科的十大秘訣》。台北：聯經。

David Walker（著），江麗美（譯）（2001）。《有效求才》。台北：智庫文化。

Donald Waters（著），張志強（譯）（2006）。《管理科學實務》（*A Practical Introduction to Management Science*）。台北：五南圖書。

Farzad Dibachi、Rhonda Dibachi（著），林宣萱（譯）（2004）。《這才是管理！強化員工生產力：提升企業績效的7大管理策略》。台北：美商麥格羅·希爾。

Gallant Hwang（2005）。《通用汽車：全球最大汽車公司》。台北：維德文化。

Gary Dessler（著），何明城（審訂）（2003）。《人力資源管理》（*A Framework for Human Resource Management*）。台北：台灣培生教育。

Gary Dessler（著），李茂興（譯）（1992）。《人事管理》。台北：曉園。

George Bohlander、Scott Snell（著）（2005）。《人力資源管理》。台北：新加坡商湯姆生亞洲私人有限公司台灣分公司。

H. T. Graham、R. Bennett（著），創意力編輯組（譯）（1995）。《人力資源管理

474

（二）》。台北：創意力文化。

Jack H. Peter L.、Donald H. McQuaig（著），授學出版社編輯部（譯）（1995）。《面試與選才》。台北：授學。

Jack Welch、Suzy Welch（著），羅耀宗（譯）（2005）。《致勝：威爾許給經理人的二十個建言》。台北：天下遠見。

James P. Lewis（著），劉孟華（譯）（2004）。《專案管理聖經》（*Mastering Project Management*）。台北：臉譜。

James W. Walker（著），吳雯芳（譯）（2001）。《人力資源管理戰略》（*Human Resource Strategy*）。北京：中國人民大學。

John K. Waters（著），謝品華、陳逸如（譯）（2003）。《思科風範：錢伯斯──樂觀、創新的經營哲學》（*John Chambers and the Cisco Way*）。台北：台灣培生教育。

John W. Jones, PH.D.（著），李建偉、許炳（譯）（2001）。《人力測評：管理人員指南》。上海：上海財經大學。

Julie Bick（著），葉康雄（譯）（1997）。《微軟成功啟示錄》。台北：圓智文化。

Karen O. Dowd、Sherrie Gong Taguchi（著），劉復苓（譯）（2004）。《功成名就的第一本書》。台北：美商麥格羅·希爾。

Katlina Green（著），葛翎（譯）（2006）。《把蠢才變人才》（*Change Fools to Talents*）。台北：前景文化。

Kevin L. Freiberg、Jackie A. Freiberg（著），董更生（譯）（1999）。《西南航空：讓員工熱愛公司的瘋狂處方》。台北：智庫文化。

Lawrence S. Kleiman（著），孫非等（譯）（2000）。《人力資源管理──獲取競爭優勢的工具》（*Human Resource Management－A Tool for Competitive Advantage*）。北京：機械工業。

Lloyd L. Byars, Leslie W. Rue（著），鍾國雄、郭致平（譯）（2001）。《人力資源管理》。台北：美商麥格羅·希爾。

Lloyd L. Byars、Leslie W. Rue（著），林欽榮（譯）（1995）。《人力資源管理》（*Human Resource Management*）。台北：前程企業管理公司。

Lou Adler（著），張華、朱樺（譯）（2004）。《選聘菁英5步法》（*Hire with Your Head：Using Power Hiring to Build Great Companies*）。北京：機械工業。

Louis Patler（著），王麗娟（譯）（2000）。《預約成功的300種實戰創意》。台

北：如何。

Luis R. Gomez-Mejia、David B. Balkin、Robert L. Cardy（著），胡瑋珊（譯）（2005）。《人力資源管理》。台北：台灣培生教育。

Linda Dominguez（著），曹嬿恆（譯）（2006）。《跟著廉價資源走：兼顧成本與品質，提升企業競爭力的全球委外指南》。台北：美商麥格羅‧希爾。

Marge Watters、Lynne O'Connor（著），陳柏蒼（譯）（2002）。《求職人聖經》。台北：正中書局。

Matthew J. Deluca（著），孫康琦、王文科（譯）（2000）。《求職面試201個常見問題巧答》。上海：上海譯文。

Michael F. Corbett（著），杜雯蓉（譯）（2006）。《委外革命：全世界都是你的生產力！》（*The Outsourcing Revolution*：*Why It Makes Sense and How to Do It Right*）。台北：經濟新潮社。

Raymond A. Noe等（著），林佳蓉（譯）（2005）。《人力資源管理：全球經驗‧本土實踐》。台北：美商麥格羅‧希爾。

Paul Falcone（著），孟儉（譯）（1999）。《招聘面試中的96個關鍵問題》。上海：上海人民。

Paul G. Stoltz（著），莊安祺（譯）（2001）。《工作AQ：知識經濟職場守則》。台北：時報文化。

Peter F. Drucker（著），Joseph A. Maciariello（編），胡瑋珊等（譯）（2005）。《每日遇見杜拉克：世紀管理大師366篇智慧精選》。台北：天下遠見。

R. Wayne Mondy、Robert M. Nov（著），莊立民、陳永承（譯）（2005）。《人力資源管理》（*Human Resource Management, 9/E*）。台北：台灣培生教育。

Richard Luecke（編著），賴俊達（譯）（2005）。《掌握最佳人力資源》（*Hiring & Keeping the Best People*）。台北：天下遠見。

Richard Nelson Bolles（著），羅亦明（譯）（1997）。《求職聖經》。台北：商周文化。

Richaurd Camp、Mary E. Vielhaber、Jack L. Simonetti（著），劉吉、張國華（譯）（2002）。《面談戰略：如何招聘優秀員工》（*Strategic Interviewing How to Hire Good People*）。上海：上海交通大學。

Robert D. Gatewood、Hubert S. Field（著），薛在興、張林、崔秀明（譯）（2005）。《人力資源甄選》（*Human Resource Selection*）。北京：清華大學。

476 Robert H. Waterman等（著），潘東傑（譯）（2002）。《尋找及保存最佳人力》（*Finding and Keeping the Best People*）。台北：天下遠見。

Robert Half（著），余國芳（譯）（1990）。《人才僱用決策》。台北：遠流文化。

Robert Heller（著），戴保堂（譯）（2003）。《安德魯‧葛洛夫》。台北：龍齡。

Robert L. Mathis、John H. Jackson（著），李小平（譯）（2000）。《人力資源管理教程》（*Human Resource Management：Essential Perspectives*）。北京：機械工業。

Robert L. Shook（著），江榮國（譯）（1993）。《本田之道》（*HONDA：An American Success Story*）。台北：長河。

Robert Wood、Tim Payne（著），藍美貞、姜佩秀（譯）（2001）。《職能招募與選才》。台北：商周文化。

Shelly Leanne（著），彭一勃（譯）（2005）。《面試中的陷阱》（*How to Interview Like a Top MBA*）。北京：機械工業。

Stephen P. Robbins（著），李炳林、林思伶（譯）（2004）。《管理人的箴言》。台北：台灣培生教育。

Thomas K. Connellan（著），黃碧惠（譯）（1998）。《爸爸我要去迪士尼！迪士尼樂園製造歡樂的七大秘訣》（*Inside the Magic Kingdom: Seven Keys to Disney's*）。台北：智庫文化。

Tim Hindle（著），梁民康（譯）（2004）。《經濟學人之策略智典》。台北：貝塔語言。

丁志達（編著）（2001）。《裁員風暴：企業與員工的保命聖經》。台北：揚智文化。

丁志達（2002）。〈有效的甄才與面談技巧講義〉。國基電子公司（廣東省中山廠）。

丁志達（編著）（2004）。《績效管理》。台北：揚智文化。

丁志達（編著）（2005）。《人力資源管理》。台北：揚智文化。

丁志達（編著）（2006）。《薪酬管理》。台北：揚智文化。

人才招募研究小組（編著）（1987）。《人才招募與選才技巧》。台北：前程企管。

上海廠長經理人才公司（2005）。《獵頭管理和運作》。上海：學林。

上海稻香文化傳播（編著）（2006）。《核心員工》。台北：智富。

山口廣太（著），李維（譯）（2004）。《與客共舞：麥當勞以客為尊的開拓哲學》。台北：博識文化。

王麗娟（編著）（2006）。《員工招聘與配置》。上海：復旦大學。

王繼承（編著）（2001）。《人事測評技術：建立人力資產採購的質檢體系》。廣州：廣東經濟。

北條利森（著），謝志河（譯）（1998）。《求職簡歷表》。台北：眾文圖書。

台中區就業服務中心（2004）。《求職寶典：履歷自傳範例》。台中：行政院勞工委員會職業訓練局台中區就業服務中心。

台北市政府勞工局（編）（2003）。《求職防騙完全攻略本》。台北市政府。

台北縣就業服務中心（編）。《新鮮人求職手冊》。台北：台北縣就業服務中心。

台灣大學商學院研究所（編）（2006）。《台灣奇蹟推手：孫運璿先生管理講座紀念文集第一輯》。台北：台灣大學出版中心。

任賢旺（2003）。《速食連鎖大王麥當勞》。台北：憲業企管。

后東昇（主編）（2006）。《36家跨國公司的人才戰略》。北京：中國水利水電。

吳美蓮、林俊毅（2002）。《人力資源管理：理論與實務》。台北：智勝文化。

吳復新、黃一峰、王榮春（2004）。《考選與任用》。台北：空中大學。

完善主義經營團隊（編著）（2002）。《完美事業經營聖典：完美女人在美容業找到一生的成就》。台北：揚智文化。

李右婷、吳偉文（編著）（2003）。《Competency導向人力資源管理》。台北：普林斯頓國際公司。

李正綱、黃金印（2001）。《人力資源管理：新世紀的觀點》。台北：前程企管。

李再長等（編著）（1997）。《工商心理學》。台北：空中大學。

李長貴（2000）。《人力資源管理：組織的生產力與競爭力》。台北：華泰文化。

李家雄（1998）。《企業相人術》。台北：卓越文化。

李誠、周慧如（2006）。《趨勢科技：企業國際化的典範》。台北：天下遠見。

李漢雄（2000）。《人力資源管理策略》。台北：揚智文化。

沈介文、陳銘嘉、徐明儀（2004）。《當代人力資源管理》。台北：三民書局。

478

邱文仁（2006）。〈看清招兵買馬的招式〉。《30雜誌》（2006/06）。

邰啓揚、張衛峰（2003）。《人力資源管理教程》。北京：社會科學文獻。

姚群松、苗群鷹（編著）（2003）。《工作崗位分析》。北京：中國紡織。

胡幼偉（1998）。《媒體徵才：新聞機構甄募記者的理念與實務》。台北：正中
　　書局。

英國雅特楊資深管理顧問師群（1989）。《管理者手冊》（*The Managers
　　Handbook*）。台北：中華企業管理發展中心。

柯璟融（2006）。《企業聲望招募管道　招募成效與組織人才吸引力》，碩士論
　　文。高雄：中山大學人力資源管理研究所。

孫寶義（1993）。《讀三國識人才》。台北：方智。

徐增圓、李俊明、游紫華（著）（2001）。《企業人力資源作業手冊：選才》。
　　台北：行政院勞工委員會職業訓練局。

翁靜玉（2001）。《企業人力資源作業手冊：徵才》。台北：行政院勞工委員會
　　職業訓練局。

高占龍（2006）。《節儉管理》（*Thrifty Management*）。台北：百善書房。

高添財（1998）。《新人力經營：識人九招》。台北：工商時報。

常昭鳴（2005）。《PHD人資基礎工程：創新與變革時代的職位說明書與職位評
　　價》。台北：博頡策略顧問公司。

張一弛（編著）（1999）。《人力資源管理教程》。北京：北京大學。

張瑋玲（採訪‧整理），楊國安、姚燕洪（主編）（2002）。《新經濟理「才」
　　經》。台北：聯經。

張緯良（1999）。《人力資源管理》。台北：華泰文化。

教育部技術及職業教育司（編）（2006）。《94年度公私立技專校院一覽表：科
　　技大學、技術學院、專科學校地區分布表》。台北：教育部。

梭倫（主編）（2001）。《以人爲本發現好員工》。北京：中國紡織。

許書揚（1998）。《你可以更搶手：23位人事主管教你求職高招》。台北：奧林
　　文化。

郭晉彰（2006）。《3%的超越：透視杜書伍的聯強國際經營學》。台北：天下遠
　　見。

陳天祥（編著）（2001）。《人力資源管理》（*The Management of Human
　　Resources*）。廣州：中山大學。

陳再明（1997）。《本田神話：本田宗一郎奮鬥史》。台北：遠流。

陳京民、韓松（編著）（2006）。《人力資源規劃》。台北：上海交通大學。

陳培光、陳碧芬（著），李誠（主編）（2001）。《高科技產業人力資源管理：華邦的留人政策》。台北：天下文化。

陳彰儀、張裕隆（1993）。《心理測驗在工商企業上的運用》。台北：心理。

傅亞和（主編）（2005）。《工作分析》。上海：復旦大學。

華之鳳（2001）。《e舉成功電腦求職術》。台北：金禾資訊。

馮亦翔（2001）。《39個面試成功的關鍵法則：職場菜鳥老鳥必備的「面試不敗講義」》。台北：速訣館文化事業。

馮震宇（2003）。《企業管理的法律策略及風險》。台北：元照。

黃一峰、孫本初、江岷欽（主編）（1999）。《管理才能評鑑中心：演進與運用現況》。台北：元照。

黃英忠、曹國雄、黃同圳、張火燦、王秉鈞（2002）。《人力資源管理》。台北：華泰文化。

黃俊傑（2000）。《企業人力資源手冊：薪資管理》。台北：行政院勞工委員會職業訓練局。

勞動和社會保障部職業技能鑑定中心、企業人力資源管理師項目辦公室（2004）。《國家執業資格考試指南：企業人力資源管理人員》。北京：中國勞動社會保障。

黃寰（編著）（2005）。《通路之王：7-ELEVEn經營之道》。台北：維德文化。

新加坡華新世紀企業管理研究學院（編著）（2005）。《麥當勞：溫情征服世界》。台北：亞鉞。

楊朝安（主編）（2004）。《人力派遣大革命》（*The Revolution of Dispatch*）。台北：才庫人力資源事業群。

葛樹人（1996）。《心理測驗學》（*Psychological Testing and Assessment*）。台北：桂冠圖書。

蓋曼群島商家庭傳媒公司（Bloomsbury Business）（編），李芳齡、陳琇玲（譯）（2005）。《商業實戰對策：給管理者的完整解答》（*Business the Ultimate Resource—Management Checklist*）。台北：商周文化。

蓋曼群島商家庭傳媒公司（Bloomsbury Business）（編），陳絜吾（總編輯）（2005）。《管理最佳實務：大師理論的實踐指南》（*Business the Ultimate Resource—Best Practice*）。台北：商周文化。

蓋曼群島商家庭傳媒公司（Bloomsbury Business）（編），陳絜吾（譯）

480

　　（2005）。《商務行動清單：成功人士應有的專業技能》。台北：商周文化。

趙少康（1995）。《上班放輕鬆》。台北：希代。

劉立（2003）。《GE通用電氣》（GE＝The General Electric Story）。台北：宏文館圖書公司。

樊麗麗（主編）（2005）。《趣味招聘案例集錦》。北京：中國經濟。

蔡正飛（1988）。《面談藝術》。台北：卓越。

蔡維奇（著），李誠（主編）（2000）。《人力資源管理的12堂課：招募策略——精挑細選的戰術》。台北：天下文化。

鄭紹成（1994）。《震旦的營銷管理》。台北：卓越文化事業。

鄭瀛川、許正聖（1996）。《高效能面談手冊》。台北：世台管理顧問公司。

蕭鳴政（2005）。《人員測評與選拔》。上海：復旦大學。

諶新民（主編）（2005）。《員工招聘成本收益分析》。廣州：廣東經濟。

諶新民、唐東方（編著）（2002）。《人力資源規劃》（Human Resources Programming）。廣州：廣東經濟。

謝鴻鈞（編著）（1996）。《工業社會工作實務：員工協助方案》。台北：桂冠圖書。

二、英文書籍

Chicci, D. L. (1979) "Four Steps to an Organization/Human Resource Plan." *Personnel Journal,* June. Personnel Research Federation by the Williams & Wilkins Co., (U.S.)

Famularo, Joseph J. *Handbook of Personnel Records and Reports*. McGraw-Hill Book Company.

T. E. Lawson, & V. Limbrick (1996). Critical Competencies and Developmental Experience for Top HR Executive. *Human Resource Management,* vol 35.

Dyer. Lee (1982) "Human Resource Planning" in Personnel Management. ed. Kendrith M. Rowland and Gerald R. Ferris. Boston: Allyn & Bacon.

Mathis, R. L. & Jackson, L. H. (2003). *Human Resource Management,* 10th. Thomson South-Western.

L. M. Spencer & S. M. Spencer (1993). *Competence at Work: Models for Superior Performance*, New York: John Wiley & Sons.

Robbins, Stephen P. *Organizational Behavior: Concepts, Controversies and Applications.* Prentice-Hall, Inc.

三、參考文章（講義）

《1997知名企業求才專刊》。三惠就業情報雜誌社。

Daniel Goleman（著），李田樹（譯）（1999）。〈EQ——好領導人的條件〉。《EMBA世界經理文摘》，第149期（1999/01）。

Elizabeth G. Chambers、Mark Foulon、Helen Handfield-Jones、Steven M. Hankin、Edward G. MichaelsⅢ（著），李田樹（譯）（1999）。〈新競爭：企業求才大戰〉。《EMBA世界經理文摘》，第150期（1999/02）。

Nick Shreiber〔利樂集團（Tetea Pak）前總裁〕。〈領導風格之想法〉（Leadership Thoughts）。《統一月刊》，第322期（2006/05）。

丁志達（1998）。〈用人政策急轉彎〉。《管理雜誌》，第209期，（1998/07）。

丁志達（1998）。〈與外包人員協力並進〉。《管理雜誌》，第213期（1998/11）。

丁志達（2003）。〈知人知面。要如何知心？〉。《管理雜誌》，第351期（2003/09）。

丁志達（2004）。〈找對人才能做對事〉。《管理雜誌》，第359期（2004/05）。

丁志達（2007）。〈人力規劃與合理化實務班講義〉。台北：中華企業管理發展中心。

丁志達（2008）。〈人力資源管理作業實務班講義〉。台北：中華企業管理發展中心。

丁志達（2008）。〈員工招聘與培訓實務研習班講義〉。台北：中華企業管理發展中心。

方正儀（輯）（2004）。〈聘僱合約書該寫些什麼？〉。《管理雜誌》，第361期（2004/07）。

王秉鈞（2005）。〈人力資源管理〉。《經理人月刊》（MANAGER Today），第10期（2005/09）。

王福明（2003）。〈內部提拔：精挑細選的藝術〉。《企業研究》，總第220期（2003/05）。

王麗娟（2006）。〈面試工作 先挺過惡人「罵」〉。《聯合報》（2006/07/03）。

招募管理

482

田浴（2004）。〈觀相識人求特殊人才〉。《人力資源》，總第194期
　　（2004/10）。

石銳（2004）。〈企業人才資本的保母〉。《能力雜誌》，第584期（2004/10）。

向陽欣、劉兆嵐（2002）。〈不景氣中，你如何透過人才仲介公司尋覓最佳之工
　　作機會〉。《致遠月刊》（2002/01）。

成之約（2005）。〈跨界管理：「非典」工作時代來臨〉。《管理雜誌》，第372
　　期（2005/06）。

朱侃如（採訪），高明智（主答）（2006）。〈中小企業如何留住優秀人才〉。
　　《EMBA世界經理文摘》，第237期（2006/05）。

江楹涓（2006）。〈人力派遣產業之教育訓練課程設計：以Y公司招募部門為
　　例〉。2006國際人力資源管理學術與實務研討會專輯。開南大學國際企業學
　　系主辦（2006/05/24）。

何佩儒（2006）。〈Google工程師學歷愈差愈屬害〉。《經濟日報》
　　（2006/12/19），A11版。

何輝、胡迪（2005）。〈應對「倖存者綜合症」〉。《人力資源》，總第214期
　　（2005/11）。

余琛（2005）。〈背景調查：是不能忘記的〉。《人力資源》，總第216期
　　（2005/12）。

邵天天（2006）。〈讓工作分析「活」起來〉。《人力資源・人力經理人》，總
　　第220期（2006/01）

吳怡銘（2005）。〈台灣百事：攬才因地制宜 薈萃南北菁英〉。《能力雜誌》，
　　總第591期（2005/05）。

吳怡銘（2006）。〈聯華電子取勝人才戰爭：置入行銷新手法 招募人才有一
　　套〉。《能力雜誌》，總第599期（2006/01）。

呂玉娟（2005）。〈讓優秀人才留下來〉。《能力雜誌》，總第591期
　　（2005/05）。

呂建華（2005）。〈理智待人：育人用人上的心理效應〉。《人力資源》，總第
　　216期（2005/12）。

宋秉忠（2004）。〈台積電董事長張忠謀：把台積電變道德淨土〉。《遠見雜
　　誌》，第216期（2004/06）。

宋秉忠、林宜諄（2004）：〈讓諸葛亮不再遺憾：CEO如何用對人〉。《遠見雜

誌》，第216期（2004/06）。

李佳礫（2006）。〈工作分析向何處去？〉《人力資源‧人力經理人》，總第230
期（2006/06）。

李郁怡（2006）。〈透明績效：匯豐銀行的金蘋果〉。《管理雜誌》，第379期
（2006/01）。

李晨寉（2004）。〈台灣飛利浦：創新、協調的A級人才策略〉。《能力雜誌》，
總第577期（2004/03）。

李開復（2006）。〈新世紀人才〉。《經濟日報》（2006/12/18）。

李瑞華（2006）。〈打造組織　老闆員工一起來〉。《大師輕鬆讀》，第187期
（2006/07/20）。

李運亭、陳雲兒（2006）。〈工作分析：人力資源管理的基石〉。《人力資源‧
人力經理人》，總第220期（2006/01）。

李學澄、苗德荃（2005）。〈三個關鍵要點：徵聘與留才為何不再奏效？〉。
《管理雜誌》，第374期（2005/08）。

李學澄、苗德荃（2005）。〈勞動力結構改變：2008人才在哪裡？〉。《管理雜
誌》，第373期（2005/07）。

事業團體服務業（2005）。《第一屆人力創新獎經驗分享發表會講義》。台北：
行政院勞工委員會主辦（2005/08/03）。

周輝強（2006）。〈細算員工流動成本〉。《人力資源雜誌》，總第241期
（2006/12）。

岳鵬（2003）。〈以人力資源規劃為綱〉。《企業研究》，總第220期
（2003/05）。

房美玉（2002）。〈儲備幹部人格特質甄選量表之建立與應用：某高科技公司為
例〉。《人力資源學報》，第2卷第1期。

林文政（2006）。〈全方位獎酬　留住人才心〉。《人才資本季刊》（*Human
Capital*），第3期（2006/07）。

林文政（2006）。〈留住組織中20%的頂尖菁英：職能與人才管理〉。《人力資
本季刊》，第2期（2006/05）。

林行宜（2006）。〈結構式招募面談〉。《經濟日報》（2006/10/18）。

哈佛商業評論，袁自玉（譯）（1989）。〈你也可以是伯樂：主管面試須知〉。
《現代管理月刊》，第150期（1989/08）。

484

施義輝（2006）。〈運用結構性面談：發覺冰山下的人才〉。《管理雜誌》，第381期（2006/03）。

胡宗鳳（2006）。〈徵人廣告限性別 高縣開罰〉。《聯合報》（2006/09/02）。

胡麗紅（2006）。〈戰略導向的人力資源規劃〉。《人力資源雜誌》，總第221期（2006/02）。

夏嘉玲（譯）（2006）。〈按摩舒壓 員工不想走〉。《聯合報》（2006/06/11）。

徐峰志（譯）（2006）。〈搶人才！人才市場趨勢〉（Talent Force：A New Manifesto for the Human Side of Business）。《大師輕鬆讀》，第178期（2006/05/18）。

徐國淦（2006）。〈放寬年限 勞雇雙贏？〉。《聯合報》（2006/08/27）。

徐舜達（2006）。〈向亞洲最佳雇主取經：福特六和全方位珍惜人才〉。《人才資本季刊》（Human Capital），第4期（2006/09）。

張元祥（2005）。〈房屋仲介 信義房屋：先學善待客戶再談業績〉。《遠見雜誌》，第232期（2005/10）。

張玲娟（2004）。〈人才管理──企業基業長青的基石〉。《能力雜誌》，總第581期（2004/07）。

張漢宜（2006）。〈5大關鍵讓你二十年後依然是人才〉。《天下雜誌》，第349期（2006/06）。

符益群、凌文輇（2004）。〈結構化面試題庫是如何獲得的？〉。《人力資源雜誌》，總第186期（2004/01）。

莊芬玲（2000）。《89年度企業人力資源作業實務研討會實錄》（初階）──企業實例發表：選才篇》。台北：行政院勞工委員會職業訓練局。

許韶芹（2006）。〈Google選才首重人格〉。《聯合報》（2006/12/22）。

許韶芹、陳宛茜（2006）。〈李開復：Google員工誠信比學歷重要〉。《聯合報》（2006/12/22）。

陳正芬（譯）（2006）。〈反向思考 打敗不景氣〉。《大師輕鬆讀》，第176期（2006/05/04）。

陳邦鈺（2005）。〈破解20家指標企業徵才關卡：擠進一流企業窄門〉。《今周刊》，第435期（2005/04/25）。

陳幸蕙（2006）。〈敬業精神：道德操守是追求工作卓越的根本〉。《講義雜誌》，第40卷第1期（2006/10）。

陳芳毓（2006）。〈10大管理考題挑戰你的管理智商〉。《經理人月刊》，第19

期（2006/06）。

陳長文（2006）。〈給畢業生的一封信〉。《講義雜誌》，第39卷第5期（2006/08）。

陳海鳴、萬同軒（1999）。〈中國古代的人員篩選方法：以《古今圖書集成》「觀人部」爲例〉。《管理與系統》，第6卷第2期（1999/04）。

陳珮馨（2006）。〈網路招募 大玩行銷術〉。《經濟日報》（2006/08/20），管理大師C2版。

陳基瑩（2006）。〈企業的存續由未來的人力資源決定〉。《台灣鞋訊》，第16期（2006/04）。

陳萬思（2006）。〈中國企業人力資源經理勝任力模型實證研究〉。《經濟管理：新管理》，總第386期（2006/01）。

陳澄輝（2005）。〈迪士尼的管理藝術〉。《明報月刊》，總第477期（2005/09）。

陳麗容（2005）。《國際培訓總會第33屆印度新德里國際年會報告——人才管理：人力資源管理的新挑戰》。中華民國訓練協會。

彭長桂（2006）。〈引爆員工的激情：青島啤酒的人力資源管理〉。《人力資源‧人力經理人》，總第224期（2006/03）。

彭若青（2006）。〈對抗人才大地震：僱用完整的人〉。《管理雜誌》，第381期（2006/03）。

彭雪紅（2000）。《89年度企業人力資源作業實務研討會實錄（初階）——企業實例發表：徵才篇》。台北：行政院勞工委員會職業訓練局。

彭慧明（2006）。《接班的任務 包括找好接班人》。《聯合報》（2006/03/06）。A10版。

惠調豔（2006）。〈知識型員工激勵因素研究〉。《企業研究》，第260期（2006/02）。

曾如瑩（2005）。〈能力重要 契合度更重要：要留人才台積電從選對人做起〉。《商業週刊》，第926期（2005/08/22）。

曾淯菁（譯）（2006）。〈找人才不必踏破鐵鞋：西南航空〉。《大師輕鬆讀》，第187期（2006/07/20）。

華英惠（2006）。〈企業文化：鼓勵創新人 公司最大資產〉。《聯合報》（2006/04/19）。

黃一峰、李右婷（2006）。〈高級行政主管遴用制度之探討〉。《考銓季刊》，

486　　　　第45期（2006/01）。

黃海珍（2006）。〈世界知名企業的人才標準〉。《中國就業》，總第103期
　　　（2006/01）。

楊平遠（2000）。《89年度企業人力資源作業實務研討會實錄（初階）——企業
　　　實例發表：選才篇》。台北：行政院勞工委員會職業訓練局。

楊永妙（2005）。〈企業的鑽石：人才。別走！〉。《管理雜誌》，第374期
　　　（2005/08）。

楊齡媛（2006）。〈成功就是做自己：明基電通〉。《台灣光華雜誌》，第31卷
　　　第5期（2006/05）。

葉惟禛（2006）。〈人才評鑑工具：抓住水波紋下的好人才〉。《管理雜誌》，
　　　第383期（2006/05）

賈如靜（2004）。〈問卷調察法：在崗位分析中的規範應用〉。《人力資源雜
　　　誌》，總第193期（2004/09）。

廖志德（2004）。〈尋找組織的A級人才〉。《能力雜誌》，總第577期
　　　（2004/03）。

編輯部（1999）。〈管理集短篇：積極上網搶人才〉。《EMBA世界經理文
　　　摘》，第156期（1999/08）。

劉玉新、張建衛（2006）。〈工作分析方法應用方略〉。《人力資源．人力經理
　　　人》，總第220期（2006/01）。

劉季旋（1989）。〈細細選好好用：兩情相悅的企業求才術〉。《現代管理月
　　　刊》，第153期（1989/11）。

劉延隆（2000）。《89年度企業人力資源作業實務研討會實錄（初階）——企業
　　　實例發表：選才篇》。台北：行政院勞工委員會職業訓練局。

劉興昭（2006）。〈更快更準找人才：博世電動工具公司的招聘之道〉。《人力
　　　資源：人力經理人》，總第232期（2006/07）。

編輯部（1997）。〈如何引導新員工入門〉。《EMBA世界經理文摘》，第126期
　　　（1997/02）。

編輯部（1998）。〈管理集短篇：面談新人要注意什麼？〉。《EMBA世界經理
　　　文摘》，第143期（1998/07）。

編輯部（1998）。〈擁抱銀髮上班族〉。《EMBA世界經理文摘》，第139期
　　　（1998/03）。

編輯部（2000）。〈小心落入僱用的陷阱〉。《EMBA世界經理文摘》，第162期

（2000/02）。

編輯部（2006）。〈用微軟經驗打造非營利組織〉。《理財週刊》，第321期
　　（2006/10/19）。

編輯部（2006）。〈如何僱用熱情的員工？〉。《EMBA世界經理文摘》，第240
　　期（2006/08）。

編輯部（2006）。〈我要創業嗎？投入創業前的自我檢視〉。台北：經濟部中小
　　企業。

編輯部。〈職場塑煉：世界500強情緒管理測試題精選〉，《人力資源》，總第
　　221期（2006/02）。

蔡明勳（2004）。〈運用職能於發展跨國企業選才工具公司之選才工具發展專
　　案〉。第2屆海峽兩岸組織行為與人才開發。國立中山大學人力資源管理研究
　　所主辦。

鄭君仲（2006）。〈工作分析　進而設計好工作！〉。《經理人月刊》，第24期
　　（2006/11）。

鄭渼蓁（2006）。〈論勞工之試用期間〉。《萬國法律雜誌》，第147期
　　（2006/06）。

蕭永欣（2006）。《大陸台商經營管理手冊：台籍幹部與大陸幹部之培訓與人力
　　資源規劃實務作法》。台北：大陸工作委員會。

謝屏（2006）。〈解決企業人力資源三大問題：勞動法的規範、缺工且高流動
　　率、缺乏人才且難整合〉。《台灣鞋訊》，第13期（2006/01）。

謝佳宇（2006）。〈創造雙贏的管理藝術：股票＋願景 好人才不請自來〉。《卓
　　越雜誌》，第260期（2006/06）。

謝瓊竹（2006）。〈上傳影音履歷　求職有聲有色〉。《經濟日報》
　　（2006/12/07）。

藍虹波（2005）。〈妥善管理面試環境〉。《人力資源雜誌》，總第216期
　　（2005/12）。

顏雅倫（2002）。〈人才跳槽的緊箍咒：談競業禁止條款的合理運用〉。《管理
　　雜誌》，第339期（2002/09）。

曠文琪（2006）。〈把應徵者當顧客 贏得最佳雇主美名〉。《商業週刊》，第964
　　期（2006/05/15）。

龐文真（2006）。〈Google如何找人？〉。《數位時代》，第129期
　　（2006/5/1）。

488　　四、碩博士論文

王麗蓉（2006）。《人力派遣業經營模式之探討》，碩士論文。高雄：中山大學
　　人力資源管理研究所。

余靜雯（2005）。《半導體封測業主管管理才能評鑑模式與接班人計畫之研
　　究》，碩士論文。中壢：中央大學人力資源管理研究所。

吳惠娥（2005）。《大陸派外人員甄選策略之研究：以連鎖視聽娛樂為例》，碩
　　士論文。高雄：中山大學人力資源管理研究所。

吳繼祥（2004）。《我國特勤人員甄選、訓練與成效評估制度改革雛形之研
　　究》，碩士論文。台北：銘傳大學管理科學研究所。

李毓祥（2002）。《部分工時人力運用與組織績效之實證研究：以量販店為
　　例》，碩士論文。台中：靜宜大學企業管理研究所。

沈聰益（2003）。《人格五因素模式預測保險業務員銷售績效的效度：NEO-PI-R
　　量表之跨文化檢驗與人格特質架構之實證探討》，博士論文。新竹：交通大
　　學經營研究所。

林俊杰（2003）。《公務人員資績與陞遷關係之研究：以彰化縣政府為例》，碩
　　士論文。台中：東海大學公共事務研究所。

林曉雅（2005）。《僱用型態對工作涉入之影響》，碩士論文。新竹：交通大學
　　經營管理研究所。

柯璟融（2006）。《企業聲望招募管道　招募成效與組織人才吸引力》，碩士論
　　文。高雄：中山大學人力資源管理研究所。

洪慶麟（2005）。《保全業評鑑對保全業的影響與因應之道》，碩士論文。台
　　中：逢甲大學經營管理研究所。

莊敏瀅（2004）。《以核心職能為本之線上甄選系統之發展：以某汽車製造公司
　　為例》，碩士論文。中壢：中央大學人力資源管理研究所。

陳珈琪（2004）。《人力資源管理活動對管理職能發展之影響》，碩士論文。中
　　壢：中央大學人力資源管理研究所。

陳家慶（2004）。《管理與專業職能模式之建立：以C公司行政部門為例》，碩士
　　論文。中壢：中央大學人力資源管理研究所。

黃至賢（2004）。《客服人員的人格特質對其工作績效之影響》，碩士論文。台
　　北：政治大學企業管理研究所。

黃裔（2005）。《泛亞銀行經營興衰之探討》，碩士論文。台中：逢甲大學經營

管理碩士在職專班。

潘蘇惠（2004）。《人格特質與工作績效之關聯性研究：以T公司之電話行銷與客服人員爲例》，碩士論文。中壢：中央大學人力資源管理研究所。

盧韻如（2001）。《網路求職者的特性及需求之研究》，碩士論文。高雄：中山大學人力資源管理研究所。

劉曉雯（2003）。《管理職能模式及其評鑑系統之設計——以Z公司爲例》，碩士論文。中壢：中央大學人力資源管理研究所。

楊尊恩（未註明年月份）。《職能模式在企業中實施之現況調查》，救國團探索教育中心網站：http://www.cyc.org.tw/se/Documents/HTM/Enterprise.htm。

五、網站資料

中華英才網：《讓你一次看個夠——知名企業招聘案例集錦》。網址：http://www.chinahr.com/news/news.asp?newid=200409160027&channelid=au02。

台北就業服務中心網站：http://www.goodjob.tpc.gov.tw/esc/freshman3_1.htm。

中華企業管理發展中心網站：www.china-mgt.com.tw。

〈用人大師十大忌〉，網站：http://bbs.jxcn.cn/archive/index.php/t-36713.htm。

全國就業e網：http://www.ejob.gov.tw/finejob/book/book5.php。

安傑倫科技公司網站：http://www.jobs.agilent.com/locations/taiwan_chinese.html。

汎亞人力銀行派遣網：http://temp.9999.com.tw/p02.asp。

行政院勞工委員會職業訓練局中彰投區就業服務中心網站：http://tcesa.evta.gov.tw/frontsite/contentAction.do?method=viewContentDetail&contentId=111。

行政院勞工委員會職業訓練局網站：http://www.evta.gov.tw/employee/jobsafe.htm。

我的E政府網站：http://www.gov.tw/PUBLIC/view.php3?id=170420&sub=49&main=GOVNEWS。

風生水起：《兩岸三地堪輿》網站：http://www.master168.com/writings/book02-guide-01.htm。

美商宏智國際顧問有限公司（DDI）台灣分公司葉庭君（2005），〈2004年全球選才趨勢標竿研究調查：台灣地區分析報告〉（第41期）。網站：http://www.ddi-asia.com.tw/epaper/ep.htm。

張靜（2002）。〈我國營業秘密法之介紹〉。網址：http://old.moeaipo.gov.tw/sub2/sub2-4-1a.htm（visited 2002/09/11）。

490

統一超商網站：http://www.7-11.com.tw。

創盈經營管理公司網站：www.pbmc.com.tw。

黃嘉樺、李誠（2002）。〈以職能爲基礎之考選面談設計：以K公司人資人員爲例〉。中央大學人資所企業人力資源管理實務專題研究成果發表會。網站：http//www.ncn.edu.tw/～hr/new/conference/8th/pdf/05-2.pdf。

精策管理顧問公司網站：http://www.besteam.com.tw。

震旦集團網站：http://www.aurora.com.tw。

簡榮宗。〈營業秘密與競業禁止條款實務解析〉。權平法律資訊網：http://www.cyberlawyer.com.tw/alan4-1801.html。

管理叢書 8

招募管理

編 著 者／丁志達
出 版 者／揚智文化事業股份有限公司
發 行 人／葉忠賢
總 編 輯／閻富萍
執行編輯／胡琡珮
地　　址／台北縣深坑鄉北深路三段 260 號 8 樓
電　　話／(02)8662-6826　8662-6810
傳　　真／(02)2664-7633
　E-mail／service@ycrc.com.tw
印　　刷／鼎易印刷事業股份有限公司
　ISBN／978-957-818-879-2
初版一刷／2008 年 8 月
定　　價／新台幣 600 元

國家圖書館出版品預行編目資料

招募管理 ＝ Recruitment management／丁志
達編著.－初版. -- 臺北縣深坑鄉：揚智文
化, 2008.08
　　面；　公分. --（管理叢書；8）
參考書目：面

ISBN 978-957-818-879-2（平裝）

1.僱傭關係 2.人力資源管理

494.311　　　　　　　　　　　　　97012195